U0166094

锦屏一级拱坝
温控防裂与高效施工技术

王继敏　段绍辉　刘毅　胡书红　著

中国水利水电出版社
www.waterpub.com.cn
·北京·

内 容 提 要

本书是已建世界第一高坝——锦屏一级水电站 305m 超高拱坝建设的温控防裂与高效施工技术的系统总结。主要介绍超高拱坝碱活性砂岩粗骨料＋大理岩细骨料高性能混凝土配制、骨料和混凝土生产与运输、混凝土温度控制、大坝 4.5m 仓层混凝土通仓浇筑、施工实时监控与仿真、混凝土智能温控等相关问题研究、工程应用与管理实践的成果，具有大量试验研究数据。同时，对锦屏一级水电站蓄水运行 5 年后的拱坝工作性态进行了评价。

本书可供水利水电工程技术及管理人员阅读，也可供科研院所与高等院校相关专业人员参考。

图书在版编目（ＣＩＰ）数据

锦屏一级拱坝温控防裂与高效施工技术 / 王继敏等
著. -- 北京：中国水利水电出版社，2019.8
ISBN 978-7-5170-7896-8

Ⅰ. ①锦… Ⅱ. ①王… Ⅲ. ①水力发电站－混凝土坝
－拱坝－温度控制－防裂－工程施工－锦屏县 Ⅳ.
①TV642.4

中国版本图书馆CIP数据核字(2019)第173088号

书　　名	**锦屏一级拱坝温控防裂与高效施工技术** JINPING YIJI GONGBA WENKONG FANGLIE YU GAOXIAO SHIGONG JISHU
作　　者	王继敏　段绍辉　刘毅　胡书红　著
出版发行	中国水利水电出版社 （北京市海淀区玉渊潭南路 1 号 D 座　100038） 网址：www. waterpub. com. cn E - mail：sales@waterpub. com. cn 电话：(010) 68367658（营销中心）
经　　售	北京科水图书销售中心（零售） 电话：(010) 88383994、63202643、68545874 全国各地新华书店和相关出版物销售网点
排　　版	中国水利水电出版社微机排版中心
印　　刷	天津嘉恒印务有限公司
规　　格	184mm×260mm　16 开本　21.75 印张　570 千字
版　　次	2019 年 8 月第 1 版　2019 年 8 月第 1 次印刷
印　　数	0001—2500 册
定　　价	**178.00 元**

序 一

　　20 世纪，中国已建最高的大坝是 1998 年建成的高 240m 的二滩拱坝，国外最高拱坝为 1982 年苏联在格鲁吉亚建成的高 271.5m 的英古里拱坝，这两座超高拱坝代表了 20 世纪中国和世界拱坝建设的最高水平。21 世纪初，中国进入水电建设高峰期，一批 300m 级特高拱坝相继开工建设，如黄河上游高 250m 的拉西瓦拱坝、澜沧江中游高 294.5m 的小湾拱坝、金沙江下游高 285.5m 的溪洛渡拱坝、雅砻江下游高 305m 的锦屏一级拱坝。这些特高拱坝都面临一系列世界级技术难题，尤其是特高拱坝温控防裂、特高拱坝高效施工及精细管控是亟需创新突破的技术难题。

　　锦屏一级水电站工程位于高山峡谷区，坝址地形地质条件极为复杂，坝肩抗力体 300m 深还发育有深部卸荷裂隙，左岸坝肩边坡中上部存在倾倒拉裂岩体和深部卸荷裂隙，地质条件之复杂世所罕见；工程技术难题大多超出现有规范和以往经验的认知；建设管理难度面临突破创新的挑战。经过广大锦屏工程建设者的不懈努力，攻克了一道道难题，成功建成了世界第一高拱坝，且运行良好。本书是锦屏一级拱坝温控防裂与高效施工技术的总结，针对砂岩粗骨料既有碱活性且粒型不佳，大理岩细骨料石粉含量过高的原材料天然缺陷，高山峡谷区骨料和混凝土运输困难，极复杂地质条件左岸边坡开挖支护安全风险高，强约束条件下温控防裂风险大等难题，书中对砂岩骨料碱活性抑制与超高拱坝高性能混凝土配制技术、高山峡谷区超高拱坝混凝土高效生产与运输组织、超高拱坝温控防裂技术、4.5m 仓层通仓浇筑快速施工技术、超高拱坝施工实时监控和工作性态跟踪仿真分析反馈等 5 个方面取得的创新成果分别进行了阐述。提出了"砂岩粗骨料＋大理岩细骨料＋高掺粉煤灰＋严控碱含量"砂岩碱硅酸盐活性抑制与高性能混凝土配制技术，成功配制出了满足超高拱坝性能要求的混凝土。提出了高山峡谷区超高拱坝混凝土高效生产与运输组织技术，通过引进选粉机风选干法制砂工艺和研究采用立轴破特大石整形工艺解决了人工骨料加工质量控制难题；通过采用高强度大直径管状带式输送机技术解决了高山峡谷骨料运输难题。提出了超高拱坝温控防裂技术，系统形成了超高拱坝的严格的温控标准；以早冷却、小温差缓慢冷却为指导思路，在小湾高坝温控防裂经验的基础上，采用了"时间和空间温度梯度双控"的温控方法和标准，细化了一期冷却、中期冷却、二期冷却的时间过程控温方案和按灌浆区、同冷区、过渡区、盖重区的空间分区温度梯度控制方案；提出了从出机口温度至二期冷却封拱全过程的高标准的温控质量评价标准；首次在拱坝全坝全部仓块实施温度监测，建立了拱坝混凝土施工期温度监测自动化系统；研发实施了拱坝混凝土智能温控技术，实现了智能化和精细化温控管理。首次成功在全坝采用了 4.5m 仓层通仓浇筑技术，建立了大坝混凝土通仓 4.5m 仓层浇筑温控技术标准和成套施工工艺。首次实施了超高拱坝施工实时监控和工作性态跟踪仿真分析与反馈技术，研发了拱坝混凝土施工质量与进度实时控制系统，对锦屏一级拱坝建设质量与进度进行在线实时监测和反馈控制；采用全坝全过程拱坝工作性态的仿真分析跟踪评价方法，及时跟踪评价拱坝工作性态。

　　作者结合锦屏一级工程特点，对高拱坝温控防裂与高效施工提出了一些新理念、新思路、新方法、新技术，促进了高拱坝建设技术进步，对今后高拱坝的建设具有重要启迪和参考作用。

　　这些技术开发和成功应用，确保了锦屏一级拱坝高效建成，且大坝没有发生温度裂缝。特别重要的是锦屏一级水电站蓄水运行 5 年来，边坡稳定，复杂坝基及抗力体工作性态良好，拱坝变形呈弹性状态。作为锦屏工程特咨团专家组长，我在锦屏工程 6 年，体会到了专家们为解决技术难题殚精竭虑，领略了锦屏建设者孜孜以求的钻研与实干，见证了工程的诸多技术难题的研究与圆满解决。故乐于作序。

中国工程院院士

2018 年 12 月

序 二

　　雅砻江流域水量充沛，落差巨大，是一座天然的绿色能源宝库，干流共规划 22 级水电站，总装机容量约 30000MW，在全国规划的十三大水电基地中名列第三。为科学开发雅砻江，雅砻江流域水电开发有限公司制定了"四步走"的开发战略：第一步开发战略以 20 世纪末成功建成当时国内最大水电站和最高大坝的二滩水电站为标志而实现；第二步开发战略为全面完成雅砻江下游梯级水电站建设，开发建设锦屏一级、锦屏二级、官地、桐子林四个梯级，以 2016 年 3 月桐子林水电站全部投产发电为标志而完成；第三步开发战略为建设中游梯级电站，目前两河口和杨房沟水电站在建设过程中，其余梯级在项目核准和前期设计研究阶段；第四步开发战略为全流域水电项目开发填平补齐，雅砻江流域水电开发全面完成。

　　锦屏一级和锦屏二级水电站是第二步开发战略乃至整个雅砻江水电开发的关键性工程，是国家"西电东送"通道的两个重要支撑电源。作为"双子星"姊妹电站，锦屏一级和锦屏二级的开发方式截然不同，锦屏一级为高坝大库开发方式，锦屏二级是对锦屏大河湾裁弯取直利用 310m 落差的超高埋深长距离大洞径引水式开发，两个水电站取长补短，相得益彰；相同是两个水电站的开发均面临建设条件差、地质条件复杂、世界级技术难题多和管理难度大等前所未有的挑战。

　　锦屏一级水电站是雅砻江下游 5 级开发的控制性工程，工程主要任务是发电，结合汛期蓄水兼有减轻长江中下游防洪负担的作用。其双曲拱坝坝高 305m，电站装机容量 3600MW，设计多年平均年发电量 166.2 亿 kW·h。锦屏一级水电站工程位于锦屏大河湾上游端的高山峡谷中，远离城镇，施工场地极为狭窄，安全条件和施工条件之差前所未有；左坝肩为砂板岩互层岩层，地质构造发育，倾倒拉裂变形显著，深达 300m 以里还存在宽大深部卸荷带，右岸地下厂房处于极高地应力区，工程地质条件极其复杂，坝肩边坡开挖、拱肩槽开挖、左岸抗力体处理安全施工面临巨大的压力和挑战，超高拱坝优质建成和安全蓄水面临极大的考验；超高水头大流量泄洪与强雾雨防治安全、极高地应力巨型地下厂房洞群安全、独一无二的超大规模大垫座＋

洞井群的抗力体置换加固处理安全、工程质量和进度监管受控等诸多技术难题大大超出规范和以往经验的认知。如此条件下的工程建设管理难度和压力巨大，稍有不慎，甚至某一关键小范围的疏忽均可能导致功败垂成。雅砻江流域水电开发有限公司及锦屏工程建设者以如履薄冰、如临深渊的态度，艰苦奋斗，勇于创新，攻坚克难，终于成功建成锦屏一级水电站，并安全运行至今。

在这一过程中，为攻克雅砻江开发和锦屏工程世界级的技术难题，雅砻江流域水电开发有限公司组织建立了强有力的科技攻关体系。2004年，公司成立博士后科研工作站，通过严格评审程序引入尖端人才，积极开展自主研究。2005年，与国家自然科学基金委员会共同成立资金规模为5000万元的雅砻江水电开发联合研究基金，借助国家级科研平台，组织全国最优秀的科研力量，针对雅砻江开发和锦屏工程建设过程中需要解决的重大课题开展研究。2011年，成立我国水电行业首家"产、学、研"结合的雅砻江虚拟研究中心，组织国内多家水电科技领域具有重要地位的高校和科研院所，依托网络平台实现信息交流和资源共享，积极开展有关科研和咨询活动。同时，公司与清华大学、上海交通大学、中国水利水电科学研究院、中国水电顾问集团、中国电力顾问集团及世界著名咨询公司等十多家单位建立了战略合作伙伴关系；借力高端咨询平台，成立由国内长期从事水电工程设计和施工等领域工作、具有丰富理论和实践经验的院士、顶级专家组成的雅砻江锦屏水电工程特别咨询团；引进外籍专家作为质量总监，对锦屏一级水电站大坝混凝土施工全过程进行监督、指导等。雅砻江流域水电开发有限公司针对锦屏一级水电站工程建设的技术难题自主立项科研课题40余项，金额超过2亿元，为锦屏一级水电站工程的顺利建设提供了有力支撑。

本书所述锦屏一级拱坝温控防裂与高效施工技术是锦屏一级水电站超300m高拱坝建设关键技术之一，关乎超300m高拱坝安全，关乎工程质量与进度控制，受水电界高度关注。雅砻江流域水电开发有限公司组织相关的设计、科研、施工和监理单位，"产、学、研、建"结合，前瞻谋划，勇于探索，终有所成。在混凝土原材料及配合比优化，骨料和混凝土生产与运输，温控防裂技术标准和现场控制标准，施工实时监控与工作性态模拟仿真，智能温控技术，4.5m仓层浇筑技术等方面取得了可喜的成果并成功应用于工程，强有力地支持了锦屏一级拱坝的建设，拱坝无危害性裂缝，无温度裂缝，仅用50个月就完成了305m高拱坝的浇筑，提高了初期中间蓄水位，获得了巨大的经济效益。工程运行表明，拱坝工作性态良好，工程安全可靠。本书所述科技成果为高拱坝建设提供了思路和启发，可资借鉴。

雅砻江流域水电开发有限公司董事长

2018 年 12 月

前言
FOREWORD

　　锦屏一级水电站工程地处高山峡谷，地质条件复杂，建设条件差，技术难度大，传统管理遭遇挑战，工程建设面临一系列重大技术难题。混凝土双曲拱坝高 305m，为世界第一高拱坝，也为已建世界第一高坝，需要突破复杂地质条件下建设超 300m 高拱坝技术难题，超高拱坝的温控防裂与高效施工就是其中的两个相伴相生的技术难题。锦屏一级超高拱坝坝体厚度大，坝体加贴角厚度最大达 79.6m，左岸高 155m 大垫座的上下游厚度最大达 102m，混凝土温度应力大；加上坝体结构复杂，有四层坝身孔口和五层坝体廊道，岸坡坝基陡峻，最大坡度达 71°，坝体结构应力性态复杂；温度应力大与结构应力复杂的叠加，使得超高拱坝的温控防裂难度远超一般的高拱坝。300m 级超高拱坝施工工期一般需要 4 年多，每年汛前均要求达到安全度汛形象面貌，对高效快速施工要求高；但锦屏一级全坝只有 26 个坝段，调仓跳块受到严重限制，传统的施工方法提升施工速度有限；同时，快速施工与温控防裂又是需统一协调的一对矛盾，事关拱坝的质量保证与安全运行。锦屏一级超高拱坝混凝土温控防裂与高效施工技术难题主要体现在 5 个方面：砂岩骨料碱活性抑制与超高拱坝高性能混凝土配制，高山峡谷区超高拱坝混凝土高效生产与运输，超高拱坝温控防裂设计与精细管控，拱坝混凝土快速施工，超高拱坝施工的质量、进度和工作性态高效监控与反馈。为此，雅砻江流域水电开发有限公司组织成都勘测设计研究院有限公司、长江科学院、南京水利科学研究院、南京工业大学、中国水利水电科学院、河海大学、天津大学、葛洲坝集团股份有限公司、葛洲坝集团试验检测公司、中国水利水电第七工程局有限公司、长江水利委员会工程监理中心（湖北）等单位开展了相关研究工作，取得并成功应用了一系列技术成果，有力地支持了锦屏一级拱坝高效优质建成与良好运行。本书是锦屏一级拱坝混凝土温控防裂与高效施工关键技术课题主要研究成果及技术实践总结，全书共分 8 章，第 1 章综述，第 2 章拱坝碱

活性砂岩组合骨料混凝土，第3章拱坝混凝土生产与运输，第4章拱坝混凝土温度控制，第5章大坝混凝土智能温控，第6章大坝4.5m仓层浇筑，第7章拱坝混凝土施工实时监控与仿真，第8章拱坝初期运行安全评价。全书阐述的内容主要有以下5个方面。

（1）砂岩骨料碱活性抑制与超高拱坝高性能混凝土配制技术。主要内容在第1章和第2章。全面采用全级配法和湿筛法混凝土试验，研究提出"砂岩粗骨料＋大理岩细骨料"的组合骨料作为超高拱坝混凝土骨料，平衡解决了砂岩和大理岩各自的不足；提出了粉煤灰掺量20％为砂岩骨料碱活性抑制的最低安全有效掺量，首次采用"组合骨料＋高掺粉煤灰＋严控碱含量"的砂岩骨料碱活性有效抑制技术，明确了混凝土碱含量控制标准；揭示了粗骨料针片状含量超标、特大石骨料粒径对混凝土性能的影响规律；采用全级配法、湿筛法、CT扫描和扫描电子显微镜（SEM）等方法进行不利组分影响的宏观和细观损伤研究，探明了砂岩骨料中的锈面岩等不利组分对混凝土性能的影响，提出了不利组分的质量控制标准；确定了大理岩细骨料石粉含量控制范围为14％～20％，细度模数控制在2.2～3.0；提出了锦屏一级高拱坝高性能混凝土及原材料质量控制标准。尽管混凝土骨料存在砂岩粗骨料碱活性反应、针片状含量高，且含有锈面石、板岩等不利组分骨料不利组分，大理岩细骨料石粉含量高等不足，组合骨料＋高掺粉煤灰仍然成功配制出了满足超高拱坝力学性能、变形性能、热学性能、耐久性能和施工性能要求的高性能混凝土。

（2）高山峡谷区超高拱坝混凝土高效生产与运输技术。主要内容在第3章。围绕锦屏一级高山峡谷区大坝混凝土骨料生产运输和混凝土生产运输两大环节，开展了骨料生产运输、混凝土高强度大方量强制拌和、缆机运输和混凝土浇筑等生产、运输、浇筑的"一条龙"管理研究，形成了锦屏一级超高拱坝混凝土高效生产与运输技术。主要包括：首次在特大型工程混凝土细骨料生产中采用风选工艺干法制砂技术，解决了大理岩制砂的石粉含量和细度模数波动问题；在混凝土骨料生产中采用反击破粗骨料整形技术，解决了变质砂岩特大石粗骨料粒形差、针片状骨料超标以及特大石产量严重不足问题；研发并采用了大直径（ϕ500mm）、高带强（胶带强度ST2500N/mm）、大运量（输送强度2500t/h）和长距离（总长5.4km，2条管状皮带长2.75km）的水电站骨料大型管状带式输送技术，并采用地下布置方式，解决了地质灾害频发的高山峡谷地区超高落差（307m）、大运量（1300万t）、长距离（5.4km）的混凝土骨料运输难题；首次在特大型工程中采用双卧式强制搅拌机生产四级配常态和预冷混凝土技术，采用2×7m³大型强制式拌和系统生产四级配常态预冷混凝土，预冷混凝土月平均生产强度达到 16 万 m³，保证了拱坝高峰期浇筑强度要求；实施了结合 30t 单层平移式缆机布置和混凝土生产运输浇筑"一条龙"考核管理，大大提高了高山峡谷地区超 300m 高拱坝建设对预冷常态混凝土的高强度拌和、运输和浇筑效率。

（3）超高拱坝温控防裂标准和智能温控技术。主要内容在第 4 章和第 5 章。系统形成了超高拱坝严格的温控防裂标准。首次采用温度边界条件包络式分析方法，进行拱坝稳定温度场分析，确定了锦屏一级拱坝封拱温度方案，选定拱坝封拱温度为 12～15℃；确定全坝按约束区进行温度控制设计，拱坝温差标准为 $\Delta T \leqslant 14$℃，垫座温差标准 $\Delta T \leqslant 11$℃，从严制定混凝土最高温度控制标准，拱坝为 26～29℃，垫座为 25～26℃；提出了"时间和空间温度梯度双控"的温控方法和标准，建立了一期冷却、中期冷却、二期冷却的时间过程控温方案，并对各阶段的温控目标和降温速率提出了控制标准，提出按灌浆区、同冷区、过渡区、盖重区的空间分区方式进行温度梯度控制；依据设计温控技术要求，结合锦屏一级拱坝实际情况，提出了出机口温度、浇筑温度、最高温度、内部温差、降温速率和内部温度回升等温控质量评价标准；提出了混凝土养护及表面保护的标准和相应的措施。研发并大规模实施了拱坝混凝土智能温控技术。首次在拱坝全坝全部仓块实施温度监测，建立了拱坝混凝土施工期温度监测自动化系统；研发了混凝土冷却通水智能控制通水阀、测控装置、适应现场环境的无线传输装置和设备；研发采用了基于实测温度、温控设计过程线和温控标准的自适应间歇式通水控制方法的智能冷却通水系统（简称"通断法"智能通水），实现了智能温控技术的操作简单化、可靠化和精细化。

（4）狭窄河谷超高拱坝 4.5m 仓层通仓浇筑技术。主要内容在第 6 章。锦屏一级拱坝由于河谷狭窄，305m 高拱坝全坝只有 26 个坝段，结构复杂，调仓跳块受到限制，拱坝浇筑效率难以提高，需要突破传统仓层厚 1.5m 和 3.0m 组合的通仓浇筑技术，为此开展了锦屏一级拱坝混凝土 4.5m 仓层厚度通仓浇筑关键技术研究。研发了用于通仓 4.5m 浇筑的悬臂大模板，拱坝体型可控；建立了大坝混凝土通仓 4.5m 仓层浇筑温控技术标准；提出了坝段悬臂高度75m、相邻坝段高差18m、坝段间最大高差36m 的三大高差控制标准；形成了 4.5m 仓层通仓浇筑成套施工工艺。

（5）超高拱坝施工实时监控和工作性态跟踪仿真分析与反馈控制技术。主要内容在第 7 章和第 8 章。按照施工信息集成与管理的总体思路，从施工质量监控、混凝土温度监控、施工进度动态仿真与反馈控制、拱坝工作性态监控等 4 个环节开展超高拱坝全坝全过程施工实时监控关键技术研究，形成了锦屏一级拱坝实时监控系统，实现了超高拱坝施工期工作性态实时可知可控。研发了拱坝混凝土施工质量与进度实时控制系统，对锦屏一级拱坝建设质量与进度进行在线实时监测和反馈控制；首次建立了高拱坝混凝土温控信息集成与实时评价系统，实施拱坝温控过程的预警与反馈调控；首次形成了拱坝施工进度实时仿真与反馈控制，实施按月进度仿真分析提出排仓计划，重要节点复核纠偏总体计划；首次采用全坝全过程拱坝工作性态的仿真分析跟踪评价方法，按拱坝真实参数、真实荷载和真实过程的真实性态仿真分析，按月跟踪评价拱坝工作性态，预测拱坝施工过程的安全性，适时提出施工计划调整和设计优化意见。

自首次蓄水以来，锦屏一级大坝已经安全运行 5 年。建设期间，无论是左岸高边坡稳定、左岸抗力体稳定与处理、坝基不良地质体处理，还是地下厂房高地应力围岩稳定与变形控制、超高拱坝温控防裂等技术难题的解决，都得到了以马洪琪院士为组长、谭靖夷院士为顾问，王思敬院士、张超然院士、王柏乐设计大师、李文刚勘察大师、程志华教高、庆祖荫教高等专家组成的锦屏工程特别咨询顾问团的技术决策支持；也得到了中国水利水电建设工程咨询公司和水电规划总院领导与专家自始至终的关心和支持，其现场咨询项目部的余奎经理和杜效鹄副经理长期驻守现场开展工作，对现场重要技术问题的解决给予了大力支持。在此一并表示衷心感谢！

本书编写过程中采用了有关课题总结报告部分成果，参与有关课题研究工作和协助提供有关资料的有钟登华、周钟、阳恩国、朱忠华、银登林、饶宏玲、陈秋华、张敬、李光伟、肖延亮、张国新、张磊、王国平、杨剑锋、杨华全、董芸、李珍、丁建彤、罗作仟、杨友山、谭恺炎、陈军琪、任炳昱、倪迎峰、李小顺、张晨、周绿等，在此一并致谢！

郑江参与了第 7 章拱坝混凝土实时监控与仿真的部分内容编写，并全过程参与协助编写、资料收集整理和部分插图制作，专此致谢！

本书力图将锦屏一级拱坝温控防裂与高效施工的研究成果与应用实践完整地奉献给读者，但鉴于工程建设周期长，资料浩繁，加之认识局限，编写水平有限，书中难免存在缺陷与不足，敬请读者批评指正。

作者

2018 年 12 月

目录

CONTENTS

第 1 章

综　述

1.1　流域与工程概况

1.1.1　流域概况

雅砻江发源于青海省玉树县巴颜喀拉山南麓，自西北流向东南，于呷衣寺附近流入四川省境内，在两河口纳支流鲜水河后河道偏向南流，经雅江至洼里上游 8km 处，小金河自右岸汇入，其后至北向南绕锦屏山至巴折形成长约 150km 的大河湾，巴折以下继续南流，至小得石下游约 3km 处左岸有安宁河汇入，在攀枝花下游的倮果注入金沙江。干流全长 1570km，天然落差 3830m，流域面积约 13.6 万 km²。干流规划有 22 个梯级水电站，总装机规模约 30000MW，年发电量约 1500 亿 kW·h。雅砻江是我国能源发展规划十三大水电基地之一。雅砻江流域梯级水电站规划图及雅砻江干流梯级水电站纵剖面图分别如图 1.1.1-1 和图 1.1.1-2 所示。

1.1.2　工程概况

锦屏一级水电站位于四川省凉山彝族自治州盐源县和木里县境内，是雅砻江干流下游的控制性梯级电站，其下游梯级依次为锦屏二级、官地、二滩和桐子林水电站。工程主要任务是发电，结合汛期蓄水兼有减轻长江中下游防洪负担的作用。电站装机容量 3600MW，保证出力 1086MW，多年平均年发电量 166.2 亿 kW·h，年利用小时数 4616h。水库正常蓄水位 1880m，死水位 1800m，正常蓄水位以下库容 77.6 亿 m³，调节库容 49.1 亿 m³，属年调节水库，对下游梯级电站的补偿效益显著。

锦屏一级水电站工程枢纽由混凝土双曲拱坝、坝身泄水孔、坝后水垫塘、右岸泄洪洞等泄洪消能建筑物，右岸引水发电系统等永久性建筑物组成，工程枢纽布置如图 1.1.2-1 所示。混凝土双曲拱坝坝顶高程 1885m，建基面高程 1580m，最大坝高 305m，

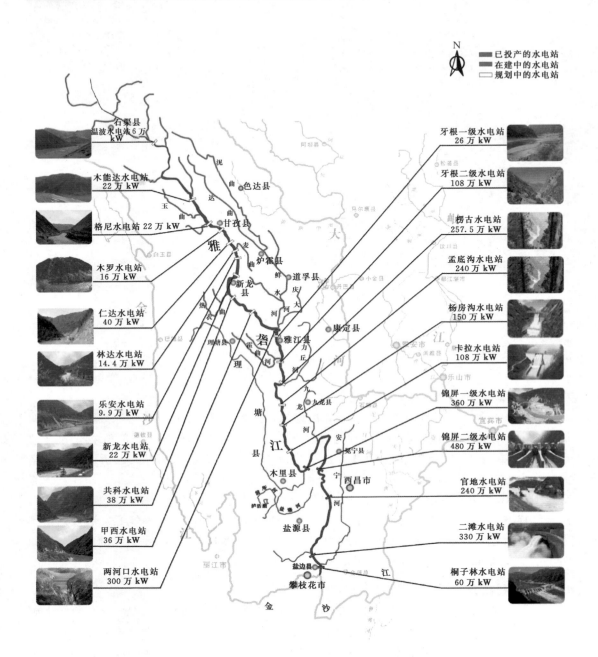

图 1.1.1-1　雅砻江流域梯级水电站规划图

拱冠梁顶厚 16m，拱冠梁底厚 63m，最大中心角 93.12°，顶拱中心线弧长 552.23m，厚高比 0.207，弧高比 1.811。设置 25 条横缝，将大坝分为 26 个坝段，横缝间距在 20～25m，平均坝段宽度为 22.6m，施工不设纵缝。在 12～16 号坝段的 1700m 高程上布置 5 孔导流底孔，孔口尺寸 5m×9m（宽×高），进口闸门封堵平台高程 1810m。在 11 号和 17 号坝段的 1750m 高程上布置 2 孔放空底孔，孔口尺寸 5m×6m（宽×高）。在 12～16 号坝段

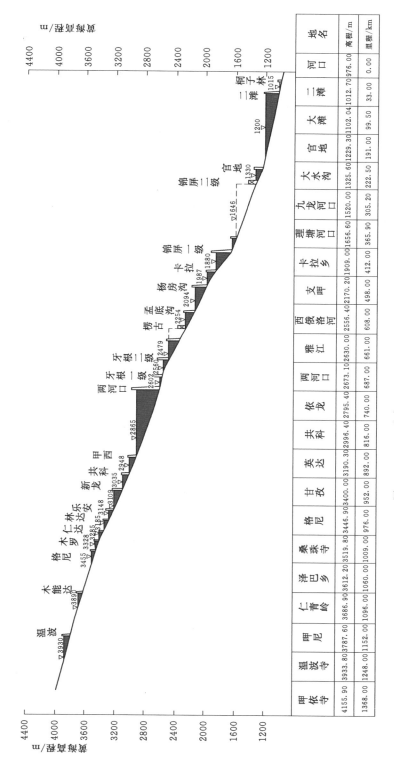

图 1.1.1-2 雅砻江干流梯级水电站纵剖面图

1789～1790m 高程上设 5 个泄洪深孔，孔口尺寸 5m×6m（宽×高）。在 12～16 号坝段布置 4 孔表孔溢洪道，采用骑缝布置，堰顶高程 1868m，孔口尺寸 11m×12m。

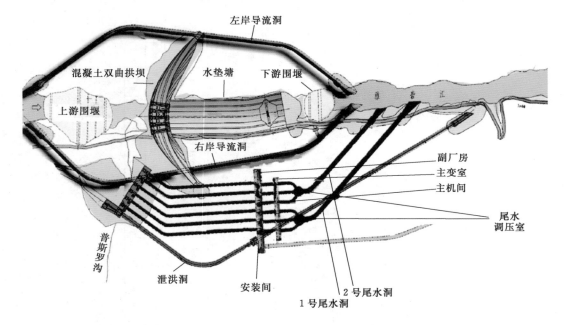

图 1.1.2-1　锦屏一级水电站工程枢纽布置图

1.2　工程基本情况

1.2.1　水文气象

雅砻江流域地处青藏高原东侧边缘地带，属川西高原气候区，主要受高空西风环流和西南季风影响。锦屏一级工程区干湿季分明，每年 11 月至次年 4 月为旱（风）季，降雨很少，日照多，湿度小，日温差大；每年 5—10 月为雨季，降雨集中，气温湿润，日照少，湿度较大，日温差相对较小，降雨量占全年雨量的 90%～95%。工程区多年平均气温 17.2℃，历年极端最高气温 39.7℃，极端最低气温 -3℃；多年年平均降雨量 792.8mm，降雨日数 116.1d；多年平均相对湿度 67%，多年平均水温 12.2℃，最大风速 13m/s。

雅砻江流域径流丰沛，主要由降雨形成，其径流年内变化及地区分布与降雨变化基本一致，年际变化不大，年内分配相对稳定。洪水主要由暴雨形成，6—9 月为汛期，上游甘孜、雅江等地年最大洪水 6 月即可出现，中、下游地区最大洪水多发生在 7 月、8 月两个月。流域径流年内分配大致分为：丰水期 6—11 月，主要为降雨补给，水量占全年的 81.6%；枯水期 12 月至次年 5 月，主要由地下水补给，水量占全年的 18.4%。锦屏一级坝址区域内多年平均流量为 1220m³/s，最大年平均流量为 1850m³/s，最小年平均流量为 830m³/s。历年实测最大流量为 8020m³/s，最小流量 236m³/s。

锦屏一级水电站挡水建筑物分别按照千年一遇洪水设计，5000 年一遇洪水校核，相应流量分别为 13600m³/s 和 15400m³/s。

1.2.2 场内外交通

锦屏一级水电站初期交通条件极差，坝址附近上、下游河段均无通航条件，公路交通仅有一条电站勘测设计阶段使用的勘测便道，汛期不能通行。该便道从坝址至九龙县二区（棋木林镇），长约 44km。由九龙二区沿雅砻江左岸简易公路下行至九龙河口后，沿 S215 九江公路段绕大河湾至江口，从江口翻牦牛山至冕宁县城，并在马尿河口与 108 国道衔接，该段线路长约 139km，是锦屏一级水电站前期对外联系的主要交通线路。九龙二区至九龙河口约 12km 为里伍铜矿矿山四级公路，九龙河口至冕宁县城"油路"，道路等级为三、四级。沿 108 国道北行经石棉可达雅安、成都，里程分别为 326km、467km；南行可达西昌、攀枝花，里程分为 78km、330km；并有南北向成昆铁路与 108 国道平行通过，从马尿河口以南 28km、57km、75km 处即为成昆铁路的泸沽、礼州、西昌北车站。另外，由九龙二区经九龙河口沿九江公路上行，可达九龙、泽瓦，与川藏公路衔接，里程 255km。其次，西昌市设有 2 级航空港，可起降 B737 型客机，锦屏工程建设期开行至成都市的短途航线。

锦屏一级水电站规模巨大，施工期外来设备物资、建筑材料来向广，运输量大，强度高，运输方式多。电站地处高山峡谷区，并远离人口稠密和交通发达地区，现有交通条件差，远不能满足工程施工需要，需要新建电站对外专用交通工程。对外专用交通工程规模及投资大，施工条件恶劣，工期长，成为控制电站开工建设的关键因素之一。若等对外交通专用公路建成再开工建设主体工程，将使主体工程建设延后 3～4 年。因此，锦屏一级水电站对外交通设计考虑主、辅两条线路方案，即对外专用交通公路建设满足主体工程建设需求，另外利用现有交通条件，改造勘探便道，快速形成辅助道路，满足前期筹建工程和准备工程施工需要，并作为主体工程施工的对外交通备用道路，提高主体工程施工期对外交通运输保证率。

锦屏一级水电站对外交通专用公路与锦屏二级水电站的共用，其实施方案为依托成昆铁路及地方干线公路（G108 线）对外运输方案，对外交通专用公路始于电站漫水湾铁路转运站，穿越牦牛山（牦牛山特长隧道 3.278km，约 2540m 高程），经长 7.129km 里庄特长隧道至磨房沟锦屏东桥，再沿锦屏二级电站场区公路，经锦屏二级电站高程 1560m 平台，穿越长 17.5km 的锦屏辅助洞（锦屏山隧道）至该隧道西端洞口，公路里程 80.6km。锦屏辅助洞为上、下行分离式双洞隧道（包括 A、B 线），A 线由西向东行驶，建筑限界 5.5m×4.5m，全长 17.485km；B 线由东向西行驶，建筑限界 6.0m×5.0m，全长 17.504km。

锦屏一级水电站辅助道路位于雅砻江左岸，由泸沽铁路转运站起，沿 108 国道北行至马尿河口转 S215 省道，经冕宁县城，翻越牦牛山，至江口，沿江上行绕雅砻江大河湾至九龙河口，再沿电站勘测道路至锦屏一级电站工程区，全长约 211km，其中泸沽至九龙河口 155km 为山岭重丘三、四级公路标准，沥青路面，基本满足电站辅助道路运行功能的需求，仅对局部路段进行了改造。九龙河口至电站工程区约 56km（包括电站场内道路 18km），道路等级低，坡陡弯急，通行能力差，安全隐患大，进行加宽加固改建后，满足辅助道路运行功能要求。

由于工程地处高山峡谷地区，两岸自然边坡陡峻，受地形地貌条件限制，场内公路线路布置极为困难，为减少岸坡开挖对植被的破坏及给边坡稳定带来不利影响，线路布置选择以隧洞为主的方式。根据施工需要，规划新建1～10号共10条施工场内公路，场内交通道路（从大沱1号营地起）总长57.2m，其中：公路隧洞46条，总长30.8km，占场内公路的53.9%；桥梁5座，计0.7km，占1.3%；明线段25.7km，占44.8%。而枢纽区36.3km场内公路隧洞总长25.9km，更是占总长度的71.24%，明线段9.52km仅占26.23%。场内新建跨江桥6座，桥梁总长915.5m，其中5座临时桥总长739.5m，1座跨江永久桥长176m，永久跨江桥按汽-80级、挂-300级设计。

1.2.3　枢纽区工程地形地质条件

锦屏一级水电站的坝址区位于普斯罗沟与手爬沟之间约1.5km的河段上，河流流向N25°E，河道顺直而狭窄，水流相对平缓。枯期江水位1635.7m时，水面宽80～100m，水深6～8m，正常蓄水位1880m处谷宽约410m。两岸山体雄厚，基岩裸露，坡陡谷窄。岩层走向与河流流向基本一致；左岸为反倾向坡，右岸为顺向坡。左岸无大的深切冲沟，1820m高程以下大理岩出露段，地形完整，坡度55°～70°，以上砂岩出露段坡度40°～50°，地形完整性较差，呈山梁与浅沟相间的微地貌特征；右岸呈陡缓相间的台阶状，1810m高程以下坡度70°～90°，局部倒悬，以上约40°；坝轴线右岸上游为深切的普斯罗沟，沟内有常年水流，1900m高程以上谷底较开阔，以下为一线天式峡谷，沟壁近直立，坡高160～300m。坝轴线下游右岸有手爬沟深切，沟内常年有水，沟型相对较缓、开阔。河床谷底基岩面平缓，总体缓倾下游。从河面至两岸谷肩有千余米高差，正常蓄水位1880m处，河谷宽高比1.63，呈典型的深切V形河谷，但上部岸坡相对较缓。

坝址区处于三滩倒转向斜之南东翼（正常翼），地层倾向左岸，平均产状为N30°E/NW∠35°左右，岸坡出露地层主要为中上三叠统杂谷脑组二段中厚层状大理岩（T_{2-3z}^2），厚度600m，仅在左岸1820～2300m高程间出露三段砂岩（T_{2-3z}^3）。一段绿片岩（T_{2-3z}^1）深埋于河床以下190m，右岸以里350m。大理岩岩质坚硬，弹性模量高，但岸坡岩体裂隙、断层及层间挤压带发育，特别是左岸发育有深部裂缝，局部地段边坡稳定性较差。

河床坝基建基面高程为1580m，坝基岩体为微风化、弱卸荷岩体，坝基岩性由上至下分别为第3层灰白～浅灰色厚～巨厚层状大理岩、角砾状大理岩，偶夹少量绿片岩透镜体，第2、第1层以钙质绿片岩为主夹浅灰～灰白色大理岩条带，逐渐过渡到以灰绿色绿泥石片岩为主，夹少量大理片岩或大理岩条带。河床坝基下伏岩体中断层和层间挤压错动带不发育。河床坝基建基面弱卸荷、微新的第3层大理岩为Ⅲ1级岩体，建基面以下20～40m范围内无卸荷、微新的第3层大理岩为Ⅱ级岩体，变形模量E_0达10GPa以上，抗变形能力较强；在距建基面垂直深度约40m以下为微新的绿片岩，Ⅲ2级岩体，变形模量E_0为6～10GPa，抗变形能力较低。锦屏一级水电站坝址（坝中线）工程地质剖面开挖体型图如图1.2.3-1所示。

左岸抗力体岩性由大理岩及砂岩、粉砂质板岩组成，岩体受地质构造作用影响强烈，岩体内发育f_5、f_8、f_2断层，层间挤压错动带以及后期侵入的煌斑岩脉（X）。左岸弱风化

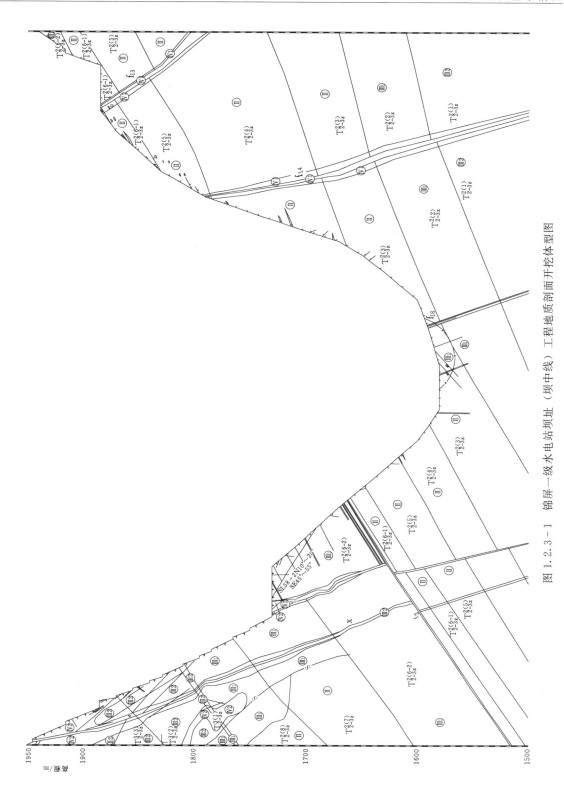

图 1.2.3-1 锦屏一级水电站坝址（坝中线）工程地质剖面开挖体型图

岩体水平深度在砂板岩中一般为 50～90m，在大理岩中一般为 20～40m，局部存在强风化夹层。大理岩强卸荷带水平深度一般为 10～20m，砂板岩强卸荷带水平深度可达 50～90m；大理岩中弱卸荷带下限水平深度为 50～70m，砂板岩弱卸荷带下限水平深度一般为 100～160m，最深达 300m。深卸荷带是锦屏一级水电站坝址左岸特有的地质现象，主要表现为弱卸荷带以里一段紧密完整岩体后，又出现的深部裂缝、节理裂隙松弛带等地质现象；大理岩中深卸荷带下限水平深度为 150～200m，在砂板岩中达 200～300m。

1.2.4　工程建设与初期运行概况

锦屏一级水电站工程规划始于 1956 年的资源普查，1962 年完成《雅砻江流域水利资源及其利用》，1965 年完成《锦屏单独裁弯引水开发研究报告》，1979 年完成《雅砻江锦屏水电站开发方案研究报告》。1988 年开展雅砻江流域卡拉至江口河段的规划工作，锦屏一级水电站预可行性研究工作始于 1989 年，与河段规划平行开展。1992 年完成了《雅砻江干流（卡拉至江口河段）水电规划报告》的编制，1996 年 3 月对该河段规划报告进行审查，同意报告推荐的锦屏一级水电站为该河段的龙头梯级。1998 年 9 月完成了《四川省雅砻江锦屏一级水电站预可行性研究报告》，1999 年年底开展可行性研究选坝阶段的设计工作，2003 年 9 月底完成可行性研究报告，2003 年 11 月 25—28 日，通过了水电水利规划设计总院会同四川省发展计划委员会在成都共同主持的《雅砻江锦屏一级水电站可行性研究报告》审查。2005 年 9 月 8 日，经国务院同意，国家发展与改革委员会核准锦屏一级水电站工程开工建设。

锦屏一级水电站工程于 2004 年 1 月开始辅助道路施工，工程进入筹建期施工；2004 年 7 月开始导流洞施工，2006 年 12 月 4 日提前 2 年实现大江截流；2005 年 7 月开始两岸坝肩边坡开挖，2009 年 8 月完成大坝基础开挖；2009 年 10 月 23 日开始大坝混凝土浇筑，2013 年 12 月 23 日大坝混凝土浇筑全部完成；2012 年 10 月 8 日与 11 月 30 日左右岸导流洞分别下闸，12 月 7 日蓄水至 1706.67m 水位，导流底孔转流，完成第一阶段蓄水；2013 年 6 月 17 日水库从死水位附近向上蓄水，7 月 18 日水库蓄水至死水位 1800m，完成第二阶段蓄水；2013 年 8 月 24 日和 30 日锦屏一级水电站首批两台组发电；2013 年 9 月 26 日导流底孔下闸封堵，水库从 1810m 附近向上蓄水，10 月 14 日水库蓄水至中间水位 1840m，完成第三阶段蓄水；2014 年 5 月底，水库水位回落到死水位 1800m 附近，导流底孔封堵完毕，2014 年 6 月从死水位附近再次向上蓄水，2014 年 7 月 12 日最后一台机组投产发电，主体工程完成；2014 年 8 月 24 日，完成第四阶段蓄水，首次成功蓄水至正常蓄水位 1880m；并于当日开展了水库应急泄洪演练与拱坝深孔、表孔泄洪水力学原型观测；2014 年 10 月 10 日，开展了泄洪洞泄洪试验与水力学原型观测。锦屏一级水电站初期蓄水历经 21 个月分四阶段蓄水至正常蓄水位 1880m，工程安全监测及泄洪消能水力学原型观测资料分析表明，拱坝坝体及坝基工作性态正常，枢纽边坡总体稳定，泄洪消能建筑物运行符合设计预期。

2015 年 11 月 4—14 日，中国水利水电建设工程咨询有限公司组织专家组开展了枢纽工程竣工安全鉴定活动，鉴定意见认为锦屏一级水电站具备枢纽工程专项竣工验收条件。

2015 年 12 月 15—18 日，水电水利规划设计总院组织枢纽工程验收专家组对锦屏一级水电站进行了现场检查。2016 年 4 月 19—22 日，四川省发展和改革委员会授权水电水利规划设计总院组织的专家组和验收委员会对锦屏一级水电站枢纽工程进行了正式验收。验收鉴定书关于枢纽建筑物的结论为："雅砻江锦屏一级水电站枢纽工程已按批准的设计规模和设计方案建成，枢纽工程设计满足国家有关标准及规程规范要求，重大设计变更已履行相应审批程序。工程质量管理体系健全，施工质量满足设计要求和合同文件的规定，质量缺陷已按设计要求处理并验收合格；金属结构制造、安装质量满足设计要求和合同文件的规定，质量缺陷已经处理并验收合格；工程安全监测仪器设备已按要求安装并进行监测。自 2012 年 11 月 30 日下闸蓄水以来，枢纽工程经历了 3 个汛期的考验，库水位 2 次达到正常蓄水位，现场检查和监测资料表明，枢纽工程主要建筑物和金属结构设备运行正常，主要机电设备的制造、安装、调试满足运行要求，电站发电功能满足设计要求……。验收委员会同意雅砻江锦屏一级水电站通过枢纽工程专项验收。"

1.3　关键技术问题及主要研究成果

随着我国水电事业的快速发展，筑坝技术也突飞猛进。已建成的二滩水电站、三峡工程、龙滩水电站，分别作为我国高拱坝、常态混凝土重力坝和碾压混凝土重力坝的代表，表明 20 世纪末我国水工混凝土设计和施工已经达到国际领先水平。21 世纪开始，中国水电进入了建设高峰期，拉西瓦、小湾、溪洛渡、锦屏一级等一批 300m 级特高坝相继开工建设，其中锦屏一级拱坝为世界上首座超 300m 高坝，其建设面临一系列技术难题。

锦屏一级水电站地处高山峡谷地区，交通条件差，地形地质条件复杂，工程规模巨大。工程建设面临一系列世界级技术难题，主要包括：高山峡谷区工程施工布置与交通布置，复杂地质条件高陡人工边坡与高陡自然边坡危岩体治理，复杂地质条件超 300m 级高拱坝坝基与抗力体加固处理，超 300m 高拱坝碱活性骨料高性能混凝土加工与配制，超 300m 高拱坝混凝土高效施工与温控防裂，超 300m 高拱坝结构与安全评价，狭窄河谷超高水头大流量泄洪消能与减雾，高地应力复杂地质条件大型地下厂房洞室群围岩稳定与变形控制等。

为攻克锦屏一级复杂地质条件超 300m 高拱坝建设系列关键技术难题，雅砻江流域水电开发有限公司联合国家自然科学基金委员会设立了"雅砻江水电联合基金"，主要就锦屏一级、锦屏二级水电站的突出科学技术问题开展基础性研究工作；同时，雅砻江流域水电开发有限公司自主设立了一系列科研课题，联合设计院、高校、科研机构，以及施工和监理等单位开展科研攻关；历经 10 多年的不懈努力，成功攻克了锦屏一级水电站工程建设的一系列关键技术难题，有力地支撑了世界第一高拱坝安全高效成功建成。涉及锦屏一级拱坝温控防裂技术与高效施工的相关研究课题如下：

（1）砂岩碱活性骨料抑制与超高拱坝高性能混凝土配制技术研究。

（2）高山峡谷区超高拱坝混凝土高效生产与运输技术研究。

（3）超高拱坝温度控制技术研究。

（4）大体积混凝土智能温控技术研究。

（5）4.5m 仓层通仓浇筑关键技术研究。

（6）超高拱坝施工实时监控技术研究。

通过上述课题研究，取得了一系列技术创新成果，并成功应用于工程实践。

本书是锦屏一级拱坝温控防裂与高效施工关键技术课题主要研究成果以及技术创新实践的总结。

1.3.1　砂岩骨料碱活性抑制与超高拱坝高性能混凝土配制技术

锦屏一级 305m 高拱坝对混凝土强度、温控防裂、耐久性等性能要求高，当地无天然骨料，可做人工骨料的母岩有大理岩和砂岩，大理岩的主要问题是强度偏低，加工骨料时石粉含量高达 36%～56%，骨料压碎指标偏高；砂岩的主要问题是存在碱硅酸盐活性，碱活性骨料在 300m 级高拱坝混凝土中没有应用先例，且其加工骨料时针片状含量较高。因此，选择何种岩石作为超 300m 高拱坝混凝土骨料，如何配制出满足超 300m 高拱坝的高性能混凝土，是一个首先要攻克的难题。

在混凝土配合比方面，通过采用大骨料级配、低流态、高掺粉煤灰（矿渣）、添加高效减水剂等，选择中低热水泥，降低水泥用量，从而降低水化热，节约投资。对于具有碱活性的骨料，高掺粉煤灰还可以抑制碱活性。这些技术在国内外水电工程中已经得到普遍应用。

超高拱坝承受水荷载大，坝体应力水平高，温控防裂难度大，因而对混凝土性能及材料要求更高。20 世纪，国内已建最高的大坝是 1998 年建成的二滩拱坝，国外最高拱坝为 1982 年苏联在格鲁吉亚建成的英古里拱坝，这两座超高拱坝代表了 20 世纪我国和世界拱坝建设的最高水平。英古里拱坝坝高 271.5m，设周边缝，支承鞍座高 15～40m，坝顶长 728m（不计鞍座长 650m），拱冠梁坝顶宽 10m、底部鞍座顶面宽 52m；采用河滩天然砂砾石骨料，采用中砂，粗骨料粒径 80～120mm，采用 450 号水泥，每立方米混凝土水泥用量 290kg，水灰比 0.53。二滩拱坝坝高 240m，坝顶长 774.73m，坝顶宽 11m，拱冠梁底宽 55.74m，厚高比 0.23；采用正长岩人工骨料，岩石强度高，加工性能较好，粗骨料粒径 19～152mm，混凝土首次采用 180d 龄期，分 A、B、C 三区设计，强度等级为 $C_{180}35$、$C_{180}30$、$C_{180}25$，强度保证率不小于 85%，抗渗等级分别为 S12、S10、S8，抗冻等级 D200；水胶比限制值分别为 0.45、0.49、0.53，用水量均为 $85kg/m^3$，采用 525 号硅酸盐大坝水泥（中热水泥），Ⅱ级粉煤灰掺量 30%；180d 抗压强度分别达到 56MPa、50MPa、48MPa，劈拉强度分别为 4.43MPa、4.07MPa、3.95MPa，极限拉伸值大于 $1.24×10^{-4}$，抗压弹性模量 30GPa 左右，绝热温升小于 27℃，线胀系数 $8×10^{-6}/℃$；二滩拱坝混凝土施工性能和硬化物性能优良，且具有 $25με$ 的微膨胀性能，有利于温控防裂。

与锦屏一级拱坝基本同期设计和建设的超高拱坝还有高 250m 的拉西瓦拱坝、高 292m 的小湾拱坝、高 278m 的溪洛渡拱坝。拉西瓦拱坝混凝土分两区，为 $C_{180}32W_{90}10F300$、$C_{180}25W_{90}10F_{90}300$，四级配混凝土；采用河滩天然砂砾石骨料，砂偏粗，采用人工棒磨机生产细砂调整砂的级配，骨料具有潜在碱硅酸活性；采用中热 42.5 级水泥，要求水泥中碱含量不大于 0.6%，MgO 含量控制在 3.5%～5.0%；粉煤灰采用Ⅰ级灰，要求碱含量不大于 2.0%；$C_{180}32W_{90}10F_{90}300$、$C_{180}25W_{90}10F_{90}300$ 的水灰比分别为 0.40、0.45，粉煤灰掺量分别为 30%、35%，用水量均为 77kg；180d 抗压强度 44.8MPa、39.2MPa，抗劈拉强度 3.60MPa、3.35MPa，极限拉伸值 $1.19×10^{-4}$、$1.11×10^{-4}$，抗压弹性模量

34.8GPa、33.1GPa，线胀系数 $8.66\times10^{-6}/℃$、$8.17\times10^{-6}/℃$，28d 绝热温升 23.3℃、21.0℃，混凝土自生体积变形表现为先收缩后微膨胀或收缩减少，150d 自生体积变形为 $15\times10^{-6}\sim-20\times10^{-6}$，之后趋于稳定；混凝土具有高强度、高极限拉伸值、中等弹性模量、低热和微膨胀性能。小湾拱坝混凝土分为三区，分别为 A 区 $C_{180}40W_{90}14F_{90}250$、B 区 $C_{180}35W_{90}12F_{90}250$、C 区 $C_{180}30W_{90}10F_{90}250$，四级配混凝土；采用黑云花岗片麻岩和角闪斜长片麻岩人工骨料，42.5 级中热普通硅酸盐水泥，要求 MgO 含量 3.5%～5.0%；Ⅰ级粉煤灰，掺量 30%；四级配混凝土配合比中，A 区、B 区、C 区混凝土的水灰比分别为 0.40、0.44、0.50，用水量分别为 90kg、90kg、89kg；$C_{180}40$、$C_{180}30$ 混凝土的抗压强度分别为 46.7MPa、34.2MPa，劈拉强度 3.5MPa、3.0MPa，抗压弹性模量 30.4GPa、27.9GPa，极限拉伸值 1.40×10^{-4}、1.28×10^{-4}，150d 自生体积变形在 $15\times10^{-6}\sim20\times10^{-6}$；混凝土表现为高强度、高极限拉伸值、中等弹性模量、低热和基本不收缩特性。溪洛渡拱坝 A、B、C 三区的混凝土设计分别为 $C_{180}40W15F300$、$C_{180}35W14F300$、$C_{180}30W13F300$，采用斑状玄武岩人工粗骨料＋灰岩人工细骨料组合骨料，水泥中 MgO 含量为 4.5%±0.3%，四级配混凝土的水灰比分别为 0.41、0.45、0.49，用水量均为 $82kg/m^3$，粉煤灰掺量 35%；180d 混凝土抗压强度分别为 60MPa 左右、52～75MPa、43～50MPa，抗压弹性模量 42～48GPa，极限拉伸值 $1.02\times10^{-4}\sim1.12\times10^{-4}$，华新水泥 1 年龄期混凝土自生体积变形基本控制在 $13.1\times10^{-6}\sim19.1\times10^{-6}$ 以内；混凝土具有高强度、高弹性模量、低极限拉伸值等特点。

锦屏一级拱坝混凝土也分三区设计，A 区 $C_{180}40W15F300$，B 区 $C_{180}35W14F250$，C 区 $C_{180}30W13F250$，要求为高强度、高极限拉伸值、低热和低收缩性的高性能混凝土，尽量达到为自生体积变形具有微膨胀性或低收缩性。坝址区附近无天然骨料，可做人工骨料的岩石有大理岩和砂岩，大理岩强度稍低，轧制后石粉含量高，细度模数低；粗骨料压碎指标偏高；砂岩强度高，但具有碱硅酸盐活性，加工性能差，针片状含量高，且料场夹有板岩、大理岩和风化岩石等不利组分，碱活性骨料和大理岩高石粉骨料在高拱坝混凝土中还没有应用先例，其长期的耐久性和安全性备受关注；因此超高拱坝的骨料选择和胶凝材料选择至关重要，研制高强度和高温控防裂性能的混凝土难度大，需要开展混凝土原材料及性能研究，配制出满足超高拱坝要求的混凝土。

锦屏一级拱坝工程开工建设前，GB/T 14684—2001《建筑用砂》规定混凝土用机制砂的石粉含量分别小于 3%（不小于 C60）、5%（C30～C60 之间）、7%（不大于 C30）；水工混凝土规范对骨料的石粉含量允许范围为 6%～18%，细度模数建议值为 2.6±0.2；而锦屏一级大理岩轧制的细骨料石粉含量超过 20%，最高达 40%，细度模数在 2.0 上下波动。大理岩细骨料能否配制出满足超高拱坝的高性能要求的混凝土需要开展相关研究。已有研究成果表明，砂岩加工产生的针片状含量超标将增加砂率和胶凝材料用量，并将降低混凝土的施工性能和强度性能，应采取加工工艺措施，严格控制粗骨料的针片状含量在水工混凝土规范要求的 15% 以内。砂岩粗骨料中夹杂的锈染砂岩、锈面砂岩、大理岩和板岩等不利组分的杂质骨料，其对混凝土性能的影响此前鲜见系统研究成果，需要开展其含量控制标准的研究。碱骨料反应抑制试验此前有一些研究成果，但在超高拱坝没有应用先例，其从严控制的标准如何制定，也需要进一步开展系统的试验研究。

基于已建和在建特高拱坝混凝土的研究成果，根据锦屏一级特高拱坝的工程条件和要求，开展了砂岩骨料碱活性抑制措施、全砂岩骨料、全大理岩骨料以及砂岩粗骨料＋大理岩细骨料组合骨料的高性能混凝土研究与骨料选择，组合骨料性能、粗骨料质量和细骨料质量对混凝土性能影响以及拱坝混凝土质量标准等内容的研究工作。主要成果如下：

（1）研究成果表明，"砂岩粗骨料＋大理岩细骨料"的组合骨料混凝土各龄期抗压强度、28d 和 90d 龄期的抗拉强度、抗压弹性模量高于全砂岩骨料混凝土；全砂岩骨料混凝土 28d、90d 龄期的极限拉伸值、干燥收缩率、混凝土绝热温升、导温、导热、比热和线膨胀系数高于组合骨料混凝土；在水胶比 0.38～0.53 范围内，全砂岩骨料混凝土的抗渗、抗冻性能略优于组合骨料全级配混凝土，但全砂岩骨料和组合骨料混凝土的抗冻等级均大于 F300，抗渗等级均大于 W16，均能满足设计要求。考虑组合骨料综合性能优于全砂岩骨料，选择组合骨料为锦屏一级拱坝混凝土骨料。

（2）通过试验研究，提出了粉煤灰掺量 20％为砂岩骨料碱活性抑制的最低安全有效掺量，采用"组合骨料＋高掺粉煤灰＋严控碱含量"的砂岩骨料碱活性有效抑制技术，明确了混凝土碱含量控制标准为：四级配不大于 $1.5kg/m^3$，三级配不大于 $1.8kg/m^3$，二级配不大于 $2.1kg/m^3$。

（3）全级配法与湿筛法对比试验表明，全级配混凝土各龄期的抗压强度、抗拉强度、轴拉强度和极限拉伸值基本都低于湿筛混凝土（7d 龄期抗压强度除外），抗压弹性模量高于湿筛混凝土；全级配混凝土和湿筛混凝土自生体积变形趋势一致，湿筛混凝土早期自生体积膨胀值及膨胀周期都大于全级配混凝土，至 360d 龄期，绝对收缩值小于全级配混凝土，或略有膨胀；全级配混凝土的相对渗透系数比湿筛混凝土低一个数量级，抗冻性能劣于湿筛混凝土；导温、导热系数高于湿筛混凝土，线膨胀系数、比热接近湿筛混凝土；掺 35％粉煤灰的混凝土干缩率、自生体积变形、绝热温升略低于掺 30％粉煤灰的混凝土，其他指标相近，大坝混凝土采用 35％粉煤灰掺量具有更好的技术性能。

（4）特大石、大石针片状含量超过 25％时对混凝土和易性有一定影响，中、小石针片状含量增大对混凝土和易性影响相对较明显，砂率和用水量均有所增加；特大石、大石针片状含量 25％，中、小石针片状含量在 20％以内时，粗骨料针片状含量对混凝土力学性能总体影响不大。特大石粒径由 150mm 减小为 120mm，在特大石含量 35％不变时，用水量增加 1kg；在特大石由 35％降低至 20％时，砂率增加，用水量由 82kg 增加至 89kg，胶材用量有所增加；特大石粒径及含量减少引起混凝土自生体积变形收缩变形有增大趋势，绝热温升升高（最大升高 1℃），对强度、变形、热物理参数、耐久性的影响不大。

（5）采用全级配法、湿筛法、CT 扫描和扫描电子显微镜（SEM）等方法进行骨料不利组分影响的宏观和细观损伤研究，探明了砂岩骨料中的锈面岩等不利组分对混凝土性能的影响，提出了不利组分的质量控制标准；按照对全级配混凝土性能的影响幅度以不超过 5％作为控制指标，不利组分含量控制指标为：①全锈染骨料含量不超过 3％；②局部锈染骨料含量应控制在 8％以内；③锈面石骨料含量应控制在 8％以内；④大理岩含量宜控制在 8％以内；⑤板岩含量控制在 2％以内。

（6）大理岩石粉活性随着比表面积增大而增加，但其活性不足以替代粉煤灰作为活性掺和料。大理岩细骨料的细度模数对大坝混凝土强度的影响随细度模数增加而增加，随石粉含量增加而递减，当大理岩细骨料的细度模数为某一特定值时大坝混凝土的强度最优，如细度模数为 2.5 左右，石粉含量为 20%～25%；极限拉伸值随石粉含量增加而降低，干缩值随石粉含量增加而增大；抗渗性能随石粉含量增加而降低，当石粉含量超过 25%时，混凝土的抗渗等级下降比较明显。因此，现场控制大理岩细骨料石粉含量范围为 14%～20%，细度模数控制在 2.2～3.0。

（7）提出了锦屏一级超 300m 高拱坝高性能混凝土及原材料质量控制标准。尽管锦屏一级拱坝混凝土存在砂岩粗骨料针片状含量高，且含有锈面石、板岩等骨料不利组分，大理岩细骨料石粉含量高等不足，组合骨料＋高掺粉煤灰仍然可以配制出力学性能、变形性能、热学性能、耐久性能和施工性能俱佳的高性能混凝土，并据此提出了混凝土各种原材料的质量控制标准。

1.3.2 高山峡谷区超高拱坝混凝土高效生产与运输技术

锦屏一级工程规模巨大，拱坝混凝土量达 563 万 m³；但工程地处高山峡谷地区，施工场地匮乏，施工布置极其困难。针对工程区能够用于加工拱坝混凝土骨料的母岩特性，要研究采用何种骨料加工工艺才能生产出满足要求的骨料；针对高山峡谷区的复杂地形条件，采用何种骨料运输方案，既适应当地工程地质条件，又能满足工程建设强度需求；针对高山峡谷区场地匮乏的情况，采用何种混凝土生产系统，既能因地制宜满足工程地形和场地条件，又能确保超高拱坝预冷混凝土的生产、上坝运输和浇筑满足要求。总之，混凝土骨料生产与运输、混凝土生产系统布置、混凝土上坝运输等都面临高效生产的难题。

在我国已建的大型水利水电工程中，在大坝混凝土生产方面，长距离胶带运输机运输骨料，大方量高效拌和系统、散装水泥、二次筛分、二次风冷与加冰拌制、计算机控制等技术已日趋成熟。

在骨料制备方面，建筑业混凝土骨料的加工方法有干法生产和湿法生产两种工艺。水利水电工程混凝土人工细骨料加工多以湿法生产为主，如清江隔河岩、高坝洲和长江三峡（下岸溪砂石系统）等大型水利水电工程均采用湿法生产，成品砂质量控制良好，但存在含水量较大且不稳定、成品砂中石粉含量偏低、产生的废水处理量等问题。近年来，随着国外新型制砂设备的引进和推广，我国水利水电工程建设中逐渐开始推广使用人工干法制砂技术，与湿法制砂多采用棒磨机不同，目前采用的干法制砂主要是旋盘制砂机或冲击式破碎机等制砂设备制砂，比如三峡茅坪溪沥青混凝土细骨料生产采用了立式复合破碎机和棒磨机相结合的生产工艺，用直线振动筛进行分级，机械式分选机对石粉进行分离和回收，系统全封闭运行；棉花滩水电站碾压混凝土坝采用 2 台巴马克 900 型石打石破碎机，生产的砂直接用于混凝土浇筑。2011 年南方路面机械公司从日本寿技研引进 V7 干法制砂工艺，采用空气筛专利技术，将破碎物中的合格产品与超标品同时分离，粉尘会被除尘器吸走，产品可经调控进行级配调整，设备全封闭运行。但锦屏一级大理岩轧制细骨料的石粉含量极高，采用上述干法生产工艺是否可行，还没有先例，需要进一步研究。

锦屏一级水电站用于生产粗骨料的大奔流料场变质砂岩呈各向异性，生产的成品骨料整体粒形差，尤其是特大石中针片状和超长石含量超标，产量不足，且严重影响混凝土的施工性能和骨料运输线及混凝土搅拌机的正常运行。

在骨料运输方面，有汽车运输和皮带运输机两种方式，长距离运输一般选择采用皮带运输机运输的方式。在国内，向家坝水电站工程半成品骨料皮带运输机长 31.1km，为距离最长的分段直线骨料普通运输皮带。与锦屏一级大坝骨料运输皮带机基本同期设计研究的锦屏二级引水隧洞渣料双向运输皮带机，采用空间转弯连续返程带料的皮带输送机，去程运输 TBM 开挖石料，返程运输成品骨料，皮带运输机长 5.9km。锦屏一级拟采用的管状带式输送机技术于 1997 年左右由日本引入国内，经过十多年的不断改进、完善和发展，在国内港口、矿山、仓储等行业的部分企业已有完成和应用 DG150～DG400 等系列产品先例，但在水电行业没有使用经验，特别是大管径、高带强、大运量、长距离管状带式输送机在水电行业还没有应用先例。

大型水电站的拌和系统有自落式或强制式两种可供选择。其中一般采用 4×3m³ 或 4×4.5m³ 自落式拌和系统，如三峡二期厂坝高程 120m 和 82m 系统、小湾等均采用了 4×3m³ 自落式拌和系统，而二滩、三峡二期厂坝高程 79m 系统、溪洛渡等选择采用了 4×4.5m³ 自落式拌和系统，三峡二期厂坝高程 90m 系统还选择采用了一座 4×6m³ 自落式拌和系统。常用的大型强制式拌和系统一般采用 2×4m³、2×4.5m³、2×6m³，如漫湾、小浪底、索风营采用了 2×4m³ 拌和系统，光照、三峡左岸高程 98.7m 系统、金安桥等采用了 2×4.5m³ 拌和系统，阿海、龙滩右岸高程 360m 系统采用了 2×6m³ 拌和系统。锦屏一级水电站主要采用四级配预冷混凝土，高峰期混凝土浇筑强度高，狭窄场地条件限制了自落式混凝土生产系统的布置，但大方量强制混凝土生产系统还没有生产四级配常态预冷混凝土的先例。在混凝土拌制设备选择上，锦屏一级水电站需要有所突破。

围绕锦屏一级水电站高山峡谷区大坝混凝土骨料生产运输和混凝土生产运输两大环节的技术难题，开展了骨料生产运输，混凝土高强度大方量强制拌和，缆机运输和混凝土浇筑等生产、运输、浇筑的"一条龙"管理等的研究，形成了锦屏一级超高拱坝混凝土高效生产与运输技术。主要成果如下：

（1）首次在特大型工程混凝土细骨料生产中采用风选工艺干法制砂技术。大理岩细骨料石粉含量及细度模数均得到有效控制，实现了石粉含量整体控制在 14%～20%、细度模数控制在 2.0～3.0 的设计要求，提出了"指标＋波动范围"的双控质量标准，解决了大理岩制砂的石粉含量和细度模数波动问题。

（2）在混凝土骨料生产中采用反击破粗骨料整形技术。解决了变质砂岩特大石粗骨料粒形差、针片状骨料超标以及特大石产量严重不足问题。

（3）研发并采用了大直径（$\phi500mm$）、高带强（胶带强度为 2500N/mm）、大运量（输送强度 2500t/h）和长距离（总长 5.4km，2 条管状皮带长 2.75km）的水电站骨料大型管状带式输送技术。并采用地下布置方式，解决了地质灾害频发的高山峡谷地区超高落差（307m）、大运量（1300 万 t）、长距离（5.4km）的混凝土骨料运输难题。

（4）首次在特大型工程中采用双卧式强制搅拌机生产四级配常态和预冷混凝土技术。采用 2×7m³ 大型强制式拌和机生产四级配常态预冷混凝土，预冷混凝土月平均生产强度达到 16 万 m³，保证了拱坝高峰期浇筑强度要求。

（5）实施了结合 30t 单层平移式缆机布置和混凝土生产运输浇筑"一条龙"考核管

理，提高了高山峡谷地区超300m高拱坝建设对预冷常态混凝土的高强度拌和、运输和浇筑效率。

1.3.3 超高拱坝温控防裂技术

温度裂缝是大体积混凝土最常见的缺陷病害，也是长期困扰高拱坝建设的一个重要问题。裂缝的出现不仅会影响大坝整体性，降低大坝的耐久性，裂缝的处理还会延误工期、增加投资，严重的裂缝可能会危及大坝的安全。

裂缝产生的原因是混凝土的拉应力超过了抗拉强度，因而混凝土裂缝主要分为结构裂缝与温度裂缝，混凝土大坝施工期产生的裂缝主要为温度裂缝。防裂抗裂需从提高材料的抗裂性能、控制温度变化和减小约束等措施入手。从20世纪30年代美国建造胡佛大坝时起，就有了分缝分块、低温浇筑、通水冷却的大体积混凝土温度控制的基本措施，这些措施仍然是目前混凝土坝温控防裂的主要手段。在我国大坝建设实践中，在以朱伯芳院士为代表的我国学者的努力下，已形成了一套包括混凝土硬化数学模型、大坝浇筑全过程仿真模拟方法、全过程温度与应力控制理论、裂缝控制方法等完整的大坝混凝土温度控制与防裂控裂的理论与方法。但由于大坝大体积混凝土施工条件千差万别，工程环境的复杂多样，混凝土裂缝问题仍然未能完全解决。

大坝温度裂缝主要产生于三个温差：基础温差、上下层温差和内外温差。基础温差会引起从基础向上的劈头裂缝和内部坝轴向的贯穿裂缝，上下层温差引起大坝内部裂缝，内外温差引起仓面或表面裂缝。具体裂缝的产生往往受多种因素影响，但从数量上讲，内外温差产生的裂缝居多，如拆模冷击、寒潮引起温度骤降、降雨冷击、低温浇筑冷击等引起的裂缝。一些非温度致裂因素如固结灌浆上抬、坝段倒悬、孔口应力、水管漏水渗透破坏、灌浆劈裂等，这些非温度因素往往还与温度应力叠加引起裂缝。

近期的研究和实践表明，除了如上三个温差外，温差的形成过程对裂缝的起裂和扩展影响较大，尤其是采用人工冷却时如果冷却不当，导致降温过程中的相邻混凝土温差值、温度梯度和降温速率过大，也会在坝内产生严重裂缝。如某拱坝施工过程中坝体中部沿坝轴线方向产生了两组大范围裂缝，分析原因主要如下：①一期冷却后温度回升，二期冷却降温幅度过大；②二期冷却区区域过小，使得上下层降温梯度过大；③沿上下游分成上、中、下三区冷却，且施工中冷却不同步，人为造成了上下游温差，与上下层温差应力形成叠加作用。另外，冷却水温与混凝土温差过大，水管周边的微裂缝纹也是宏观裂缝产生的诱导因素之一。

锦屏一级超高拱坝地质条件复杂，拱坝岸坡坝基陡峻，坝体厚度大，河床坝段加贴角厚度达79.6m，左岸155m高大垫座上下游最长达102m；坝体结构复杂，有4层导流和泄水孔口、有5层坝内廊道和电梯竖井；当地气温温差大，300m超深水库，温度边界复杂；双曲拱坝连续浇筑，分期挡水，结构性态复杂；温控防裂难度极大；需要研究制定一套适用于超高拱坝的混凝土温度控制标准。为此开展了锦屏一级拱坝温控防裂技术标准、施工期温度应力跟踪仿真分析与评价等研究工作，系统形成了超高拱坝温控标准。主要成果如下：

（1）采用数值计算方法和工程类比的方法，结合二滩水库水温实测资料和反馈分析的成果，进行了锦屏一级拱坝温度边界的研究。对锦屏一级库水温度分布，采用包络式的分析思路分析确定了拱坝准稳定温度场及稳定温度场。首次采用包络式的方法，确定了锦屏一级拱坝封拱温度方案，选定拱坝封拱温度为 12～15℃。

（2）鉴于锦屏一级工程的重要性，确定施工期混凝土抗裂安全系数为 1.8。全坝按约束区进行温度控制设计，拱坝混凝土最大温差标准为 $\Delta T \leqslant 14℃$，垫座温差标准 $\Delta T \leqslant 11℃$，从严制定混凝土最高温度控制标准，拱坝为 26～29℃，垫座为 25～26℃。

（3）提出了"时间和空间温度梯度双控"的温控方法和标准，提出了一期冷却、中期冷却、二期冷却的时间过程控温方案，并对各阶段的温控目标和降温速率提出了控制标准；提出按灌浆区、同冷区、过渡区、盖重区的空间分区方式进行温度梯度控制。

（4）提出了严格的温控施工质量评价标准。依据设计温控技术要求，结合锦屏一级拱坝实际情况，提出了出机口温度、浇筑温度、最高温度、内部温差、内部温度回升和降温速率等温控施工质量系列评价标准。

（5）采用通仓浇筑的温控措施，提出了浇筑层厚度采用 1.5m、3.0m、4.5m，浇筑温度采用 11℃，浇筑层间歇期采用 5～14d，分一期通水冷却、中期通水冷却和二期通水冷却三期冷却等浇筑方案和冷却措施，提出了混凝土养护及表面保护的标准和相应的措施。

1.3.4 拱坝混凝土智能温控技术

防止产生温度裂缝的主要手段是做好温度控制，即设置合理的温度控制标准，合理采用低温浇筑，通水冷却和表面保温措施，有效控制三个温差及其形成过程。朱伯芳提出了"小温差、早冷却、缓慢冷却"的通水冷却新理念，可以有效降低通水降温过程中的开裂风险，但实施过程中大量的人工控制，手工操作，给施工温控过程带来了新的挑战。因此，精细化温控，精准温控，是超高拱坝混凝土急迫解决的温控难题。

传统拱坝混凝土温控作业与管理工作均是采用人工，利用一定的知识加经验开展温控工作，工作量大，数据波动大，温控工作不精细，高温或低温季稍不注意就超过最高温度或超冷，极易导致温度裂缝，故曾经有"无坝不裂"之说。超高拱坝工期长，需经历多个寒暑，且同期温控工作量较一般高拱坝大许多，加上温控标准严，温控工作量更大。因此，如何克服传统温控工作不精细，减少人为干预误差和大幅波动，减少人工工作量，是高拱坝建设面临突破的技术问题；而利用现代技术，研究采用自动化、智能化手段开展温控管理工作，是提升温控工作精细化水平的有效手段，是当前该领域研究的重点方向。

锦屏一级超 300m 高拱坝温控防裂难度极大，为实时监控拱坝混凝土施工期温度，降低人工劳动强度，减少人为操作失误，提高温控工作精细化水平，锦屏一级拱坝开展了全坝全部浇筑仓块温度监测、施工期温度自动化监测、温控信息集成与预警系统、智能冷却通水等智能温控系统研究工作，首次形成了全套拱坝智能温控技术。主要成果如下：

（1）首次在拱坝全坝全部仓块实施温度监测，每个仓块一般埋设 3 支温度计进行温度监测。

（2）建立了拱坝混凝土施工期温度监测自动化系统；首次采用将 MCU 布设在坝体廊道的温度监测自动化系统，解决了在线监测与施工干扰的问题，实现了拱坝各仓块混凝土温度全过程实时采集，为智能冷却通水提供基础数据。

（3）研发了混凝土冷却通水智能控制通水阀、测控装置、适应现场环境的无线传输装置和设备。

（4）研发采用了基于温控设计过程线、温控标准和实测温度的自适应间歇式通水智能控制方法的智能冷却通水系统（简称"通断法"智能通水系统），实现了智能温控技术操作简单、可靠和精细化。

1.3.5 4.5m 仓层通仓浇筑技术

超高拱坝每年汛前均有度汛形象面貌要求，安全度汛要求拱坝快速达到度汛形象；锦屏一级超高拱坝超深水库采用分期蓄水，也要求阶段性快速达到相应形象面貌；超高拱坝对施工期应力控制要求拱坝均衡上升；而锦屏一级拱坝狭窄河谷、坝段少的工程特性，使大坝浇筑的调仓跳块受到限制，大坝浇筑上升速度受限，大坝均衡快速施工难度大。

在大坝混凝土浇筑技术方面，20 世纪 30 年代成熟的混凝土坝分缝分块柱状浇筑技术一直到 20 世纪 80 年代都是大坝混凝土浇筑技术的主流。20 世纪 90 年代初开始，我国开展科技攻关，研究混凝土坝通仓薄层浇筑技术，并在五强溪混凝土重力坝施工中应用，浇筑层厚度由最初的 0.5m，逐渐摸索和加厚至 1.0m 和 1.5m，大大提升了混凝土坝的浇筑速度，通仓浇筑技术成为了混凝土大坝快速施工的通用技术。

出于温度控制的需要，大体积混凝土在约束区一般采取薄层浇筑的方式，常用的浇筑层厚是 1.5m。二滩拱坝原合同规定浇筑仓层厚度为 1.5m，后经大量分析研究，将约束区从 1.5m 仓层厚度增加到 3.0m，不但提高了浇筑块的抗裂能力，而且为大坝混凝土浇筑抢回了 4 个月工期，后续高拱坝浇筑仓层厚度均沿用了这种模式。三峡工程临时船闸 2 号坝段，为满足 2003 年 6 月 15 日三峡大坝蓄水至高程 135m 的要求，在脱离基础强约束区后，部分仓位采用 4.5m 仓层浇筑，其混凝土设计标号为 $R_{90}150$ 和 $R_{90}200$。但大坝大范围采用 4.5m 仓层厚度浇筑还没有先例。

近期施工的拉西瓦、溪洛渡、小湾等超高拱坝，均在河床约束区采用 1.5m 层厚浇筑，其他部位采取 3.0m 层厚浇筑的方式，小湾拱坝曾经就 4.0m 仓层厚的浇筑开展初步研究，但没有进一步深入研究和工程应用。在锦屏之前，常态混凝土坝均没有大范围规模化超过 3.0m 仓层浇筑的经验。

大坝混凝土采用通仓薄层浇筑技术后，为进一步提高大坝施工速度，一般都在压缩混凝土拌和时间、提高混凝土入仓运输速度、加快仓面摊铺速度、缩短混凝土浇筑仓层间歇时间、节省大坝浇筑调仓跳块时间等方面下工夫。锦屏一级超高拱坝快速施工方面，已经采取了一些措施，如采用大型强制拌和系统缩短混凝土拌和时间，尽可能减少混凝土汽车水平运输和 30t 缆机垂直运输的混凝土入仓运输时间，加强仓面摊铺设备和振捣设备配置加快仓面施工速度，优化节省坝块浇筑的调仓跳块时间，缩短仓层间歇时间等。但锦屏一级拱坝全坝只有 26 个坝段，结构复杂，采用传统的 1.5m 和 3.0m 仓层厚度通仓连续浇筑技术，优化备仓，压缩调仓跳块时间间隔，浇筑计划仍难以满足快速施工的要求。要实现拱坝施工快速均衡上升，需要突破传统 1.5m 和 3.0m 组合的通仓浇筑技术，研究采用 4.5m 仓层厚度浇筑技术的可行性，通过减少浇筑仓位数量，提高大坝浇筑上升速度；这将是继二滩拱坝约束区和自由区均采用 3.0m 仓层浇筑技术之后又一次面临突破的课题。因此，开展了锦屏一级拱坝混凝土 4.5m 仓层厚度通仓浇筑方法的悬臂大模板、施工工艺、温控防裂、三大高差控制等相关技术研究，形成了大坝常态混凝土 4.5m 仓层通仓浇筑成套技术。主要成果结论如下：

（1）研发了用于通仓 4.5m 浇筑的悬臂大模板，拱坝体型可控。

（2）建立了大坝混凝土通仓 4.5m 仓层浇筑温控技术标准。

（3）提出了坝段悬臂高度 75m、相邻坝段高差 18m、坝段间最大高差 36m 的三大高差控制标准。

（4）形成了 4.5m 仓层通仓浇筑成套施工工艺。

1.3.6 超高拱坝施工实时监控技术

锦屏一级超高拱坝规模大，工期长，工程施工条件差，施工过程复杂，施工质量和进度受控难度大。如何利用漫长施工过程中产生海量的信息，高效控制工程质量和进度，并使超 300m 高拱坝浇筑形成过程的工作性态随时可知可控，是坝工建设的新课题。因此，要利用现代技术，研究超高拱坝施工过程有效监管和监控的技术手段。

在施工进度控制理论与应用研究方面，国内外均取得了一定的研究成果。在国外，奥地利 Schlegeis 坝工程建设管理中采用计算机仿真技术来模拟混凝土坝浇筑过程；在国内，二滩水电站建设中对双曲拱坝混凝土跳仓浇筑进行了计算机仿真研究。近年来，随着一批高混凝土坝相继开工建设，大坝施工进度控制问题也逐渐成为人们关注的焦点。长江三峡二期工程以大坝混凝土浇筑施工为对象，采用计算机仿真技术模拟混凝土浇筑过程，研究不同施工方案以及各种施工方案在施工过程中的制约因素对工程施工的影响程度，提出了混凝土浇筑量与工程形象面貌并重的施工方法，为工程建设制定较优的施工进度计划、开展动态管理提供参考。已有的施工进度仿真系统没有实现根据大坝实际动态的施工面貌实时仿真分析后续工程进度计划。

在施工质量监控方面，江苏省昆山玉峰大桥建设管理中以网络为媒介，通过对现场桥梁各种施工数据的快速数字化采集、双向传输及控制分析决策，较好地对桥梁施工质量进行了实时控制；津汕高速建设中开发了基于无线网络的视频监控系统来对高速公路现场施工进行监控，实现了高速公路施工过程的多方位监控和全面有效地管理；南京东渡城市广场施工中利用传感器自动完成混凝土温度和应力信息的采集，然后通过无线模块将数据上传至主机，由主机软件完成数据的转换、存储、曲线和报表生成，实现混凝土施工监测的信息化管理。水电工程因为规模巨大，专业和工序繁多，信息化技术应用起步稍晚，全面性和系统性应用较少，是一个重点研究方向。

在大坝施工期工作性态研究方面，中国水利水电科学研究院提出了混凝土坝数字监控的概念，利用全坝全过程的仿真计算分析，在施工期即可给出大坝当时温度场和应力场，为现场混凝土坝温度控制决策提供依据。但一般都只在超高拱坝施工过程中的阶段性评价才开展拱坝仿真分析，跟踪拱坝施工全过程开展工作性态分析的还没有先例。

作为超 300m 高拱坝的锦屏一级大坝，施工工期长，施工过程复杂，海量的施工信息相互交叉和作用，施工进度、质量和工作性态的监控如何进行，面临挑战，需要深入研究和实践。

锦屏一级拱坝施工项目多、程序复杂，拱坝混凝土原材料质量、混凝土拌和物及成品质量、拱坝混凝土温控、基础灌浆与接缝灌浆程序与质量、拱坝混凝土浇筑计划等控制是拱坝施工的难题，为此，按照施工信息集成与管理的总体思路，从施工质量监控评价、混凝土温控监控评价、施工进度动态仿真与反馈控制、拱坝工作性态监控等四个环节开展超高拱坝全坝全过程施工实时监控关键技术研究，形成了锦屏一级拱坝实时监控系统，实现了超高拱坝施工期工作性态实时可知可控。其主要成果如下：

（1）研发了拱坝混凝土施工质量与进度实时控制系统，对锦屏一级拱坝建设质量与进度进行在线实时监测和反馈控制。系统包括混凝土试验、原材料检测、拌和楼运行、缆机运行、仓面施工、温度控制、灌浆施工等信息采集与分析及大坝施工进度动态仿真分析与调控共 8 个子系统；控制系统具备对质量参数与设计标准、实施进度与计划进行比较分析评价与预警功能。

（2）首次建立了高拱坝混凝土温控信息集成与实时评价系统；制定了从骨料及混凝土预冷、浇筑温度、最高温度、降温幅度、降温速率、温控历时、封拱温度及仓块温差、温度回升的超高拱坝混凝土施工全过程温度控制与评价标准；将与温度相关的浇筑、温度、时间、气象等信息集成于系统中，实现大坝混凝土内部温度和坝址区气象信息数据的自动化采集、传输、存储和对比分析；系统具有自动生成报表和温控过程曲线，温控过程控制各项评价标准的超标预警功能。

（3）形成了拱坝施工进度实时仿真与反馈控制系统；系统可以开展施工进度与计划对比分析、基于当前进度的未来进度仿真分析和进度目标的反馈分析，能够及时预警，提出施工建议计划，实现进度实时反馈控制。

（4）首次形成了全坝全过程拱坝工作性态的仿真分析跟踪评价方法，提出了拱坝真实参数、真实荷载和真实过程的真实性态仿真分析方法，按月跟踪评价拱坝工作性态，预测拱坝施工计划的安全性，适时提出施工计划调整建议和设计优化意见。

参 考 文 献

［1］ 王继敏，段绍辉，郑江，等. 锦屏一级拱坝建设关键技术问题［C］//水库大坝建设与管理中的技术进展——中国大坝协会 2012 学术年会论文集. 成都：2012：94-104.

［2］ B. U. 勃隆什捷因. 英古里水电站拱坝及坝基现状［J］. 容致旋，译. 水利水电快报，1994（20）.

［3］ B. N. 奥西则，д. П. 何别里雅. 骨料粒径对水工混凝土试件抗拉强度的影响［J］. 蔡兆庆，译. 水利科技，1997（12）.

［4］ 李嘉进，陈万涛. 二滩水电站高拱坝混凝土的特点［J］. 水电站设计，1998，14（3）.

［5］ 李嘉进，陈万涛. 二滩水电站拱坝混凝土与温控［J］. 水力发电，1998（7）.

［6］ 任宗社，王世锟，张华臣. 拉西瓦水电站拱坝混凝土原材料及配合比优化［J］. 水力发电，2007，33（11）.

［7］ 谢建斌，唐芸，陈改新. 小湾水电站双曲拱坝混凝土性能研究［J］. 水力发电，2009，35（9）.

［8］ 杨富亮，张利平，王冀忠. 溪洛渡水电站大坝混凝土配合比优化试验研究［J］. 水利水电施工，2010（2）.

［9］ 周厚贵，王水兵. 水工混凝土施工新技术［J］. 水利水电施工，2006（4）：100-108.

［10］ 吴明威，付兆岗，李铁翔，等. 机制砂中石粉含量对混凝土性能影响的试验研究［J］. 铁道建筑技术，2000（4）：46-49.

［11］ 王雨利，王稷良，周明凯，等. 机制砂及石粉含量对混凝土抗冻性能的影响［J］. 建筑材料学报，2008，11（6）：726-731.

［12］　宋伟，赵尚传，殷福新，等．粗集料针片状颗粒含量对混凝土工作性及力学性能影响的研究［J］．公路交通科技（应用技术版），2007（11）：93－96．

［13］　唐瑞．长距离胶带机在水电工程砂石系统中的应用［J］．西北水电，2015（4）：55－58．

［14］　曾倩彬，陈军，黄伶．三峡工程▽98.7拌和系统的技术进步［J］．四川水力发电，2000（1）：82－85．

［15］　韩章良，刘伟，赵双凤．溪洛渡水电站中心场混凝土生产系统预冷混凝土设计简介［C］//王仁坤．水工大坝混凝土材料和温度控制研究与进展——水工大坝混凝土材料与温度控制学术交流会．北京：中国水利水电出版社，2009：445－449．

［16］　关薇，康智明，杨志尧．小湾水电站左岸混凝土拌和系统设计［C］//陕西省水力发电工程学会．陕西省水力发电工程学会青年优秀学术论文集．2008（11）：185－188．

［17］　宁德奎．龙滩水电工程右岸混凝土生产系统温控技术的运用［J］．红水河，2006（4）：88－91．

［18］　刘济华．二滩工程Ⅱ标混凝土拌和系统［J］．水利水电施工，1999（4）：32－35．

［19］　杨凤梧，孙乃源．漫湾水电站大坝厂房混凝土施工［J］．水力发电，1993（6）：38－41．

［20］　赵宏，周志华，孔令涛．小浪底工程泄洪项目混凝土拌和楼制冷状况分析［J］．水利水电技术，1999（12）：33－35．

［21］　黄厚农，乔虹．索风营水电站大坝碾压混凝土施工［J］．中国水利，2007（21）：41－43．

［22］　陈祖荣．光照水电站左岸混凝土拌和系统设计［C］//中国水力发电工程学会碾压混凝土筑坝专委会，中国水利学会碾压混凝土筑坝专委会．2008 年碾压混凝土筑坝技术交流研讨会论文资料．2008：76－82．

［23］　肖永林，蒋吉贵．浅谈金安桥水电站拌和系统设计缺陷及施工中的技术创新［J］．科技信息（科学教研），2007（29）：447．

［24］　王永，宁占元，王宏亮．浅谈阿海水电工程左岸上游混凝土拌和预冷系统温控技术［J］．科技信息，2011（22）：747－748．

［25］　王碧桃，孔繁忠．干法制砂工艺在水利工程中的应用［J］．人民长江，2001（10）：49－50．

［26］　吴正德，黄文景．人工制砂技术探讨［J］．广东建材，2013（9）：104－107．

［27］　朱伯芳．大体积混凝土温度应力与温度控制［M］．北京：中国电力出版社，1999．

［28］　张国新，刘毅，李松辉，等．"九三一"温度控制模式的研究与实践［J］．水力发电学报，2014，33（2）：179－184．

［29］　刘毅，张国新．混凝土坝温控防裂要点的探讨［J］．水利水电技术，2014，45（1）：77－83．

［30］　张国新，艾永平，刘有志，等．超高拱坝施工期温控防裂问题的探讨［J］．水力发电学报，2010，29（5）：125－131．

［31］　张国新，刘有志，刘毅，等．超高拱坝施工期裂缝成因分析与温控防裂措施讨论［J］．水力发电学报，2010，29（5）：45－51．

［32］　朱伯芳．小温差早冷却缓慢冷却是混凝土坝水管冷却的新方向［J］．水利水电技术，2009，40（1）：44－50．

［33］　张国新，刘有志，刘毅．超高拱坝温度控制与防裂研究进展［J］．水利学报，2016，46（3）：382－389．

［34］　王继敏，段绍辉，郑江，等．锦屏一级超高拱坝混凝土 4.5m 仓层厚度施工关键技术［J］．南水北调与水利科技，2015（6）：580－584．

［35］　朱伯芳．混凝土坝温度控制与防止裂缝的现状与展望［J］．水利学报，2006，37（12）：1424－1432．

［36］　张瑞华，宋殿海．三峡工程临时船闸坝段 4.5m 升层混凝土施工［J］．水力发电，2003（7）：36－38．

［37］　钟登华，刘东海，崔博．高心墙堆石坝碾压质量实时监控技术及应用［J］．中国科学：技术科学，

2011，41（8）：1027-1034.

[38] 朱伯芳．混凝土坝的数字监控 [J]．水利水电技术，2008，39（2）：15-18.

[39] 刘毅，张国新，王继敏，等．超高拱坝施工期数字监控方法、系统与工程应用 [J]．水利水电技术，2012，43（3）：33-37.

[40] 张国新，李松辉，刘毅，等．大体积混凝土防裂智能监控系统 [J]．水利水电科技进展，2015，35（5）：83-88.

[41] 雅砻江流域水电开发有限公司，等．锦屏一级复杂地质超高拱坝建设关键技术研究与应用 [R]．成都：雅砻江流域水电开发有限公司，2016.

[42] 雅砻江流域水电开发有限公司，等．超 300m 高拱坝混凝土优质快速施工关键技术研究及应用 [R]．成都：雅砻江流域水电开发有限公司，2015.

[43] 雅砻江流域水电开发有限公司，等．锦屏一级水电站工程混凝土骨料大型管状带式输送机系统的开发与应用 [R]．成都：雅砻江流域水电站开发有限公司，2014.

[44] 雅砻江流域水电开发有限公司，等．锦屏一级复杂地质超高拱坝建设关键技术研究及应用 [R]．成都：雅砻江流域水电开发有限公司，2016.

第2章

拱坝碱活性砂岩组合骨料混凝土

2.1 概述

2.1.1 混凝土技术要求

锦屏一级水电站高拱坝混凝土要求具有高强度、高耐久性、良好的抗裂性能和良好的施工性能，根据拱坝应力的分布和坝体结构布置，将拱坝混凝土分为 A、B、C 三个区，如图 2.1.1-1 所示，各区混凝土的主要设计技术指标要求见表 2.1.1-1。

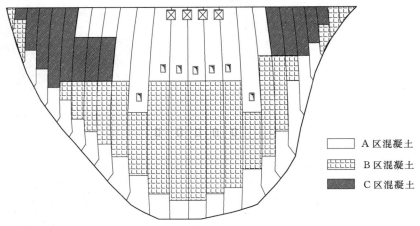

☐ A区混凝土

▦ B区混凝土

▨ C区混凝土

图 2.1.1-1　锦屏一级拱坝混凝土分区示意图

2.1.2 混凝土骨料料源选择

锦屏一级大坝混凝土工程量总计约 563 万 m³，其中拱坝坝体 507 万 m³，左岸垫座 56 万 m³。坝址附近的天然骨料储量远不能满足设计要求，拱坝混凝土只能采用人工骨料。

表 2.1.1-1   **锦屏一级水电站拱坝混凝土主要设计技术指标**

项　　目	大坝 A 区	大坝 B 区	大坝 C 区	备　　注
设计龄期/d	180	180	180	
骨料级配	四	四	四	
水泥品种	中热	中热	中热	
水胶比	≤0.43	≤0.46	≤0.49	
试件抗压强度标准值/MPa	40.0	35.0	30.0	试件抗压强度标准值定义为：在标准制作和养护条件下，15cm 立方体，180d 龄期，具有 85% 保证率的极限抗压强度
极限拉伸值/($\times 10^{-4}$)	≥1.05	≥1.00	≥0.95	
自生体积变形/($\times 10^{-6}$)	-10～40	-10～40	-10～40	
绝热温升/℃	≤28	≤26.5	≤25	
抗冻等级（F）	≥300	≥250	≥250	
抗渗等级（W）	≥15	≥14	≥13	
粉煤灰掺量/%	30～35	30～35	30～35	
坍落度/cm	3～5	3～5	3～5	

　　锦屏一级水电站工程区内出露地层主要为三叠系浅变质岩，岩性以变质砂岩和板岩为主，局部夹大理岩。从坝址附近出露的地层岩性分析，可作为人工骨料料源的仅有大理岩和变质砂岩。

　　在预可行性研究阶段和可行性研究阶段坝址比选期间，主要针对坝址附近的大理岩作骨料母岩开展工作，先后调查了木落脚村、解放沟沟口、硝厂沟、普斯罗沟、三滩沟（左岸）和三滩右岸等大理岩料场。选定普斯罗沟混凝土双曲拱坝坝址后，按详查精度对三滩沟大理岩料场、三滩右岸大理岩料场、兰坝大理岩料场和大奔流砂岩料场开展了勘探试验工作。随着勘探试验工作的深入，发现三滩沟（左岸）大理岩料场岩性均一性差，含软弱的绿片岩较多，开采条件差，因此，最先放弃了该料场。三滩右岸大理岩料场岩性均一性较差，岩石强度偏低，且含有较多强度较低的中粗晶大理岩，兰坝大理岩料场和大奔流砂岩料场的主要技术指标优于三滩右岸料场，并在 2002 年 12 月至 2003 年 1 月对这两个料场进行了生产性试验。可研阶段认为兰坝大理岩料场和大奔流变质砂岩料场质量、储量基本能够满足工程需要。

　　可研报告审查后，对兰坝大理岩和大奔流砂岩料场复核勘探试验结果表明：兰坝大理岩料场由于岩性的变化，储量不能满足工程要求；大奔流砂岩料场存在潜在碱活性问题。采用大理岩作为大坝混凝土骨料需要解决储量不足问题，采用砂岩骨料，需要解决潜在碱活性问题。

　　对于坝址附近储量满足设计要求的三滩右岸大理岩、大奔流砂岩进行了单一骨料混凝土性能试验研究，研究成果表明单一骨料混凝土存在一定的不足。大理岩原岩饱和抗压强度在 59MPa 左右，骨料压碎指标高，配制的混凝土在抗拉强度较低的早龄期试件出现大部分粗骨料被拉断，说明粗骨料阻裂能力较差，对大坝长期安全运行不利。大奔流料场的砂岩骨料采用岩相法、砂浆棒快速法和混凝土棱柱体法等方法进行的石英砂岩碱活性检验成果表明：27 组砂浆棒快速法中，14d 膨胀率检测成果有 3 组为 0.055%～0.082%，小于 0.1%；有 12 组为 0.212%～0.240%，大于 0.2%；有 12 组为 0.121%～0.188%，介于 0.1%～0.2% 之间，综合判定为碱硅酸活性骨料。因此进一步开展了骨料料源比选研究，研究了全大理岩骨料、全砂岩骨料及砂岩粗骨料＋大理岩细骨料（以下简称"组合骨料"）的三种骨料混凝土性能试验，开展了砂岩骨料和组合骨料的碱活性抑制试验。以下介绍三种骨料组合方式混凝土性能试验成果。

1. 全大理岩骨料混凝土

三滩右岸大理岩粗骨料的压碎指标达 20.4%，骨料的抗断裂能力差，因而限制了混凝土抗拉强度的提高。当水胶比 0.40 时，混凝土 28d 轴拉断面显示大理岩粗骨料均被拉断，说明三滩大理岩骨料的抗拉强度较低（180d 劈拉强度为 2.75MPa）。因此，三滩右岸大理岩单独作为锦屏一级水电站拱坝混凝土人工骨料料源的混凝土抗拉、抗裂性能较弱。

2. 全砂岩混凝土

大奔流砂岩骨料原岩具有较高的抗压强度与劈拉强度（180d 达 4.08MPa），且骨料的压碎指标也较低（12.8%），骨料具有较高抗断裂能力。全砂岩骨料全级配混凝土抗拉试验断面显示，抗拉破坏主要从骨料与砂浆的界面断开，只有部分粗骨料被拉断。但砂岩混凝土用水量偏高（达 91kg/m³），线膨胀系数偏大（10×10^{-6}/℃），干缩变形量较大（180d 为 -492×10^{-6}），不利于混凝土的温控防裂，且砂岩骨料存在碱硅酸活性。

3. 组合骨料混凝土

组合骨料混凝土的 180d 劈拉强度最大达到 4.08MPa，与全砂岩骨料相当。组合骨料全级配混凝土 180d 劈拉断面显示，其断裂形式与全砂岩混凝土相似，说明组合骨料混凝土具有较高的抗拉强度。组合骨料混凝土的每立方米混凝土用水量比全砂岩混凝土低 8kg，混凝土的绝热温升低 0.4℃。当混凝土抗压强度大致相当时，组合骨料的 180d 弹性模量与全砂岩混凝土大致相当，组合骨料混凝土的线膨胀系数（8.4×10^{-6}/℃）、自生体积变形收缩量、干缩量（180d 为 -325×10^{-6}）均比全砂岩混凝土低，组合骨料混凝土的综合抗裂能力比全砂岩混凝土优。

通过全大理岩、全砂岩及组合骨料混凝土性能试验研究，锦屏一级拱坝混凝土最终选择综合抗裂性能优的组合骨料作为大坝混凝土的骨料方案。

2.1.3　超高拱坝高性能混凝土配制研究工作主要内容

锦屏一级超高拱坝混凝土要求满足高强度、高耐久性、良好的抗裂性和良好的施工性等高性能要求，同时要克服当地骨料材料的不利条件，既解决碱活性骨料抑制，又解决好原材料质量问题，配制出高性能化的混凝土。为此，锦屏建设管理局组织开展了大量试验研究工作，主要的研究工作如下。

1. 砂岩骨料碱活性抑制

碱活性骨料在一般中低大坝工程，甚至一般高坝工程中也曾使用，但类似锦屏一级的 300m 级特高拱坝中还没有过碱活性骨料的应用先例，一些混凝土碱活性反应研究专家担心 300m 级特高水头环境下大坝混凝土碱骨料反应抑制的长期安全性，因此有必要进一步深入研究碱骨料反应抑制的技术，包括掺加大理岩细骨料对砂岩碱活性抑制的影响，粉煤灰最低安全有效掺量及最高掺量的抑制效果，采用全级配、湿筛法、砂浆快速棒法、混凝土棱柱体法、标准龄期与超长龄期等多种方法研究，多家科研单位平行研究，明确超高拱坝使用碱活性骨料混凝土的碱含量控制标准。

2. 砂岩粗骨料＋大理岩细骨料组合骨料混凝土性能优化

选择了砂岩粗骨料＋大理岩细骨料组合骨料作为锦屏一级超高拱坝混凝土骨料是基于组合骨料混凝土具有全砂岩骨料和全大理岩骨料不能具有的综合性能，因此需要进一步深化研究，确定混凝土原材料的基本性能要求、粉煤灰的最高掺量限制和混凝土高性能指标。试验研究采用湿筛混凝土法、全级配大体积混凝土法、现场混凝土自然养护法，并采用多家单位平行开展研究；同时，对现场混凝土检验性能进行对比评价与验证。

3. 粗骨料质量对混凝土性能的影响

根据现场料场情况，砂岩粗骨料的变质砂岩晶体呈定向排列，人工轧制后针片状含量高、生产加工时特大石产量不足，料场开采过程还发现锈染石、锈面石、大理岩和板岩等不利组分的骨料难以完全剔除。总之，砂岩粗骨料诸多不利质量因素势必对混凝土性能产生影响，需要专门研究并制定相应质量控制标准。主要研究的内容包括砂岩粗骨料针片状含量超标、特大石限径、粗骨料中锈染石和板岩等不利组分骨料对混凝土性能的影响，提出粗骨料质量控制标准。

4. 细骨料质量对混凝土性能的影响

锦屏一级三滩右岸大理岩料场中夹白色中晶大理岩性软，开采难以剔除，加工易成石粉，整个料场加工原装砂中的石粉含量最高大于60％，经生产性工艺试验，采用水洗法难以有效除去石粉和生产出质量满意的细骨料。需要研究大理岩细骨料中的高含量石粉是否可以有效利用。为此，研究石粉细度、活性、含量及波动对混凝土性能的影响，制定细骨料质量控制标准。

2.2　砂岩骨料碱活性抑制试验研究

2.2.1　试验研究工作内容

锦屏一级水电站砂岩骨料碱硅酸盐活性抑制试验研究主要开展了以下工作：

（1）大理岩细骨料替代砂岩细骨料（组合骨料）对碱活性膨胀的影响，大理岩细骨料细度对碱活性膨胀的影响。

（2）粉煤灰抑制碱活性的合适掺量以及粉煤灰品质对抑制碱活性的影响。

（3）新型碱活性抑制材料研究。

（4）砂岩粗骨料针片状含量对碱活性膨胀的影响。

（5）抗冲耐磨材料对砂岩骨料碱活性的影响。

（6）粉煤灰抑制效果的长期模拟试验。

锦屏一级水电站砂岩骨料碱硅酸盐活性抑制试验研究工作参加单位有：成都勘测设计研究院（以下简称"成勘院"）、长江水利委员会长江科学院（以下简称"长科院"）、南京工业大学（以下简称"南工大"）、南京水利水电科学研究院（以下简称"南科院"）。除碱活性研究外，本书主要介绍成勘院和长科院研究成果。

2.2.2　大理岩细骨料替代砂岩细骨料对砂岩粗骨料碱活性的影响

采用三滩右岸的大理岩作为细骨料替换具有一定活性的大奔流砂岩细骨料（组合骨料），以减少拱坝混凝土中活性骨料所占的比例。为了研究采用大理岩细骨料对砂岩骨料碱活性膨胀的影响，对不同种类骨料的混凝土碱活性膨胀进行了试验研究。试验分别采用混凝土棱柱体法、60℃快速混凝土棱柱体法两种方法。

2.2.2.1　混凝土棱柱体法

试验按 DL/T 5151—2001《水工混凝土砂石骨料试验规程》中所规定的方法进行。试验时外加 NaOH 使水泥碱含量达到 1.25%。粗骨料比例：20～15mm、15～10mm、10～5mm 各按 1/3 等量混合，细骨料细度模数为 2.7±0.2。水泥用量每立方米混凝土 420kg± 10kg，水胶比为 0.42～0.45，粗细骨料质量比为 60∶40。试件尺寸为 275mm×75mm× 75mm，一组为三个试件。成勘院采用混凝土棱柱体法进行的不同骨料种类对碱活性膨胀影响的试验成果如图 2.2.2-1、图 2.2.2-2 所示。由试验成果可以得出以下结论：

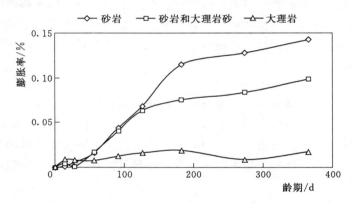

图 2.2.2-1　骨料种类对砂岩碱活性膨胀的影响
（成勘院峨眉水泥）

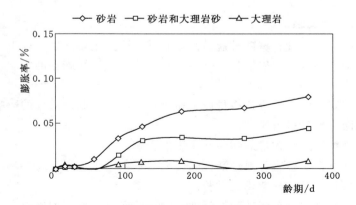

图 2.2.2-2　骨料种类对砂岩碱活性膨胀的影响
（成勘院双马水泥）

（1）采用大理岩细骨料替代砂岩细骨料可以减少砂岩混凝土碱活性的膨胀值。试验成果表明，混凝土一年龄期，采用大理岩细骨料替代砂岩细骨料可以减少砂岩碱活性膨胀值：成勘院成果减少 30.8%～44.3%；长科院成果减少 19.2%～29.3%；南工大成果减少 7.2%～27.8%；南科院的混凝土 260d 龄期成果减少 7.1%～8.2%。

（2）水泥的品种对砂岩混凝土碱活性的膨胀有着一定的影响。水泥的品种对砂岩混凝土碱活性的膨胀有一定的影响。在相同条件下，采用峨眉中热水泥的混凝土碱活性膨胀值比采用双马中热水泥的混凝土碱活性膨胀值大。

2.2.2.2 60℃快速混凝土棱柱体法

60℃快速混凝土棱柱体法将养护温度提高到 60℃，养护时间缩短为 20 周，在相对较短的时间内可测量由碱-骨料反应而引起的混凝土膨胀，从而评价特定骨料和混凝土配合比的碱-硅反应的安全性。其试件尺寸、骨料粒径及级配、配合比等与混凝土棱柱体法完全相同。成勘院采用 60℃快速混凝土棱柱体法进行的不同骨料种类对碱活性膨胀影响的试验成果如图 2.2.2-3、图 2.2.2-4 所示。由试验成果可以得出以下结论：

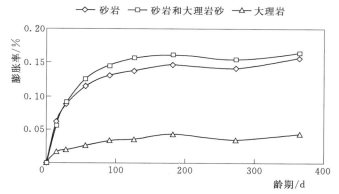

图 2.2.2-3　骨料种类对混凝土碱活性膨胀的影响
（成勘院峨眉水泥）

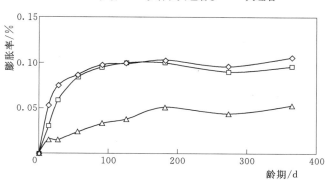

图 2.2.2-4　骨料种类对混凝土碱活性膨胀的影响
（成勘院双马水泥）

（1）采用大理岩替代砂岩细骨料对混凝土碱活性膨胀值有一定的影响。成勘院的试验成果表明，采用大理岩细骨料替代砂岩细骨料对砂岩混凝土碱骨料反应的膨胀值影响不大。长科院的试验成果表明，组合骨料混凝土的碱活性膨胀值大于全砂岩混凝土的碱活性膨胀值。南工大和南科院的试验成果均表明，组合骨料混凝土的碱活性膨胀值均小于全砂岩混凝土的碱活性膨胀值。

（2）水泥的品种对组合骨料混凝土碱活性的膨胀有一定的影响。在相同条件下，采用峨眉中热水泥的混凝土碱活性膨胀值比采用双马中热水泥的混凝土碱活性膨胀值大。

2.2.3　粉煤灰抑制骨料碱活性试验

大量的研究成果表明，掺一定量的粉煤灰置换部分水泥不仅能有效地抑制骨料碱硅酸盐活性反应，而且对混凝土的其他性能也有一定的改善作用，同时对节约资源和保护环境也有着重要意义，而粉煤灰的品质对骨料碱活性抑制效果影响较大。为此，锦屏一级水电站工程开展了粉煤灰品质及掺量对抑制混凝土碱活性影响试验研究。试验采用砂浆棒快速法和混凝土棱柱体法。

2.2.3.1　粉煤灰品质影响

粉煤灰品质指标中氧化钙含量和碱含量两个指标对骨料碱活性反应影响最大，因此，试验主要研究粉煤灰中氧化钙和碱含量变化对骨料碱活性膨胀值的影响。

1. 氧化钙含量的影响研究

（1）砂浆棒快速法。成勘院选用了氧化钙含量为 2.37%～12.02% 的 11 种粉煤灰，粉煤灰掺量 30%；长科院选用氧化钙含量为 1.33%～11.80% 的 12 种粉煤灰，粉煤灰掺量 35%；南工大选用氧化钙的含量为 2.14%～14.73% 的 10 种粉煤灰，粉煤灰掺量 30%；南科院选用氧化钙的含量为 2.14%～14.73% 的 12 种粉煤灰，粉煤灰掺量 30%。各家均采用峨眉水泥和双马水泥，用砂浆棒快速法进行不同氧化钙含量粉煤灰抑制砂岩碱活性膨胀的试验研究。

各家的试验成果表明，粉煤灰掺量 30% 或 35%，粉煤灰中氧化钙含量 1.33%～14.73%，14d 和 28d 的砂浆膨胀率均小于 0.1%，均可以达到有效抑制砂岩碱活性膨胀的目的。但 28d 砂浆膨胀率与氧化钙含量之间的相关性方面各家试验成果有差别。

成勘院的试验采用峨眉中热水泥，掺 30% 氧化钙含量为 2.37%～12.02% 粉煤灰的 28d 砂浆膨胀率与粉煤灰中氧化钙含量之间的相关系数为 $r=0.734$，大于 $r_{0.05}$（0.602），表明掺 30% 氧化钙含量为 2.37%～12.02% 的 28d 砂浆膨胀率与粉煤灰中氧化钙含量之间存在着显著的线性相关关系。随着粉煤灰中氧化钙的含量增加，粉煤灰对砂岩碱活性膨胀的抑制效果有所减弱。

长科院的试验采用峨眉中热水泥和双马中热水泥时，掺 35% 的氧化钙含量为 1.33%～11.80% 粉煤灰的 28d 砂浆膨胀率与粉煤灰中氧化钙含量之间关系的相关系数分别为 $r_{峨眉}=0.29$ 和 $r_{双马}=0.05$，均低于 $r_{0.05}$（0.576），表明掺 35% 粉煤灰的 28d 砂浆膨胀率与粉煤灰中氧化钙含量不存在显著的线性相关关系。

南工大试验采用峨眉中热水泥和双马水泥时，掺 30% 氧化钙的含量为 2.14%～14.73% 粉煤灰的 28d 砂浆膨胀率与粉煤灰中氧化钙含量之间的相关系数 $r_{峨眉}=0.579$，低

于 $r_{0.05}$（0.632），表明掺 30％氧化钙的含量为 2.14％～14.73％粉煤灰的 28d 砂浆膨胀率与粉煤灰中氧化钙含量之间不存在显著的线性相关关系；$r_{双马}=0.663$，高于 $r_{0.05}$（0.632），表明掺 30％氧化钙的含量为 2.14％～14.73％粉煤灰的 28d 砂浆膨胀率与粉煤灰中氧化钙含量之间存在一定的线性相关关系。

南科院试验采用峨眉中热水泥和双马水泥时，掺 30％不同品质粉煤灰的 28d 砂浆膨胀率与粉煤灰中氧化钙含量之间关系的相关系数 $r_{峨眉}=0.576$，低于 $r_{0.05}$（0.632），表明掺 30％氧化钙的含量为 2.14％～14.73％粉煤灰的 28d 砂浆膨胀率与粉煤灰中氧化钙含量之间不存在显著的线性相关关系；$r_{双马}=0.706$，高于 $r_{0.05}$（0.632），表明掺 30％氧化钙的含量为 2.14％～14.73％粉煤灰的 28d 砂浆膨胀率与粉煤灰中氧化钙含量之间存在一定的线性相关关系。

综合上述四家试验单位成果结论可以看出：粉煤灰掺量为 30％或 35％，氧化钙含量为 1.33％～14.73％的粉煤灰，其 14d 和 28d 龄期的砂浆膨胀率均小于 0.1％，可以有效地抑制砂岩碱活性膨胀；采用双马中热水泥，氧化钙含量与 28d 砂浆膨胀值存在一定程度的线性相关性，采用峨眉水泥时，各家试验成果有一定差异。

（2）混凝土棱柱体法。各家试验选用的水泥和粉煤灰材料与进行砂浆棒快速法相同。各家试验成果表明，采用峨眉水泥或双马水泥，粉煤灰掺量 30％或 35％，粉煤灰中氧化钙含量 1.33％～14.73％，一年龄期混凝土膨胀率均小于 0.04％，均可以有效抑制砂岩的碱活性膨胀。

成勘院采用峨眉中热水泥，各种氧化钙含量粉煤灰混凝土 1 年的膨胀率，与粉煤灰中的氧化钙含量之间的相关系数为 $r=0.142$，低于 $r_{0.05}$（0.602），表明掺量 30％、氧化钙含量为 2.37％～12.02％的粉煤灰混凝土 1 年的膨胀率与粉煤灰中氧化钙含量之间不存在显著的线性相关关系。

长科院采用峨眉中热水泥和双马中热水泥时，混凝土 1 年的膨胀率，与粉煤灰中的氧化钙含量之间的相关系数分别为 $r_{峨眉}=0.509$ 和 $r_{双马}=0.047$，均低于 $r_{0.05}$（0.576），表明掺量 35％、氧化钙含量为 2.37％～12.02％的粉煤灰混凝土 1 年的膨胀率与粉煤灰中氧化钙含量之间不存在显著的线性相关关系。

南工大采用峨眉中热水泥和双马中热水泥，混凝土 1 年的膨胀率与氧化钙含量之间的相关系数分别为 $r_{峨眉}=0.17$ 和 $r_{双马}=0.02$，均低于 $r_{0.05}$（0.666），表明掺 35％、氧化钙含量为 2.14％～14.73％的粉煤灰混凝土 1 年的膨胀率与粉煤灰中氧化钙含量之间不存在着显著的线性相关关系。

综合上述，三家试验单位成果结论认为：粉煤灰掺量为 30％或 35％，氧化钙含量为 2.14％～14.73％的粉煤灰，其混凝土 1 年的膨胀率均小于 0.04％，表明各种氧化钙含量的粉煤灰均可以有效地抑制砂岩的碱活性膨胀。粉煤灰中的氧化钙的含量与粉煤灰抑制砂岩碱活性的 1 年膨胀率不存在显著的线性相关关系。

2. 碱含量对粉煤灰抑制砂岩碱活性膨胀的影响

（1）砂浆棒快速法。成勘院选用了碱含量为 0.85％～2.70％的 11 种粉煤灰，长科院选用 12 种碱含量为 0.76％～2.88％的粉煤灰，南工大选用 13 种碱含量 0.77％～4.50％的粉煤灰，南科院选用 13 种碱含量 0.65％～5.98％的粉煤灰，采用砂浆棒快速法进行不同碱含量粉煤灰抑制砂岩碱活性膨胀的试验研究。

四家科研单位的试验成果表明：粉煤灰掺量为30%，14d和28d砂浆膨胀率均小于0.1%，说明碱含量为0.65%～5.98%的粉煤灰，均可有效地抑制砂岩骨料的碱活性；无论采用峨眉水泥，还是采用双马水泥，28d砂浆膨胀率与粉煤灰中碱含量之间不存在显著的线性相关关系。

（2）混凝土棱柱体法。成勘院、长科院和南工大三家科研单位采用砂浆棒快速法相同的粉煤灰和水泥，采用混凝土棱柱体法进行膨胀值检测试验表明：掺量30%、碱含量为0.76%～4.50%的粉煤灰，其1年的混凝土膨胀率小于0.04%，均可以有效地抑制砂岩的碱活性膨胀；混凝土1年的膨胀率与粉煤灰中碱含量之间不存在显著的线性相关关系。

2.2.3.2　粉煤灰最低有效安全掺量

为了确定锦屏一级水电站大坝混凝土有效地抑制砂岩碱骨料反应时的粉煤灰最低安全掺量，结合锦屏一级水电站的实际情况，采用双马中热水泥、峨眉中热水泥以及曲靖Ⅰ级和Ⅱ级粉煤灰、宣威Ⅰ级和Ⅱ级粉煤灰，采用砂浆棒快速法和混凝土棱柱体法，进行不同掺量粉煤灰抑制砂岩碱活性膨胀的试验研究。

1. 砂浆棒快速法

四家试验单位均选用峨眉中热水泥和双马中热水泥；成勘院选用曲靖Ⅰ级灰和Ⅱ级粉煤灰、宣威Ⅰ级灰和Ⅱ级粉煤灰，掺量分别为0%、20%、30%、35%；长科院选用曲靖Ⅰ级粉煤灰和宣威的Ⅰ级粉煤灰，掺量分别为0%、10%、20%、30%、35%；南工大选用宣威Ⅰ级、Ⅱ级粉煤灰和珞璜的Ⅰ级、Ⅱ级粉煤灰，掺量分别为0%、20%、30%、35%；南科院选用曲靖Ⅰ级粉煤灰和宣威的Ⅰ级、Ⅱ级粉煤灰，掺量分别为0%、10%、20%、30%、35%；均采用砂浆棒快速法进行不同水泥、不同掺量粉煤灰抑制砂岩碱活性膨胀的试验研究。长科院的Ⅰ级粉煤灰试验成果如图2.2.3-1、图2.2.3-2所示，成勘院的Ⅰ级、Ⅱ级粉煤灰对比试验代表性成果如图2.2.3-3所示。

由四家研究单位采用砂浆棒快速法进行的不同掺量粉煤灰抑制砂岩碱活性膨胀的试验研究成果得出以下结论：

（1）随着粉煤灰的掺量的增加，粉煤灰抑制砂岩骨料碱活性膨胀的效果将提高。在相同条件下，掺Ⅰ级粉煤灰抑制砂岩碱活性膨胀的效果与掺Ⅱ级粉煤灰的没有明显差别。

（2）采用峨眉中热水泥和双马中热水泥时，无论是掺Ⅰ级粉煤灰还是掺Ⅱ级粉煤灰，当粉煤灰的掺量达到20%时，砂浆的14d和28d膨胀率均小于0.1%。表明掺20%的粉煤灰可以有效地抑制砂岩骨料的碱活性膨胀。

2. 混凝土棱柱体法

成勘院、长科院和南工大三家科研单位采用混凝土棱柱体法进行了不同掺量粉煤灰抑制砂岩碱活性膨胀的试验研究。成勘院的Ⅰ级、Ⅱ级粉煤灰试验成果如图2.2.3-4所示。

由三家科研单位的试验成果得出以下结论：

（1）采用峨眉中热水泥和双马中热水泥时，无论是掺Ⅰ级粉煤灰还是掺Ⅱ级粉煤灰，当粉煤灰掺量达到20%时，混凝土1年的膨胀率均小于0.04%。表明掺20%的粉煤灰可以有效地抑制砂岩骨料的碱活性膨胀。

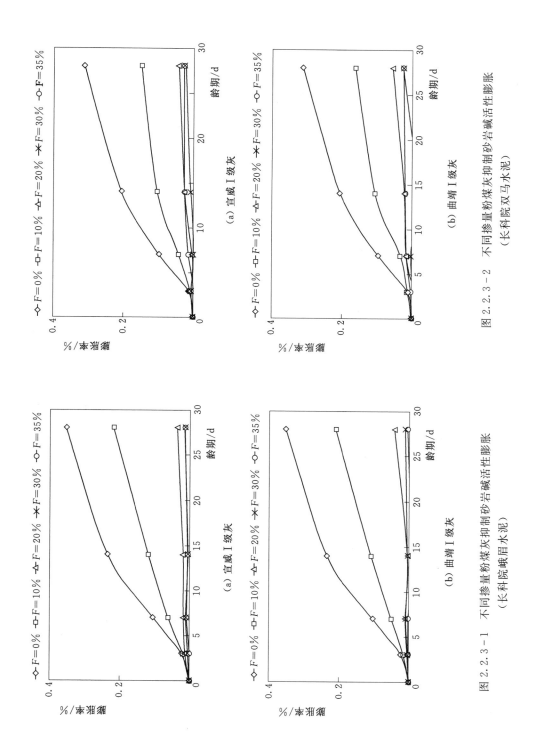

图 2.2.3 - 2　不同掺量粉煤灰抑制砂岩碱活性膨胀（长科院双马水泥）

图 2.2.3 - 1　不同掺量粉煤灰抑制砂岩碱活性膨胀（长科院峨眉水泥）

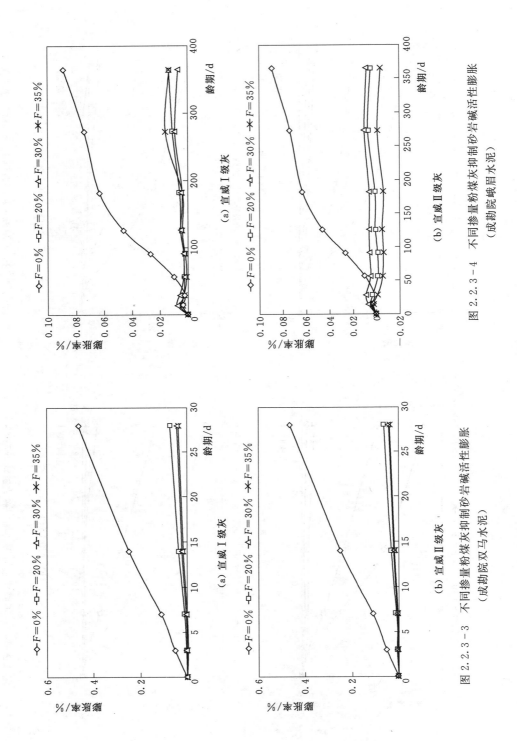

图 2.2.3 - 4　不同掺量粉煤灰抑制砂岩碱活性膨胀
（成勘院峨眉水泥）

图 2.2.3 - 3　不同掺量粉煤灰抑制砂岩碱活性膨胀
（成勘院双马水泥）

（2）随着粉煤灰掺量的增加，粉煤灰抑制砂岩骨料碱活性膨胀的效果将提高。在相同条件下，掺Ⅰ级粉煤灰抑制砂岩碱活性膨胀的效果与掺Ⅱ级粉煤灰的没有明显差别。

2.2.4 全级配长龄期抑制骨料碱活性试验

由于混凝土棱柱体法所规定的骨料最大粒径仅为20mm，与工程实际的混凝土骨料粒径差异较大。为了模拟工程实际，采用全级配混凝土棱柱体法，对不同种类骨料混凝土进行碱骨料反应的试验研究。

全级配大体积混凝土试件的尺寸为300mm×300mm×1350mm，试件成型在20℃±2℃的拌和间进行，成型时在混凝土试件内预埋2支应变计。试件成型后连试模一起送入20℃±3℃、相对湿度95%以上的养护室中养护7d后拆模。拆模后混凝土试件分别采用两种养护方法进行养护：一种为自然环境下的养护，另一种为室内环境养护。其中室内养护时将混凝土试件用湿毛巾包裹，外层用塑料膜密封，养护温度为38℃±2℃。自然环境下养护时，混凝土试件裸露在大气中。在规定龄期测量试件应变计的电阻及电阻比，按DL/T 5150—2001《水工混凝土试验规程》中的混凝土自生体积变形试验方法计算试件的长度变化值。本部分内容全部采用成勘院试验成果。

2.2.4.1 大理岩细骨料代替砂岩细骨料对混凝土碱活性影响

本试验粗骨料的最大粒径为120mm，细骨料分别采取砂岩和大理岩，探讨采用大理岩细骨料替代砂岩细骨料对混凝土碱活性膨胀的影响，水泥采用峨眉中热水泥，室内养护条件，不同种类骨料对大坝混凝土碱活性膨胀影响如图2.2.4－1所示。长龄期试验结果可以看出：在一年龄期内，两种骨料混凝土的碱活性膨胀变形差异不大，到一年龄期时，两者差异为8%。但随着龄期的延长，采用大理岩人工砂替代砂岩人工砂可以明显减小大坝混凝土的碱活性膨胀变形，两年龄期、三年龄期、四年龄期、五年龄期时，采用组合骨料可以减少大坝混凝土的碱活性膨胀变形分别为16.4%、15.5%、16.1%、16.2%。采用组合骨料可以减少大坝混凝土的碱活性膨胀变形，这与采用常规试验方法所得结论一致。

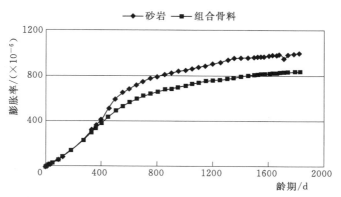

图 2.2.4－1　不同种类骨料对大坝混凝土碱活性膨胀影响

2.2.4.2 高掺粉煤灰对混凝土碱活性膨胀变形的影响

全级配大体积混凝土棱柱体试件组合骨料最大粒径为120mm，采用峨眉中热水泥，宣威 I 级粉煤灰，其中粉煤灰掺量为 35%，室内养护条件。高掺粉煤灰对长龄期混凝土碱活性膨胀影响如图 2.2.4-2 所示。由试验结果可以看出：与不掺粉煤灰的混凝土相比，高掺 35% 的 I 级粉煤灰，一年龄期时可减少混凝土 94.5% 的碱活性膨胀变形，两年龄期可减少 95.3%，三年龄期可减少 89.7%；试验观测至 4~5 年期间，高掺 35% 粉煤灰混凝土呈现逐渐收缩的变形趋势。

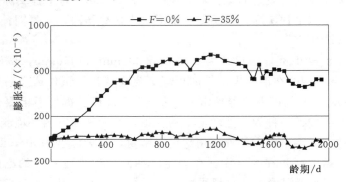

图 2.2.4-2　高掺粉煤灰对长龄期混凝土碱活性膨胀影响

2.2.4.3　总碱含量对大坝混凝土碱活性膨胀变形的影响

碱是混凝土碱硅酸盐反应的外在因素之一，随着混凝土中碱含量的增加，混凝土的碱骨料膨胀值将增大，其基于当混凝土碱含量低于一定值时（通常认为 $3kg/m^3 Na_2Oeq$），混凝土孔溶液中 K^+、Na^+ 和 OH^- 浓度就低于某临界值，碱硅酸盐反应便难于发生或反应程度较轻，不足以使混凝土开裂破坏。因此，控制混凝土中的碱含量是防止碱骨料反应的有效措施之一。

本试验采用的骨料最大粒径为 120mm，采用组合骨料、峨眉中热水泥、宣威 I 级粉煤灰，其中粉煤灰掺量为 35%，混凝土中总碱含量分 $5.25kg/m^3$ 和 $1.76kg/m^3$ 两种情况，室内环境养护，探讨控制混凝土总碱含量对混凝土碱活性膨胀的影响。混凝土总碱含量对大坝混凝土碱活性膨胀影响如图 2.2.4-3 所示。

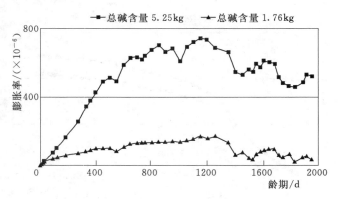

图 2.2.4-3　总碱含量对大坝混凝土碱活性膨胀影响

由试验结果可以看出：将混凝土的总碱含量从 $5.25kg/m^3$ 降低为 $1.76kg/m^3$ 时，混凝土的碱活性膨胀变形明显降低。其中一年龄期时混凝土的碱活性膨胀变形可减少 76.5%，两年龄期时混凝土的碱活性膨胀变形可减少78.9%，三年龄期时混凝土的碱活性膨胀变形可减少78.9%，四年龄期时混凝土的碱活性膨胀变形可减少85.1%，五年龄期时混凝土的碱活性膨胀变形可减少95.6%，存在着随着龄期的延长其减少的幅度有所增加的趋势。试验观测至4～5年，混凝土呈现逐渐收缩的变形趋势。

2.2.4.4 实际配合比混凝土碱骨料反应的室内室外环境对比试验

为了对粉煤灰抑制砂岩骨料反应的有效性进行全面的评价，采用锦屏一级水电站大坝混凝土的实际配合比，采用峨胜中热水泥和宣威Ⅰ级粉煤灰，粉煤灰掺量为35%，水胶比0.43，采用组合骨料，分室内养护和室外自然养护环境进行全级配大体积混凝土粉煤灰抑制砂岩碱骨料反应的长龄期的模拟试验研究，试验结果如图2.2.4-4所示。由试验结果可以看出：

（1）在室内38℃养护条件下，采用实际工程混凝土配合比配制的全级配大体积混凝土试件的变形呈微膨胀，膨胀变形范围为（0～20）×10^{-6}，其中一年龄期、两年龄期、三年龄期、四年龄期、五年龄期时对应的膨胀变形分别为5.3×10^{-6}、9.7×10^{-6}、3.6×10^{-6}、15.7×10^{-6}、18.4×10^{-6}。

（2）在自然环境养护条件下，采用实际工程混凝土配合比配制的全级配大体积混凝土试件的变形呈微收缩，收缩变形范围为（-100～-5）×10^{-6}。其中一年龄期、两年龄期、三年龄期、四年龄期、五年龄期时对应的膨胀变形分别为-49×10^{-6}、-35×10^{-6}、-52.8×10^{-6}、-28.2×10^{-6}、-51.6×10^{-6}。

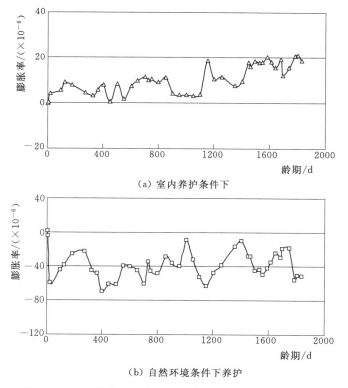

（a）室内养护条件下

（b）自然环境条件下养护

图2.2.4-4 粉煤灰抑制碱活性膨胀长龄期模拟试验结果

（3）室内外养护环境的改变对混凝土碱活性的膨胀变形存在着一定的影响。38℃室内养护的混凝土膨胀变形值要高于室外自然环境条件下养护的混凝土膨胀变形值，平均高$(30\sim70)\times10^{-6}$。

2.3　组合骨料混凝土性能研究

2.3.1　组合骨料混凝土性能试验工作内容

锦屏一级水电站超高拱坝首次采用砂岩粗骨料和大理岩细骨料的组合骨料混凝土，组合骨料混凝土能否满足超高拱坝的力学、变形、热学、耐久性能以及施工性能要求是混凝土配制所面临的难题。为此，开展了组合骨料与全砂岩骨料两种骨料组合的混凝土性能对比试验研究。其主要研究工作内容如下：

（1）混凝土原材料基本性能研究。提出水泥、粉煤灰、减水剂、引气剂等主要成分及品质要求。

（2）粉煤灰掺量对混凝土性能的影响研究。主要研究粉煤灰不同掺量对组合骨料混凝土性能的影响，提出粉煤灰掺量标准。

（3）组合骨料对混凝土性能的影响研究。主要研究砂岩骨料、大理岩骨料及两种骨料不同组合的混凝土性能与差异，确定组合骨料的适用性。

试验研究采用湿筛混凝土法、全级配大体积混凝土法、现场混凝土自然养护法等进行，并对现场混凝土检验性能进行对比评价。成勘院和长科院平行开展了相关研究工作，南科院参与了部分试验研究工作。

2.3.2　粉煤灰掺量对混凝土性能的影响

研究表明，采用组合骨料，掺加20％以上的粉煤灰能有效抑制锦屏一级大坝混凝土砂岩碱活性反应。为更加安全高效抑制砂岩骨料碱活性反应，并降低混凝土水化热，在前述研究基础上，进一步进行了中热硅酸盐水泥分别掺30％和35％粉煤灰的混凝土性能试验研究，以探讨不同的粉煤灰掺量对大坝混凝土性能的影响，确定粉煤灰的最高掺量。

1. 混凝土拌和物性能

不同粉煤灰掺量下进行的混凝土拌和物的性能试验成果表明：当水胶比相同时，不同粉煤灰掺量混凝土拌和物性能相差不大。粉煤灰掺量为30％与35％的大坝混凝土用水量相同，当混凝土拌和物含气量保持大致相当时，掺35％粉煤灰混凝土的引气剂掺量略高于掺30％粉煤灰混凝土。

2. 混凝土强度性能

成勘院和长科院分别进行的不同粉煤灰掺量条件的湿筛混凝土和全级配混凝土强度性能试验成果见表2.3.2-1、表2.3.2-2。试验成果表明：在水胶比相同时，不管是湿筛混凝土还是全级配混凝土，30％和35％粉煤灰掺量的混凝土早期抗压强度较接近，180d的强度差异不大。

表 2.3.2-1　　　　　　　不同粉煤灰掺量湿筛大坝混凝土强度性能

试验单位	粉煤灰掺量/%	水胶比	抗压强度/MPa				劈拉强度/MPa			备注
			7d	28d	90d	180d	28d	90d	180d	
成勘院	30	0.43	15.0	28.3	35.9	44.7	2.26	3.14	3.60	大理岩细度模数2.47,石粉含量21.4%
		0.48	11.9	23.9	29.2	39.6	1.75	2.82	3.20	
	35	0.43	15.8	29.4	38.8	44.4	2.34	3.45	3.77	
		0.48	11.5	21.2	32.4	38.0	2.15	2.93	3.29	
长科院	30	0.43	12.8	26.6	38.9	43.0	1.84	2.56	2.89	大理岩细度模数2.32,石粉含量29.8%
		0.48	11.2	23.7	34.9	40.6	1.56	2.38	2.74	
	35	0.43	13.2	26.7	38.5	43.2	1.88	2.64	2.96	
		0.48	11.8	23.0	34.0	39.1	1.54	2.43	2.78	

表 2.3.2-2　　　　　　　不同粉煤灰掺量全级配大坝混凝土强度性能

试验单位	粉煤灰掺量/%	水胶比	抗压强度/MPa			劈拉强度/MPa		
			28d	90d	180d	28d	90d	180d
成勘院	30	0.43	25.5	33.1	36.8	1.65	2.49	2.64
	35	0.43	26.3	30.0	35.4	1.79	2.30	2.77
长科院	30	0.43	24.8	38.1	41.4	1.72	2.51	2.72
	35	0.43	23.6	37.9	42.0	1.88	2.18	2.52

3. 混凝土变形性能

（1）混凝土极限拉伸值及弹性模量。粉煤灰掺量对湿筛混凝土和全级配混凝土极限拉伸值和弹性模量性能影响的试验成果见表2.3.2-3、表2.3.2-4。湿筛混凝土试验成果表明：在相同水胶比条件下，掺35%粉煤灰混凝土的极限拉伸值总体上要略高于掺30%粉煤灰的大坝混凝土极限拉伸值；掺35%粉煤灰混凝土的弹性模量总体上要低于掺30%粉煤灰的混凝土的弹性模量。其中成勘院试验成果显示，掺35%粉煤灰混凝土180d弹性模量比掺30%粉煤灰混凝土低2.8%；长科院试验成果显示，掺35%粉煤灰混凝土180d弹性模量比掺30%粉煤灰混凝土低2.7%。全级配混凝土的极限拉伸值与弹性模量试验成果与湿筛混凝土的有相同的规律。

表 2.3.2-3　　　　　　不同粉煤灰掺量湿筛大坝混凝土极限拉伸值和弹性模量

试验单位	粉煤灰掺量/%	水胶比	极限拉伸值/($\times 10^{-6}$)			弹性模量/GPa		
			28d	90d	180d	28d	90d	180d
成勘院	30	0.43	114	120	119	23.2	26.4	30.6
		0.48	111	115	116	21.8	25.2	29.8
	35	0.43	101	121	124	23.0	25.9	29.8
		0.48	99	115	120	20.9	24.6	28.9
长科院	30	0.43	99	118	127	20.8	28.1	31.3
		0.48	97	106	122	20.5	25.3	30.6
	35	0.43	105	115	127	21.9	28.2	30.4
		0.48	98	112	119	20.0	24.4	29.8

表 2.3.2-4　　　　不同粉煤灰掺量全级配大坝混凝土极限拉伸值和弹性模量

试验单位	粉煤灰掺量/%	水胶比	极限拉伸值/(×10⁻⁶)			弹性模量/GPa		
			28d	90d	180d	28d	90d	180d
成勘院	30	0.43	59	64	62	25.9	28.6	30.7
	35	0.43	63	63	72	24.4	28.2	30.9
长科院	30	0.43	—	75	78	—	31.3	33.6
	35	0.43	—	69	80	—	31.7	33.3

（2）混凝土干缩变形。不同粉煤灰掺量条件下湿筛混凝土干缩性能试验成果表明：掺 35%粉煤灰混凝土的干缩值略低于掺 30%粉煤灰混凝土干缩值，其中成勘院的试验成果低 4.4%，长科院的试验成果低 1.2%。

（3）混凝土自生体积变形。成勘院和长科院在不同粉煤灰掺量条件下进行的湿筛混凝土和全级配混凝土的自生体积变形试验成果表明：掺 35%粉煤灰大坝混凝土的自生体积收缩变形小于掺 30%粉煤灰大坝混凝土自生体积收缩变形，如图 2.3.2-1 所示。

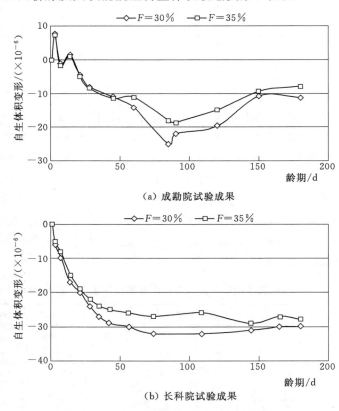

（a）成勘院试验成果

（b）长科院试验成果

图 2.3.2-1　全级配混凝土自生体积变形

4. 混凝土热学性能

（1）混凝土绝热温升。粉煤灰掺量对大坝混凝土绝热温升影响的试验成果如图 2.3.2-2 所示。试验成果表明：当粉煤灰掺量由 30%增加到 35%时，大坝混凝土 28d 的绝热温升值减少 1.2℃，最终绝热温升减少 1.1℃。

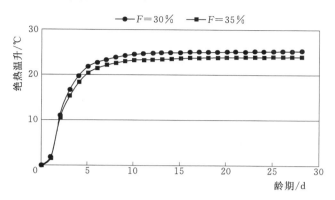

图 2.3.2-2 粉煤灰掺量对混凝土绝热温升的影响

（2）混凝土热物理参数。不同粉煤灰掺量条件下湿筛混凝土热物理参数的试验成果表明：粉煤灰的掺量对混凝土的线膨胀系数存在着一定的影响。当粉煤灰掺量从 30% 增加到 35% 时，成勘院的试验成果线膨胀系数从 $8.12 \times 10^{-6}/℃$ 增加至 $8.42 \times 10^{-6}/℃$，增加 3.7%；南科院的试验成果线膨胀系数从 $8.1 \times 10^{-6}/℃$ 增加至 $8.7 \times 10^{-6}/℃$，增加 7.4%。

5. 混凝土耐久性能

不同粉煤灰掺量条件下混凝土的耐久性能试验。相同混凝土水胶比条件下的试验成果表明：

（1）混凝土抗冻等级均大于 F300。粉煤灰掺量从 30% 提高到 35% 时，混凝土的相对动弹性模量要降低，对混凝土抗冻能力存在着不利的影响。其中成勘院的试验成果降低 2.5%，长科院的试验成果降低 4.7%。

（2）混凝土的抗渗等级均大于 W16。当粉煤灰掺量从 30% 提高到 35% 时，混凝土的渗透系数和渗水高度都有所增加，表明混凝土抗渗能力有所减弱。

综上所述，掺 35% 与 30% 粉煤灰的混凝土拌和性和强度性能相差不大，变形性能和热学性能 35% 的稍优，耐久性 35% 的稍弱，但都能达到设计要求。因此推荐 35% 的粉煤灰掺量。

2.3.3 组合骨料混凝土性能

采用峨眉和双马两种中热水泥在不同水胶比（0.38、0.43、0.48、0.53）条件下，粉煤灰的掺量为 35%，混凝土坍落度控制在 3～5cm，混凝土含气量控制在 3.0%～5.0%，对组合骨料和全砂岩骨料的两种骨料组合的大坝混凝土性能进行对比试验研究，以探讨采用组合骨料大坝混凝土的各项性能。试验内容包括大坝混凝土拌和物性能以及大坝混凝土的强度、变形、热学和耐久性能。试验方法采用湿筛法，并用全级配大体积混凝土法验证。

2.3.3.1 混凝土拌和物性能

成勘院和长科院进行了不同种类骨料大坝混凝土配合比及拌和物性能试验。其中粉煤灰的掺量均为 35%，ZB-1A 缓凝高效减水剂的掺量均为 0.7%。混凝土坍落度为 3～5cm，含气量为 3%～5%。

成勘院的试验成果表明：采用大理岩细骨料替代砂岩细骨料后，在保持混凝土的和易性一致以及含气量相同的条件下，混凝土用水量可减少 8kg/m³ 左右；保持混凝土含气量大致相当时，混凝土的引气剂掺量要低于砂岩骨料混凝土。试验成果见表 2.3.3-1。

表 2.3.3-1　　　不同细骨料混凝土拌和物的性能（成勘院试验成果）

水泥品种	细骨料	水胶比	引气剂 /%	水 /(kg·m⁻³)	胶凝材料 /(kg·m⁻³)	砂率 /%	坍落度 /mm	含气量 /%
峨眉	砂岩	0.38	0.03	91	240	21	44	4.5
		0.43	0.03	91	212	22	40	4.5
		0.48	0.03	91	189	23	50	5.0
		0.53	0.03	92	174	24	53	5.1
	大理岩	0.38	0.017	83	218	19	32	4.5
		0.43	0.017	82	191	20	44	5.0
		0.48	0.017	83	173	21	46	4.7
		0.53	0.017	84	159	22	60	5.1
双马	砂岩	0.43	0.04	90	209	22	42	3.9
		0.48	0.04	90	188	23	44	4.1
	大理岩	0.43	0.014	83	194	20	40	3.5
		0.48	0.014	83	173	21	40	3.6
备注	砂岩细度模数 2.79，石粉含量 22.6%。大理岩细度模数 2.47，石粉含量 21.4%							

长科院的试验成果表明：采用大理岩细骨料替代砂岩细骨料后，在保持大坝混凝土的和易性一致以及含气量相同的条件下，混凝土用水量可减少 7～8kg/m³；尽管所用大理岩细骨料的石粉含量高达到 29.8%，相同含气量时，所需引气剂掺量仍较砂岩混凝土低。

试验成果表明：采用组合骨料可以改善混凝土的和易性。

2.3.3.2　混凝土强度性能

（1）成勘院进行的不同种类骨料湿筛混凝土强度性能试验成果见表 2.3.3-2。

1）在混凝土水胶比相同的条件下，组合骨料混凝土各龄期的抗压强度均高于全砂岩骨料混凝土抗压强度。其中，180d 龄期的抗压强度比较如下：

a. 采用峨眉中热水泥时，成勘院的试验成果提高 2.6%；长科院的试验成果提高 5.2%。

b. 采用双马中热水泥时，成勘院的试验成果提高 6.8%；长科院的试验成果提高 5.5%。

2）在混凝土水胶比相同的条件下，组合骨料混凝土早龄期的抗拉强度高于全砂岩骨料混凝土抗拉强度，随着混凝土龄期的增长，两者的差异越来越小，到 180d 龄期时，则接近或低于全砂岩骨料混凝土。表明组合骨料混凝土的后期抗拉强度增长幅度较砂岩混凝土要小。

（2）成勘院和长科院采用峨眉中热水泥进行的不同种类骨料的全级配大体积混凝土强

度性能试验得到的混凝土强度性能规律与湿筛混凝土法所得规律一致。

表 2.3.3-2　　　　不同种类骨料湿筛混凝土的强度性能（成勘院试验成果）

水泥品种	细骨料	水胶比	抗压强度/MPa				劈拉强度/MPa		
			7d	28d	90d	180d	28d	90d	180d
峨眉	砂岩	0.38	20.4	32.8	45.3	50.0	2.46	3.16	4.08
		0.43	14.7	27.3	37.2	41.5	2.28	2.92	3.55
		0.48	12.0	21.3	31.6	37.8	1.91	2.76	3.27
		0.53	9.5	16.7	27.3	33.5	1.75	2.57	3.03
	大理岩	0.38	21.5	36.7	48.4	51.2	2.81	3.49	4.08
		0.43	15.8	29.4	38.8	44.4	2.34	3.45	3.67
		0.48	11.5	21.2	32.4	38.0	2.15	2.93	3.29
		0.53	9.9	18.1	27.5	33.5	1.98	2.66	3.05
双马	砂岩	0.43	17.4	29.3	40.5	44.3	2.69	2.89	3.68
		0.48	14.4	24.9	33.3	37.1	2.28	2.53	3.45
	大理岩	0.43	17.6	30.1	41.3	45.8	2.55	3.16	3.57
		0.48	15.9	25.8	35.8	41.1	2.32	2.92	3.34
备注	砂岩细度模数2.79，石粉含量22.6%。大理岩细度模数2.47，石粉含量21.4%								

2.3.3.3 混凝土变形性能

1. 极限拉伸值和弹性模量

成勘院和长科院进行的不同种类骨料湿筛混凝土极限拉伸值以及弹性模量的试验成果分别见表 2.3.3-3、表 2.3.3-4；采用峨眉中热水泥进行的不同种类骨料全级配大体积混凝土的极限拉伸值以及弹性模量的试验成果见表 2.3.3-5。试验成果表明：

（1）在混凝土水胶比相同条件下，组合骨料混凝土的弹性模量略高于全砂岩混凝土。

1）成勘院试验成果显示，湿筛混凝土组合骨料比全砂岩骨料的弹性模量90d龄期平均增加5.6%，180d的差异不大；全级配混凝土组合骨料比全砂岩骨料的弹性模量90d龄期增加5.2%，180d的增加2.0%。

2）长科院试验成果表明，湿筛混凝土组合骨料比全砂岩骨料的90d龄期弹性模量平均增加8.0%，180d的平均增加8.0%；全级配混凝土组合骨料比全砂岩骨料的弹性模量90d龄期的增加4.6%，180d的增加3.1%。

（2）在混凝土水胶比相同的条件下，组合骨料混凝土的极限拉伸值总体低于全砂岩混凝土。

1）成勘院试验成果显示，湿筛混凝土组合骨料比全砂岩骨料的极限拉伸值90d龄期平均减少7.6%，180d的平均减少10%；全级配混凝土组合骨料比全砂岩骨料的极限拉伸值90d龄期基本一致，180d的减少9.5%。

2）长科院试验成果显示，湿筛混凝土组合骨料比全砂岩骨料的极限拉伸值90d龄期平均减少9.3%，180d的基本一致；全级配混凝土组合骨料比全砂岩骨料的极限拉伸值90d龄期减少10.4%，180d的增加2.6%。

表 2.3.3-3　不同骨料湿筛混凝土极限拉伸值和弹性模量（成勘院试验成果）

水泥品种	细骨料	水胶比	极限拉伸值/（×10⁻⁶）			抗压弹性模量/GPa		
			28d	90d	180d	28d	90d	180d
峨眉	砂岩	0.38	114	137	137	22.2	27.4	32.6
		0.43	113	130	134	21.0	25.7	30.2
		0.48	106	128	130	19.9	23.8	29.2
		0.53	101	125	128	19.0	20.8	28.9
	大理岩	0.38	103	130	130	24.6	27.6	32.3
		0.43	101	121	124	23.0	25.9	29.8
		0.48	99	115	120	20.9	24.6	28.9
		0.53	97	104	112	20.3	24.2	28.2
双马	砂岩	0.43	121	131	146	22.0	25.3	31.7
		0.48	109	130	143	20.0	24.5	29.1
	大理岩	0.43	113	129	130	23.8	26.8	31.1
		0.48	106	123	120	22.1	26.7	30.9
备注	砂岩细度模数 2.79，石粉含量 22.6%。大理岩细度模数 2.47，石粉含量 21.4%							

表 2.3.3-4　不同骨料湿筛混凝土的极限拉伸值和弹性模量（长科院试验成果）

水泥品种	细骨料	水胶比	极限拉伸值/（×10⁻⁶）			抗压弹性模量/GPa		
			28d	90d	180d	28d	90d	180d
峨眉	砂岩	0.38	117	135	132	20.1	25.3	28.7
		0.43	109	127	124	19.5	25.0	28.3
		0.48	100	121	122	19.0	24.9	28.0
		0.53	96	111	116	17.8	24.7	27.5
	大理岩	0.38	112	130	142	23.7	27.9	30.9
		0.43	105	112	127	22.2	26.7	30.4
		0.48	98	115	116	20.4	26.3	29.8
		0.53	89	108	110	19.9	26.1	29.3
双马	砂岩	0.43	120	136	132	21.7	25.6	30.6
		0.48	116	130	129	20.0	25.2	29.2
	大理岩	0.43	115	130	140	23.0	28.2	33.5
		0.48	110	120	133	23.0	27.6	32.2
备注	砂岩细度模数 2.80，石粉含量 16.9%。大理岩细度模数 2.32，石粉含量 29.8%							

表 2.3.3-5　　　　不同骨料全级配混凝土的极限拉伸值和弹性模量

试验单位	细骨料	水胶比	极限拉伸值/（×10⁻⁶）			抗压弹性模量/GPa		
			28d	90d	180d	28d	90d	180d
成勘院	砂岩	0.43	67	63	74	23.6	26.8	30.3
	大理岩	0.43	63	63	67	24.4	28.2	30.9
长科院	砂岩	0.43	58	77	78	21.8	30.3	32.3
	大理岩	0.43	62	69	80	26.6	31.7	33.3

2. 干缩变形

试验成果表明：在混凝土水胶比相同的条件下，采用大理岩细骨料替代砂岩细骨料可以有效地减少大坝混凝土的干缩变形。成勘院试验成果 180d 湿筛混凝土的干缩平均减少 22.2%；长科院试验成果 180d 湿筛混凝土的干缩平均减少 10.6%。成勘院进行的不同种类骨料湿筛混凝土干缩变形的试验成果见表 2.3.3－6。

表 2.3.3－6　　　　不同种类骨料湿筛混凝土的干缩率（成勘院试验成果）

水泥品种	细骨料	水胶比	干缩率/（×10⁻⁶）						
			3d	7d	14d	28d	60d	90d	180d
峨眉	砂岩	0.38	−61	−113	−163	−276	−385	−419	−448
		0.43	−61	−147	−251	−352	−452	−482	−492
		0.48	−66	−121	−179	−251	−366	−414	−429
		0.53	−35	−76	−140	−238	−336	−386	−419
	大理岩	0.38	−45	−93	−154	−249	−310	−322	−361
		0.43	−35	−73	−124	−204	−274	−284	−325
		0.48	−26	−97	−148	−236	−281	−298	−330
		0.53	−25	−58	−139	−220	−281	−292	−327
双马	砂岩	0.43	−41	−118	−172	−268	−389	−417	−444
		0.48	−67	−143	−177	−291	−383	−426	−457
	大理岩	0.43	−42	−90	−172	−273	−352	−365	−416
		0.48	−35	−53	−119	−195	−270	−280	−332
备注	砂岩细度模数 2.79，石粉含量 22.6%。大理岩细度模数 2.47，石粉含量 21.4%								

采用峨眉中热水泥进行的不同种类骨料全级配混凝土的干缩试验成果也表明：采用大理岩细骨料替代砂岩细骨料可以有效地减少大坝混凝土的干缩变形，混凝土一年龄期的干缩变形可以减少 6.7%。

3. 自生体积变形

成勘院和长科院采用峨眉中热水泥、不同种类骨料配制的大坝湿筛混凝土自生体积变形试验成果如图 2.3.3－1 所示。成勘院的试验成果可以看出：在相同条件下，在 48～150d 龄期，采用大理岩细骨料替代砂岩细骨料可以减少大坝混凝土的自生体积收缩变形，但 180d 龄期两种混凝土自生体积变形基本一致。长科院的试验成果显示两种骨料大坝混凝土自生体积变形的差异不大。

成勘院和长科院采用峨眉中热水泥和不同种类骨料配制的大坝全级配大体积混凝土自生体积变形试验成果如图 2.3.3－2 所示。两家试验单位的试验成果均表明：采用大理岩细骨料替代砂岩细骨料可以减少大坝混凝土的自生体积收缩变形，成勘院试验 180d 混凝土的收缩变形减少 7.7×10^{-6}；长科院试验 180d 混凝土的收缩变形减少 7.0×10^{-6}。

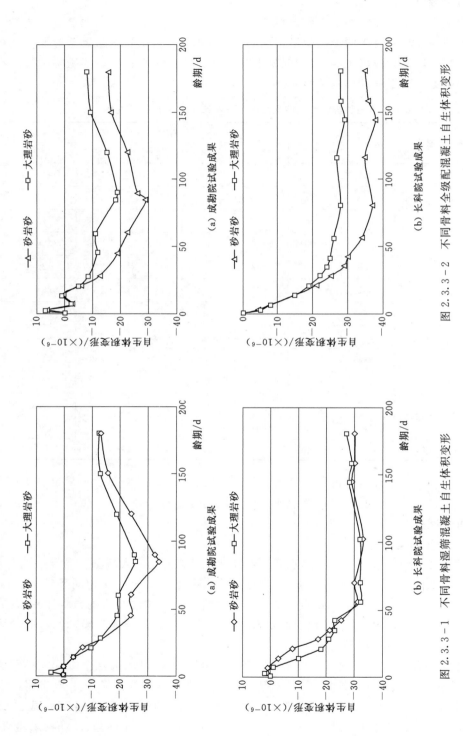

图 2.3.3 - 2　不同骨料全级配混凝土自生体积变形

图 2.3.3 - 1　不同骨料湿筛混凝土自生体积变形

2.3.3.4　混凝土热学性能

1. 混凝土绝热温升

成勘院和长科院采用峨眉中热水泥进行的不同种类骨料大坝混凝土绝热温升试验成果见表 2.3.3-7。试验成果表明组合骨料混凝土的绝热温升值低于全砂岩混凝土。

表 2.3.3-7　　　　　　　　不同骨料大坝混凝土绝热温升

水泥品种	细骨料	粉煤灰掺量/%	水胶比	成勘院 T_{28}/℃	长科院 T_{28}/℃
峨眉	砂岩	35	0.43	25.5	25.1
			0.48	24.5	23.5
			0.53	23.9	—
	大理岩	35	0.43	24.8	24.1
			0.48	23.9	21.6
			0.53	23.3	—
双马	砂岩	35	0.48	—	24.6
	大理岩	35	0.48		22.3
备注	成勘院：砂岩细度模数 2.79，石粉含量 22.6%；大理岩细度模数 2.47，石粉含量 21.4%。长科院：砂岩细度模数 2.80，石粉含量 16.9%；大理岩细度模数 2.32，石粉含量 29.8%				

成勘院的试验成果表明：峨眉水泥，水胶比 0.43~0.53，组合骨料混凝土，28d 绝热温升为 24.8~23.3℃，全砂岩混凝土绝热温升为 25.5~23.9℃；组合骨料大坝混凝土 28d 的绝热温升值较全砂岩混凝土减少 0.6~0.7℃。

长科院的试验成果表明：峨眉水泥，水胶比 0.43~0.48，组合骨料混凝土 28d 绝热温升为 24.1~21.6℃，全砂岩混凝土绝热温升为 25.1~23.5℃；组合骨料大坝混凝土 28d 的绝热温升值减少 1.0~2.1℃；双马水泥、水胶比 0.48 时，全砂岩混凝土绝热温升 24.6℃，组合骨料混凝土绝热温升 22.3℃，组合骨料混凝土绝热温升值减少 2.3℃。组合骨料用水量减少，水泥用量减少，故绝热温升也减少。

2. 混凝土热物理参数

成勘院和长科院关于大坝混凝土热物理参数试验成果见表 2.3.3-8。试验成果表明：在混凝土水胶比相同的条件下，组合骨料大坝混凝土的线膨胀系数较全砂岩混凝土的有所降低。其中成勘院试验成果为线膨胀系数降低 1.6×10^{-6}/℃；长科院试验成果为线膨胀系数降低 $(0.9 \sim 1.3) \times 10^{-6}$/℃。其他热学参数变化不大。

2.3.3.5　混凝土耐久性能

1. 抗冻性

成勘院的湿筛法大坝混凝土抗冻试验成果见表 2.3.3-9。试验成果表明，两种骨料组合的大坝混凝土经过 300 次冻融循环后，成勘院和长科院试验的相对动弹性模量分别大于 78% 和 70%，表明两种骨料混凝土的抗冻等级均大于 F300。在混凝土水胶比相同的条件下，组合骨料大坝混凝土经过 300 次冻融循环后，相对动弹性模量均略低于全砂岩混凝土。

表 2.3.3－8　　　　　　　　　不同骨料湿筛大坝混凝土热物理参数

试验单位	水泥品种	细骨料	水胶比	导温系数 /(m² · h⁻¹)	导热系数 /(W · m⁻¹ · ℃⁻¹)	比热 /(kJ · kg⁻¹ · ℃⁻¹)	线膨胀系数 /(×10⁻⁶℃⁻¹)
成勘院	峨眉	砂岩	0.43	0.0037	9.73	1.07	10.0
		大理岩	0.43	0.0033	8.59	1.04	8.42
长科院	峨眉	砂岩	0.43	0.0034	7.56	0.90	9.16
			0.48	0.0034	7.24	0.88	9.19
	峨眉	大理岩	0.43	0.0033	7.56	0.90	7.87
			0.48	0.0033	7.35	0.89	7.98
	双马	砂岩	0.43	0.0034	7.41	0.88	8.97
			0.48	0.0034	7.31	0.87	9.06
	双马	大理岩	0.43	0.0033	7.54	0.90	8.06
			0.48	0.0033	7.33	0.89	8.13

表 2.3.3－9　　　　　　　　不同骨料湿筛大坝混凝土的耐久性能（成勘院）

水泥品种	细骨料	水胶比	抗冻性能（90d）		抗渗性能（90d）	
			相对动弹性模量 /%	抗冻等级	抗渗等级	渗透系数 /(cm · s⁻¹)
峨眉	砂岩	0.38	90.0	F300	>W16	0.220×10⁻¹⁰
		0.43	88.2	F300	>W16	0.229×10⁻¹⁰
		0.48	85.7	F300	>W16	0.866×10⁻¹⁰
		0.53	84.0	F300	>W16	0.660×10⁻⁹
峨眉	大理岩	0.38	88.8	F300	>W16	0.699×10⁻¹⁰
		0.43	85.6	F300	>W16	0.818×10⁻¹⁰
		0.48	85.2	F300	>W16	0.131×10⁻⁹
		0.53	84.9	F300	>W16	0.660×10⁻⁹
双马	砂岩	0.43	82.3	F300	>W16	0.226×10⁻¹⁰
		0.48	79.8	F300	>W16	0.366×10⁻¹⁰
双马	大理岩	0.43	80.2	F300	>W16	0.711×10⁻¹⁰
		0.48	78.8	F300	>W16	0.141×10⁻⁹
备注	砂岩细度模数 2.79，石粉含量 22.6%。大理岩细度模数 2.47，石粉含量 21.4%					

长科院采用峨眉中热水泥进行的全级配混凝土抗冻试验［试件是通过从全级配大体积混凝土试件（450mm×450mm×450mm）中钻取尺寸为 ϕ100mm×300mm 的芯样加工而成］成果见表 2.3.3－10。成果表明，两种骨料全级配混凝土的抗冻等级均大于 F300。在相同条件下，全砂岩骨料混凝土芯样质量损失率略大于组合骨料混凝土，全砂岩骨料混凝土芯样的相对动弹性模量略大于组合骨料混凝土，表明砂岩骨料混凝土的抗冻能力与组合

骨料混凝土相当。

表 2.3.3 - 10　　　　　不同骨料全级配混凝土抗冻性能　（长科院）

细骨料	质量损失率/%					相对动弹性模量/%				
	100 次	150 次	200 次	250 次	300 次	100 次	150 次	200 次	250 次	300 次
砂岩	0.1	0.1	0.1	1.2	2.3	94.6	93.0	87.0	75.0	65.6
大理岩	0.1	0.1	0.1	0.9	1.4	98.8	82.8	80.5	66.8	61.8
备注	砂岩细度模数 2.80，石粉含量 16.9%。大理岩细度模数 2.32，石粉含量 29.8%									

2. 抗渗性

成勘院湿筛混凝土抗渗试验成果见表 2.3.3 - 9，成勘院和长科院全级配法抗渗试验成果见表 2.3.3 - 11。试验成果表明：虽然两家单位试验成果有一定离散性，但两种骨料全级配混凝土的抗渗等级均大于 W16。

表 2.3.3 - 11　　　　　不同骨料全级配混凝土的渗透性能

细骨料品种	水胶比	龄期/d	抗渗等级	成勘院的渗透系数/(cm·s⁻¹)		长科院的渗透性	
				$\phi15\times15$	$\phi45\times45$	平均渗水高度/mm	相对渗透系数/(cm·s⁻¹)
砂岩	0.43	98	＞W16	2.255×10^{-12}	3.619×10^{-11}	27.7	0.82×10^{-10}
大理岩	0.43	106	＞W16	1.430×10^{-12}	2.590×10^{-11}	69.7	5.16×10^{-10}
备注	成勘院：砂岩细度模数 2.79，石粉含量 22.6%；大理岩细度模数 2.47，石粉含量 21.4%。长科院：砂岩细度模数 2.80，石粉含量 16.9%；大理岩细度模数 2.32，石粉含量 29.8%						

2.4　粗骨料质量对混凝土性能影响

对于粗骨料品质对拱坝混凝土性能的影响，主要研究砂岩粗骨料针片状含量、特大石限径、粗骨料中锈染石和板岩等不利组分骨料对混凝土性能的影响，提出粗骨料质量控制标准。

2.4.1　砂岩粗骨料针片状含量对混凝土性能的影响

印把子沟粗骨料加工系统投入试运行期间，所生产的特、大石针片状含量超出规范规定的粗骨料针片状含量 15% 的要求较多，最大达 25%；针片状特、大石宽度与厚度 150mm 左右，最大长度达 450mm；其余粒径粗骨料的针片状也存在着波动较大的情况。为此，开展针片状含量对大坝混凝土和易性及力学、热学性能影响的试验研究，以确定锦屏一级水电站大坝混凝土砂岩人工骨料的针片状含量的控制标准。

试验研究选用 $C_{180}40$ 和 $C_{180}30$ 两个强度等级的大坝混凝土，通过在不同粒径粗骨料中添加针片状，使大石和特大石达到四种不同针片状含量（≤15%、15%～20%、20%～25%、＞25%），使中石和小石达到两种不同针片状含量（≤15% 和 15%～20%）。试验采用全级配混凝土性能试验方法，同时开展湿筛混凝土法对比试验。

2.4.1.1　混凝土和易性

由于针片状颗粒表面积大，空隙率大，混凝土坍落度降低，致使混凝土达到相近的和易性，需增加水泥用量。不同针片状含量对大坝混凝土性能影响试验，粗骨料采用比例为特大石：大石：中石：小石＝35：25：20：20；水泥采用峨胜 P·MH42.5 水泥；粉煤灰采用宣威Ⅰ级粉煤灰，掺量为 35%；减水剂采用南京瑞迪的 HLC‐NAF 低碱高效缓凝减水剂，掺量为 0.6%；引气剂采用 AEA202，掺量为 0.025%。

在保持混凝土拌和物和易性满足要求，含气量大致相当时，不同针片状含量大坝混凝土配合比试验成果表明：

（1）当中、小石的针片状含量由小于 15% 提高到 15%～20% 时，大坝混凝土的砂率需增加 1%，混凝土用水量需增加 3～4kg。

（2）当保持中、小石针片状含量不变条件下，特、大石针片状含量在小于 25% 范围内变化对大坝混凝土和易性影响不大。

（3）当中、小石的针片状含量大于 15%，特、大石针片状含量大于 25% 时，大坝混凝土的用水量最大需增加 6kg，大坝混凝土砂率需增加 2%。

2.4.1.2　混凝土强度

1. 抗压强度

采用全级配混凝土抗压强度试件尺寸为 450mm×450mm×450mm，湿筛混凝土抗压强度试件尺寸为 150mm×150mm×150mm。粗骨料针片状含量对大坝混凝土抗压强度的影响试验成果见表 2.4.1‐1。由试验成果可以看出：随着粗骨料针片状含量提高，全级配混凝土抗压强度呈减小趋势，粗骨料针片状含量对全级配和湿筛混凝土抗压强度影响规律不明显，但存在一定波动，全级配混凝土抗压强度最大波动为 9.1%，湿筛混凝土最大波动为 10.5%。

表 2.4.1‐1　　　　　　不同针片状含量对大坝混凝土抗压强度的影响

针片状含量/%		强度等级	全级配/MPa				湿筛/MPa				全级配/湿筛			
特、大石	中、小石		7d	28d	90d	180d	7d	28d	90d	180d	7d	28d	90d	180d
<15	<15	$C_{180}40$	20.4	28.6	38.1	41.8	23.2	34.5	49.8	52.6	0.879	0.829	0.765	0.795
		$C_{180}30$	15.6	22.7	29.6	36.1	14.0	25.2	35.3	41.8	1.114	0.901	0.839	0.864
15～20	<15	$C_{180}40$	18.9	27.6	38.7	39.2	24.5	35.4	47.1	55.4	0.771	0.780	0.822	0.708
		$C_{180}30$	15.6	21.2	31.9	35.3	15.9	25.6	36.0	40.7	0.981	0.828	0.886	0.867
20～25	<15	$C_{180}40$	17.9	24.7	35.9	41.9	22.3	35.0	47.1	50.9	0.803	0.680	0.762	0.823
		$C_{180}30$	13.2	21.7	30.9	31.9	14.1	24.2	37.2	40.9	0.984	0.935	0.831	0.780
<15	15～20	$C_{180}40$	20.2	28.9	34.7	40.2	26.2	37.3	47.1	50.1	0.771	0.775	0.737	0.802
		$C_{180}30$	14.1	21.0	30.9	32.0	15.3	26.8	39.4	40.1	0.922	0.784	0.784	0.798
15～20	15～20	$C_{180}40$	19.1	26.8	33.9	39.4	22.3	31.2	46.7	55.3	0.857	0.859	0.726	0.712
		$C_{180}30$	14.6	21.3	31.3	34.8	14.9	27.3	40.2	42.0	0.980	0.780	0.779	0.829
20～25	15～20	$C_{180}40$	17.8	26.2	33.5	38.4	23.7	34.4	45.9	55.4	0.751	0.762	0.730	0.693
		$C_{180}30$	13.6	22.3	30.1	34.5	16.7	26.0	36.7	39.1	0.814	0.858	0.820	0.882
>25	15～20	$C_{180}30$	13.4	22.8	30.7	34.5	15.4	27.9	36.8	44.1	0.870	0.817	0.834	0.782
平均											0.884	0.814	0.793	0.795

2. 抗拉强度

全级配混凝土劈拉强度试件尺寸为 450mm×450mm×450mm，湿筛混凝土劈拉强度试件尺寸为 150mm×150mm×150mm；全级配混凝土轴拉强度的试件尺寸为 450mm×450mm×1350mm，湿筛混凝土轴拉强度测试段尺寸为 100mm×100mm×300mm。粗骨料针片状含量对大坝混凝土抗拉强度的影响试验成果见表2.4.1-2和表2.4.1-3。由试验成果看出，总体而言，随着粗骨料中针片状含量提高，全级配混凝土抗拉强度降低，但粗骨料中特、大石针片状含量变化对全级配混凝土抗拉强度的影响规律不明显，劈拉强度和轴拉强度随着针片状含量变化而有一定波动。全级配混凝土劈拉强度最大波动为8.1%，湿筛混凝土劈拉强度最大波动为11.4%。全级配混凝土轴拉强度最大波动为3.7%。

表 2.4.1-2　　　　　　　针片状含量对大坝混凝土劈拉强度影响

针片状含量/%		强度等级	全级配/MPa				湿筛/MPa				全级配/湿筛			
特、大石	中、小石		7d	28d	90d	180d	7d	28d	90d	180d	7d	28d	90d	180d
<15	<15	$C_{180}40$	1.21	1.98	2.69	3.21	2.04	2.72	3.73	3.96	0.617	0.728	0.721	0.811
		$C_{180}30$	0.96	1.55	2.32	2.86	1.31	2.31	2.93	3.27	0.733	0.671	0.792	0.875
15~20	<15	$C_{180}40$	1.24	2.01	2.66	3.21	1.97	2.89	3.52	3.83	0.629	0.696	0.756	0.838
		$C_{180}30$	0.95	1.72	2.38	2.62	1.30	2.15	2.86	3.15	0.731	0.800	0.832	0.832
20~25	<15	$C_{180}40$	1.16	1.94	2.81	3.20	1.83	2.46	3.54	3.74	0.634	0.789	0.794	0.856
		$C_{180}30$	0.94	1.55	2.31	2.42	1.17	2.01	2.83	2.92	0.803	0.771	0.816	0.829
<15	15~20	$C_{180}40$	1.26	1.97	2.83	2.96	2.14	2.69	3.63	3.91	0.589	0.732	0.780	0.757
		$C_{180}30$	0.94	1.58	2.37	2.57	1.32	2.28	2.96	3.21	0.712	0.693	0.801	0.801
15~20	15~20	$C_{180}40$	1.23	1.93	2.40	3.04	1.82	2.64	3.57	3.50	0.676	0.731	0.672	0.869
		$C_{180}30$	0.95	1.61	2.44	2.69	1.38	2.26	3.24	3.28	0.688	0.712	0.753	0.820
20~25	15~20	$C_{180}40$	1.34	2.01	2.58	2.63	1.73	2.82	3.52	4.00	0.775	0.713	0.733	0.658
		$C_{180}30$	0.97	1.65	2.31	2.36	1.39	2.32	2.75	3.03	0.698	0.711	0.840	0.779
>25	15~20	$C_{180}30$	0.92	1.74	2.35	2.59	1.21	2.29	2.70	2.97	0.760	0.760	0.870	0.872
平均			—	—	—	—	—	—	—	—	0.696	0.731	0.774	0.815

表 2.4.1-3　　　　　　　针片状含量对大坝混凝土轴拉强度影响

针片状含量/%		强度等级	全级配/MPa		湿筛/MPa			全/湿筛	
特、大石	中、小石		28d	180d	28d	90d	180d	28d	180d
<15	<15	$C_{180}40$	1.92	2.82	2.86	4.07	4.27	0.671	0.660
		$C_{180}30$	—	—	2.32	3.23	3.63	—	—
15~20	<15	$C_{180}40$	1.98	2.78	2.92	3.58	3.98	0.678	0.698
		$C_{180}30$	—	—	2.67	2.92	3.42	—	—
20~25	<15	$C_{180}40$	1.86	2.77	2.72	3.60	3.90	0.684	0.710
		$C_{180}30$	—	—	2.24	3.21	3.31	—	—
<15	15~20	$C_{180}40$	1.85	2.78	2.84	3.61	3.91	0.651	0.711
		$C_{180}30$	—	—	2.60	3.22	3.52	—	—
15~20	15~20	$C_{180}40$	1.95	2.76	2.91	3.71	4.01	0.670	0.688
		$C_{180}30$	—	—	2.51	3.07	3.47	—	—
20~25	15~20	$C_{180}40$	1.90	2.68	2.82	3.84	4.04	0.674	0.663
		$C_{180}30$	—	—	2.61	3.20	3.90	—	—
>25	15~20	$C_{180}30$	—	—	2.53	3.10	3.40	—	—
平均								0.671	0.695

2.4.1.3　混凝土变形性能

1. 极限拉伸值与弹性模量

不同针片状含量大坝混凝土的变形性能试验成果见表2.4.1-4。从试验成果可知：随着粗骨料中针片状含量的提高，全级配混凝土极限拉伸值有呈减小的趋势，特、大石针片状含量对大坝湿筛混凝土的极限拉伸值的影响不明显。

表2.4.1-4　　　　　　　　针片状含量对大坝混凝土变形性能影响

针片状含量/%		强度等级	全级配/($\times 10^{-6}$)		湿筛/($\times 10^{-6}$)		全/湿筛	
特、大石	中、小石		28d	180d	28d	180d	28d	180d
<15	<15	$C_{180}40$	65	75	105	130	0.619	0.577
		$C_{180}30$	—	—	96	115		
15~20	<15	$C_{180}40$	66	72	107	125	0.617	0.576
		$C_{180}30$	—	—	98	112		
20~25	<15	$C_{180}40$	64	68	106	118	0.604	0.576
		$C_{180}30$	—	—	96	109		
<15	15~20	$C_{180}40$	63	73	97	121	0.649	0.603
		$C_{180}30$	—	—	94	115		
15~20	15~20	$C_{180}40$	65	72	105	124	0.619	0.581
		$C_{180}30$	—	—	97	114		
20~25	15~20	$C_{180}40$	63	70	104	123	0.606	0.569
		$C_{180}30$	—	—	97	115		
>25	15~20	$C_{180}30$			94	114		
平均							0.619	0.580

全级配弹性模量试件尺寸为$\phi450\text{mm}\times900\text{mm}$，湿筛混凝土弹性模量试件尺寸为$\phi150\text{mm}\times300\text{mm}$，弹性模量试验成果见表2.4.1-5。当混凝土水胶比相同时，不同针片状含量全级配混凝土的弹性模量大致相当，针片状含量对全级配混凝土弹性模量影响的规律性不明显。针片状含量变化引起全级配混凝土弹性模量最大波动为4.4%，对湿筛混凝土弹性模量的波动影响为4.3%。

表2.4.1-5　　　　　　　　针片状含量对大坝混凝土弹性模量影响

针片状含量/%		强度等级	全级配/GPa			湿筛/GPa			全级配/湿筛		
特、大石	中、小石		28d	90d	180d	28d	90d	180d	28d	90d	180d
<15	<15	$C_{180}40$	26.2	32.9	34.1	24.8	29.4	32.1	1.056	1.119	1.062
		$C_{180}30$	—	—	—	23.6	26.5	29.9	—	—	—
15~20	<15	$C_{180}40$	26.7	32.6	34.9	25.5	29.0	34.2	1.047	1.124	1.020
		$C_{180}30$	—	—	—	23.8	27.6	32.0	—	—	—
20~25	<15	$C_{180}40$	26.8	30.5	34.4	25.8	31.1	33.0	1.039	0.981	1.042
		$C_{180}30$	—	—	—	23.6	30.3	31.9	—	—	—

续表

针片状含量/%		强度等级	全级配/GPa			湿筛/GPa			全级配/湿筛		
特、大石	中、小石		28d	90d	180d	28d	90d	180d	28d	90d	180d
<15	15~20	C$_{180}$40	26.7	32.0	34.0	26.7	31.0	33.2	1.000	1.032	1.024
		C$_{180}$30	—	—	—	23.8	27.8	29.8	—	—	—
15~20	15~20	C$_{180}$40	26.5	32.1	34.9	25.7	30.8	34.2	1.031	1.042	1.020
		C$_{180}$30	—	—	—	23.3	29.4	31.6	—	—	—
20~25	15~20	C$_{180}$40	26.1	31.3	33.0	26.6	30.5	32.7	0.981	1.026	1.009
		C$_{180}$30	—	—	—	23.3	28.9	29.8	—	—	—
>25	15~20	C$_{180}$30	—	—	—	24.7	29.5	31.1	—	—	—
平均									1.026	1.054	1.030

2. 自生体积变形

混凝土的自生体积变形试验成果见表2.4.1-6。从试验成果可知：

（1）当水胶比相同时，随着骨料针片状含量的增加，混凝土的自生体积变形收缩量有增加的趋势，引起这种试验成果主要与采用的水泥自生体积变形为收缩有关，在水胶比相同情况下，胶材用量增加，混凝土的自生体积变形收缩量增大。

（2）由于试验采用的水泥自生体积变形早期表现为收缩，而骨料对水泥浆的收缩有限制作用，全级配混凝土的骨料用量高于湿筛混凝土，因此全级配120d前比湿筛混凝土的自生体积变形收缩量略低。由于水泥自生体积变形后期表现为膨胀，且湿筛混凝土单位体积的胶材用量比全级配混凝土高，湿筛混凝土的自生体积变形后期增长幅度高于全级配混凝土，150d后湿筛混凝土的收缩值反而低于全级配混凝土。

表2.4.1-6　　　　　　　　针片状含量对大坝混凝土自生体积变形影响

级配	针片状含量/%		强度等级	自生体积变形/(×10^{-6})											
	特、大石	中、小石		1d	3d	7d	14d	21d	28d	45d	75d	90d	120d	150d	180d
全级配	<15	<15	C$_{180}$40	0	-6.1	-8.2	-13.5	-21.2	-21.7	-26	-21.8	-20.5	-17.4	-14.9	-14.8
	15~20	<15	C$_{180}$40	0	-6.2	-8.5	-13.8	-21.5	-22	-26.3	-21.8	-20.8	-17.7	-15.1	-15
	20~25	<15	C$_{180}$40	0	-6.3	-8.7	-14	-21.7	-22.2	-26.5	-22.3	-21	-17.9	-15.3	-15.2
	<15	15~20	C$_{180}$40	0	-6.4	-9.1	-14.7	-22.7	-23.2	-26.8	-22.8	-22	-18.2	-16	-15.5
	15~20	15~20	C$_{180}$40	0	-6.6	-10	-15.6	-23.8	-24.3	-28	-23.4	-23.1	-19.8	-17	-16.4
	20~25	15~20	C$_{180}$40	0	-6.6	-10.1	-15.8	-24.2	-24.7	-28.5	-24.8	-23.4	-20.1	-17.2	-16.3
湿筛	<15	<15	C$_{180}$40	0	-6.3	-7.8	-16.9	-27.9	-26.8	-29.8	-25.2	-22	-18.2	-12.5	-10.0
	15~20	<15	C$_{180}$40	0	-6.2	-8.1	-17.3	-27	-27.3	-30.4	-25.7	-22.5	-18.6	-12.9	-10.5
	20~25	<15	C$_{180}$40	0	-6.2	-8.4	-17.7	-28	-27.8	-30.9	-26.2	-23.2	-19	-13.2	-10.6
	<15	15~20	C$_{180}$40	0	-6	-9.1	-18.7	-28.4	-29.2	-32.4	-27.5	-24.1	-19.4	-14.1	-10.4
	15~20	15~20	C$_{180}$40	0	-5.8	-9.3	-19	-28.9	-29.6	-32.9	-27.9	-24.5	-20.4	-14.3	-10.9
	20~25	15~20	C$_{180}$40	0	-5.6	-9.6	-19.4	-29.4	-30.2	-33.4	-27.6	-24.4	-20.8	-14.7	-11.6

2.4.1.4　混凝土热学性能

1. 热物理参数

采用 0.39 水胶比、$C_{180}40$ 混凝土配合比，不同针片状含量大坝全级配、湿筛混凝土的热物理性能试验成果表明：

（1）对湿筛混凝土，中、小石针片状含量小于 15％且不变时，特、大石针片状含量在 25％以下变化，随着针片状含量的增加，混凝土的导温系数、导热系数、比热、线膨胀系数基本不变；中、小石针片状含量增加到 15％～20％时，混凝土的导热系数稍变小，比热、线膨胀系数稍增大，主要与混凝土的用水量、胶材用量增加有关；导温系数不随针片状含量变化。

（2）同等级全级配混凝土与湿筛混凝土相比，导温系数、导热系数、比热增高，线膨胀系数降低。

（3）总体来说，湿筛混凝土和全级配混凝土试验均表明，针片状含量在 25％以内时，混凝土热物理参数的变化不大。

2. 绝热温升

绝热温升公式如下：

$$T = T_0(1 - e^{-at^b})$$

式中　　T——绝热温升值，℃；

T_0——最终温升值，℃；

t——龄期，d；

a、b——试验参数。

不同针片状含量和不同强度等级混凝土的绝热温升试验结果见表 2.4.1-7。由表 2.4.1-7 可知，采用 0.39 水胶比、$C_{180}40$ 混凝土配合比进行试验，随着骨料针片状含量的增加，混凝土的单位体积用水量和胶材用量相应增加，混凝土绝热温升也相应增加。特、大石针片状含量不变，中、小石针片状含量由小于 15％增加到 15％～20％时，绝热温升增加 0.8～1.0℃；中、小石针片状含量不变，特、大石针片状含量由小于 15％增加到 15％～20％、20％～25％时，绝热温升基本不变或增加不明显，即特、大石针片状含量的变化对绝热温升影响不明显，中、小石针片状含量变化对绝热温升影响明显。

表 2.4.1-7　　　　　　　　针片状含量对大坝混凝土绝热温升影响

针片状含量/％		强度等级	水胶比	$T_0/℃$	a	b	相关系数
特、大石	中、小石						
<15	<15	$C_{180}40$	0.39	27.1	0.186	0.959	0.992
<15	<15	$C_{180}30$	0.47	24.8	0.154	0.981	0.981
15～20	<15	$C_{180}40$	0.39	27.2	0.188	0.956	0.984
20～25	<15	$C_{180}40$	0.39	27.2	0.189	0.950	0.990
<15	15～20	$C_{180}40$	0.39	27.9	0.192	0.940	0.992
15～20	15～20	$C_{180}40$	0.39	27.9	0.193	0.938	0.984
20～25	15～20	$C_{180}40$	0.39	28.3	0.198	0.932	0.980

2.4.1.5　混凝土耐久性能

1. 抗渗性

抗渗试验全级配混凝土大试件为 $\phi450mm \times 450mm$ 圆柱体，湿筛混凝土小试件为 $\phi150mm \times 150mm$ 圆柱体，试验成果见表 2.4.1-8。试验成果表明：

（1）水胶比增大，混凝土渗透性增大，抗渗性降低。当各级配骨料针片状含量均小于 15%、水胶比从 0.39 增大至 0.47 时，全级配的渗透系数由 $1.09 \times 10^{-7}cm/s$ 增大到 $1.28 \times 10^{-7}cm/s$。

（2）水胶比不变，骨料针片状含量增大，混凝土渗透性增大，抗渗性降低。水胶比为 0.39、特、大石针片状含量在 15% 以下时，中、小石针片状含量由小于 15% 提高到 15%～20%，全级配的渗透系数从 $1.09 \times 10^{-7}cm/s$ 增大到 $2.89 \times 10^{-7}cm/s$；水胶比为 0.39，特、大石针片状含量保持在 15%～20% 不变，中、小石针片状含量由小于 15% 增大至 15%～20% 时，全级配的渗透系数从 $1.48 \times 10^{-7}cm/s$ 增大至 $3.30 \times 10^{-7}cm/s$。

（3）全级配混凝土的渗透系数比湿筛混凝土的渗透系数高一个数量级，但渗透性系数总体较小，不会对大坝混凝土的抗渗性产生较大影响。

表 2.4.1-8　　　　　　　全级配混凝土与湿筛混凝土渗透试验成果

针片状含量/%		水胶比	龄期/d	累计入流量/mL		渗水高度/cm		渗透系数/(cm·s⁻¹)	
特、大石	中、小石			$\phi150 \times 150$	$\phi450 \times 450$	$\phi150 \times 150$	$\phi450 \times 450$	$\phi150 \times 150$	$\phi450 \times 450$
<15	<15	0.39	157	142.6	1805.2	3.64	9.6	1.56×10^{-8}	1.09×10^{-7}
<15	<15	0.47	183	179.1	1996.5	4.97	11.0	2.61×10^{-8}	1.28×10^{-7}
<15	15～20	0.39	240	165.0	890.0	3.85	16.4	1.59×10^{-8}	2.89×10^{-7}
20～25	<15	0.39	203	397.0	1248	4.36	11.6	2.08×10^{-8}	1.48×10^{-7}
20～25	15～20	0.39	210	412.0	1356	4.68	17.2	2.44×10^{-8}	3.30×10^{-7}

2. 抗冻性

抗冻试验全级配混凝土大试件为 $450mm \times 450mm \times 450mm$ 立方体试件，到测试龄期前 10d 将其切割成 $100mm \times 100mm \times 100mm$ 棱柱体试件，湿筛混凝土小试件为 $100mm \times 100mm \times 100mm$ 棱柱体试件，试验成果见表 2.4.1-9。试验成果表明：

（1）水胶比增大，相对动弹性模量降低；水胶比由 0.39 增大至 0.47，抗冻等级均大于 F300，相对动弹性模量由 88.8% 降低至 80.2%。

（2）水胶比同为 0.39 时，特、大石针片状含量在 25% 以内，中、小石针片状含量在 20% 以内，湿筛混凝土抗冻等级均大于 F300。

（3）受胶凝材料用量、成型设备差异、全级配混凝土试件切割等影响，全级配混凝土抗冻性能远低于湿筛混凝土，全级配的抗冻等级在 F200～F275 内波动，相对动弹性模量为 65.0%～89.9%。

试验成果还显示：随针片状含量增加，湿筛混凝土相对动弹性模量降低较明显，而全级配试验成果表明，随着骨料针片状含量的增加，混凝土的抗冻性能没有降低，主要原因可能是随着针片状含量的增加，混凝土的胶凝材料增加，胶材用量的增加更有利于全级配混凝土引气效果，而全级配混凝土的抗冻性受混凝土含气量的影响较明显。

表 2.4.1-9　　　　　　　　　全级配混凝土与湿筛混凝土抗冻试验成果

针片状含量/%		水胶比	级配	抗冻等级	相对动弹性模量/%	备注
特、大石	中、小石					
<15	<15	0.39	湿筛	>F300	88.8	—
<15	<15	0.47	湿筛	>F300	80.2	—
15~20	<15	0.39	湿筛	>F300	81.2	—
20~25	<15	0.39	湿筛	>F300	79.6	—
15~20	15~20	0.39	湿筛	>F300	91.1	—
20~25	15~20	0.39	湿筛	>F325	72.4	—
<15	<15	0.39	全级配	F250	65.8	保留两侧
<15	<15	0.39	全级配	F200	65.0	中间试样
15~20	15~20	0.39	全级配	F275	65.6	保留两侧
15~20	15~20	0.39	全级配	>F275	83.0	中间试样
20~25	15~20	0.39	全级配	F275	78.5	保留两侧
20~25	15~20	0.39	全级配	>F275	89.9	中间试样

2.4.1.6　砂岩针片状含量对混凝土碱活性的影响

试验在中、小石的针片状含量满足规范要求的条件下（≤15%），大石和特大石两种不同的针片状含量小于 15% 和 20%~25%，采用大坝实际混凝土原材料以及配合比，考虑不掺粉煤灰和掺 35% 粉煤灰两种情况，进行全级配大体积混凝土的模拟试验研究。试件尺寸选用 300mm×300mm×1350mm，混凝土的强度等级为 $C_{180}40$ 和 $C_{180}30$，采用组合骨料，水泥品种为峨胜中热水泥。不掺粉煤灰时，外加碱使混凝土中的碱含量调整为 2.5kg/m³；掺 35% 粉煤灰时，碱含量为实际大坝混凝土配合比的碱含量。养护条件为室外自然养护，试验观测龄期为 5 年。试验成果表明：

（1）砂岩骨料针片状含量超标且不掺粉煤灰条件下，混凝土整体呈现为收缩变形。$C_{180}40$ 混凝土 5 年变形范围为（10.4~-55.6）×10^{-6}，$C_{180}30$ 混凝土 5 年的变形范围为（-10.5~-77.8）×10^{-6}。这说明大石和特大石的针片状含量从小于 15% 增加到 20%~25% 时，对混凝土的变形影响不大。

（2）砂岩针片状含量超标、掺 35% 粉煤灰条件下，混凝土 5 年的整体变形为收缩变形。在中、小石的针片状含量满足要求的条件下（≤15%），大石和特大石的针片状含量为 20%~25% 时，掺 35% 粉煤灰的混凝土未发现碱骨料反应的膨胀变形。

2.4.2　特大石限径及含量对混凝土性能的影响

根据前述研究成果，推荐大坝混凝土配合比中砂岩粗骨料比例为特大石：大石：中石：小石＝35：25：20：20，特大石粒径为 150mm。由于锦屏一级印把子沟砂石系统运行初期的粗骨料针片状含量高，特别是特大石针片状含量超出规范规定 15% 较多。经改造筛网、加强针片状剔除后，一段时间特大石粒径大部分达不到 150mm，且产量严重下降。为此，开展了特大石限径及含量对拱坝混凝土性能的影响研究，确定大坝混凝土配合比中特大石直径降至 120mm 后的合适比例，以作为混凝土配合比的备用方案。

2.4.2.1 骨料的最佳级配选择

在砂岩特大石最大粒径为 120mm，特大石的含量分别为 35％、30％、25％、20％情况下，进行粗骨料的最佳级配选择试验，试验成果见表 2.4.2-1。由试验成果可以得出：

特大石含量 35％时，骨料最佳级配为特大石：大石：中石：小石＝35：25：20：20；

特大石含量 30％时，骨料最佳级配为特大石：大石：中石：小石＝30：30：20：20；

特大石含量 25％时，骨料最佳级配为特大石：大石：中石：小石＝25：25：25：25；

特大石含量 20％时，骨料最佳级配为特大石：大石：中石：小石＝20：30：25：25。

表 2.4.2-1　　　　　　　　　　　　骨料最佳级配试验成果

序号	骨料组合比例/％				振实密度 /(kg·m⁻³)	空隙率 /％
	特大石	大石	中石	小石	/(kg·m⁻³)	/％
1	35	25	20	20	1884	30.2
2	35	20	25	20	1860	31.1
3	35	20	20	25	1876	30.5
4	30	30	20	20	1870	30.7
5	30	25	25	20	1824	32.4
6	30	25	20	25	1865	30.9
7	25	30	25	20	1835	32.0
8	25	25	25	25	1850	31.5
9	25	35	20	20	1828	32.3
10	20	35	25	20	1808	33.0
11	20	30	30	20	1806	33.1
12	20	30	25	25	1882	30.3

2.4.2.2 混凝土和易性

砂岩特大石最大粒径从 150mm 减小为 120mm 时，粗骨料比例采用特大石：大石：中石：小石＝35：25：20：20。试验成果表明：

（1）在保持混凝土和易性大致相当，水胶比为 0.47，砂率都为 23％时，骨料最大粒径为 120mm 的混凝土和骨料最大粒径为 150mm 的混凝土用水量分别为 83kg 和 82kg。

（2）随着特大石含量的减少，混凝土的砂率相应有所提高，混凝土的用水量有所增加；水胶比 0.47 不变，特大石含量由 35％降至 20％时，砂率由 23％增加到 26％，用水量由 82kg 增加 89kg，坍落度由 3.5cm 降低至 2.7cm。

2.4.2.3 混凝土强度

1. 抗压强度

全级配混凝土抗压强度试件尺寸为 450mm×450mm×450mm，砂岩特大石粒径从 150mm 减小为 120mm。抗压强度试验成果见表 2.4.2-2。试验成果表明：砂岩特大石限径及含量变化对大坝混凝土抗压强度的影响不大。

（1）水胶比 0.47 时，特大石含量 35％，粒径从 150mm 减小到 120mm，全级配混凝土 7d、28d 龄期抗压强度分别降低 1.5MPa 和 0.7MPa，降幅很小。到 90d、180d 龄期时，粒径 120mm 的特大石大坝混凝土抗压强度反而分别增加 0.9MPa 和 0.6MPa，总体影响不大。

（2）水胶比 0.47，特大石粒径为 120mm 的含量在 20％、30％、35％之间变化时，大坝全级配混凝土抗压强度变化范围为 0～1.5MPa，影响不大。

（3）大坝湿筛混凝土试验成果也表明砂岩特大石限径及含量变化对混凝土抗压强度影响不大。

表 2.4.2－2　　　　　　　特大石含量变化对大坝混凝土抗压强度的影响

最大粒径/mm	特大石含量/%	水胶比	全级配抗压强度/MPa					湿筛抗压强度/MPa				
			7d	14d	28d	90d	180d	7d	14d	28d	90d	180d
150	35	0.47	13.7	15.9	21.5	24.0	36.1	14.8	18.0	25.6	30.5	40.2
120	35	0.47	12.2	15.8	20.8	24.9	36.7	14.6	19.3	24.7	30.9	41.0
	30	0.47	12.5	15.9	20.1	24.6	36.5	14.4	19.5	24.3	30.7	41.2
	25	0.47	12.2	15.3	20.4	23.1	36.5	13.8	19.3	24.7	29.6	41.0
	20	0.47	12.6	16.2	21.1	23.5	36.6	14.9	19.6	24.1	27.7	40.6
	30	0.39	18.5	22.2	27.0	30.7	44.2	19.8	25.8	30.3	38.0	50.0
	30	0.43	15.5	19.6	23.6	26.4	40.1	16.6	22.8	26.9	33.7	45.6

2. 混凝土抗拉强度

全级配混凝土劈拉强度试件尺寸为 450mm×450mm×450mm，全级配混凝土轴拉强度试件尺寸为 450mm×450mm×1350mm。砂岩特大石最大粒径从 150mm 减小为 120mm，含量从 35％降至 20％，全级配和湿筛混凝土劈拉强度和轴拉强度的试验成果均表明，特大石粒径变化对混凝土劈拉强度和轴拉强度影响不大。

（1）水胶比 0.47，特大石含量 35％时，粒径从 150mm 减小到 120mm，全级配混凝土 7d、28d 龄期劈拉强度略有降低，降低幅度为 0～0.12MPa，90d、180d 龄期大坝混凝土劈拉强度分别增加 0.29MPa 和 0.06MPa；而湿筛混凝土劈拉强度各龄期均略有降低，降低幅度为 0.04～0.22MPa。

（2）水胶比 0.47，特大石含量 35％时，将特大石最大粒径从 150mm 减小到 120mm，全级配和湿筛混凝土 28d 的轴拉强度分别降低 0.01MPa 和 0.12MPa，90d 和 180d 龄期分别增加 0.01～0.04MPa。

（3）水胶比 0.47，特大石粒径为 120mm，含量为 20％～35％时，180d 龄期全级配混凝土劈拉强度为 2.66～2.78MPa，轴拉强度为 2.08～2.13MPa；180d 湿筛混凝土劈拉强度为 3.00～3.22MPa，轴拉强度为 3.60～3.66MPa。变化均不大。

2.4.2.4　混凝土变形性能

1. 混凝土弹性模量

全级配混凝土弹性模量试件尺寸为 ϕ450mm×900mm，试验成果表明：砂岩特大石限径及含量变化对大坝混凝土弹性模量影响不大。

（1）水胶比为 0.47，特大石含量为 35％，粒径从 150mm 减小到 120mm 时，大坝混凝土弹性模量略有增加；28d、90d 和 180d 龄期全级配混凝土抗压弹性模量分别增加

0.5GPa、1.6GPa 和 0.8GPa，对应龄期的湿筛混凝土弹性模量则分别增加 1.6GPa、2.3GPa 和 0.7GPa。

（2）随着特大石含量的减少，大坝全级配混凝土 180d 龄期的弹性模量存在着降低的趋势；水胶比 0.47，特大石的含量在 20%～35%之间变化时，对全级配混凝土弹性模量有一定的影响，28d、90d、180d 龄期全级配混凝土弹性模量分别在 24.2～26.2GPa、28.9～29.8GPa、31.3～32.0GPa 之间。而湿筛混凝土弹性模量呈波动状态，28d、90d 和 180d 的弹性模量波动范围分别为 23.1～25.9GPa、26.6～28.2GPa 和 30.2～30.8GPa。

2. 极限拉伸值

特大石粗骨料限径及含量变化对大坝混凝土极限拉伸值试验成果影响不大。

水胶比为 0.47，当特大石含量为 35%，粒径由 150mm 变为 120mm 时，各龄期混凝土极限拉伸值大致相当，其中，全级配大坝混凝土极限拉伸值分别为 66×10^{-6} 和 67×10^{-6}，湿筛混凝土均为 115×10^{-6}。水胶比为 0.47，特大石粒径为 120mm，特大石含量在 35%～20%之间变化时，各龄期混凝土极限拉伸值也大致相当。

3. 自生体积变形

试验采用水胶比为 0.47，以 150mm 特大石粒径作为对比，研究特大石限径及含量变化对大坝混凝土自生体积变形影响。120mm 粒径含量在 35%～25%变化，试验成果见表 2.4.2-3。试验成果表明：特大石最大粒径从 150mm 降到 120mm，混凝土的自生体积变形收缩值略有增大。随着特大石含量的降低，混凝土的自生体积变形收缩量有增加的趋势，主要是因为混凝土的胶凝材料用量增加，而水泥的自生体积变形表现为收缩所致。

表 2.4.2-3　　特大石限径及含量变化对大坝混凝土自生体积变形的影响

级配	特大石粒径/含量/(mm/%)	自生体积变形/($\times 10^{-6}$)												
		1d	3d	7d	14d	21d	28d	45d	60d	75d	90d	120d	150d	180d
湿筛	150/35	0	6.2	7.5	4.5	−1.4	−4.1	−11.7	−16.8	−14	−12.8	−6	−5.9	−2.7
	120/35	0	10.3	7.5	0.9	−4.1	−8.8	−13.8	−19.2	−17.4	−16.9	−8.4	−7.1	−3.5
	120/30	0	8.7	7.2	0.4	−5.8	−9.0	−15.0	−20.6	−18.6	−17.2	−10.2	−8.8	−5.6
	120/25	0	9.2	8.2	−0.1	−7.0	−11.0	−16.5	−21.8	−19.4	−17.8	−11.0	−9.6	−6.2
全级配	150/35	0	1	3.2	2.2	−2.8	−1.2	−8.2	−12.8	−9.4	−8	−6.1	−5.6	−4.4
	120/35	0	2.4	6.2	1.2	−3.4	−6.8	−9.6	−13.3	−10.8	−8.8	−7.8	−5.9	−4.7
	120/30	0	3	6.6	1.2	−4.8	−7.4	−10.4	−14.0	−11.4	−9.6	−8.2	−6.2	−5
	120/25	0	3.4	6	1.4	−5.6	−8.2	−11.4	−14.5	−12	−10.2	−8.3	−6.5	−5.2

2.4.2.5　混凝土热学性能

1. 热物理参数

特大石粒径变化（由 150mm 减小为 120mm）以及特大石含量变化时，混凝土热物理性能参数基本不变。其中全级配混凝土导温系数为 0.0045～0.0046m²/h，导热系数为 12.47～12.50kJ/(m·h·℃)，比热为 1.10～1.12kJ/(kg·℃)，线胀系数为 8.8×10^{-6} ～ 8.9×10^{-6}/℃。湿筛混凝土导温系数为 0.0033～0.0035m²/h，导热系数为 8.33～

8.38kJ/(m・h・℃)，比热为 1.01～1.03kJ/(kg・℃)，线胀系数为 $9.0\times10^{-6}\sim9.3\times10^{-6}$/℃。

2. 绝热温升

绝热温升公式为

$$T=T_0(1-e^{-at^b})$$

式中　T_0——绝热温升值，℃；

　　　T——最终温升值，℃；

　　　t——龄期，d；

　　a、b——试验参数。

特大石限径及含量变化对大坝混凝土的绝热温升影响试验成果见表 2.4.2-4。试验成果表明：特大石粒径由 150mm 变为 120mm，特大石含量均为 35％时，水胶比 0.39 的混凝土绝热温升增加约 0.2℃；随着特大石含量的降低，混凝土的胶凝材料用量增加，绝热温升增加。

表 2.4.2-4　　特大石限径及含量变化对大坝混凝土绝热温升的影响试验成果

最大粒径 /mm	特大石含量 /％	水胶比	T_0 /℃	a	b	相关系数
150	35	0.39	24.8	0.154	0.981	0.981
120	35	0.39	25.0	0.158	0.970	0.989
	30	0.39	25.4	0.161	0.960	0.986
	25	0.39	25.8	0.168	0.951	0.981

2.4.2.6　混凝土耐久性能

1. 抗渗性

抗渗试验时，全级配混凝土大试件为 ϕ450mm×450mm 圆柱体，湿筛混凝土小试件为 ϕ150mm×150mm 圆柱体。试验成果表明：特大石粒径由 150mm 变为 120mm，各种特大石含量下，对混凝土的抗渗性能影响不明显，但全级配混凝土的渗水高度和渗透系数均大于湿筛混凝土，其中全级配混凝土渗透系数为 $1.33\times10^{-7}\sim1.40\times10^{-7}$，湿筛混凝土渗透系数为 $1.00\times10^{-7}\sim1.02\times10^{-7}$。

2. 抗冻性

抗冻试验时，全级配混凝土大试件为 450mm×450mm×450mm 立方体试件，测试前将其切割成 100mm×100mm×100mm 棱柱体试件；湿筛混凝土小试件为 100mm×100mm×100mm 棱柱体试件。试验成果表明：

（1）在控制大坝混凝土和易性及含气量大致相当的情况下，特大石粒径从 150mm 降至 120mm，含量为 35％～20％时，全级配混凝土的抗冻性能大致相当，全部达到 F250，相对动弹性模量为 65％～65.8％；湿筛混凝土随着特大石含量降低，其相对动弹性模量降低，相对动弹性模量为 80.2％～88.8％，湿筛混凝土全部达到 F300。

（2）受设备成型、试件切割等影响，湿筛混凝土的抗冻性能远高于全级配混凝土。

2.4.3　粗骨料中不利组分对混凝土性能的影响

大坝混凝土浇筑初期，由于大奔流砂岩料场岩性变化，现场成品骨料检测到粗骨料中全锈染骨料含量为2.2%～9.8%；局部锈染骨料含量为5.5%～22.7%；锈面石含量平均值达到9.8%，最高值达到17.7%；大理岩骨料含量平均达到6.2%；板岩含量平均为2.3%，最高为4.6%（特大石中），且以针片状性态出现。这五种粗骨料不利组分在骨料开采、加工过程中，难以完全剔除。为此，锦屏建设管理局组织开展了粗骨料不利组分对拱坝混凝土性能影响的试验研究工作。

通过湿筛法和全级配法、CT扫描技术与SEM成像技术对粗骨料不利组分单一因素和组合因素对混凝土性能的影响研究，获得了全面系统和新视角的创新研究成果，为制定粗骨料不利组分含量标准提供了科学依据。试验采用大理岩细骨料。

2.4.3.1　细观结构及损伤研究

为了解粗骨料不同不利组分对混凝土细观结构的影响和差别，开展了不利组分骨料混凝土受荷后损伤的CT图像分析。受加荷能力的限制，试验用混凝土试件尺寸为$\phi60\text{mm}\times120\text{mm}$。采用强度等级$C_{180}35$的大坝混凝土配合比，峨胜42.5中热硅酸盐水泥及宣威Ⅰ级粉煤灰拌制混凝土，湿筛筛除大坝混凝土中的特大石、大石和中石，成型一级配混凝土试件标准养护28d、90d龄期后进行单轴加压CT扫描试验。粗骨料分别采用全锈染砂岩、大理岩、板岩及砂岩骨料，细骨料采用大理岩人工细骨料。试件养护至规定龄期后，从每组试件中取2个试件进行轴心抗压强度试验，以获得改组试件的预估极限荷载，然后进行单轴加压CT扫描试验。在CT仪试验台上布置加载装置，每个试件的中部选取7个垂直于轴心的扫描断面，扫描断面间距10mm，各断面由上至下分别编号为J1～J7。

1. CT平均数分析

混凝土各组分物理密度不同，反映在CT图像上各点的CT数（正比于物理密度）也不同，从而形成骨料、砂浆、孔洞等灰度不同的CT影像图。通过比较不同应力水平下混凝土试件断面CT扫描图像的CT平均数的变化，可以半定量分析不同应力条件下混凝土各断面结构密度的变化。在试验最大荷载条件下，不同骨料混凝土各扫描断面的CT平均数损失率如图2.4.3-1所示。试验成果表明：

（1）28d龄期，混凝土从初始无应力状态到承受试验最大荷载应力状态，除砂岩、板岩混凝土的个别断面外，试件各断面CT扫描图像的CT平均数总体呈下降趋势。最大试验荷载条件下，28d龄期不同骨料混凝土CT平均数损失率较小，均在1%以内，不同骨料混凝土差异不大。

（2）90d龄期，混凝土从初始无应力状态到承受试验最大荷载应力状态，不同骨料混凝土断面的CT平均数总体呈下降趋势，其中大理岩和砂岩混凝土的降低明显。在最大试验荷载条件下，90d龄期板岩和全锈染砂岩混凝土CT平均数损失率较小，在1%以内；大理岩混凝土各断面CT平均数损失率较高，最大达17.7%，砂岩混凝土其次，最大断面损失率达5.2%。

（3）90d龄期，在试验设定的1级荷载应力作用下，不同骨料混凝土断面CT平均数小幅降低，混凝土裂纹扩展；在2级荷载应力作用下，大理岩混凝土J1～J4断面、砂岩混凝土J6和J7断面CT平均数大幅降低，以上断面可能裂纹贯通，局部破坏。

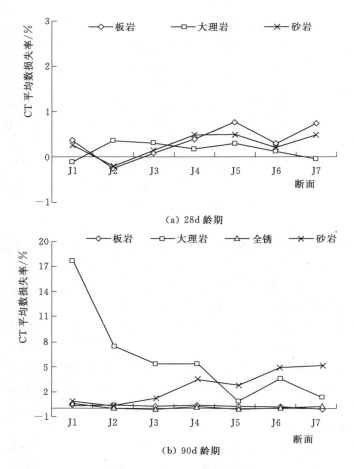

(a) 28d 龄期

(b) 90d 龄期

图 2.4.3 - 1　末级荷载应力下不同骨料混凝土 CT 平均数损失率

2. 差值法图像分析结果

(1) 28d 龄期试验结果。

1) 28d 龄期，1～5 级荷载分别为 2.8MPa、6.0MPa、9.6MPa、13.1MPa、16.6MPa，大理岩混凝土的起裂荷载明显低于其他三种骨料，在 1 级荷载应力作用下，裂纹面积迅速增长至较高水平，裂纹面积为断面面积的 1.3%～2%，远高于其他骨料，但此后随荷载增加，裂纹扩展不明显。

2) 板岩和砂岩混凝土的裂纹面积随着荷载增加而增加，裂纹较快扩展主要发生在 3～5 级荷载作用下。在 1 级和 2 级荷载作用下，板岩混凝土各断面的裂纹面积率低于砂岩混凝土，其后随荷载增加，板岩混凝土各断面的裂纹面积较快增长，断面裂纹面积率高于相同荷载下的砂岩混凝土。5 级荷载条件下，板岩混凝土各断面裂纹面积率在 0.6%～0.9%，砂岩混凝土各断面裂纹面积率在 0.3%～0.6%。

3) 荷载作用下混凝土裂纹多数沿着骨料、内部孔洞及混凝土试件周边扩展。

(2) 90d 龄期试验结果。

1) 90d 龄期，1 级荷载为 16MPa，2 级荷载为 21MPa；在 16MPa 1 级荷载应力作用下，板岩混凝土各扫描断面新生的裂纹面积低于其他骨料混凝土；砂岩混凝土各断面裂纹面积率平均值与全锈染砂岩相当，但砂岩混凝土各断面的裂纹面积率较为平均，而全锈染砂岩各断面的裂纹面积率差异较大，在 $0.2\% \sim 0.7\%$ 较大范围内变化。

2）当荷载增加到 21MPa 的 2 级荷载时，混凝土的裂纹扩展，裂纹面积增大。板岩混凝土裂纹扩展较快，各断面平均裂纹面积率略低于全锈染砂岩混凝土，但略高于砂岩混凝土。以上三种骨料混凝土在 2 级荷载应力作用下，各断面裂纹面积率均低于 1%，平均为 $0.5\% \sim 0.6\%$，抵抗荷载作用下的裂纹扩展能力较好。

（3）大理岩混凝土的起裂荷载明显低于其他三种骨料，在一级荷载应力作用下，裂纹面积迅速增长至较高水平，裂纹面积平均为断面面积的 2.7%，远高于其他三种骨料，此后随荷载增加，裂纹缓慢扩展。

2.4.3.2 界面过渡区水化产物微观形貌分析

为了解不利组分骨料水化反应产物的差别，开展了混凝土中不利组分骨料与水泥浆体界面区扫描电子显微镜成像分析。不同岩性骨料与水泥浆体界面过渡区（ITZ）90d 龄期的扫描电子显微镜（SEM）照片如图 2.4.3-2～图 2.4.3-6 所示，不同岩性骨料界面过渡区（ITZ）Ca/Si 比如图 2.4.3-7 所示。

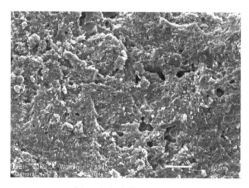 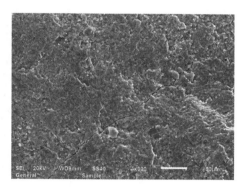

（a）锈面砂岩砂浆 ITZ（×300）　　　　　（b）锈面砂岩砂浆 ITZ（×300）

图 2.4.3-2　90d 锈面砂岩骨料 ITZ 与内部浆体水化产物形貌

（a）砂岩 ITZ（×2500）　　　　　　（b）砂岩 paste（×2500）

图 2.4.3-3　90d 砂岩骨料 ITZ 与内部浆体水化产物形貌

（a）板岩 ITZ（×2500）

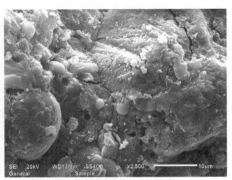
（b）板岩 paste（×2500）

图 2.4.3-4　90d 板岩骨料 ITZ 与内部浆体水化产物形貌

（a）全锈染砂岩 ITZ（×2500）

（b）全锈染砂岩 paste（×2500）

图 2.4.3-5　90d 全锈染砂岩骨料 ITZ 与内部浆体水化产物形貌

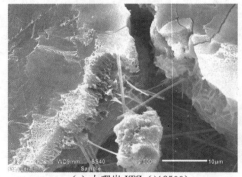
（a）大理岩 ITZ（×2500）

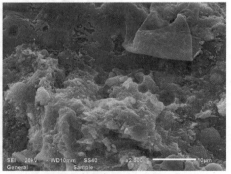
（b）大理岩 paste（×2500）

图 2.4.3-6　90d 大理岩骨料 ITZ 与内部浆体水化产物形貌

从浆体微观形貌可以看到，骨料界面区浆体结构与内部浆体结构有明显差异，界面区大量生长着长 $10 \sim 20 \mu m$ 的针状钙矾石晶体和层片状 $Ca(OH)_2$ 晶体，浆体多孔疏松，而远离骨料的浆体 90d 龄期结构已非常致密，可以看到被致密的Ⅲ型 C-S-H 凝胶紧密包

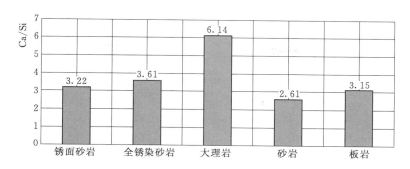

图 2.4.3 - 7 骨料-浆体界面区 Ca/Si

围的未水化粉煤颗粒和结晶良好团聚堆积 $Ca(OH)_2$ 晶体。从 EDS 测试结果也可以看出，排除 $Ca(OH)_2$ 晶体富集区的测试结果，骨料界面区浆体的 Ca/Si 比明显大于内部浆体，这是因为 C-S-H 凝胶的 Ca/Si 比通常在 $1.3 \sim 1.8$，而当钙矾石或 $Ca(OH)_2$ 所占比例较高时，会明显增加水化产物的 Ca/Si 比。总的来看，不同骨料界面区 Ca/Si 比从大到小依次为：大理岩、全锈染砂岩、锈面砂岩、板岩、砂岩。

SEM 观测结果显示，全锈染砂岩界面区针状钙矾石晶体所占比例最高，晶体尺寸最大，多呈团聚状堆积；锈面砂岩界面区板岩界面区针状钙矾石晶体较少，但 $Ca(OH)_2$ 晶体所占比例较高；板岩界面区针状钙矾石晶体多呈网状堆积，晶体尺寸较大；砂岩和大理岩骨料界面区的针状钙矾石呈放射状向外辐射延伸，此外大理岩骨料界面区的 $Ca(OH)_2$ 晶体所占比例最高。根据吸附理论，大理岩骨料表面的方解石 $CaCO_3$ 对水泥水化释放出的 Ca^{2+} 具有优先吸附作用，因此 $Ca(OH)_2$ 晶体更易在大理岩骨料表面成核生长。$Ca(OH)_2$ 晶体在骨料界面区的择优定向生长和 AFt 晶体在界面区杂乱无章的富生长分布显著降低了各骨料-浆体界面结构的致密性，从而削弱了界面区的承荷能力。

对骨料界面区的微观结构分析表明，虽然五种骨料界面区的水化产物形态基本类似，但不同骨料界面水化产物的数量、尺寸和生长发育特性均有所不同。这表明骨料岩石的化学成分和矿物组成，以及骨料矿物的表面结构确实影响了骨料-浆体界面过渡区微结构。全锈染砂岩、锈面砂岩、板岩和砂岩界面区的 Ca/Si 比与其显微硬度有良好的对应关系，Ca/Si 比越高显微硬度越低，高 Ca/Si 比的水化产物中钙矾石晶体和 $Ca(OH)_2$ 晶体含量高，对应结构孔隙率高，显微硬度低。长针状钙矾石晶体在全锈染砂岩表面的簇团生长现象和 $Ca(OH)_2$ 晶体在大理岩骨料表面强烈的择优生长趋势，使全锈染砂岩和大理岩骨料界面过渡区增大，界面区强度明显低于以上三种骨料。

大理岩骨料界面区的特性将对混凝土的强度产生不利影响。在受压作用下，大理岩骨料界面区的微裂隙沿骨料界面快速扩展，CT 扫描试验表明，在较小的压荷载下大理岩骨料混凝土就会产生较多的微裂纹，起裂强度明显低于其他骨料，这从侧面表明层片状生长的 $Ca(OH)_2$ 晶体强度甚至低于团聚生长的钙矾石晶体。在受拉作用下，大理岩骨料混凝土的抗拉强度与全锈染砂岩骨料相当，低于板岩与砂岩骨料。不同骨料混凝土的抗拉强度与骨料界面特性也有较好的对应关系。

2.4.3.3　骨料不利组分单因素的湿筛混凝土性能

1. 湿筛混凝土试验

砂岩粗骨料毛料中全锈染骨料、局部锈染骨料、大理岩骨料、板岩骨料和锈面料 5 种不利组分的总含量较高，且随着开采面的变化而变化，其含量波动不利于大坝混凝土的质量控制。

单因素影响试验时，拟定粗骨料不利组分含量比例为：全锈染骨料含量 0%、3%、6%、10%，局部锈染骨料含量 0%、5%、10%、15%、20%、25%，锈面石骨料含量 0%、3%、5%、10%、15%、20%、30%，大理岩骨料含量 0%、5%、10%、15%，板岩骨料含量 0%、2.5%、5.0%、7.5%。单因素试验配合比采用现场使用的 $C_{180}35$ 强度等级大坝混凝土施工配合比，水胶比为 0.41，混凝土的坍落度控制为 3～5cm，含气量控制为 4.5%～5.5%。采用对混凝土性能降低率为 5% 和 10% 的两个标准对试验成果进行评价，当不利组分单因素对各性能影响幅度不一致时，以对试验成果影响幅度的最大值控制。

（1）全锈染骨料含量对混凝土性能影响。对比新鲜全砂岩混凝土（空白混凝土），全锈染骨料含量对混凝土各项性能影响的试验成果综合分析表明：随着全锈染骨料含量的增加，混凝土的性能存在逐步劣化的趋势。当以对混凝土性能影响幅度 5% 控制时，全锈染骨料含量不超过 3%；当以对混凝土性能影响幅度 10% 控制时，全锈染骨料含量不超过 6%。全锈染骨料含量对湿筛混凝土的抗渗等级、抗冻性能影响较小，且混凝土的抗渗、抗冻性能满足设计要求。

（2）局部锈染骨料含量对混凝土性能的影响。对比新鲜全砂岩混凝土，局部锈染骨料含量对混凝土各项性能影响的试验成果综合分析结论为：随着局部锈染骨料含量的增加，混凝土性能存在逐步劣化的趋势。当以对混凝土性能影响不超过 5% 控制时，局部锈染骨料含量应控制在 10% 以内；当以对混凝土性能影响不超过 10% 控制时，局部锈染骨料含量应控制在 20% 以内。局部锈染骨料对湿筛混凝土抗冻性能影响不明显，湿筛混凝土的抗渗、抗冻性能满足设计要求。

（3）锈面石骨料含量对混凝土性能的影响。对比新鲜全砂岩混凝土，锈面石骨料含量对混凝土各项性能影响的试验成果综合分析结论为：随着锈面石含量的增加，混凝土的性能存在劣化的趋势。当以对混凝土性能影响不超过 5% 控制时，锈面骨料含量应控制在 10% 以内；当以对混凝土性能影响不超过 10% 控制时，锈面骨料含量应控制在 20% 以内。随着锈面石含量的增加，混凝土的抗渗性能、抗冻性能有一定程度的降低，但降低幅度较小，混凝土的抗渗性能、抗冻性能满足设计要求。

（4）大理岩骨料对大坝混凝土性能影响。对比新鲜全砂岩混凝土，大理岩骨料含量对混凝土各项性能的影响，试验成果表明：当以对混凝土性能影响不超过 5% 控制时，大理岩含量应控制在 10% 以内；当以对混凝土性能影响不超过 10% 控制时，大理岩含量应控制在 15% 以内。大理岩含量对混凝土的抗渗等级、抗冻性能影响不明显。

（5）板岩骨料含量对混凝土性能影响试验。对比新鲜全砂岩混凝土，板岩骨料含量对混凝土各项性能影响的试验成果综合分析表明：随着板岩含量的增加，混凝土的性能存在劣化的趋势。当以对混凝土性能影响不超过 5% 控制时，板岩含量应控制在 2.5% 以内，当以对混凝土性能影响不超过 10％控制时，板岩含量可按 7.5％控制。板岩含量对混凝土的抗渗等级、抗冻性能影响不明显。

（6）各因素影响程度比较。以单一不利组分含量 10％比较各单因素对混凝土性能影响的程度，由于板岩试验最高含量为 7.5％，故采用 7.5％的工况代替。试验成果见表 2.4.3－1～表 2.4.3－5。由试验成果可知，当各成分含量为 10％（板岩 7.5％）时，混凝土性能的影响程度为：

1）全锈染、局部锈染、板岩对抗压强度有降低作用，强度降低率在 5％以内。

2）各成分对混凝土劈拉强度均有降低作用，总体来说，降低率从高到低依次为：板岩、全锈染、局部锈染、锈面石、大理岩。

3）除板岩、大理岩 28d 外，其余均对弹性模量有降低作用，降低率从高到低依次为：全锈染、锈面石、局部锈染、大理岩、板岩。

4）局部锈染对混凝土 90d 轴拉强度无降低作用，大理岩对混凝土 90d 和 180d 轴拉强度无降低作用；其余对混凝土轴拉强度均有一定程度降低，总体而言，降低率从高到低依次为：板岩、全锈染、锈面石、局部锈染。

5）板岩对混凝土 90d 极限拉伸值有降低作用，其余成分对极限拉伸值降低作用不明显；180d 龄期，除局部锈染外，其余对混凝土极限拉伸值均有一定程度降低，但在 5％以内，板岩降低幅度达 15％。

综合分析，大理岩对混凝土性能降低不明显，其余对混凝土性能产生不利影响程度由高到低依次为：板岩、全锈染、锈面石、局部锈染。

表 2.4.3－1　　　　　　　　各单一因素对混凝土抗压强度的影响

不利组分含量 /％	抗压强度/MPa				与空白混凝土相比/％			
	7d	28d	90d	180d	7d	28d	90d	180d
全锈染（10）	10.6	22.3	28.6	37.0	97	94	95	92
局部锈染（10）	11.2	23.5	28.4	38.0	103	100	95	95
锈面石（10）	10.8	21.2	30.4	33.1	99	90	101	83
大理岩（10）	12.0	22.6	32.1	39.6	110	96	107	99
板岩（7.5）	11.2	24.1	28.4	38.0	103	102	95	95

表 2.4.3－2　　　　　　　　各单一因素对混凝土劈拉强度影响

不利组分含量 /％	劈拉强度/MPa				与空白混凝土相比/％			
	7d	28d	90d	180d	7d	28d	90d	180d
全锈染（10）	0.73	1.89	2.32	2.95	66	99	88	91
局部锈染（10）	1.14	1.86	2.35	3.21	104	98	89	99
锈面石（10）	1.13	1.73	2.43	2.86	103	91	92	88
大理岩（10）	1.31	1.89	2.44	3.40	119	99	93	104
板岩（7.5）	1.08	1.73	2.46	2.99	98	91	94	92

表 2.4.3 - 3　　　　　　　各单一因素对混凝土弹性模量影响

骨料成分/%	弹性模量/GPa			与空白混凝土相比/%		
	28d	90d	180d	28d	90d	180d
全锈染（10）	22.9	25.4	31.9	96	93	95
局部锈染（10）	23.7	26.5	30.1	100	97	98
锈面石（10）	23.5	25.1	29.9	99	92	98
大理岩（10）	25.4	27	32.6	107	99	97
板岩（7.5）	24.7	28	33.5	104	103	100

表 2.4.3 - 4　　　　　　　各单一因素对混凝土轴拉强度影响

不利组分含量/%	轴拉强度/MPa			与空白混凝土相比/%		
	28d	90d	180d	28d	90d	180d
全锈染（10）	1.8	2.48	3.04	92	99	95
局部锈染（10）	1.95	2.54	3.12	100	102	98
锈面石（10）	1.99	2.43	3.03	102	97	95
大理岩（10）	2.18	2.56	3.20	112	102	101
板岩（7.5）	2.1	2.39	2.90	108	96	91

表 2.4.3 - 5　　　　　　　各单一因素对混凝土极限拉伸值影响

不利组分含量/%	极限拉伸值/（×10⁻⁶）			与空白混凝土相比/%		
	28d	90d	180d	28d	90d	180d
全锈染（10）	80	91	104	96	101	95
局部锈染（10）	83	100	112	100	111	102
锈面石（10）	83	99	109	100	110	99
大理岩（10）	89	100	106	107	111	96
板岩（7.5）	76	88	93	92	98	85

2. 骨料-砂浆的黏结性能

（1）试验目的及试验方法。采用砂浆 8 字模成型骨料-砂浆黏结试件，研究不同岩性及锈染情况的骨料与砂浆界面黏结力学性能。分别将全锈染砂岩、局部锈染砂岩、锈面石、大理岩、板岩（分平行节理面、垂直节理面两种类型）和砂岩骨料加工成 10mm×22mm×20mm 规则块状体，成型时将饱和面干的骨料块体置于 8 字模腰部，采用工程所用峨胜 42.5 中热硅酸盐水泥及宣威 Ⅰ 级灰，粉煤灰掺量 35%，水胶比 0.30，配制成大理岩砂浆填充 8 字模，并与骨料块体一同振捣密实，养护至规定龄期，进行骨料-砂浆黏结抗拉强度试验。8 字模试件成型如图 2.4.3 - 8 所示，试件观测断裂情况如图 2.4.3 - 9 所示。

（2）试验成果及分析。采用 8 字模最小断面面积（名义面积）对试验成果进行计算，不同骨料-砂浆黏结抗拉强度试验成果见表 2.4.3 - 6。试验成果为去掉最大值和最小值后

图 2.4.3-8　8字模试件成型

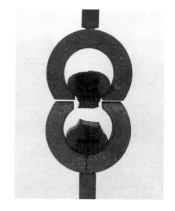

图 2.4.3-9　骨料-砂浆黏结强度
试件断裂情况

的骨料-砂浆黏结抗拉强度平均值。从试验成果可以看出：与砂岩骨料比较，不同骨料-砂浆界面黏结强度从高到低依次为：大理岩（142%）、板岩（垂直层理方向102%）[砂岩、全锈染砂岩（99%）]、锈面岩（95%）、局部锈染砂岩（88%）、板岩（平行层理方向52%）。大理岩与砂浆的黏结强度高于砂岩，全锈染、锈面岩与砂浆的黏结性能略低于砂岩，局部锈染砂岩骨料与砂浆的黏结强度比砂岩低12%，板岩平行层理与砂浆的黏结强度远低于砂岩。

表 2.4.3-6　　　　　　　　　不同骨料-砂浆黏结抗拉强度试验成果（90d）

编号	岩　性	单块试件抗拉强度/MPa						平均值/MPa	与砂岩比/%
DJ2	大理岩	3.72	3.84	3.22	2.95	—	—	3.43	142
QJ2	全锈染	1.64	1.52	3.02	3.54	2.52	—	2.39	99
BX2	局部锈染	2.07	1.83	2.03	2.40	1.95	2.70	2.11	88
MJ2	锈面岩	2.31	4.49	1.95	2.10	2.40	2.37	2.30	95
BJ3	板岩（黏结面平行层理方向）	1.43	1.02	1.33	0.84	2.94	—	1.26	52
BJ4	板岩（黏结面垂直层理方向）	3.22	3.00	2.28	2.00	2.60	1.51	2.47	102
SJ2	砂岩	2.30	2.45	3.50	1.95	2.05	2.83	2.41	100

2.4.3.4　骨料不利组分组合的全级配混凝土性能

1. 骨料不利组分组合

为研究骨料不利组分对锦屏一级水电站大坝混凝土性能的影响，根据骨料不利组分的不同含量，拟定了6种骨料不利组分组合进行大坝全级配混凝土性能试验，组合6为未含不利组分骨料的全砂岩粗骨料（空白混凝土），见表2.4.3-7。采用强度等级为$C_{180}40$、$C_{180}35$的四级配常态大坝混凝土配合比进行试验，试验配合比见表2.4.3-8。各性能试验采用的试件尺寸见表2.4.3-9。全级配混凝土拌和成型的同时成型湿筛混凝土小试件。

表 2.4.3-7　骨料不利组分含量组合表

骨料组合情况	各骨料成分含量/%					
	全锈染砂岩	局部锈染砂岩	锈面岩	大理岩	板岩	总含量
组合 1	3	5	4	2	1	15
组合 2	6	10	8	4	2	30
组合 3	10	10	8	6	5	39
组合 4	6	25	8	6	5	50
组合 5	6	10	25	6	5	52
组合 6	0	0	0	0	0	0

表 2.4.3-8　大坝混凝土配合比参数

试验单位	强度等级	水胶比	最大骨料粒径/mm	粉煤灰掺量/%	减水剂掺量/%	引气剂掺量/%	砂率/%	混凝土材料用量/(kg·m⁻³)					石子组合比（特大：大：中：小）	坍落度/mm	含气量实测/%
								水	水泥	粉煤灰	砂	石子			
成勘院	$C_{180}40$	0.37	150	35	0.6	0.015	23	82	144.1	77.6	497	1687	30：30：20：20	30～50	5.0～5.5
	$C_{180}35$	0.41	150	35	0.6	0.015	24	82	130.0	70.0	523	1681	30：30：20：20	30～50	5.0～5.5
长科院	$C_{180}40$	0.37	150	35	0.6	0.012	23	82	144.1	77.6	497	1687	30：30：20：20	30～50	4.5～5.0
	$C_{180}35$	0.43	150	35	0.6	0.012	24	82	124.0	66.7	525	1688	30：30：20：20	30～50	4.5～5.0

表 2.4.3-9　全级配混凝土各性能试验试件形状与尺寸

试验项目	试件形状	试件尺寸/mm
抗压强度	立方体	450×450×450
劈拉强度	立方体	450×450×450
轴心抗拉强度及极限拉伸值	棱柱体	450×450×1350（成勘院，立式测试）、450×450×1700（长科院，卧式测试）
轴心抗压弹性模量	圆柱体	$\phi450×900$

2. 试验成果及分析

（1）抗压强度。不同不利组分骨料组合混凝土抗压强度试验成果见表 2.4.3-10 和表 2.4.3-11。试验成果表明，与全砂岩粗骨料相比，抗压强度波动范围大，总体表现为不同不利组分总含量越高，混凝土抗压强度降低越多。

1）组合 1 的不利组分总含量 15%，与全砂岩粗骨料相比，全级配和湿筛混凝土各龄期抗压强度降低率分别在 -3%～2% 和 -10%～10%，总体降低不明显。

2）组合 2 的不利组分总含量 30%，与全砂岩粗骨料相比，全级配和湿筛混凝土各龄期抗压强度降低率分别在 1%～11% 和 -4%～26%；全级配混凝土的 90d 抗压强度降低在10%左右，180d全级配混凝土抗压强度降低率在5%以内。

表 2.4.3-10　　　骨料不利组分组合混凝土抗压强度试验成果（成勘院）

强度等级	试件编号	编号	全级配						湿筛							
			抗压强度/MPa			与空白混凝土比/%			抗压强度/MPa				与组合6比/%			
			28d	90d	180d	28d	90d	180d	7d	28d	90d	180d	7d	28d	90d	180d
C₁₈₀40	JCZ2	组合1	24.9	30.1	37.4	103	98	100	19.5	29.2	42.7	45.5	93	98	97	95
	JCZ10	组合2	23.5	27.9	35.5	98	91	95	15.4	24.9	34.9	43.6	74	84	79	91
	JCZ8	组合3	20.5	27.2	34.3	85	88	92	16.7	28.0	34.6	39.8	80	94	79	83
	JCZ6	组合4	25.2	30.7	33.8	105	100	90	19.4	32.6	41.2	44.7	93	110	94	93
	JCZ4	组合5	24.5	28.2	29.5	102	92	79	19.1	30.1	38.2	40.5	91	101	87	84
	JCZ1	组合6	24.1	30.8	37.4	100	100	100	20.9	29.7	43.9	48.0	100	100	100	100
C₁₈₀35	JCZ3	组合1	20.4	25.7	30.7	101	94	101	12.0	25.5	30.2	36.0	110	108	101	90
	JCZ11	组合2	19.0	24.5	29.1	94	89	96	10.8	19.4	30.6	37.1	99	82	102	93
	JCZ9	组合3	14.2	19.4	25.2	70	71	83	10.0	16.8	27.8	35.2	92	71	93	88
	JCZ7	组合4	20.1	25.7	29.0	100	94	96	10.8	23.8	30.0	37.5	99	101	100	94
	JCZ5	组合5	17.9	20.1	28.7	89	73	95	11.8	20.9	29.2	35.0	108	89	97	87
	JCZ15	组合6	20.2	27.4	30.3	100	100	100	10.9	23.6	30.0	40.1	100	100	100	100

表 2.4.3-11　　　骨料不利组分组合大坝混凝土抗压强度试验成果（长科院）

强度等级	编号	骨料组合	全级配						湿筛							
			抗压强度/MPa			与组合6比/%			抗压强度/MPa				与组合6比/%			
			28d	90d	180d	28d	90d	180d	7d	28d	90d	180d	7d	28d	90d	180d
C₁₈₀40	JS1	组合1	25.2	34.3	40.7	98	99	98	14.9	28.8	41.6	46.8	92	96	95	94
	JS2	组合2	24.6	34.0	40.0	95	98	96	15.2	28.3	44.0	47.6	94	94	101	96
	JS3	组合3	25.2	35.6	40.0	98	102	96	14.4	26.1	41.5	47.7	89	87	95	96
	JS4	组合4	24.2	32.4	39.8	94	93	96	15.1	27.5	37.4	46.0	93	91	86	93
	JS5	组合5	23.7	32.6	38.6	92	94	93	14.7	28.5	40.7	46.1	91	91	86	93
	JS6	组合6	25.8	34.8	41.5	100	100	100	16.2	30.1	43.6	49.6	100	100	100	100
C₁₈₀35	JS7	组合1	19.9	28.2	34.4	98	98	99	11.6	22.3	33.8	39.9	94	96	99	97
	JS8	组合2	19.2	28.3	34.6	99	98	99	11.4	21.7	35.6	40.4	93	94	104	99
	JS9	组合3	19.5	28.0	33.9	96	97	97	10.9	21.1	35.4	41.7	89	91	103	102
	JS10	组合4	18.8	27.4	33.4	93	95	96	11.2	22.5	32.4	40.1	91	97	94	98
	JS11	组合5	19.7	27.1	32.6	97	94	93	11.0	21.0	30.6	38.5	89	91	89	94
	JS12	组合6	20.3	28.8	34.9	100	100	100	12.3	23.2	34.3	41.0	100	100	100	100

　　3）组合3的不利组分总含量39%，与全砂岩粗骨料相比，全级配和湿筛混凝土各龄期抗压强度降低率分别在−2%～30%和−3%～20%；组合4和组合5的不利组分总含量分别为50%和52%，全级配与湿筛混凝土各龄期抗压强度降低率分别在−5%～27%和

−10%～16%；组合 3～组合 5，不利组分总含量 39%～52%，全级配混凝土的 90d 抗压强度降低达到 15%以上，180d 抗压强度降低率达到 10%以上，最高超过 20%。由于组合 3～组合 5 中板岩含量较组合 2 的 2%增加到 5%，抗压强度降低率较大，说明板岩的增加对混凝土性能不利；比较组合 3～组合 5 的极限含量对混凝土抗压强度影响，发现 3 种不利骨料极限含量对混凝土抗压强度影响程度从高到低依次为：全锈染、锈面岩、局部锈染。

（2）劈拉强度。不同骨料不利组分含量组合混凝土劈拉强度试验成果见表 2.4.3 - 12、表 2.4.3 - 13。试验成果表明，与全砂岩粗骨料相比，劈拉强度波动范围大，总体表现为不同不利组分总含量越高，混凝土劈拉强度降低越多。

表 2.4.3 - 12　　骨料不利组分含量组合混凝土劈拉强度试验成果（成勘院）

强度等级	试件编号	骨料组合	全 级 配						湿 筛							
			劈拉强度/MPa			与组合 6 比/%			劈拉强度/MPa				与组合 6 比/%			
			28d	90d	180d	28d	90d	180d	7d	28d	90d	180d	7d	28d	90d	180d
C₁₈₀40	JCZ2	组合 1	1.77	2.38	2.52	102	96	97	1.70	2.65	3.06	3.56	97	103	97	97
	JCZ10	组合 2	1.76	2.04	2.46	102	83	94	1.25	2.15	2.43	3.27	71	83	77	89
	JCZ8	组合 3	1.72	1.96	2.40	99	79	92	1.25	2.17	2.57	2.97	71	84	81	81
	JCZ6	组合 4	1.86	2.47	2.35	108	100	90	1.58	2.41	2.99	3.46	90	93	95	94
	JCZ4	组合 5	2.01	1.85	2.49	116	75	95	1.42	2.46	2.82	3.20	81	95	89	87
	JCZ1	组合 6	1.73	2.47	2.61	100	100	100	1.76	2.58	3.16	3.67	100	100	100	100
C₁₈₀35	JCZ3	组合 1	1.55	2.00	2.42	101	97	93	1.10	2.04	2.50	3.05	100	107	95	94
	JCZ11	组合 2	1.43	1.94	2.35	93	94	90	1.12	1.80	2.02	2.98	102	95	77	92
	JCZ9	组合 3	1.15	1.73	1.94	75	84	74	1.02	1.70	2.30	2.55	93	89	87	78
	JCZ7	组合 4	1.50	2.00	2.42	97	97	93	1.15	1.82	2.60	3.21	105	96	99	97
	JCZ5	组合 5	1.56	1.61	2.13	101	78	82	0.86	2.26	2.30	2.90	78	119	87	89
	JCZ15	组合 6	1.54	2.06	2.53	100	100	100	1.10	1.90	2.63	3.25	100	100	100	100

1）组合 1 的不利组分总含量 15%，与全砂岩粗骨料相比，全级配和湿筛混凝土各龄期劈拉强度降低率分别为−2%～10%和−7%～10%，劈拉强度降低不明显，总体降低率在 5%以内，最大降幅 10%。

2）组合 2 的不利组分总含量 30%，与全砂岩粗骨料相比，全级配和湿筛混凝土各龄期劈拉强度降低率分别为−2%～17%和−7%～29%，劈拉强度降低明显，总体降低率大于 5%，最大降幅 29%。

3）组合 3 的不利组分总含量 39%，与全砂岩粗骨料相比，全级配和湿筛混凝土各龄期劈拉强度降低率分别为−6%～21%和 2%～29%；组合 4 和组合 5 的不利组分总含量分别为 50%和 52%，全级配与湿筛混凝土各龄期劈拉强度降低率分别为−16%～25%和−19%～22%；组合 3～组合 5，不利组分总含量 39%～52%，全级配混凝土的 90d 劈拉强度降低 25%，180d 劈拉强度降低率 12%；组合 2～组合 5 中板岩含量由 2%增加到 5%，劈拉强度降低率较大，说明板岩的增加对混凝土抗拉性能不利；比较组合 3～组合 5 的 3 种骨料极限含量对混凝土 180d 劈拉强度影响，发现 3 种骨料极限含量对混凝土劈拉

表2.4.3-13 骨料不利组分含量组合混凝土劈拉强度试验成果（长科院）

强度等级	试件编号	骨料组合	全级配									湿筛												
			劈拉强度/MPa			与组合6比/%			劈拉强度/抗压强度/%			劈拉强度/MPa				与组合6比/%				劈拉强度/抗压强度/%			
			28d	90d	180d	28d	90d	180d	28d	90d	180d	7d	28d	90d	180d	7d	28d	90d	180d	7d	28d	90d	180d
C₁₈₀40	JS1	组合1	1.57	2.17	2.40	94	90	92	0.062	0.063	0.059	1.27	2.04	2.76	3.47	92	91	90	94	0.085	0.071	0.066	0.074
	JS2	组合2	1.54	2.34	2.49	92	97	96	0.063	0.069	0.062	1.48	2.23	2.90	3.55	107	99	95	96	0.097	0.079	0.066	0.075
	JS3	组合3	1.55	2.55	2.66	93	106	102	0.062	0.072	0.064	1.31	2.11	2.79	3.47	95	94	91	94	0.091	0.081	0.067	0.073
	JS4	组合4	1.44	2.00	2.46	86	83	95	0.060	0.062	0.062	1.37	2.17	2.62	3.21	99	96	86	87	0.091	0.079	0.070	0.070
	JS5	组合5	1.34	2.27	2.51	80	94	97	0.057	0.070	0.065	1.29	2.28	2.62	3.43	93	101	86	93	0.088	0.080	0.064	0.070
	JS6	组合6	1.67	2.41	2.60	100	100	100	0.065	0.069	0.063	1.38	2.25	3.07	3.69	100	100	100	100	0.085	0.075	0.070	0.074
C₁₈₀35	JS7	组合1	1.29	1.87	2.24	96	91	95	0.065	0.066	0.062	0.86	1.65	2.36	3.07	104	97	96	92	0.074	0.074	0.070	0.072
	JS8	组合2	1.21	1.84	2.16	90	89	92	0.063	0.074	0.059	0.77	1.72	2.23	3.14	93	101	91	94	0.064	0.079	0.063	0.073
	JS9	组合3	1.25	2.06	2.26	93	100	96	0.064	0.070	0.063	0.74	1.66	2.27	3.15	89	98	92	94	0.068	0.079	0.064	0.075
	JS10	组合4	1.28	1.92	2.15	96	93	91	0.068	0.070	0.061	0.75	1.62	2.24	2.99	90	95	91	90	0.067	0.072	0.063	0.072
	JS11	组合5	1.20	1.91	2.11	90	93	90	0.061	0.070	0.061	0.67	1.58	2.14	3.09	81	93	87	93	0.061	0.072	0.069	0.073
	JS12	组合6	1.34	2.06	2.35	100	100	100	0.066	0.072	0.064	0.83	1.70	2.46	3.34	100	100	100	100	0.067	0.073	0.072	0.076

强度影响程度依次为：全锈染、锈面岩、局部锈染。

4）全级配混凝土劈拉强度试件断面照片显示，28d 龄期，劈裂面凹凸不平，组合 1、组合 6 的大部分砂岩大骨料被劈裂破坏，少量大骨料被拉拔脱落；组合 4、组合 5 的大部分大骨料被拉拔脱落，说明早龄期大尺寸骨料-砂浆界面结合强度是影响全级配混凝土劈拉强度的重要因素。90d 龄期，各工况下全级配混凝土劈拉强度试件断裂面较为平整，大部分骨料沿试件破坏面被劈裂，但组合 4、组合 5 仍有一些锈面岩骨料、局部锈染砂岩骨料从大骨料-砂浆界面拉拔破坏。这说明随着龄期增长，大骨料-砂浆界面结合强度显著提高，混凝土及骨料本身的强度逐渐成为影响劈拉强度的主要因素，而锈面岩、局部锈染砂岩骨料与砂浆界面结合强度较低，因此对混凝土劈拉强度有显著的不利影响。

5）综合分析混凝土劈拉强度试验成果及劈裂面破坏情况可知：与全砂岩骨料相比，组合 1 的劈拉强度可以满足设计要求，组合 2 的劈拉强度有一定程度降低，降低幅度较低；说明不利组分骨料总含量不大于 30% 时，对混凝土影响较小；其余工况全级配及湿筛混凝土劈拉强度会有较大程度降低，降低率达到 10%～20%，甚至 20% 以上。

（3）轴拉强度。不同骨料不利组分含量组合混凝土轴拉强度试验成果见表 2.4.3-14 和表 2.4.3-15。试验成果表明，与全砂岩粗骨料相比，轴拉强度波动范围大，总体表现为不同不利组分总含量越高，混凝土轴拉强度降低越多。

1）组合 1 的不利组分总含量 15%，与全砂岩粗骨料相比，全级配和湿筛混凝土各龄期轴拉强度降低率分别在 -6%～6% 和 -18%～12%，轴拉强度降低不明显，总体降低率在 5% 以内，最大降幅 12%。

表 2.4.3-14　骨料不利组分含量组合混凝土轴拉强度试验成果（成勘院）

试件编号	强度等级	骨料组合	全 级 配				湿 筛					
			轴拉强度/MPa		与组合 6 比/%		轴拉强度/MPa			与组合 6 比/%		
			28d	180d	28d	180d	28d	90d	180d	28d	90d	180d
JCZ2	C$_{180}$40	组合 1	1.49	1.90	94	95	2.49	2.66	3.24	118	92	90
JCZ10		组合 2	1.37	1.86	86	93	2.05	3.00	3.12	97	104	86
JCZ8		组合 3	1.29	1.82	81	91	2.22	2.88	3.09	105	100	85
JCZ6		组合 4	1.38	1.82	87	91	2.45	2.65	3.20	116	92	88
JCZ4		组合 5	1.23	1.80	77	90	2.18	2.65	3.10	103	92	86
JCZ1		组合 6	1.59	2.00	100	100	2.11	2.89	3.62	100	100	100
JCZ3	C$_{180}$35	组合 1	1.40	1.88	106	99	1.73	2.20	3.10	89	88	94
JCZ11		组合 2	1.30	1.78	98	94	2.08	2.60	3.05	107	104	92
JCZ9		组合 3	1.20	1.68	91	88	1.89	2.65	2.98	97	106	90
JCZ7		组合 4	1.37	1.58	104	84	1.80	2.24	2.97	92	90	90
JCZ5		组合 5	1.15	1.70	87	89	1.81	2.06	2.90	93	82	88
JCZ15		组合 6	1.32	1.90	100	100	1.95	2.50	3.30	100	100	100

表 2.4.3－15　骨料不利组分含量组合大坝混凝土轴拉强度试验成果（长科院）

强度等级	试件编号	骨料组合	全级配				湿筛					
			轴拉强度/MPa		与组合 6 比/%		轴拉强度/MPa			与组合 6 比/%		
			28d	180d	28d	180d	28d	90d	180d	28d	90d	180d
C₁₈₀40	JS1	组合 1	1.79	2.19	100	99	2.64	3.68	3.81	97	101	98
	JS2	组合 2	1.63	2.08	91	94	2.92	3.32	3.56	107	91	91
	JS3	组合 3	1.77	2.14	99	97	2.35	3.49	3.93	86	95	101
	JS4	组合 4	1.50	2.16	84	98	2.45	3.41	3.43	90	93	88
	JS5	组合 5	1.59	1.99	89	90	2.36	3.47	3.63	87	95	93
	JS6	组合 6	1.79	2.21	100	100	2.72	3.66	3.9	100	100	100
C₁₈₀35	JS7	组合 1	1.42	1.87	97	94	2.25	2.79	3.15	97	90	92
	JS8	组合 2	1.33	1.81	90	91	2.06	2.81	3.14	89	91	91
	JS9	组合 3	1.38	1.82	94	91	2.14	2.85	3.28	93	92	95
	JS10	组合 4	1.41	1.79	96	90	2.19	2.70	3.09	95	87	90
	JS11	组合 5	1.32	1.75	90	88	2.05	2.66	3.03	89	86	88
	JS12	组合 6	1.47	1.99	100	100	2.31	3.1	3.44	100	100	100

2）组合 2 的不利组分总含量 30%，与全砂岩粗骨料相比，全级配和湿筛混凝土各龄期轴拉强度降低率分别在 2%～14% 和－7%～14%，轴拉强度降低较明显，总体降低率大于 5%，最大降幅 14%。

3）组合 3 的不利组分总含量 39%，与全砂岩粗骨料相比，全级配和湿筛混凝土各龄期轴拉强度降低率分别在 1%～19% 和－6%～15%；组合 4 和组合 5 的不利组分总含量分别为 50% 和 52%，全级配与湿筛混凝土各龄期轴拉强度降低率分别在－4%～23% 和－16%～18%；组合 3～组合 5，不利组分总含量 39%～52%，全级配混凝土的 28d 轴拉强度降低达到 23%，180d 轴拉强度降低率达到 16%；组合 2～组合 5 中板岩含量由 2% 增加到 5%，轴拉强度降低较多，说明其含量的增加对混凝土轴拉性能不利；比较组合 3～组合 5 的 3 种骨料极限含量对混凝土轴拉强度影响，程度从高到低依次为：锈面岩、全锈染、局部锈染。

4）从全级配混凝土轴拉强度试件断裂面照片可以看到，28d 龄期，断裂面凹凸不平，大部分从砂岩骨料界面破坏，有部分砂岩粗骨料被拉断，但断面上的板岩、全锈染大骨料大部分被拉断，说明板岩、全锈染骨料在混凝土受拉破坏时成为起裂源之一；局部锈染砂岩骨料、锈面岩骨料主要从界面脱落破坏，说明锈面岩与砂浆界面过渡区为力学性能薄弱区域。

（4）极限拉伸值。与全砂岩相比，混凝土中不利组分粗骨料总量增量越大，极限拉伸值降低越大。

1）成勘院的试验成果表明：与全砂岩粗骨料相比，28d 龄期，组合 1 与组合 2 极限拉伸值降低率均在 5% 以内，组合 3～组合 5 极限拉伸值降低率可能会达到 10% 以上；180d 龄期，组合 1 与组合 2 极限拉伸值降低率均在 5% 以内，组合 3～组合 5 极限拉伸值降低率可能会达到 10%。比较组合 3～组合 5 的 3 种骨料极限含量对混凝土极限拉伸值影响，发现影响程度从高到低依次为：锈面岩、全锈染、局部锈染。

2）长科院的试验成果表明：与全砂岩粗骨料相比，28d 龄期，组合 1、组合 2 全级配混凝土极限拉伸值降低率在 10%以内，组合 3、组合 4 的全级配极限拉伸值降低率达到 10%～20%，组合 5 的全级配极限拉伸值降低率超过 20%；180d 龄期，与全砂岩粗骨料相比，组合 1 全级配混凝土极限拉伸值降低率在 10%以内，组合 2～组合 4 的全级配极限拉伸值降低率在 15%以内，组合 5 的全级配极限拉伸值降低率超过 20%。

（5）弹性模量。与其他混凝土指标相比，粗骨料不利组分的增加，混凝土弹性模量降低率相对较小。

1）成勘院的全级配试验成果表明：28d 龄期，组合 2、组合 3 全级配混凝土弹性模量略降低，降低率在 1%～7%，其他工况弹性模量有一定程度提高，最高提高率可达到 10%。180d 龄期，除组合 4 弹性模量有一定程度提高，最高提高率可达到 12%。其余工况混凝土弹性模量相当于全砂岩混凝土的 97%～108%。

2）长科院的全级配试验成果表明：与全砂岩粗骨料相比，28d 龄期，组合 1、组合 2、组合 3 全级配混凝土弹性模量降低率在 5%以内，组合 4、组合 5 的全级配弹性模量降低率略高，分别为 13%、7%。180d 龄期，全级配混凝土弹性模量降低率在 5%以内。

3）湿筛混凝土的弹性模量较全级配混凝土略低，成勘院试验成果表明湿筛混凝土比全级配混凝土弹性模量低 7%以内，长科院试验成果低 10%～20%。这是由于全级配混凝土中粗骨料含量高于湿筛混凝土。

4）混凝土强度及粗骨料弹性模量是影响混凝土弹性模量的重要因素。根据骨料性质检测成果来看，岩石弹性模量由高到低排序为：大理岩、砂岩、全锈染、板岩。因此，大理岩粗骨料含量增加会增大混凝土的弹性模量，锈染岩、板岩粗骨料含量增加会降低混凝土的弹性模量。

（6）耐久性试验分析。混凝土耐久性试验成果表明，骨料不利组分含量组合因素对混凝土的抗冻性能几乎没有影响，混凝土的抗渗等级均能达到 W16，抗冻等级均大于 F300。各种工况混凝土均能配制抗冻性能和抗渗性能满足设计要求的混凝土。

3. 小尺寸混凝土性能试验

为消除全级配混凝土试验中可能存在的试验误差，了解不同不利组分含量组合时粗骨料与混凝土砂浆界面的结合性能及混凝土力学性能的差异，对不同不利组分组合的一级配混凝土力学性能进行了试验。采用设计强度等级为 $C_{180}40$ 的大坝混凝土配合比，骨料不利组分组合与表 2.4.3－7 一致，湿筛筛除 20mm 以上粒径的粗骨料，成型抗压强度、劈拉强度试件的尺寸为 100mm×100mm×100mm，试件标准养护 90d 龄期后进行强度试验。试验成果表明：

（1）在保证各种试验条件基本相同的情况下，不同不利组分含量组合的一级配湿筛混凝土拌和物性能差异不大。

（2）在各种试验条件基本相同的情况下，不同不利组分含量组合的 $C_{180}40$ 一级配湿筛混凝土 90d 抗压强度平均值为 44.4MPa，高于全级配混凝土（平均值 34.0MPa），略高于二级配湿筛混凝土（平均值 41.5MPa）。与基准混凝土（全砂岩粗骨料）相比，组合 1 的混凝土性能降低值在 5%以内，对混凝土性能影响较小；组合 2 的混凝土性能降低值最大不超过 10%。

（3）与全级配混凝土、二级配湿筛混凝土相比，在各种试验条件基本相同的情况下，不同不利组分含量组合的一级配湿筛混凝土90d龄期抗压强度和劈拉强度差异较小，除组合4的混凝土抗压强度降低率为9%，其他骨料组合工况混凝土的抗压强度降低率均在4%以内；除组合5的混凝土劈拉强度降低率为7%，其他骨料组合工况混凝土的劈拉强度降低率均在5%以内。

（4）比较组合3～组合5与组合2，板岩等含量的增加会降低混凝土性能。全锈染、锈面、局部锈染极限含量对混凝土性能降低的影响程度从高到低顺序为：全锈染、锈面、局部锈染。

2.4.3.5 拱坝现场混凝土性能试验

1. 粗骨料不利组分统计与湿筛混凝土检测

（1）为了解现场施工的含有锈染骨料、锈面骨料、大理岩及板岩等不利组分砂岩粗骨料对大坝混凝土性能的影响，锦屏建设管理局试验检测中心在大坝施工前期，对现场大坝混凝土的骨料不利组分较多时段进行随机抽样，将混凝土拌和物中的粗骨料筛分、冲洗后，进行新拌混凝土粗骨料各不利组分成分含量统计分析，并进行湿筛混凝土性能试验，验证粗骨料中的不利组分对实际施工的大坝混凝土性能的影响。现场混凝土的粗骨料中各成分含量统计成果（30组）见表2.4.3-16。

表2.4.3-16　　　现场混凝土的粗骨料中各成分含量统计成果（30组）

粒径	统计项目	各成分含量/%				
		全锈染	局部锈染	锈面	大理岩	板岩
小石	最大	7.2	23.4	2.8	17.9	6.4
	最小	1.3	5.3	0.5	2.6	1.7
	平均	3.9	13.4	1.6	8.9	3.2
中石	最大	7.7	23.1	5.8	17.9	7.4
	最小	1.1	6.2	0.6	0.3	0.5
	平均	4.1	14.5	2.0	7.7	2.7
大石	最大	10.6	25.8	11.3	17.9	9.1
	最小	0.8	6.9	0.9	1.6	0.7
	平均	4.6	14.8	3.6	8.0	2.8
特大石	最大	8.5	28.0	21.2	19.6	5.3
	最小	0.0	5.9	1.8	0.7	0.0
	平均	4.0	15.3	6.3	7.4	2.5

从不利组分骨料筛选检测成果可知：

1）全锈染骨料平均含量为3.9%～4.6%，最高含量达到了10.6%（大石）。

2）局部锈染骨料的平均含量为13.4%～15.3%，最高含量达到了28%（特大石）。

3）锈面骨料的平均含量为1.6%～6.3%，最高含量达到了21.2%（特大石）。

4）大理岩骨料的平均含量为7.4%～8.9%，最高含量达到了19.6%（特大石）。

5）板岩骨料的平均含量为2.5%～3.2%，最高含量达到了9.1%（大石）。

6）不利组分的总含量最高达到 57.5%（特大石中）。

（2）湿筛混凝土性能的检测成果见表 2.4.3-17。从混凝土的试验检测成果可知：

表 2.4.3-17　　　　　　　　　现场抽样湿筛混凝土性能试验成果

强度等级	统计项目	含气量/%	坍落度/mm	抗压强度/MPa				劈拉强度/MPa				轴心抗拉强度/MPa		极限拉伸值/(×10⁻⁶)		抗压弹性模量/GPa		抗冻等级	抗渗等级
				7d	28d	90d	180d	7d	28d	90d	180d	28d	180d	28d	180d	28d	180d	180d	180d
C₁₈₀40	最大	5.2	50	22.1	38.6	54.6	55.2	1.7	3.0	3.9	4.6	3.0	4.9	116.0	136.0	28.9	37.5	≥F300	≥W15
	最小	4.7	28	16.7	30.6	40.1	48.3	1.2	2.4	3.1	3.6	2.5	3.9	89.0	119.0	25.0	33.4	≥F300	≥W15
	平均	4.9	41	19.6	33.6	47.2	52.1	1.5	2.7	3.5	3.9	2.8	4.4	107.3	127.5	27.0	34.6		
	样本	9	9	9	9	9	9	9	9	9	9	9	9	9	9	9	9	3	7
C₁₈₀35	最大	5.5	49.0	20.7	35.8	48.0	54.6	2.6	2.8	3.8	4.3	3.0	4.6	118.0	137.0	31.2	35.8	≥F300	≥W14
	最小	4.5	38.0	11.8	20.8	34.7	41.3	0.9	1.6	2.7	3.2	1.7	3.7	81.0	117.0	22.9	30.7	≥F250	≥W15
	平均	5.0	41.8	16.1	28.3	43.4	48.5	1.5	2.3	3.3	3.7	2.5	4.1	103.9	126.6	26.3	33.4		
	样本	21	21	21	20	11	11	21	20	11	11	18	11	19	11	11	11	11	11

1）检测的 30 组样品的含气量、坍落度均满足设计要求。

2）检测的 9 组 $C_{180}40$ 湿筛混凝土 180d 抗压强度为 48.3～55.2MPa，21 组 $C_{180}35$ 湿筛混凝土 180d 抗压强度为 41.3～54.6MPa，满足设计要求。

3）$C_{180}40$ 湿筛混凝土 180d 劈拉强度为 3.6～4.6MPa，$C_{180}35$ 湿筛混凝土 180d 劈拉强度为 3.2～4.3MPa。

4）$C_{180}40$ 湿筛混凝土 180d 轴拉强度为 3.9～4.9MPa，$C_{180}35$ 湿筛混凝土 180d 轴拉强度为 3.7～4.6MPa。

5）$C_{180}40$ 湿筛混凝土 180d 极限拉伸值为 119×10^{-6}～136×10^{-6}，$C_{180}35$ 湿筛混凝土 180d 极限拉伸值为 117×10^{-6}～137×10^{-6}。

6）$C_{180}40$ 湿筛混凝土 180d 弹性模量为 33.4～37.5GPa，$C_{180}35$ 湿筛混凝土 180d 弹性模量为 30.7～35.8GPa。

7）所检测的样品的抗冻性能、抗渗性能均满足设计要求。

从现场的骨料中各成分的清洗统计成果与对应的混凝土检测成果可知，虽然各成分的总含量较高，但湿筛混凝土的性能能够满足设计要求，且混凝土具有较高的劈拉强度、轴拉强度与极限拉伸值，其中 3 号试样的大石、特大石的不利组分含量最高，且特大石的锈面石含量也最高，但混凝土性能没有明显降低。其主要原因如下：

1）现场骨料清洗、挑选成果显示，各成分含量较高，但全锈染、板岩以及锈面骨料大部分含量较低，三种成分的平均含量均较低，对混凝土性能影响不大。

2）室内试验采用成品料场的骨料进行试验，试验成果表明锈面石对骨料与砂浆的黏结性能有降低效果，从而对混凝土的劈拉强度、轴拉强度等有不利影响。然而大坝使用的粗骨料经过长距离皮带运输，由于骨料之间的摩擦，可能会增加锈面石表面的粗糙度，从而增强了骨料与砂浆黏结性能。

2. 全级配混凝土性能

锦屏建设管理局试验检测中心对高线混凝土系统拌和的大坝 $C_{180}35$ 混凝土的抽样成型为全级配混凝土试件，标准养护到接近 28d 时，运至成勘院进行性能试验。试验包括：抗压强度（28d、180d）、劈拉强度（28d、180d）、极限拉伸值（180d）、轴拉强度（180d），总计 6 组，试验成果见表 2.4.3 - 18。现场抽样全级配混凝土的 180d 抗压强度平均为 42.8MPa，180d 劈拉强度平均为 2.77MPa，180d 轴拉强度平均为 2.24MPa，极限拉伸值平均为 64×10^{-6}。

表 2.4.3 - 18 现场抽样全级配混凝土性能试验成果

编号	抗压强度 /MPa		劈拉强度 /MPa		轴拉强度 /MPa	极限拉伸值 /（×10^{-6}）	劈拉强度/抗压强度	
	28d	180d	28d	180d	180d	180d	28d	180d
KY-1	30.6	46.6	2.03	2.75	2.17	60	0.066	0.059
KY-2	30.9	42.6	2.12	2.92	2.00	55	0.068	0.069
KY-3	31.7	44.8	2.18	2.58	2.40	65	0.069	0.058
KY-4	29.1	40.2	2.22	2.96	2.30	65	0.076	0.074
KY-5	31.2	40.4	2.20	2.51	2.50	72	0.070	0.062
KY-6	32.8	42.6	2.27	2.93	2.05	65	0.069	0.069
平均	31.0	42.8	2.17	2.77	2.24	64	0.070	0.065

2.5 细骨料质量对混凝土性能影响

2.5.1 大理岩细骨料细度对组合骨料混凝土性能影响

针对三滩右岸的大理岩岩石强度偏低，强度离差性大，所加工的细骨料石粉含量和细度模数波动较大的特点，进行不同细度大理岩细骨料大坝混凝土性能的试验研究，以评价大理岩细骨料的细度对大坝组合骨料混凝土性能的影响。

三家单位开展平行试验，成勘院选择细度模数分别为 1.54、1.90、2.47 和 2.70，石粉含量分别为 38.2%、26.3%、21.6% 和 16.8% 的四种不同大理岩细骨料；长科院选择细度模数分别为 1.66、2.32、2.56 和 2.74，石粉含量分别为 33.8%、29.8%、20.9% 和 13.1% 的四种不同大理岩细骨料；南科院选择细度模数分别为 1.54、2.05、2.39 和 2.70，石粉含量分别为 35.7%、25.0%、29.9% 和 13.6% 的四种大理岩细骨料。三家单位均选用峨眉水泥，采用砂岩粗骨料，混凝土的粉煤灰掺量为 35%，坍落度控制为 3～5cm，含气量控制为 3.0%～5.0%。

2.5.1.1 混凝土拌和物性能

成勘院和长科院两家科研单位分别进行不同细度大理岩细骨料大坝组合骨料混凝土配合比及拌和物的性能试验。

混凝土配合比拌和试验成果表明：混凝土的砂率随着大理岩细骨料细度模数的增加而增

加，用水量随着大理岩细骨料石粉的含量增加而增加。采用细度模数最大的大理岩细骨料比采用细度模数最小的大理岩细骨料，每立方米混凝土用水量少 3.0～4.0kg，砂率增加 2%。

2.5.1.2　混凝土强度

采用湿筛法和全级配法进行了不同大理岩细骨料细度对大坝混凝土强度性能影响的试验，试验成果见表 2.5.1-1 和表 2.5.1-2。两种试验方法的试验成果均表明：

（1）混凝土的强度有随着细度模数增加而增加、随着石粉含量增加而减小的趋势。

（2）当大理岩细骨料的细度模数为某一特定的值时混凝土的强度最优，如细度模数 2.5 左右、石粉含量 21% 左右。

表 2.5.1-1　　　　　　　大理岩细度对湿筛混凝土强度影响

细度模数	石粉含量 /%	水胶比	抗压强度/MPa				劈拉强度/MPa		
			7d	28d	90d	180d	28d	90d	180d
1.54	38.2	0.43	13.5	28.8	37.4	39.4	2.26	3.00	3.23
		0.48	13.3	22.3	33.0	34.3	2.01	2.86	3.00
1.90	26.3	0.43	17.1	30.6	40.4	42.8	2.30	3.08	3.25
		0.48	14.2	24.9	36.6	39.0	2.13	2.95	3.20
2.47	21.6	0.43	15.8	29.4	38.8	44.4	2.34	3.45	3.77
		0.48	11.5	21.2	32.4	38.0	2.15	2.93	3.29
2.70	16.8	0.43	13.9	25.0	36.7	42.2	2.04	3.01	3.61
		0.48	11.6	22.1	30.7	39.1	1.91	2.82	3.25

表 2.5.1-2　　　　　　　大理岩细度对全级配混凝土强度影响

试验单位	细度模数	水胶比	抗压强度/MPa				劈拉强度/MPa			
			7d	28d	90d	180d	7d	28d	90d	180d
成勘院	1.54	0.43	15.5	17.4	26.9	30.9	1.03	1.51	2.00	2.52
	1.90	0.43	11.6	20.8	27.6	32.5	1.01	1.67	2.06	2.49
	2.47	0.43	16.1	26.3	29.3	35.4	1.30	1.79	2.30	2.77
	2.70	0.43	15.2	25.7	31.5	39.3	1.12	1.70	2.11	2.48
长科院	1.66	0.43	15.9	25.5	38.4	41.6	1.00	1.76	2.24	2.49
	2.32	0.43	16.1	25.6	37.9	42.8	1.20	1.78	2.16	2.52
	2.56	0.43	17.6	26.8	40.2	43.5	1.08	1.91	2.42	2.71
	2.74	0.43	16.8	27.5	39.6	42.4	1.00	1.89	2.43	2.69

2.5.1.3　混凝土变形性能

1. 混凝土极限拉伸值及弹性模量

不同大理岩细骨料细度对大坝混凝土变形性能影响的试验研究成果表明：

（1）大理岩细骨料的细度对混凝土的极限拉伸值有着一定的影响，各家试验成果有差异。

1）成勘院的试验成果显示，当大理岩细骨料细度模数从 1.54 变化到 2.70 时，混凝土 180d 极限拉伸值波动 16.4%。当细度模数为 2.47（石粉含量为 21.4%）时，其 180d

极限拉伸值最大。

2）长科院的试验成果显示，当大理岩细骨料细度模数从 1.74 变化到 2.74 时，混凝土 180d 极限拉伸值波动 9.6％。当细度模数为 1.74（石粉含量为 28.0％）时，其 180d 极限拉伸值最大。

3）南科院的试验成果显示，当大理岩细骨料细度模数从 1.54 变化到 2.70 时，混凝土 180d 极限拉伸值波动 29.7％。当细度模数为 2.05（石粉含量为 25.0％）时，其 180d 极限拉伸值最大。

（2）大理岩细骨料的细度对大坝混凝土的弹性模量的影响不大。

1）成勘院的试验成果显示，当大理岩细骨料细度模数从 1.54 变化到 2.70 时，混凝土 180d 弹性模量波动 3.0％。

2）长科院的试验成果显示，当大理岩细骨料细度模数从 1.54 变化到 2.70 时，混凝土 180d 弹性模量波动 14.4％。当细度模数为 2.32（石粉含量为 29.8％）时，混凝土 180d 弹性模量最大。

3）南科院的试验成果显示，当大理岩细骨料细度模数从 1.54 变化到 2.70 时，混凝土 180d 弹性模量波动 5.6％。当细度模数为 2.05（石粉含量为 25.0％）时，混凝土 180d 弹性模量最大。

2．混凝土干缩变形

成勘院、长科院和南科院分别进行了不同大理岩细骨料细度对大坝混凝土干缩变形影响的试验。三家试验单位的干缩值相差较大，成勘院的干缩值较小，长科院和南科院的干缩值相对较大。成勘院和长科院的有一定的趋势性规律，即：大理岩细骨料的细度对大坝混凝土的干缩有着一定的影响；不同细度模数大理岩人工细骨料混凝土的干缩有随着细度模数降低而增加、随着石粉含量增加而增加的趋势。南科院的干缩值趋势性规律不明显。

（1）成勘院试验成果显示，当大理岩细骨料细度模数从 1.54 变化到 2.70 时，混凝土 180d 干缩值 $-335 \times 10^{-6} \sim -252 \times 10^{-6}$，波动达 26％；细度模数为 1.55、石粉含量为 38.2％、水胶比 0.48 时，混凝土 180d 干缩值最大。

（2）长科院的试验成果显示，当大理岩细骨料细度模数从 1.54 变化到 2.70 时，混凝土 180d 干缩值 $-515 \times 10^{-6} \sim -425 \times 10^{-6}$，波动达 14.1％；当细度模数为 2.32、石粉含量为 29.8％、水胶比 0.48 时，混凝土 180d 干缩值最大。

（3）南科院的试验成果显示，当大理岩细骨料细度模数从 1.54 变化到 2.70 时，干缩值变化不大，混凝土 180d 干缩值 $-456 \times 10^{-6} \sim -402 \times 10^{-6}$，波动达 5.9％；当细度模数为 2.05、石粉含量为 25.0％、水胶比 0.43 时，混凝土 180d 干缩值最大。

2.5.1.4 混凝土耐久性能

不同大理岩细骨料细度对大坝混凝土耐久性能影响试验成果表明：

（1）采用不同细度模数的大理岩细骨料配制的大坝混凝土的抗冻等级均大于 F300，抗渗等级均大于 W16，满足设计要求。

（2）不同细度模数大理岩细骨料混凝土冻融后相对动弹性模量差异不大。

（3）大理岩细骨料的细度模数对大坝混凝土的抗渗性影响较明显，成勘院的试验成果显示：水胶比为 0.43 时，细度模数从 1.5 变化到 2.70，渗透系数在 $0.671 \times 10^{-10} \sim$

0.111×10^{-9} 之间变化，细度模数为 1.9 时，渗透系数最大，细度模数为 2.70 时渗透系数最小。但不同试验单位的成果波动较大。

2.5.2　大理岩细骨料石粉活性及含量对混凝土性能的影响

2.5.2.1　大理岩细骨料石粉含量波动对混凝土性能的影响

采用对原状细骨料进行筛除或掺加石粉的方法，配制成石粉含量分别为 15％、20％、25％、30％的细骨料，配制细骨料的颗粒分布及颗粒级配筛分曲线见表 2.5.2－1 和图 2.5.2－1。

表 2.5.2－1　　　　　　　　　不同石粉含量细骨料的颗粒分布　　　　　　　　　　　　　%

石粉含量 /%	颗粒粒径/mm						
	＞5	5～2.5	2.5～1.25	1.25～0.63	0.63～0.32	0.32～0.16	＜0.16
15	0.8	16.7	19.6	8.2	19.1	20.4	15.2
20	0.9	16.5	19.5	8.1	17.6	16.9	20.5
25	0.9	16.8	19.2	7.8	16.0	13.5	25.8
30	0.8	15.7	18.0	7.3	14.8	12.7	30.7

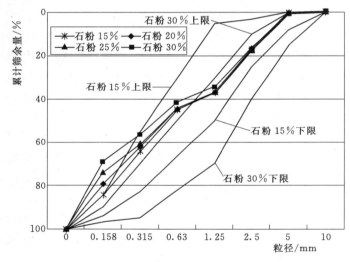

图 2.5.2－1　不同石粉含量大理岩细骨料级配筛分曲线

1. 石粉含量对水泥胶砂强度的影响

参照国标 GB/T 17671—1999《水泥胶砂强度检验方法（ISO 法）》进行胶砂强度试验，采用石粉含量分别为 15％、20％、25％、30％的大理岩人工细骨料取代 30％的水泥的胶砂强度试验，成果见表 2.5.2－2。大理岩细骨料取代水泥的胶砂强度试验成果表明：随着大理岩细骨料中的石粉含量的增加，胶砂的抗压强度以及抗折强度均大幅度下降。

2. 石粉含量对大坝混凝土和易性的影响

采用特大石最大粒径为 120mm、含量 30％的骨料组合级配，开展不同细骨料石粉含量对混凝土性能影响的试验研究。试验水胶比分别为 0.39、0.47，粉煤灰掺量为 35％，掺 0.025％的 AEA202 引气剂。

表 2.5.2－2　　　大理岩细骨料取代水泥的胶砂强度试验成果（替代率 30％）

试验单位	石粉含量 /％	抗压强度/MPa				抗折强度/MPa		
		3d	7d	28d	90d	3d	7d	28d
成勘院	15	18.4	25.1	30.2	36.0	4.8	5.5	8.2
	20	13.7	18.9	24.7	32.0	3.7	4.8	6.8
	25	13.3	16.0	22.5	29.0	3.9	4.3	6.5
	30	11.6	14.8	20.7	26.4	3.3	3.5	4.3

根据试验成果，在保持混凝土配合比不变的情况下，随着大理岩细骨料中的石粉含量增加，混凝土的坍落度和含气量减小，大坝混凝土的和易性变差，当大理岩细骨料中石粉含量由 15％递增到 30％时，混凝土的坍落度由 6.2cm 变为 2.5cm，而混凝土的含气量由 7.9％减为 6.3％。

3. 石粉含量对大坝混凝土力学性能的影响

成勘院进行的不同石粉含量细骨料对大坝组合骨料混凝土力学性能影响的试验研究成果见表 2.5.2－3、表 2.5.2－4。试验成果表明，在不调整混凝土配合比的情况下，石粉含量 20％～25％时，力学性能较优。

表 2.5.2－3　　　不同石粉含量对大坝混凝土抗压强度和劈拉强度的影响

水胶比	石粉含量 /％	抗压强度/MPa				劈拉强度/MPa			
		7d	28d	90d	180d	7d	28d	90d	180d
0.47	15	8.8	19.6	25.5	32.9	0.73	1.89	2.03	2.52
0.47	20	15.4	20.3	31.9	38.0	1.07	2.00	2.51	2.94
0.47	25	12.7	23.2	31.5	37.4	1.14	2.20	2.41	2.86
0.47	30	11.3	20.1	30.0	35.4	1.00	1.90	2.38	2.80

表 2.5.2－4　　　不同石粉含量对大坝混凝土轴拉强度、极限拉伸值和弹性模量的影响

水胶比	石粉含量 /％	轴拉强度/MPa			极限拉伸值/（×10^{-6}）			弹性模量/GPa		
		28d	90d	180d	28d	90d	180d	28d	90d	180d
0.47	15	2.07	2.50	2.72	87	92	98	18.7	23.6	28.6
0.47	20	2.14	2.50	2.92	80	100	112	21.4	24.3	29.5
0.47	25	2.30	2.52	2.84	93	102	108	21.8	26.1	29.9
0.47	30	2.30	2.45	2.74	89	99	100	21.7	26.2	30.0

试验成果还表明，在不调整混凝土配合比的情况下，由于大理岩细骨料中石粉含量的改变，使得大坝混凝土的坍落度和含气量发生变化，从而导致大坝混凝土的抗压强度、劈拉强度、轴拉强度和弹性模量等力学性能会产生一定的波动。对不同石粉含量大理岩细骨料配制的大坝混凝土 180d 力学性能试验成果进行统计表明，石粉含量波动造成混凝土抗压强度波动最大达到 27.8％，劈拉强度最大波动达到 25.9％，轴拉强度最大波动达到 6.0％，极限拉伸值最大波动达到 8.3％，弹性模量最大波动达到 10.5％。

4. 石粉含量对混凝土抗渗性能影响

当水胶比为 0.47 时，不同石粉含量细骨料大坝混凝土抗渗试验成果表明：当细骨料石粉含量由 20％增加到 25％时，抗渗等级均达到 W16，渗透系数从 6.21×10^{-10}cm/h 增

加至 $6.49 \times 10^{-10} \mathrm{cm/h}$，随着石粉含量的增加，混凝土的抗渗性能降低。特别是石粉含量为 30% 时，混凝土的抗渗等级仅为 W8，渗透系数为 $2.25 \times 10^{-9} \mathrm{cm/h}$。

2.5.2.2 大理岩细骨料石粉活性的试验研究

1. 石粉对水泥胶砂强度性能的影响

（1）大理岩细骨料石粉活性的研究，分别采用大理岩细骨料和砂岩细骨料的原状石粉（比表面积约为 $250 \mathrm{m^2/kg}$）进行了水泥胶砂强度试验。试验成果表明：在掺 30% 石粉替代水泥的条件下，掺大理岩石粉水泥胶砂强度要高于掺砂岩石粉的水泥胶砂强度，表明与砂岩石粉相比，大理岩石粉具有更强的活性。以 28d 龄期为例，掺 30% 大理岩石粉的抗压强度为 26.5MPa，抗折强度为 7.2MPa；掺 30% 砂岩石粉的抗压强度为 22.6MPa，抗折强度为 6.5MPa。

（2）为研究大理岩石粉细度对水泥胶砂强度的影响，将原状大理岩石粉分别磨细成比表面积为 $300 \mathrm{m^2/kg}$ 与 $400 \mathrm{m^2/kg}$ 的石粉进行胶砂强度试验，胶砂强度试验成果见表 2.5.2-5。由试验成果可以看出：

1）在大理岩石粉掺量相同的条件下，掺比表面积为 $400 \mathrm{m^2/kg}$ 的大理岩石粉的水泥胶砂抗压强度要高于掺比表面积为 $300 \mathrm{m^2/kg}$ 大理岩石粉的水泥胶砂抗压强度。表明随着大理岩石粉的比表面积的增加，水泥胶砂抗压强度有所提高。在大理岩石粉的比表面积相同的条件下，随着石粉掺量的增加，水泥胶砂强度有所降低。

2）与粉煤灰相比，在相同掺量下，掺大理岩石粉的早期水泥胶砂强度与掺粉煤灰相近，随着龄期的增长，其胶砂强度要低于掺粉煤灰的胶砂强度，表明大理岩石粉的活性（特别是后期）要逊于粉煤灰。

表 2.5.2-5 大理岩石粉细度及粉煤灰对水泥胶砂强度影响

大理岩石粉		粉煤灰掺量 /%	抗压强度/MPa				抗折强度/MPa		
比表面积 /(m²·kg⁻¹)	掺量 /%		3d	7d	28d	90d	3d	7d	28d
—	—		31.2	38.6	45.6	54.2	6.6	8.0	9.3
—	—	30	15.6	20.7	38.5	57.4	3.5	4.8	7.8
400	20	—	19.1	26.7	32.1	37.5	5.2	5.9	7.5
	30	—	15.8	19.8	24.8	33.0	4.3	4.8	7.2
300	20	—	19.8	25.2	30.4	36.0	5.0	5.8	7.7
	30	—	13.1	19.8	22.7	32.5	3.6	5.0	7.2

2. 石粉对大坝混凝土性能的影响

采用特大石最大粒径为 120mm，含量为 30% 时的优选骨料组合级配，开展不同细度的大理岩石粉作为掺和料对大坝混凝土性能进行影响试验。试验水胶比分别为 0.39 和 0.47，粉煤灰掺量为 25%，大理岩石粉掺量为 10%，比表面积分别为 $300 \mathrm{m^2/kg}$ 和 $500 \mathrm{m^2/kg}$。试验成果表明：若不调整配合比参数，随着大理岩石粉的比表面积增加，混凝土坍落度和含气量减小。当大理岩石粉比表面积由 $300 \mathrm{m^2/kg}$ 增加到 $500 \mathrm{m^2/kg}$ 时，水胶比为 0.47 和 0.39 的混凝土坍落度分别由 10.2cm、8.6cm 降低到 3.5cm、2.9cm，含气量分别由 6.4%、4.8% 降低到 4.0%、3.8%。

掺不同细度石粉的混凝土力学性能见表 2.5.2 - 6。试验成果表明：掺比表面积为 $500m^2/kg$ 的大理岩石粉混凝土抗压强度与掺比表面积为 $300m^2/kg$ 的大理岩石粉混凝土抗压强度接近，但其劈拉强度均显著高于掺比表面积为 $300m^2/kg$ 的大理岩石粉的混凝土。掺比表面积为 $500m^2/kg$ 的大理岩石粉混凝土 28d 龄期弹性模量略低于掺比表面积为 $300m^2/kg$ 的大理岩石粉混凝土。与单掺粉煤灰相比，复掺大理岩石粉和粉煤灰会显著降低混凝土的强度及抗压弹性模量。

表 2.5.2 - 6　　　　　　　　掺不同细度石粉的混凝土力学性能

水胶比	石粉比表面积/(m²·kg⁻¹)	石粉掺量/%	粉煤灰掺量/%	抗压强度/MPa			劈拉强度/MPa			弹性模量/GPa
				7d	14d	28d	7d	14d	28d	28d
0.47	300	10	25	12.2	18.1	22.6	0.75	1.39	1.46	19.0
	500	10	25	12.5	18.0	21.7	1.15	1.41	1.51	18.9
	—	—	35	15.5	27.0	35.7	1.56	—	2.68	21.7
0.39	300	10	25	19.9	25.8	30.8	0.80	1.71	2.11	22.4
	500	10	25	19.3	26.2	33.5	1.32	1.97	2.51	17.9
	—	—	35	20.3	33.7	40.5	1.83	—	3.28	24.2

2.6 拱坝混凝土质量控制标准

虽然锦屏一级超高拱坝混凝土骨料特性不良，但经大量的试验研究和配合比优化，成功配制出了满足拱坝结构性能、施工性能、温控防裂性能和耐久性能的高性能混凝土。为加强锦屏一级水电站大坝工程混凝土及原材料质量控制，促进混凝土生产质量验收评定，根据骨料加工工艺研究与技术改进后的生产质量情况，进行了系统的大坝混凝土及材料试验，在此基础上制定了《锦屏一级水电站工程大坝主要混凝土及原材料质量标准》，建立了大坝混凝土质量控制标准体系，确保了大坝混凝土拌和物质量。

2.6.1 混凝土及原材料质量控制标准

在大量试验研究基础上，锦屏建设管理局组织制定了适用于锦屏一级大坝混凝土及原材料质量控制标准，以确保生产出满足锦屏一级拱坝结构要求、施工性能、温控防裂性能和耐久性能的高性能混凝土。

2.6.1.1 主要原材料质量控制标准

1. 水泥

中热硅酸盐水泥性能除满足 GB 200—2003《中热硅酸盐水泥 低热硅酸盐水泥 低热矿渣硅酸盐水泥》外，主要调整包括：水泥比表面积由不小于 $250m^2/kg$ 调整为不小于 $250m^2/kg$ 且不大于 $320m^2/kg$，最大不大于 $340m^2/kg$，按不大于 $320m^2/kg$ 计，合格率不小于 80% 的要求；水泥 28d 抗折强度由规范的不小于 6.5MPa 提高到 7.5MPa，28d 抗压强度由规范的不小于 42.5MPa 调整为 48MPa±3MPa，最大不超过 53MPa，且按照 48MPa±3MPa 统计合格率不小于 85%；碱含量由规范不小于 0.6% 调整为不大于 0.5%；氧化镁含量由规范的不宜大于 5% 调整为控制在 3.5%～5.0% 之间；7d 水化热由规范的不大于 293kJ/kg 调整为不大于 283kJ/kg。所有这些调整均围绕质量稳定、降低水化热和碱含量进行。

2. 粉煤灰

拱坝混凝土使用Ⅰ级、Ⅱ级 F 类粉煤灰，在保证混凝土总碱量不超过 $1.5kg/m^3$ 的前提下，其性能在满足 DL/T 5055—2007《水工混凝土掺用粉煤灰技术规范》的要求外，还要求粉煤灰中碱含量不超过 2.5%，CaO 含量不超过 5.0%。

3. 混凝土拌和用水

拌和用水所含物质不应影响混凝土的和易性和混凝土强度的增长，以及引起钢筋和混凝土的腐蚀。拌和用水的性能满足水工混凝土施工规范要求即可。

4. 骨料

拱坝人工细骨料采用干法制砂工艺生产，鉴于细度模数和石粉含量控制难度大，主要从质量稳定性上提出细骨料质量控制标准，除满足水工混凝土施工规范要求外，重点对石粉含量、细度模数、含水量等进行控制。规范规定细骨料细度模数在 2.4～2.8 之间为宜，锦屏一级规定细度模数范围为 2.2～3.0，并且明确超出这个范围为废料，同时还规定每月检测结果波动范围不能大于 0.4，相邻两个月检测平均值相差不超过 0.1；对石粉含量，规范规定值为 6%～18%，锦屏规定值为 14%～20%，同时规定合格率不低于 85%。含水量稳定在 3% 以内，出厂检测合格率不低于 90%；对于坚固性指标，提出合格率不低于 85% 的要求。

拱坝人工粗骨料的主要控制指标以水工混凝土施工规范为基础，对坚固性要求不小于 5%，最大不能超过 8%，且按不大于 5% 计，合格率不小于 70%；压碎指标不超过 10% 且合格率达到 100%；针片状含量不超过 15%，且合格率不低于 85%；超径小于 5%，逊径小于 10%，且合格率均不低于 90%。

针对粗骨料中不利组分含量，结合试验研究成果，提出全锈染砂岩骨料含量不超过 2%，板岩骨料含量不超过 2%，局部锈染砂岩骨料含量不超过 6%，锈面砂岩骨料含量不超过 6%，大理岩骨料含量不超过 8% 的控制指标，对于大坝 A 区混凝土，要求软弱骨料（含原岩饱和抗压强度小于 60MPa 的板岩和全锈染骨料总量）含量不超过 5%。

2.6.1.2 混凝土质量控制标准

拱坝混凝土所用粗骨料具有潜在危害性碱活性反应，混凝土配合比设计时，混凝土中严控碱含量，大坝和垫座混凝土总碱含量控制标准应满足表 2.6.1-1 的要求。混凝土生产质量控制水平以现场抽样试件 28d 龄期抗压强度标准差评价，其评定标准见表 2.6.1-2。

表 2.6.1-1　　　　　　大坝混凝土总碱含量控制值

部　　位	设计强度	骨料级配	混凝土总碱含量/(kg·m⁻³)
大坝、垫座	$C_{180}40$	四	≤1.5
	$C_{180}35$		
	$C_{180}30$		
	$C_{90}40$	三	≤1.8
	$C_{90}40$	二	≤2.1

表 2.6.1-2　　　　　　　　　　大坝混凝土生产质量水平评价标准

评　定　指　标		质　量　等　级			
		优秀	良好	一般	差
不同强度等级下的混凝土强度标准差/MPa	$C_{180}40$	<3.5	3.5~4.0	4.0~5.0	>5.0
	$C_{180}35$	<3.5	3.5~4.0	4.0~5.0	>5.0
	$C_{180}30$	<3.5	3.5~4.0	4.0~5.0	>5.0
	$C_{90}50$	<4.0	4.0~4.5	4.5~5.5	>5.5
	$C_{90}40$	<4.0	4.0~4.5	4.5~5.5	>5.5
	$C_{90}35$	<3.5	3.5~4.0	4.0~5.0	>5.0
	$C_{90}30$	<3.5	3.5~4.0	4.0~5.0	>5.0
	$C_{90}25$	<3.5	3.5~4.0	4.0~5.0	>5.0
	C50	<4.0	4.0~4.5	4.5~5.5	>5.5
	C40	<4.0	4.0~4.5	4.5~5.5	>5.5
	C35	<3.5	3.5~4.0	4.0~5.0	>5.0
	C30	<3.5	3.5~4.0	4.0~5.0	>5.0
	C25	<3.5	3.5~4.0	4.0~5.0	>5.0
	C20	<3.0	3.0~3.5	3.5~4.5	>4.5
强度不低于强度标准值的百分率 P_s/%		≥90		≥80	<80

2.6.2　混凝土配合比

锦屏一级拱坝选择了"砂岩粗骨料＋大理岩细骨料"组合骨料作为大坝混凝土的最终骨料方案，大坝混凝土用量约 563 万 m³，其中粗骨料用量约 949 万 t，细骨料 279 万 t。设计院室内试验采用峨胜 P·MH42.5 水泥、宣威Ⅰ级粉煤灰（掺量 35%）、南京瑞迪 HLC-NAF 高效缓凝减水剂（低碱）、大奔流砂岩粗骨料＋三滩右岸大理岩细骨料组合骨料，三种强度等级的拱坝混凝土推荐配合比见表 2.6.2-1。

表 2.6.2-1　　　　　　　　　　拱坝组合骨料混凝土设计推荐配合比

强度等级	水泥	粉煤灰掺量/%	水胶比	砂率/%	混凝土各材料用量/(kg·m⁻³)					减水剂掺量/%	坍落度/cm	含气量/%
					水	水泥	粉煤灰	砂	石			
$C_{180}40$	峨胜	35	0.39	21	82	136.7	73.6	456	1727	0.7	4.0	4.0
$C_{180}35$			0.43	22	82	124.0	66.7	481	1720		3.5	4.1
$C_{180}30$			0.47	23	82	113.4	61.1	507	1709		4.5	4.1

工程开工后，大坝左岸和右岸标施工单位、锦屏建设管理局试验检测中心分别平行开展了施工配合比试验。施工配合比试验采用印把子沟加工系统生产的砂岩粗骨料和三滩右岸砂石系统生产的大理岩细骨料，水泥采用峨胜 P·MH42.5 水泥为主供品牌、嘉华 P·MH42.5 水泥为备供品牌，粉煤灰主要采用宣威Ⅰ级粉煤灰。大坝混凝土施工基准配合比见表 2.6.2-2。大坝 A 区、B 区和 C 区施工配合比见表 2.6.2-3～表 2.6.2-5。

表 2.6.2-2　　　　　　　　　　大坝混凝土施工基准配合比

使用部位	设计要求	骨料级配	水胶比	砂率/%	粉煤灰掺量/%	用水量/(kg·m⁻³)	材料用量/(kg·m⁻³)							减水剂掺量/%	引气剂/(kg·m⁻³)	坍落度/cm
							水泥	粉煤灰	砂	小石	中石	大石	特大石			
A区	$C_{180}40$ F300W15	四	0.37	22	35	85	149	80	474	341	341	512	512	0.6	1.5	3~5
		四	0.37	22	35	90	158	85	468	337	337	506	506	0.6	1.5	5~7
B区	$C_{180}35$ F250W14	四	0.41	23	35	85	135	73	500	340	340	510	510	0.6	1.5	3~5
		四	0.41	23	35	90	143	77	495	336	336	504	504	0.6	1.5	5~7
C区	$C_{180}30$ F250W13	四	0.45	24	35	85	123	66	526	338	338	507	507	0.6	1.5	3~5
		四	0.45	23	35	90	130	70	521	335	335	502	502	0.6	1.5	5~7

表 2.6.2-3　　　　　　　　　　大坝 A 区混凝土施工配合比

浇筑部位：大坝 A 区　　　　　　　　　　　　　　　　　　　坍落度控制标准：30~50mm

强度等级：$C_{180}40$W15F300　　混凝土类别：常态　　水泥：峨胜中热 42.5　　粉煤灰：云南宣威 I 级

级配	砂细度模数	配合比参数			材料用量/(kg·m⁻³)								减水剂溶液	引气剂	坍落度/cm
		水胶比	砂率/%	粉煤灰/%	水	水泥	粉煤灰	细骨料	小石	中石	大石	特大石			
四	2.20	0.37	20	35	85	149	80	431	350	350	525	525	6.87	1.72	3~5
	2.40		21					453	346	346	518	518			
	2.60		22					474	341	341	512	512			
	2.80		23					496	337	337	505	505			
	3.00		24					517	332	332	499	499			

表 2.6.2-4　　　　　　　　　　大坝 B 区混凝土施工配合比

浇筑部位：大坝 B 区　　　　　　　　　　　　　　　　　　　坍落度控制标准：30~50mm

强度等级：$C_{180}35$W14F250　　混凝土类别：常态　　水泥：峨胜中热 42.5　　粉煤灰：云南宣威 I 级

级配	砂细度模数	配合比参数			材料用量/(kg·m⁻³)								减水剂溶液	引气剂	坍落度/cm
		水胶比	砂率/%	粉煤灰/%	水	水泥	粉煤灰	细骨料	小石	中石	大石	特大石			
四	2.20	0.41	21	35	85	135	73	457	349	349	523	523	6.24	1.56	3~5
	2.40		22					479	344	344	517	517			
	2.60		23					500	340	340	510	510			
	2.80		24					522	336	336	503	503			
	3.00		25					544	331	331	497	497			

表 2.6.2 - 5　　　　　　　　　　　大坝 C 区混凝土施工配合比

浇筑部位：大坝 C 区														坍落度控制标准：30～50mm	
强度等级：C$_{180}$30W13F250			混凝土类别：常态					水泥：峨胜中热 42.5				粉煤灰：云南宣威 Ⅰ 级			

级配	砂细度模数	配合比参数			材料用量/(kg·m⁻³)											坍落度/cm
		水胶比	砂率/%	粉煤灰/%	水	水泥	粉煤灰	细骨料	小石	中石	大石	特大石	减水剂溶液	引气剂	
四	2.20	0.47	22	35	85	118	63	484	348	348	523	523	5.43	1.36	3～5
	2.40		23					506	344	344	516	516			
	2.60		24					528	340	340	509	509			
	2.80		25					550	335	335	503	503			
	3.00		26					572	331	331	496	496			

2.7 拱坝混凝土材料与性能检测评价

2.7.1 混凝土原材料的质量检测

原材料检测由施工单位、监理单位和锦屏建设管理局试验检测中心平行开展，监理单位与试验监测中心分别按施工单位检测数的 25％ 和 10％ 进行平行抽检。下面列出的为锦屏建设管理局试验检测中心的检测成果。

1. 水泥

大坝和垫座混凝土采用的峨胜 P·MH42.5 水泥，检测成果见表 2.7.1 - 1 和表 2.7.1 - 2。从检测成果可以看出，峨胜 P·MH42.5 水泥物理、化学、热学检测结果均满足 GB 200—2003《中热硅酸盐水泥　低热硅酸盐水泥　低热矿渣硅酸盐水泥》技术要求；28d 抗压强度偏高，在 48MPa±3MPa 合格率未达到《锦屏一级水电站工程大坝主要混凝土及原材料质量标准（A 版）》85％ 的要求（以下简称"锦屏工程要求"），但最大值满足锦屏工程不超过 53MPa 要求，最小值满足规范要求；其他指标均满足锦屏一级标准要求，即满足国标、部分不满足锦屏要求。

表 2.7.1 - 1　　　　　　　　　　　中热水泥强度检测成果

水泥品种	统计值	比表面积/(m²·kg⁻¹)	凝结时间/min		安定性	标准稠度/%	抗压强度/MPa			抗折强度/MPa		
			初凝	终凝			3d	7d	28d	3d	7d	28d
峨胜 P·MH42.5	检测次数	78	79	79	79	79	79	79	78	79	79	78
	最大值	319	335	410	合格	23.9	24.6	34.5	53.0	5.4	6.9	9.5
	最小值	295	166	220	合格	22.6	16.1	24.6	44.2	3.5	4.8	7.8
	平均值	308	213	275	合格	23.4	20.5	29.4	50.4	4.5	6.0	8.9
	标准差	4.86	31.2	36.1	—	0.26	1.73	2.10	1.98	0.30	0.37	0.32
	离差系数	0.02	0.15	0.13	—	0.01	0.08	0.07	0.04	0.07	0.06	0.04
	合格率/%	100	100	100	100	—	100	100	53.8	100	100	100
锦屏工程要求		≤320	≥60	≤720	合格		≥12	≥22	48±3	≥3.0	≥4.5	≥7.5
GB 200—2003		≥250	≥60	≤720	合格	—	≥12.0	≥22.0	≥42.5	≥3.0	≥4.5	≥6.5

注　28d 抗压强度为（48±3）MPa，合格率不小于 85％，最大不超过 53MPa。

表 2.7.1-2　　　　　　　　　　　　中热水泥热学、化学指标检测成果

水泥品种	统计值	水化热/(kJ·kg⁻¹)		烧失量 /%	SO₃ /%	MgO /%	碱含量 /%	C₃A /%	C₄AF /%	密度 /(g·cm⁻³)
		3d	7d							
峨胜 P·MH42.5	检测次数	54	54	67	64	63	64	55	12	4
	最大值	239	270	2.86	2.39	4.89	0.45	2.04	16.14	3.22
	最小值	216	245	0.58	1.65	4.12	0.29	0.60	15.00	3.21
	平均值	225	254	0.83	2.21	4.63	0.35	1.27	15.50	3.21
	合格率/%	100	100	100	100	100	100	100	100	—
GB 200—2003		≤251	≤293	≤3.0	≤3.5	≤5.0	—	—	≥15	
锦屏工程要求		≤251	≤283	≤3.0	≤3.5	3.5~5.0	≤0.5	≤5	—	

2. 粉煤灰

大坝和垫座混凝土主要采用云南宣威发电粉煤灰开发有限公司的Ⅰ级粉煤灰，其物理、化学指标检测成果见表 2.7.1-3。各项指标均满足锦屏工程要求。

表 2.7.1-3　　　　　　　　　　　Ⅰ级粉煤灰检测成果

生产厂家及等级	统计值	细度 /%	需水量比 /%	含水量 /%	烧失量 /%	SO₃ /%	碱含量 /%	CaO /%	f-CaO /%	密度 /(g·cm⁻³)
云南宣威 Ⅰ级粉煤灰	检测次数	56	56	54	55	45	20	17	18	6
	最大值	10.4	95.0	0.34	3.25	0.58	1.32	4.26	0.23	2.34
	最小值	3.1	92.0	0.03	0.97	0.06	0.70	2.18	0.08	2.34
	平均值	7.3	94.0	0.10	2.07	0.20	0.88	2.65	0.14	2.34
	合格率/%	100	100	100	100	100	100	100	100	—
DL/T 5055—2007	Ⅰ级	≤12.0	≤95	≤1.0	≤5.0	≤3.0			≤1.0	
锦屏工程要求	Ⅰ级	≤12.0	≤95	≤1.0	≤5.0	≤3.0	≤2.5	≤5.0	≤1.0	—

3. 减水剂、引气剂检测

大坝及垫座混凝土主要使用北京冶建特种材料有限公司的 JG-3、江苏博特新材料有限公司的 JM-Ⅱ（C）、南京瑞迪高新技术公司的 HLC-NAF 萘系缓凝高效减水剂。各减水剂检测成果显示，各项指标均满足锦屏工程标准要求，特别是减水率和碱含量两个指标，均分别满足不小于 18% 和不超过 4% 的锦屏工程要求。

4. 引气剂

大坝和垫座混凝土使用山西黄河新型化工有限公司 HJAE-A 引气剂，其检测成果显示，各项指标均满足锦屏工程要求，也满足规范要求。

5. 细骨料

大坝和垫座混凝土使用三滩前期砂石系统生产的大理岩细骨料和三滩右岸砂石系统生产的大理岩细骨料，其质量检测成果见表 2.7.1-4。除加工系统前期生产时部分细度模数、石粉含量及个别批次坚固性不满足规范或锦屏工程要求外，其他指标均满足规范要求。

表 2.7.1 - 4　　　　　　　　三滩骨料系统细骨料检测成果

产地	统计值	细度模数	石粉含量/%	吸水率/%	云母含量/%	表观密度/(kg·m⁻³)	坚固性/%	有机质含量	硫化物及硫酸盐/%
DL/T 5144—2001		宜2.4～2.8	6～18	—	≤2	≥2500	≤8	不允许	≤1
三滩骨料系统	检测次数	150	150	61	—	62	67	60	60
	最大值	3.44	21.2	1.4	—	2730	14	合格	0.09
	最小值	1.90	9.7	0.7	—	2660	2	合格	0.02
	平均值	2.68	15.3	1.1	—	2687	5	合格	0.07
	合格率/%	78.0	65.3	—	—	100	91.0	100	100
拌和系统	检测次数	113	113	53	—	51	47	48	48
	最大值	3.10	23.0	1.4	—	2690	8	合格	0.09
	最小值	2.04	10.2	0.8	—	2670	3	合格	0.04
	平均值	2.54	15.8	1.2	—	2684	5	合格	0.07
	合格率/%	84.1	83.2	—	—	100	100	100	100
锦屏工程要求	指标	2.2～3.0	出厂14～20 使用12～20		≤2	≥2500	≤8	不允许	≤1
	合格率/%		出厂≥85 使用≥70		100	100	≥85	100	100

6. 粗骨料

大坝和垫座混凝土使用印把子沟砂石系统生产的大奔流砂岩粗骨料，其质量检测结果见表 2.7.1 - 5。部分超径、逊径、含粉量检测成果不满足规范要求。

表 2.7.1 - 5　　　　　　　　印把子沟砂岩粗骨料检测成果

取样地点	粒径/mm	统计值	超径/%	逊径/%	中径筛余/%	针片状含量/%	含粉量/%	表观密度/(kg·m⁻³)	吸水率/%	压碎指标/%	坚固性/%	硫化物及硫酸盐/%	有机质含量
印把子骨料系统	5～10	检测次数	10	10	—	25	25	24	25	—	3		
		最大值	5	15	—	20	1.2	2730	1.14	—	1		
		最小值	0	3	—	0	0.1	2670	0.56	—	1		
		平均值	1	8	—	7	0.7	2694	0.76	—	1		
		合格率/%	90.0	60.0	—	96.0	92.0	100	100	—	100		
	5～20	检测次数	82	82	30	83	81	82	82	58	41	27	2
		最大值	11	16	87	23	1.7	2750	1.11	17.8	3	0.14	合格
		最小值	0	0	37	0	0.1	2660	0.48	7.2	0	0.04	合格
		平均值	2	4	58	10	0.5	2701	0.71	9.5	2	0.08	合格
		合格率/%	92.7	92.7	80.0	97.6	96.3	100	100	74.1	100	100	100

续表

取样地点	粒径/mm	统计值	超径/%	逊径/%	中径筛余/%	针片状含量/%	含粉量/%	表观密度/(kg·m⁻³)	吸水率/%	压碎指标/%	坚固性/%	硫化物及硫酸盐/%	有机质含量
印把子骨料系统	20~40	检测次数	91	91	28	91	89	90	90	17	53	22	2
		最大值	21	33	57	24	1.5	2800	0.80	13.4	3	0.14	合格
		最小值	0	0	28	0	0.0	2690	0.24	7.0	0	0.03	合格
		平均值	2	7	44	8	0.4	2714	0.47	9.4	1	0.07	合格
		合格率/%	86.8	80.2	75.0	98.9	94.4	100	100	70.6	100	100	100
	40~80	检测次数	64	64	23	66	65	56	67	—	28	16	2
		最大值	32	13	65	19	0.7	2740	0.78	—	1	0.09	合格
		最小值	0	0	32	1	0.0	2700	0.23	—	0	0.04	合格
		平均值	2	4	47	6	0.2	2715	0.40	—	0	0.06	合格
		合格率/%	89.1	96.9	82.6	98.5	95.4	100	100	—	100	100	100
	80~150	检测次数	57	57	9	58	56	25	58		19	12	—
		最大值	18	18	48	26	0.7	2740	0.50		1	0.09	—
		最小值	0	0	28	0	0.0	2710	0.23		0	0.03	—
		平均值	1	4	33	5	0.2	2720	0.32		0	0.07	—
		合格率/%	91.2	87.7	22.2	96.6	96.4	100	100		100	100	—
拌和系统	5~20	检测次数	72	72	62	72	72	71	72	67	57	18	4
		最大值	17	22	83	13	1.8	2710	0.82	22.6	3	0.09	合格
		最小值	0	1	21	1	0.2	2690	0.53	6.8	0	0.04	合格
		平均值	2	8	57	11	0.8	2694	0.72	9.0	2	0.07	合格
		合格率/%	87.5	69.4	62.9	100	72.2	100	100	91.0	100	100	100
	20~40	检测次数	73	73	63	73	73	73	73	1	55	12	4
		最大值	21	47	65	13	1.9	2720	0.66	9.7	2	0.08	合格
		最小值	0	0	11	1	0.1	2690	0.25	9.7	0	0.04	合格
		平均值	3	16	33	10	0.7	2704	0.47	9.7	1	0.07	合格
		合格率/%	74.0	31.5	34.9	100	68.5	100	100	100	100	100	100
	40~80	检测次数	59	59	46	59	59	55	59	—	39	15	2
		最大值	8	32	68	13	1.6	2760	0.53	—	1	0.09	合格
		最小值	0	0	18	2	0.0	2700	0.24	—	0	0.00	合格
		平均值	1	10	40	7	0.6	2711	0.40	—	0	0.06	合格
		合格率/%	86.4	61.0	45.7	100	55.9	100	100	—	100	100	100
	80~150	检测次数	37	37	12	38	39	11	39		15	7	—
		最大值	4	18	51	18	0.9	2730	0.48		1	0.09	—
		最小值	0	1	14	1	0.0	2710	0.14		0	0.05	—
		平均值	0	6	28	4	0.4	2717	0.32		0	0.06	—
		合格率/%	100	86.5	16.7	97.4	59.0	100	100		100	100	—

取样地点	粒径/mm	统计值	超径/%	逊径/%	中径筛余/%	针片状含量/%	含粉量/%	表观密度/(kg·m⁻³)	吸水率/%	压碎指标/%	坚固性/%	硫化物及硫酸盐/%	有机质含量
DL/T 5144—2001			<5	<10	40～70	≤15	D20、D40≤1.0	≥2550	≤2.5	≤10	≤5	≤0.5	浅于标准色
锦屏工程要求		指标	<5	<10	—	≤15	D80、D150≤0.5	≥2550	≤2.5	≤10	≤5	≤0.5	浅于标准色
		合格率/%	≥90			≥85	出厂100高线≥85	100	≥90	100	≥70	100	100

注 生产过程中，施工单位根据检测成果，适当调整配合比，以消除部分不合格项目的影响，生产出满足设计要求的混凝土。

2.7.2 拱坝混凝土性能检测

在锦屏一级拱坝混凝土生产期间，混凝土性能检测由混凝土生产单位、浇筑单位、监理单位和锦屏建设管理局试验检测中心平行开展。本节列出锦屏建设管理局试验检测中心在各拌和系统机口以及仓面混凝土取样检测成果，检测项目包括混凝土拌和物性能、抗压强度、劈拉强度、弹性模量、极限拉伸值、抗冻等级、抗渗等级等指标；试验检测中心还取样进行了大坝混凝土导温系数、导热系数、比热系数、干缩量、自生体积变形等指标试验。

2.7.2.1 混凝土拌和物检测

混凝土生产过程中，试验检测中心对锦屏一级各拌和系统生产的混凝土拌和物进行了取样检测，检测项目包括坍落度、含气量、混凝土出机口温度等。检测成果表明，混凝土拌和物的坍落度、含气量、出机口温度控制水平总体较高，平均合格率分别为93.6%、98.2%和99.5%。

2.7.2.2 混凝土性能检测

大坝 $C_{180}30$、$C_{180}35$、$C_{180}40$ 自生体积变形值检测曲线如图 2.7.2-1～图 2.7.2-3 所示。

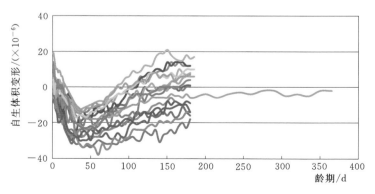

图 2.7.2-1　大坝 $C_{180}30$ 自生体积变形值检测曲线

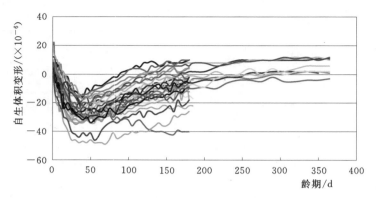

图 2.7.2 - 2　大坝 $C_{180}35$ 自生体积变形值检测曲线

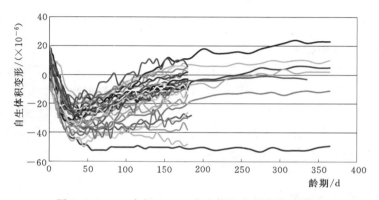

图 2.7.2 - 3　大坝 $C_{180}40$ 自生体积变形值检测曲线

1. 左岸大坝工程

左岸大坝及垫座混凝土抗压强度、劈拉强度、弹性模量、极限拉伸值、抗冻等级、抗渗等级等检测成果统计见表 2.7.2 - 1。从检测成果来看，混凝土抗压强度、极限拉伸值、抗冻等级、抗渗等级均满足规范验收要求，抗压强度合格率在 97.1% 以上，保证率在 96.9% 以上。极限抗冻试验表明，$C_{180}40W15F300$ 混凝土抗冻等级达到 F500 以上，详见表 2.7.2 - 2。

大坝混凝土生产期间，试验检测中心在高线拌和楼出机口对大坝左岸、垫座混凝土取样进行了自生体积变形试验试块制作（湿筛二级配），2d 后从高线拌和系统运至试验检测中心，检测成果如图 2.7.2 - 1～图 2.7.2 - 3 所示。从试验成果可以看出，大坝混凝土自生体积变形在 40d 之前主要表现为收缩变形，最大一般在 -40×10^{-6} 左右；之后由收缩转入膨胀状态，部分 180d 观测成果为正值，表现为一定的膨胀性能，150d 后膨胀变形趋于平稳。平均统计值为：$C_{180}30$ 混凝土 180d 龄期自生体积变形值为 0×10^{-6}，$C_{180}35$ 混凝土自生体积变形值为 -8×10^{-6} 左右，$C_{180}40$ 混凝土自生体积变形值为 -17×10^{-6} 左右。

2. 右岸大坝工程

右岸大坝混凝土抗压强度、劈拉强度、弹性模量、极限拉伸值、抗冻等级、抗渗等级等检测成果统计见表 2.7.2 - 3。从检测成果来看，混凝土抗压强度、极限拉伸值、抗冻等级、抗渗等级均满足规范验收要求，抗压强度合格率在 94.2% 以上，保证率在 95.1% 以上。

表 2.7.2－1　　　　　　　　　　　左岸大坝工程混凝土检测成果

部位	设计要求	检测项目	龄期	组数	最大值	最小值	平均值	标准差	离差系数	合格率/%	保证率/%
左岸大坝工程（含垫座混凝土）	$C_{180}30$ W13F250	抗压强度/MPa	7d	79	20.7	7.4	12.6	2.18	0.17		—
			28d	154	35.8	15.2	22.6	3.27	0.14		
			90d	47	48.6	25.9	34.4	4.60	0.13		
			180d	154	56.8	30.2	40.0	4.93	0.12	100	97.8
			365d	3	52.0	46.9	49.1				
		劈拉强度/MPa	7d	10	1.62	0.93	1.21				
			28d	10	2.58	1.56	2.08				
			90d	10	3.67	2.27	2.85				
			180d	45	3.93	2.71	3.36	0.26	0.08		
			365d	1	3.66	3.66	3.66				
		轴心抗拉强度/MPa	28d	11	3.81	1.74	2.31				
			180d	21	4.88	3.04	3.90				
		极限拉伸值/($\times10^{-6}$)	28d	11	119	81	97				
			180d	30	145	95	124	10.95	0.09	96.7	98.4
		抗压弹性模量/GPa	28d	10	31.2	24.1	26.7				
			90d	1	30.5	30.5	30.5				
			180d	23	37.3	26.2	32.5				
		抗冻等级	180d	35	≥F250	≥F250	≥F250			100	
		抗渗等级	180d	35	≥W13	≥W13	≥W13			100	
	$C_{180}35$ W14F250	抗压强度/MPa	7d	39	20.1	11.4	15.6	1.74	0.11		
			28d	85	36.8	22.3	28.0	3.27	0.12		
			90d	15	45.6	34.7	41.5				
			180d	85	55.3	37.1	46.8	3.67	0.08	100	99.9
			365d	4	54.60	50.40	52.95				
		劈拉强度/MPa	7d	4	1.42	1.29	1.37				
			28d	8	2.71	1.97	2.39				
			90d	4	3.22	3.12	3.16				
			180d	32	4.21	2.85	3.62	0.29	0.08		
			365d	2	4.13	4.06	4.10				
		轴心抗拉强度/MPa	28d	5	2.87	2.13	2.50				
			180d	11	4.44	3.66	4.11				
		极限拉伸值/($\times10^{-6}$)	28d	5	112	98	106				
			180d	11	140	116	129			100	
		抗压弹性模量/GPa	28d	4	26.6	22.9	24.8				
			180d	9	34.8	30.5	32.8				
		抗冻等级	180d	10	≥F300	F100	F280			90	
		抗渗等级	180d	9	≥W14	≥W14	≥W14			100	

续表

部位	设计要求	检测项目	龄期	组数	最大值	最小值	平均值	标准差	离差系数	合格率/%	保证率/%
左岸大坝工程（含垫座混凝土）	$C_{180}40$ W15F300	抗压强度/MPa	7d	67	22.9	13.0	17.5	2.20	0.13		
			28d	133	37.5	22.9	30.1	3.24	0.11		
			90d	23	54.6	34.1	43.8	4.89	0.11		
			180d	136	57.5	36.2	48.5	4.54	0.09	97.1	96.9
			365d	4	61.4	50.0	55.6	4.51	0.08		
		劈拉强度/MPa	7d	6	1.74	1.17	1.60	0.20	0.12		
			28d	10	2.97	2.38	2.65	0.16	0.06		
			90d	6	3.90	3.47	3.66	0.14	0.04		
			180d	41	5.40	3.07	3.79	0.38	0.10		
		轴心抗拉强度/MPa	28d	6	2.95	2.72	2.89	0.08	0.03		
			180d	13	4.92	3.62	4.24	0.37	0.09		
		极限拉伸值/（×10⁻⁶）	28d	6	116	89	108	8.82	0.08		
			180d	14	143	120	132	7.57	0.06	100	99.6
		抗压弹性模量/GPa	28d	6	28.9	26.1	27.3	1.08	0.04		
			180d	11	37.5	30.6	33.7	1.84	0.05		
		抗冻等级	180d	17	≥F300	≥F300	≥F300			100	
		抗渗等级	180d	11	≥W15	≥W15	≥W15			100	

表 2.7.2－2　　　　　左岸大坝工程混凝土极限抗冻试验检测成果

施 工 部 位	设计指标	180d 抗压强度/MPa	实测 180d 抗冻等级
大坝 12 号坝段 12-3 Y0＋330.894～Y0＋250.956 高程：1584.50～1583.00m	$C_{180}40$W15F300	46.9	F500
大坝 12 号坝段 12-4 Y0＋331.169～Y0＋250.959 高程：1584.50～1586.00m	$C_{180}40$W15F300	50.1	F750
大坝 13 号坝段 13-1 Y0＋250.959～Y0＋331.986 高程：建基面～1581.30m	$C_{180}40$W15F300	51.2	F850

表 2.7.2－3　　　　　　　　右岸工程混凝土检测成果

部位	设计要求	检测项目	龄期	组数	最大值	最小值	平均值	标准差	离差系数	合格率/%	保证率/%
右岸大坝工程	$C_{180}30$ W13F250	抗压强度/MPa	7d	2	14.9	13.1	14.0				—
			28d	28	34.1	18.3	22.6	4.04	0.18		
			90d	1	37.8	37.8	37.8				
			180d	28	54.2	30.6	39.8	5.10	0.13	100	97.2
		劈拉强度/MPa	180d	1	3.28	3.28	3.28				
		轴心抗拉强度/MPa	180d	1	3.53	3.53	3.53				

续表

部位	设计要求	检测项目	龄期	组数	最大值	最小值	平均值	标准差	离差系数	合格率/%	保证率/%
右岸大坝工程	C$_{180}$30 W13F250	极限拉伸值/(×10^{-6})	180d	1	129	129	129				
		抗压弹性模量/GPa	180d	1	33.0	33.0	33.0				
		抗冻等级	180d	1	≥F250	≥F250	≥F250			100	
		抗渗等级	180d	1	≥W13	≥W13	≥W13			100	
	C$_{180}$35 W14F250	抗压强度/MPa	7d	42	21.4	12.7	15.9	2.00	0.13		
			14d	2	19.6	18.5	19.1				
			28d	110	35.6	18.7	27.8	3.35	0.12		
			90d	23	48.0	34.7	41.6				
			180d	109	55.0	35.9	46.3	3.98	0.09	100	99.4
			365d	8	54.1	48.6	51.4				
		劈拉强度/MPa	7d	7	1.75	1.22	1.47				
			28d	12	2.79	1.90	2.42				
			90d	7	3.81	2.67	3.29				
			180d	32	4.28	2.93	3.72	0.32	0.09		
			365d	3	3.87	3.84	3.85				
		轴心抗拉强度/MPa	28d	7	2.96	2.28	2.61				
			180d	17	4.59	3.68	4.06				
		极限拉伸值/(×10^{-6})	28d	7	117	98	107				
			180d	17	138	117	127			100	99.9
		抗压弹性模量/GPa	28d	7	28.4	24.7	26.1				
			180d	14	35.8	30.0	33.0				
		抗冻等级	180d	16	≥F250	≥F250	≥F250			100	
		抗渗等级	180d	14	≥W14	≥W14	≥W14			100	
	C$_{180}$40 W15F300	抗压强度/MPa	7d	75	22.9	11.9	17.3	2.19	0.13		
			14d	1	22.3	22.3	22.3				
			28d	154	41.3	18.8	30.0	3.85	0.13		
			90d	31	51.1	34.4	42.9	4.32	0.10		
			180d	156	61.1	36.1	48.4	5.08	0.10	94.2	95.1
			365d	7	63.4	49.6	55.3				
		劈拉强度/MPa	7d	5	1.73	1.34	1.55				
			28d	11	2.79	2.19	2.49				
			90d	5	3.80	3.06	3.40				
			180d	45	4.35	3.20	3.76	0.30	0.08		
			365d	4	4.43	3.97	4.18				

续表

部位	设计要求	检测项目	龄期	组数	最大值	最小值	平均值	标准差	离差系数	合格率/%	保证率/%
右岸大坝工程	$C_{180}40$ $W15F300$	轴心抗拉强度/MPa	28d	7	3.01	2.27	2.58				
			180d	18	4.59	2.71	3.88				
		极限拉伸值/($\times 10^{-6}$)	28d	7	114	94	106				
			180d	19	142	102	125			89.5	
		抗压弹性模量/GPa	28d	5	27.8	25.0	26.7				
			180d	17	36.9	28.9	32.7				
		抗冻等级	180d	36	≥F800	F150	F310			97.2	
		抗渗等级	180d	30	≥W15	≥W15	≥W15			100	

　　试验检测中心在高线拌和楼出机口对大坝右岸混凝土取样进行了自生体积变形试验试块制作（湿筛二级配），2d 后从高线拌和系统运至试验检测中心，检测成果见图 2.7.2-1～图 2.7.2-3。从试验成果可以看出，混凝土自生体变 40d 龄期之前主要表现为收缩变形，40d 龄期以后开始由收缩转入膨胀状态，180d 龄期趋于平缓。平均统计值为：$C_{180}30$ 混凝土 180d 龄期自生体积变形值为 -2×10^{-6}，$C_{180}35$ 混凝土自生体积变形值为 -6×10^{-6} 左右，$C_{180}40$ 混凝土自生体积变形值为 -8×10^{-6} 左右。

2.7.2.3　混凝土钻孔取芯试验

　　在出机口和仓面进行取样检测的基础上，试验检测中心还进行了一定量的混凝土芯样钻取与性能检测。依据 DL/T 5150—2001《水工混凝土试验规程》对大坝混凝土芯样进行检测，试验项目包括芯样容重试验、抗压强度试验、劈拉强度试验、弹性模量试验、轴心抗拉强度试验、极限拉伸值试验、抗渗性试验、抗冻性试验。试验时试件均处于饱和面干状态。

　　1. 钻孔取芯情况及芯样描述

　　大坝混凝土各坝段均进行了钻孔取芯试验工作，部分芯样原貌如图 2.7.2-4 所示。根据

图 2.7.2-4　大坝混凝土部分芯样原貌

试验过程中对芯样表面观察及芯样试验表明：从外观看，芯样密实度较好，气孔分布较均匀，有少量直径为 4～10mm 的气泡；骨料和水泥浆体胶结良好，骨料在芯样中分布均匀，无明显离析现象；混凝土芯样未见明显施工结合缝，层间结合较好。

　　2. 芯样性能试验成果

　　对大坝、垫座混凝土芯样进行了抗压强度、劈拉强度、弹性模量、极限拉伸值、抗渗等级、抗冻等级试验，部分试验统计成果

见表 2.7.2-4。从试验结果可知：大坝混凝土芯样平均密度为 2483～2505kg/m³，总体密实度较好，骨料和水泥浆体胶结性能较好，骨料在芯样中分布基本均匀；$C_{180}40$ 的强度偏低，抗冻性较低，抗渗性均满足要求。

表 2.7.2 - 4   大坝混凝土芯样检测成果汇总统计

工程部位	强度等级	检测项目	组数	最大值	最小值	平均值
垫座	$C_{180}30$ W13F250	密度/(kg·m^{-3})	163	2530	2390	2483
		抗压强度/MPa	168	51.2	24.5	37.3
		劈拉强度/MPa	62	3.7	1.8	2.85
		弹性模量/GPa	50	36.4	23.5	29.8
		抗拉强度/MPa	32	1.74	0.57	1.28
		极限拉伸值/($\times 10^{-6}$)	32	156	22	70
		抗渗等级	12	≥W13	≥W13	≥W13
左岸大坝	$C_{180}35$ W14F250	密度/(kg·m^{-3})	97	2610	2440	2494
		抗压强度/MPa	113	59	28.9	41.4
		劈拉强度/MPa	62	3.53	1.43	2.89
		弹性模量/GPa	28	39.1	27.5	32.6
		抗拉强度/MPa	21	110	19	75
		极限拉伸值/($\times 10^{-6}$)	24	1.82	0.69	1.2
		抗冻等级	5	F100	F25	F75
		抗渗等级	12	≥W14	≥W14	≥W14
	$C_{180}40$ W15F300	密度/(kg·m^{-3})	101	2540	2420	2481
		抗压强度/MPa	131	57.7	26.5	39.1
		劈拉强度/MPa	71	3.63	2.11	2.85
		弹性模量/GPa	27	35.9	20.8	28.9
		抗拉强度/MPa	21	1.76	0.54	1.24
		极限拉伸值/($\times 10^{-6}$)	18	106	17	58
		抗冻等级	2	F100	F100	F100
		抗渗等级	3	≥W15	≥W15	≥W15
右岸大坝	$C_{180}30$ W13F250	密度/(kg·m^{-3})	44	2550	2420	2505
		抗压强度/MPa	44	44.3	24	35.3
		劈拉强度/MPa	15	3.08	2.29	2.61
		弹性模量/GPa	4	1.38	1.1	1.27
		抗拉强度/MPa	3	95	48	71
		极限拉伸值/($\times 10^{-6}$)	5	32.8	24.8	27.9
	$C_{180}35$ W14F250	密度/(kg·m^{-3})	106	2550	2450	2498
		抗压强度/MPa	149	56.9	29.5	42.2
		劈拉强度/MPa	94	4.22	1.75	2.97
		弹性模量/GPa	33	39.6	23	32.3
		抗拉强度/MPa	26	1.88	0.51	1.21
		极限拉伸值/($\times 10^{-6}$)	17	166	42	89
		抗冻等级	7	F200	F25	F97
		抗渗等级	13	≥W14	≥W14	≥W14

续表

工程部位	强度等级	检测项目	组数	最大值	最小值	平均值
右岸大坝	C$_{180}$40 W15F300	密度/(kg·m^{-3})	88	2550	2430	2494
		抗压强度/MPa	106	56.2	31.1	43
		劈拉强度/MPa	55	4.3	2.21	3.07
		弹性模量/GPa	17	37	28.5	33.1
		抗拉强度/MPa	15	1.82	0.78	1.27
		极限拉伸值/($\times10^{-6}$)	12	99	16	64
		抗冻等级	2	F50	F25	F37
		抗渗等级	12	≥W15	≥W15	≥W15

3. 芯样气泡参数试验

对垫座钻取的三组芯样进行了硬化混凝土气泡参数试验，结果见表2.7.2-5。从试验成果可以看出，三组芯样硬化混凝土气泡间距系数均较小，均有较高的抗冻耐久性。

表2.7.2-5　　　　　大坝C区（垫座）混凝土芯样气泡参数试验结果

编　号	气泡总个数	含气量 A /%	气泡平均半径 r /mm	气泡间距系数 L /μm
3级富浆 B-11	104	3.56	0.32	493
3级常态 B-11	207	4.46	0.21	253
4级常态 A10	135	4.46	0.32	372

4. 芯样试验成果分析

将锦屏建设管理局试验中心现场抽检2008—2013年大坝湿筛混凝土抗压强度与大坝芯样抗压强度比较，见表2.7.2-6。

表2.7.2-6　　　　　湿筛混凝土抗压强度与钻芯混凝土抗压强度比较

部位	样本类别	强度等级	组数	最大值 /MPa	最小值 /MPa	平均值 /MPa	标准差 /MPa	合格率 /%
大坝 左岸	湿筛试件	C$_{180}$30W13F250	154	56.8	30.2	40.0	4.93	100
		C$_{180}$35W14F250	85	55.3	37.1	46.8	3.67	100
		C$_{180}$40W15F300	136	57.5	36.2	48.5	4.54	97.1
	混凝土芯样	C$_{180}$30W13F250	168	51.2	24.5	37.3	4.58	95.8
		C$_{180}$35W14F250	113	59.0	28.9	41.4	6.10	85.0
		C$_{180}$40W15F300	131	57.7	26.5	39.1	6.35	42.0
大坝 右岸	湿筛试件	C$_{180}$30W13F250	28	54.2	30.6	39.8	5.10	100
		C$_{180}$35W14F250	109	55.0	35.9	46.3	3.98	100
		C$_{180}$40W15F300	156	61.1	36.1	48.4	5.08	94.2
	混凝土芯样	C$_{180}$30W13F250	44	44.3	24.0	35.3	4.06	93.2
		C$_{180}$35W14F250	149	56.9	29.5	42.2	4.83	96.0
		C$_{180}$40W15F300	106	56.2	31.1	43.0	6.23	62.3

通过比较芯样与湿筛混凝土强度，大坝左岸 $C_{180}30$、$C_{180}35$、$C_{180}40$ 芯样抗压强度分别为对应强度等级湿筛混凝土抗压强度的 93.3％、88.5％、80.6％，平均 87.4％，大坝右岸 $C_{180}30$、$C_{180}35$、$C_{180}40$ 芯样抗压强度分别为对应强度等级湿筛混凝土抗压强度的 88.7％、91.1％、88.8％，平均 89.6％。大坝 $C_{180}40W15F300$ 混凝土芯样的抗压强度合格率较低。从试验数据可以看出，两者最大值相当，而最小值芯样强度明显偏低，分析原因可能是钻孔取芯、芯样长距离运输至成都以及芯样加工时对芯样中浆-骨界面产生扰动，对混凝土强度产生了影响。

参 考 文 献

［1］ 雅砻江流域水电开发有限公司，等．锦屏一级复杂地质超高拱坝建设关键技术研究及应用［R］．成都：雅砻江流域水电开发有限公司，2016．

［2］ 中国水电顾问集团成都勘测设计研究院．锦屏一级水电站大坝混凝土细骨料料源选择专题研究［R］．成都：中国水电顾问集团成都勘测设计研究院，2007．

［3］ 中国水电顾问集团成都勘测设计研究院科研所，等．锦屏一级水电站大坝混凝土特性专题试验研究［R］．成都：中国水电顾问集团成都勘测设计研究院，2010．

［4］ 中国水电顾问集团成都勘测设计研究院科研所，等．锦屏一级水电站大坝混凝土抑制碱活性特殊专题试验研究［R］．成都：中国水电顾问集团成都勘测设计研究院，2013．

［5］ 中国水电顾问集团成都勘测设计研究院科研所，等．锦屏一级水电站大坝大坝全级配混凝土性能试验研究［R］．成都：中国水电顾问集团成都勘测设计研究院，2013．

［6］ 中国水电顾问集团成都勘测设计研究院，长江水利委员会长江科学院．雅砻江锦屏一级水电站砂岩粗骨料质量对大坝混凝土性能影响试验研究成果汇总报告［R］．成都：中国水电顾问集团成都勘测设计研究院，2013．

［7］ 中国水电顾问集团成都勘测设计研究院科研所．锦屏一级水电站大理岩细骨料石粉活性及含量波动对大坝混凝土性能影响试验研究［R］．成都：中国水电顾问集团成都勘测设计研究院，2010．

第 3 章

拱坝混凝土生产与运输

3.1 概述

锦屏一级水电站大坝（含垫座）混凝土总量为 563 万 m³，加上其他部位混凝土，骨料需求量 2356 万 t。受工程区地形地质条件限制，在这样一个典型的高山峡谷区建设巨型电站，要建立一整套满足大坝混凝土均衡、连续、高效浇筑的混凝土生产与运输系统，需要克服诸多难题。主要问题和解决思路如下：

（1）混凝土骨料加工性能不优，要解决粗细骨料加工生产难题。根据地质勘测成果，锦屏一级拱坝混凝土人工开采料源只有坝址上游的三滩大理岩料场以及坝址下游的大奔流砂岩料场，其中三滩大理岩料场母岩强度偏低，且夹杂有部分白色中晶大理岩，加工性能差；大奔流砂岩料场位于坝址下游 9km，砂岩骨料存在碱活性，影响混凝土耐久性。经试验研究和技术经济分析比较，拱坝混凝土骨料在最终采用大奔流砂岩粗骨料与三滩大理岩细骨料的组合骨料，并结合高掺粉煤灰、控制混凝土中总碱含量来抑制骨料碱活性。但要满足拱坝混凝土高效生产还要解决以下问题：

1）三滩大理岩加工性能差，且中间含有白色中晶大理岩，加工易成粉，细骨料石粉含量高，产量低；受地形条件限制，脱水设备布置困难，废水处理难度大。经试验研究，首次在水电工程中采用风选工艺去除高含量的石粉。

2）大奔流料场变质砂岩呈各向异性，生产的成品骨料整体粒形差，尤其是特大石中针片状和超长石含量超标，产量不足，严重影响混凝土的施工性能、骨料运输线及混凝土生产系统的正常运行；经试验研究，采用反击破碎机整形技术，解决了特大石针片状含量超标和特大石产量不足的问题。

（2）高山峡谷区大高差长距离骨料运输问题突出。大奔流料场的骨料加工系统位于坝址下游 6km 的印把子沟渣场，供应大坝混凝土的右岸高线混凝土生产系统位于坝下 180m

的高程 1885m 平台，其储料罐位于其后 1975m 高程的地下山体里。大坝浇筑长时段的高峰期，骨料高强度需求对骨料运输提出了很高的要求。粗骨料运输方式可采用汽车运输和皮带机运输两种方式。高山峡谷区道路布置困难，隧道居多，汽车运输对交通工程建设和道路运行管理要求高，皮带机运输线路在高山峡谷区布置难度大。经调研和反复论证，骨料运输采用"普通胶带机＋管状皮带机"相结合的皮带机方式运输，并利用已有部分交通隧洞进行胶带布置，具备技术可行、保证率高、经济性好的特点。

（3）坝址区高陡边坡上布置大型混凝土生产系统困难。锦屏一级水电站大坝（含垫座）混凝土总量为 563 万 m³，设计混凝土高峰期月平均强度为 14 万 m³，最高月强度为 16 万 m³。坝址区附近均为高陡斜坡，无现成场地利用，混凝土生产系统布置场地只能开挖形成；受到边坡高度制约，开挖形成的场地面积极其有限。集约布置大坝混凝土生产系统，满足大方量混凝土生产需要，是大坝混凝土高效生产的难题之一。采用大型强制式拌和系统是新的思路。

（4）超 300m 高拱坝混凝土浇筑高强度上坝运输与组织管理难度大。锦屏一级拱坝混凝土生产强度高、方量大、运输安全风险高，且涉及多家施工单位，协调管理难度大。为发挥专业优势，招标时按照专业分工选择承包人，混凝土及其骨料生产运输涉及三家施工单位，大坝施工两家施工单位，缆机运行一家施工单位，两家监理单位。影响混凝土生产的环节多，因素复杂，混凝土上坝运输和大坝浇筑的高效组织难度大。为保证混凝土的安全、优质和高强度生产，以满足大坝均衡、连续和快速上升要求，需要对各家施工单位各专项工作进行高效组织管理。

3.2 细骨料生产风选工艺

3.2.1 大理岩细骨料料场岩石特性

用于加工细骨料的三滩右岸大理岩料场位于坝址上游约 3km 处的兰坝沟下游的雅砻江右岸山坡上。料场山坡呈 N45°E 的方向沿雅砻江右岸延伸分布，地形坡度 35°～40°，局部达 70°，料场下方 1900～1950m 高程为较缓平台。料场宽为 300～400m，长近 550m，分布高程 1950～2370m。料场地层为三叠系中上统杂谷脑组第二段第 7、8 层（$T_{2-3z}^{2(7,8)}$）大理岩（图 3.2.1-1），岩层真厚度 80～140m，岩层产状 N0°～20°E/NW∠25°～35°。岩性以灰色中细晶大理岩、浅灰～灰白色细晶大理岩为主，夹白色中晶大理岩条带。灰色中细晶大理岩和浅灰～灰白色细晶大理岩岩块新鲜较坚硬；白色中晶大理岩条带含量为 20%～30%，岩块强度偏低，锤击易成粉末。

根据料场原岩试验成果，灰色中细晶大理岩饱和密度 2.69～2.70g/cm³，饱和吸水率 0.14%～0.21%，饱和抗压强度 51.5～86.1MPa，平均值 65.4MPa，软化系数 0.76～0.94；浅灰～灰白色细晶大理岩干密度 2.70g/cm³，饱和吸水率 0.18%～0.20%，饱和抗压强度 75.3～76.2MPa，软化系数 0.80；白色中晶大理岩呈条带或透镜体夹层，单层厚度薄，取样困难，仅一组试验值，饱和密度 2.69g/cm³，饱和吸水率 0.14%，饱和抗压强度 56.6MPa，软化系数 0.89。白色中晶大理岩，以及灰色中细晶大理岩中颗粒较粗的中晶大理岩饱和抗压强度偏低，其值小于 60MPa。

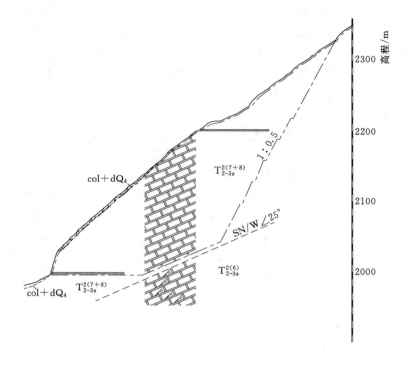

图 3.2.1－1　三滩料场典型地质剖面图

三滩右岸大理岩的矿物成分主要由细粒（粒径 0.02～0.05mm）方解石组成（98％以上），还有少量白云石。

按有用层出露的最低高程 1950～2000m 作为开挖底界，开挖料场后缘边坡坡比 1∶0.5，开采水平深度 150～200m，经计算，高程为 1950～2370m，储量约 1550 万 m³。

在招标阶段补充勘探的基础上，综合考虑混凝土特性和拱坝长期安全运行要求、料场开采条件、有用料储量、经济性等，最终选择大奔流砂岩粗骨料和三滩大理岩细骨料的组合骨料形式作为大坝混凝土骨料。但三滩大理岩中的白色中晶大理岩强度低，加工易成粉，生产性试验的石粉含量高达 36％～60％。需要在料场开采时剔除，部分难以在料场分离的也要在加工生产环节采取措施对砂石粉含量和细度模数进行控制。

3.2.2　水洗工艺生产性试验

大坝混凝土细骨料的细度模数一般为 2.6±0.2，石粉含量 6％～18％。为研究三滩大理岩轧制大坝细骨料的技术可行性，选择合理制砂工艺，获得满足大坝混凝土要求的细骨料，锦屏建设管理局组织设计、监理和施工单位成立了三滩大理岩制砂工艺选择生产性试验工作组，先后在锦屏三滩前期砂石加工系统、大渡河大岗山砂石加工系统、溪洛渡水电站砂石加工系统和观音岩水电站砂石加工系统对三滩右岸大理岩料场大理岩制砂进行了生产性工艺试验，确定合适的破碎工艺，尽量减少石粉，检验成品砂质量和传统水洗去石粉工艺的可行性。因上述各生产性试验的砂石加工系统剔除石粉不理想，砂的质量差异大，后又将工地现场大理岩轧制出的高含石粉的原状砂，远距离运输至安徽选粉机厂家的选粉机上进行了原状砂剔除多余石粉工艺试验，获得了较好的成果。

3.2.2.1 锦屏一级三滩前期砂石系统生产试验

1. 系统生产工艺

锦屏一级三滩前期系统由原系统和新增系统组成。原系统由粗碎、中碎和细碎组成，分别采用颚式破碎机、反击式破碎机、立式冲击破碎机破碎。新增制砂系统利用原系统多余的中、小石进行制砂和豆石生产，设备主要由一台立式冲击破碎机和筛分系统组成。采用水洗工艺，原状砂用螺旋洗砂机剔除石粉并回收有用料，再经直线振动筛再剔除石粉和脱水。前期砂石系统工艺如图3.2.2-1所示（图中①、②等为流程编号），新增制砂系统工艺如图3.2.2-2所示。

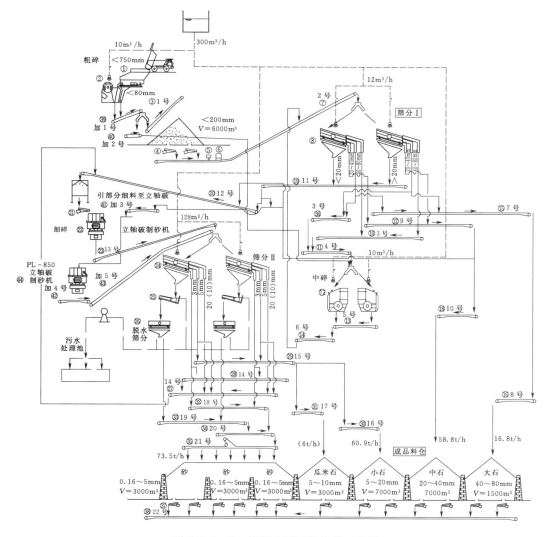

图 3.2.2-1　前期砂石系统生产工艺图

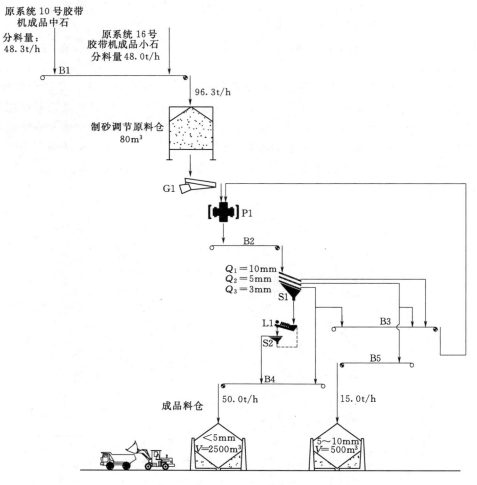

图 3.2.2-2　前期砂石系统新增制砂生产工艺图

2. 生产性试验

在三滩前期砂石系统共进行了 A、B 两组试验，并进行了原系统、新增系统以及新增系统与原系统联合运行制砂试验。B 组试验是在总结三滩 A 组试验的经验基础上，对新增系统的试验进行了调整，增加 3～20mm 进料试验，并在此基础上生产部分和完全不生产 5～10mm 的成品料。下面重点介绍 A 组试验情况。

（1）A 组原系统试验。

1）各段破碎产生的原状砂有一个共同特点，即粗砂含量基本符合要求，但中砂含量不能满足规范的最低下限要求，石粉含量均在 30％以上，符合白色中晶大理岩本身特性。

2）成品砂中，仅通过一次冲洗控制石粉含量，石粉含量达 29.82％，细度模数为 1.93，难以满足大坝混凝土细骨料质量要求。

3）细碎采用立式冲击破碎机，其成砂率较低，与通常设备指标出入较大，主要原因是粗、中碎产品小于 5mm 粒径的全部进入，削弱了其制砂能力，这也符合立式冲击破碎机制砂进料粒径要求。

（2）A组新系统试验。新增系统在不同进料直径和不同线速度条件下原状砂与成品砂分级筛分成果分别见表3.2.2-1～表3.2.2-3。

1）从线速度的影响来看，线速度越高，其破碎产品原状砂中的石粉含量比例越高，比例相差近10%。

2）从进料粒径影响分析，原装砂中，在相同线速度时，3～40mm的试验产品石粉含量略高于5～40mm的试验产品，对于原状砂的影响主要是部分3～5mm的参与了循环，而对成品的影响除上述因素外，主要是来自3～5mm的全部进入，导致粗砂比例加大。

3）从原状砂中间级配比例来看，中小石进料比例和线速度对其影响较小，主要与石粉所占的比例有直接关系，即石粉含量越低，中间级配越高。

表3.2.2-1　　B4胶带机成品砂筛分级配表（进料粒径3～40mm，v＝65m/s）

筛孔尺寸 /mm	筛余量/g			分级筛余 /%	累计筛余 /%
	1	2	平均		
10	0	0	0	0	0
5	1	2	1.5	0.30	0.30
2.5	136	133	134.5	26.90	27.20
1.25	45	48	46.5	9.30	36.50
0.63	43	41	42	8.40	44.90
0.315	43	45	44	8.80	53.70
0.16	127	128	127.5	25.50	79.20
<0.16	105	103	104	20.80	100.00
损失/g	0	0	0	细度模数	2.41
石粉含量	20.80%			含水率	12.43%

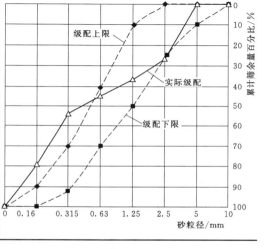

表3.2.2-2　　B4胶带机成品砂筛分级配表（进料粒径5～40mm，v＝65m/s）

筛孔尺寸 /mm	筛余量/g			分级筛余 /%	累计筛余 /%
	1	2	平均		
10	0	0	0	0	0
5	1.3	1.4	1.35	0.27	0.27
2.5	161.8	161.1	161.45	32.29	32.56
1.25	45.1	43.8	44.45	8.89	41.45
0.63	37.6	37.3	37.45	7.49	48.94
0.315	33.8	32.7	33.25	6.65	55.59
0.16	87.5	83.7	85.6	17.12	72.71
<0.16	132.3	139.8	136.05	27.21	99.92
损失/g	0.6	0.2	0.4	细度模数	2.51
石粉含量	27.21%			含水率	12.10%

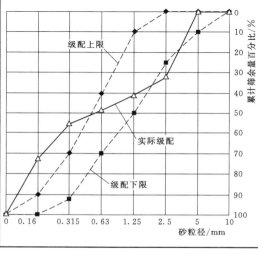

表 3.2.2 - 3　　新增系统在不同进料直径和不同线速度条件下原状砂与
成品砂分级筛分成果表

取样部位	线速度/(m·s⁻¹)	55		65		72	
	给料粒径/mm	3~40	5~40	3~40	5~40	3~40	5~40
B2 胶带机原装砂	粗颗粒筛余量/%	26.5	27.59	23.6	28.21	23.6	17.3
	中间颗粒筛余量/%	20.1	22.84	19	25.08	17.1	20.47
	细颗粒筛余量/%	53.1	49.36	56.8	46.41	59.2	62.07
	石粉含量/%	33.5	31.66	38.7	30.25	41.2	41.15
	细度模数	2.11	2.25	1.9	2.33	1.88	1.68
	含水量/%	2.05	5.5	2.05	5.1	2.58	8.4
B4 胶带机成品砂	粗颗粒筛余量/%	36	57.7	27.2	32.56	26.5	37.28
	中间颗粒筛余量/%	22.9	14.1	26.5	23.03	23	22.11
	细颗粒筛余量/%	41	27.9	46.3	44.33	50.4	40.57
	石粉含量/%	24.3	18.1	20.8	27.21	29.9	23.38
	细度模数	2.67	3.42	2.41	2.51	2.22	2.72
	含水量/%	12	9.1	12.43	12.1	12.43	11.8

注　表中粗颗粒筛余量指 2.5mm 级以上孔径筛余量累计；中间颗粒筛余量指 1.25mm、0.63mm 和 0.315mm 累计筛余量；细颗粒筛余量指 0.16 及以下孔径筛余量累计。

4）从成品砂中粗砂所占比例分析，线速度影响不大，主要与试验进料粒径有关，进料 3~40mm 的试验产品明显好于进料粒径 5~40mm 的试验产品。

5）结合产砂量、原状砂级配、石粉含量等指标分析，线速度为 65m/s 时，进料粒径 3~40mm 和 5~40mm 的成品砂综合指标优于其他线速度；相应筛分成果见表 3.2.2 - 1 和表 3.2.2 - 2。

6）从成品砂综合指标来看，2.5mm 以上和 0.3mm 以下的含量偏高，直接影响到曲线的偏出，即两头大、中间小，这也符合立式冲击破碎机制砂特性。

（3）A 组全程制砂试验。全程制砂试验的新增系统进料粒径采用 3~40mm，破碎设备线速度采用 65m/s，原系统与新增系统全程制砂生产。考虑到生产的连续性，系统全程制砂时，没有采取胶带机取料验证，仅将原系统细碎后部分 3~5mm 的粒径返回，不小于 5mm 的粒径全部进入新增系统，其他与此前原系统制砂工艺流程相同。

从试验结果来看，原系统成品砂石粉含量为 36.62%、细度模数为 1.65，新增系统石粉含量为 32.28%、细度模数为 2.04，新系统比原系统较优，但指标均不能满足大坝混凝土用砂要求，主要表现为不符合细度模数 2.2~2.8 和石粉含量控制在 6%~18% 以内的技术要求，且级配也表现出中细颗粒偏多。成品砂分级筛分成果见表 3.2.2 - 4 和表 3.2.2 - 5。

根据成果表分析得出以下结论：

1）原系统成品仓中石粉含量与原系统 20 号胶带机上砂相比较有所提高，细度模数降低了约 0.3。

2）新增系统成品砂仓中石粉含量与新系统 B4 胶带机上砂相比较增加了 11.48%，细度模数降低了约 0.37。

表 3.2.2-4　　　　　成品砂分析试验结果表（原系统砂仓）

筛孔尺寸/mm	筛余量/g			分级筛余/%	累计筛余/%
	1	2	平均		
10	0	0	0	0	0
5	4	6.1	5.05	1.01	1.01
2.5	64.3	63.7	64	12.80	13.81
1.25	43.5	39.9	41.7	8.34	22.15
0.63	40	40.2	40.1	8.02	30.17
0.315	44.1	42.6	43.35	8.67	38.84
0.16	122.8	121.5	122.15	24.43	63.27
<0.16	180.7	185.5	183.1	36.62	99.89
损失/g	0.6	0.5	0.55	细度模数	1.65
石粉含量	36.62%			含水率	11.60%

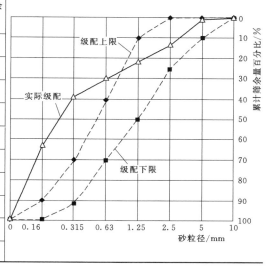

表 3.2.2-5　　　　　成品砂分析试验结果表（新增系统砂仓）

筛孔尺寸/mm	筛余量/g			分级筛余/%	累计筛余/%
	1	2	平均		
10	0	0	0	0	0
5	14.2	15.2	14.7	2.94	2.94
2.5	106.2	108.5	107.35	21.47	24.41
1.25	43.1	42.4	42.75	8.55	32.96
0.63	38.3	34.5	36.4	7.28	40.24
0.315	35.3	35.3	35.3	7.06	47.30
0.16	101.8	101.7	101.75	20.35	67.65
<0.16	160.3	162.5	161.4	32.28	99.93
损失/g	0.8	−0.1	0.35	细度模数	2.04
石粉含量	32.28%			含水率	9.10%

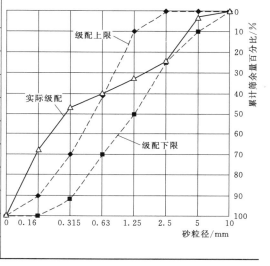

3）按满足 18% 的最低石粉含量对新增系统和原系统进行模拟去掉部分石粉计算，原系统细度模数由 1.65 提高到 2.14，新系统细度模数由 2.04 提高到 2.49，但 2.5mm 以上粒径含量仍然偏大，级配不合理。如果考虑这部分因素，产量将会更低。

（4）A 组试验成果小结。

1）鉴于成品砂主要技术指标不合格，因此成品获得率参数不能简单地由进出料比例进行计算，其间要考虑石粉含量的影响、含水率因素等。去除上述两种因素，原系统实际产砂约为 48.45t/h，新系统实际产砂约为 81.95t/h，不考虑级配因素，成品获得率约为58.1%。控制石粉含量越低，其成品获得率也随之降低。

2）从新增系统和原系统含水率和细度模数比较可以看出，新增系统增加的脱水筛对除去部分石粉和水量有一定程度的辅助作用。

3）根据模拟计算成果，除去多余 18% 的石粉后，中间级配含量仍然没有达到规范下线要求，2.5mm 以上粒径含量偏大是级配不合理的主要原因；如按此种情况，系统成品获得率会进一步降低。

4）系统模拟级配表明，为提高细度模数，可采取以下两种方式：

a. 原料在多段破碎后，其 0.16～0.3mm 的含量偏多，考虑部分剔除，如原系统。

b. 适当提高 3～5mm 的比例，如新增系统。

（5）B 组试验成果结论。B 组试验在总结 A 组试验的经验基础上，对新增系统的试验进行了调整：增加 3～20mm 进料试验，并在此基础上生产部分和完全不生产 5～10mm的成品料。试验结果表明：

1）据模拟计算，在考虑 18% 的石粉含量情况下，系统在一定参数下计算成品获得率为 58.7%。与 A 组试验结果基本相同。

2）对比模拟计算与原始试验结果：随着石粉含量的进一步降低，其细度模数大幅度提高，成品获得率降低。不考虑级配影响因素，以石粉含量控制在 12% 计算，成品获得率为 54.2%，但中间级配仍不能满足要求。相反，2.5～5mm 的含量严重超标。

如果考虑降低 2.5～5mm 的含量，再次进行破碎，最终导致设备的利用率降低和石粉含量进一步增加，成品获得率也随之降低。

3.2.2.2　大岗山水电站砂石系统生产试验

1. 系统生产工艺

大岗山水电站砂石加工系统由粗碎、中碎和细碎组成，粗碎采用颚式破碎机、中细碎采用圆锥破，制砂采用立式冲击破碎机与棒磨机联合进行，立式冲击破碎机原状砂，进料粒径为 5～40mm，中小石比例约为 2：1，产品直接进入第三筛分车间，3～5mm 粒径进入棒磨车间，通过水洗原状砂，用螺旋洗砂机回收有用料，再经直线振动筛剔除石粉和脱水。系统工艺如图 3.2.2-3 所示。

2. 试验成果

二次筛分后的原状砂，经水洗后生成的成品砂（E7 皮带）石粉含量和细度模数不能满足大坝混凝土生产要求，其中石粉含量达 31.65%，细度模数为 1.94，与三滩前期系统全程制砂试验相当，级配上中间颗粒偏少，筛分成果见表 3.2.2-6。经系统多级破碎、筛分、水洗以及与棒磨机加工、分级筛分、水洗后的砂在 D9 皮带混合后的成品砂，石粉含量和细度模数分别为 29.69% 和 1.83，较 E7 皮带略低，中间颗粒含量依然偏低，粗颗粒级配曲线略有改善，但依然不能满足大坝混凝土生产要求，筛分成果见表 3.2.2-7。

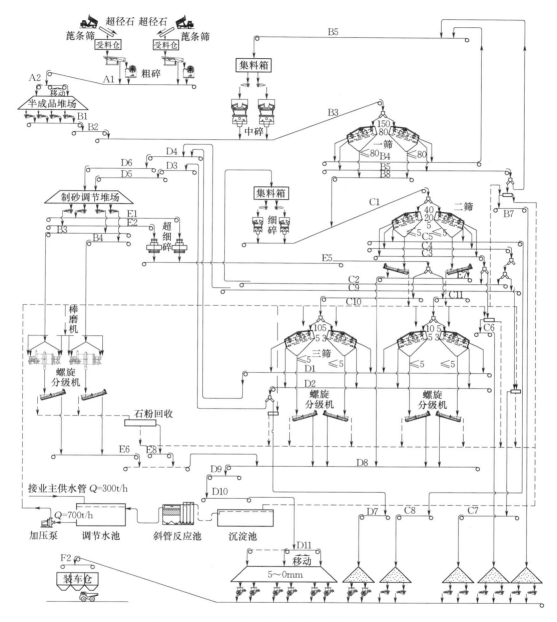

图 3.2.2-3 大岗山水电站砂石系统工艺流程图

3.2.2.3 大理岩制砂水洗工艺生产性试验结论

综合锦屏一级三滩前期砂石生产系统以及大岗山、溪洛渡和观音岩水电站人工骨料加工系统开展的生产性试验，得出以下结论：在已有工程砂石加工生产工艺下，成品砂石粉含量在 18%～40% 之间，细度模数基本都小于 2，且中间颗粒明显偏少，如果将石粉含量按照满足大坝混凝土生产要求进行控制，成品砂获得率均低于 60%。采用传统水洗方法除粉的工艺，在洗去石粉同时，也将洗掉部分细颗粒，进而影响成品砂的级配。

表 3.2.2-6　　　　　　　　　　E7 胶带机成品砂筛分级配表

筛孔尺寸 /mm	筛余量/g			分级筛余 /%	累计筛余 /%
	1	2	平均		
10	0	0	0	0	0
5	17.2	13.5	15.35	3.07	3.07
2.5	92.4	85.6	89	17.80	20.87
1.25	56.7	56.6	56.65	11.33	32.20
0.63	22.5	20.1	21.3	4.26	36.46
0.315	46	48.4	47.2	9.44	45.90
0.16	106.6	117.9	112.25	22.45	68.35
<0.16	158.6	157.9	158.25	31.65	100.00
损失/g	0	0	0	细度模数	1.94
石粉含量	31.65%			含水率	—

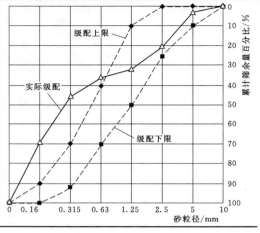

注　粗、中细碎原状砂混合物经洗砂机后进入 D9 胶带机。

表 3.2.2-7　　　　　　　　　　D9 胶带机成品砂筛分级配表

筛孔尺寸 /mm	筛余量/g			分级筛余 /%	累计筛余 /%
	1	2	平均		
10	0	0	0	0	0
5	8.9	9.1	9	1.80	1.80
2.5	68	61.9	64.95	12.99	14.79
1.25	63.1	63.7	63.4	12.68	27.47
0.63	25.5	26	25.75	5.15	32.62
0.315	55.5	53.8	54.65	10.93	43.55
0.16	133.9	133.5	133.7	26.74	70.29
<0.16	145	151.9	148.45	29.69	99.98
损失/g	0.1	0.1	0.1	细度模数	1.83
石粉含量	29.69%			含水率	—

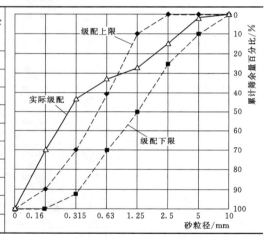

注　E7 胶带机与 E5 胶带机筛洗后的混合物。

3.2.3　细骨料干法生产风选工艺

3.2.3.1　干法生产工艺选择

根据传统湿法生产水洗制砂工艺的生产性试验成果，三滩大理岩生产细骨料石粉含量高、细度模数低、成品率低。必须研究选择其他能够满足工程建设需要的制砂工艺，干法生产工艺被纳入考虑范围。锦屏三滩砂石系统干法生产工艺研究了细目高频筛分级剔除石粉法和选粉机风选法两种制砂工艺比较。

（1）细目高频筛分级剔除石粉法。利用细目筛网剔除 0.16mm 以下的颗粒，但由于筛网孔径小易堵塞，如果增大筛网孔径，有用料也将被筛出。细目筛网对原状砂含水敏感，石粉遇水结块堵塞筛孔将无法剔除，尤其是锦屏工地雨季集中在 6—9 月，频繁降雨。目前国内也无高频筛分机除粉的成功经验，方案比选阶段未选用该方法。

（2）选粉机风选法。选粉机在水泥行业使用较多，主要用于剔除大颗粒，留下小颗粒，颗粒粒径也小很多，单台设备处理能力较小。剔除砂中多余石粉需求刚好相反，制砂是剔除小颗粒的石粉，留下相对大颗粒的有用料。能否将水泥行业选粉机应用于制砂，锦屏工程参建各方对水泥行业选粉机使用情况和工作原理进行了考察，并与选粉机厂家进行了充分的探讨和研究，将三滩大理岩生产的原状砂运至安徽的选粉机厂家进行生产性试验，进行技术可行性论证，并通过试验研究选粉机各项参数。

选粉机剔除石粉是利用离心力、重力和风吹扬尘原理，将原状砂送入旋转的撒料盘上，石料受离心力作用被甩至选粉室内，与室内上旋的气流混合，大颗粒因质量大，抛得远，在重力作用下沿选粉室内壁下落至成品料收集锥，生成粗中砂；较小颗粒、细砂和石粉继续随气流上升，穿过立式导向叶片进入二级选粉区，在二级选粉区内，细小颗粒随气流和笼形转子旋转而形成快速、稳定的涡流，较大颗粒被甩向立式导向叶片，碰撞后落在中细成品骨料收集锥，粗、中细颗粒连续不断地从收集锥通过下料口落在胶带机上混合后被送至细骨料成品堆场；小于 0.16mm 的石粉（也包含部分大于 0.16mm 粒径的小颗粒有用料）随气流进入笼形转子内部，再进入高效低阻型旋风分离器，滑落至弃料收集锥，从下料口落在弃料胶带机上运走，空气可循环利用，这样就完成原状砂中大小颗粒的分离，剔除了原状砂中小于 0.16mm 的石粉。

3.2.3.2 选粉机运行使用要点

（1）根据原状砂各级配颗粒含量情况，调节风量、风速、撒料盘转速等运行参数是生产出合格成品砂的前提条件。

（2）原状砂各级配颗粒含量需尽可能的稳定。原状砂各级配颗粒含量发生变化，选粉机风量、风速、撒料盘转速等运行参数应随之调整。运行初期，由于原状砂颗粒级配比例不稳定，依靠手动调节选粉机运行参数导致生产的成品砂细度模数和石粉含量波动较大。通过在开采、破碎、筛分等环节采取相应的措施，特别是在料场剔除白色中晶大理岩，根据料场岩性变化情况调整破碎机参数，有效解决了原状砂各级配颗粒含量变化幅度大的问题，选粉机生产的成品砂细度模数、各级配颗粒包络线、石粉含量稳定在合格的范围内。

（3）控制原状砂含水率。选粉机对粉料的含水率较敏感，粉料含水量越少，风吹扬尘效果越好，选粉机剔除石粉越容易，当含水率大于 3% 时，成品砂质量稳定性进一步降低，含水率大于 5% 时选粉机基本无法正常生产。锦屏夏季降雨频繁，毛料开采及半成品堆放等环节无法避免雨水渗入，通过大雨停止生产、加强料场和半成品堆场排水、对半成品堆场及所有露天皮带增设雨棚或封闭等措施，成功将将原状砂含水率控制 1.5% 以内，解决了雨季对选粉机正常工作的影响。

（4）防尘措施。选粉机全干法风选法剔除石粉制砂，风吹扬尘极易污染环境，为确保粉尘不外泄，将选粉机全封闭运行。胶带机在运输砂料时，做好两条胶带机接口和胶带机向成品料堆场的防尘、收尘、降尘措施，确保了扬尘满足环保要求。

3.2.3.3 三滩右岸砂石加工系统干法生产工艺

三滩右岸砂石加工系统生产工艺分四段破碎，即粗碎、中碎、细碎、超细碎。系统所有筛分均采用全干法生产工艺，以确保进入细碎的碎石含水量及进入选粉机的原状砂满足设备运行工况要求。三滩右岸砂石系统工艺流程如图 3.2.3-1 所示。

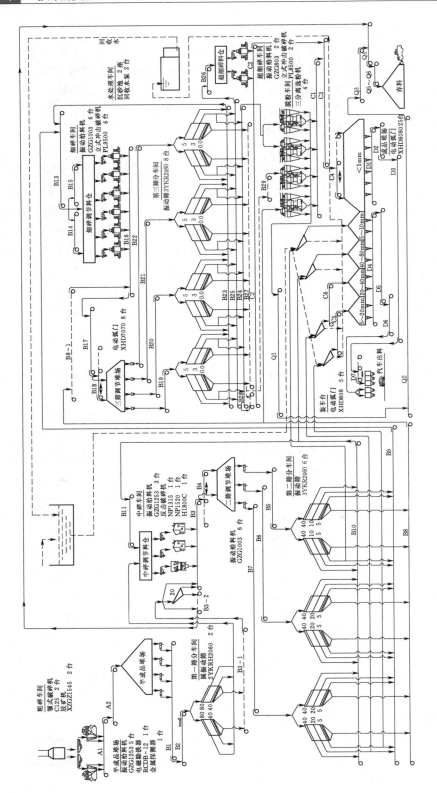

图 3.2.3-1 三滩右岸砂石加工系统工艺流程图

（1）粗碎。粗碎选用 2 台颚式破碎机。料场毛料通过竖井至地下粗碎车间，经破碎后的半成品料通过布置在隧洞内的带式输送机送至半成品料堆。

（2）第一筛分。半成品碎石用带式输送机运至第一筛分车间进行筛分分级，将其中大于 40mm 粒径的碎石直接运至中碎车间，进行整形以改善粒形；小于 40mm 粒径的碎石送入第二筛分车间进行筛分。

（3）中碎车间。中碎选用 2 台进口反击破碎机。①将一筛来的大于 40mm 粒径的碎石破碎至 40mm 以下；②对部分 80～40mm、40～20mm 和 20～5mm 的碎石进行整形，以获得较好粒形的碎石；③中碎后的碎石进入第二筛分车间形成闭路生产。

（4）第二筛分车间。从一筛分小于 40mm 和中碎破碎后的碎石在本筛分车间进行分级。40～80mm 的碎石送入成品料堆堆存，多余部分返回中碎车间破碎；20～40mm 的碎石送入成品料堆堆存，多余部分送入细碎车间破碎；5～20mm 的碎石送入成品料堆堆存，多余部分送入细碎车间破碎；小于 5mm 的砂送入 1 号选粉机选粉；多余的石粉送入无名沟弃料堆场。

（5）第三筛分车间。从制砂车间送来的碎石和砂混合物在本车间进行筛分。其中大于 5mm 的碎石返回至细碎车间；3～5mm 粒径的部分粗砂进入超细碎立轴破碎机，以调整砂的细度模数；部分 3～5mm 粗砂和小于 3mm 的砂经 2 号、3 号选粉机剔粉后进入成品砂堆场堆存，多余石粉送入无名沟弃料堆场。

（6）细碎车间。选用 6 台立轴破碎机，将第二筛分车间和第三筛分车间筛分后 5～40mm 粒径的碎石破碎至 5mm 以下，细碎后的碎石送入第三筛分车间形成闭路循环生产。

（7）超细碎车间。选用 2 台立轴破碎机，将三筛分后多余的 5～3mm 粒径的粗砂进行整形，以调整砂的细度模数。

（8）干砂脱粉车间。选用 4 台三分离选粉机，主要控制成品砂的石粉含量，利用选粉机剔除原状砂中多余的石粉后进入成品堆场，多余石粉用胶带机运至无名沟弃料堆场。

三滩右岸砂石加工系统选粉机结构与现场照片如图 3.2.3-2 所示。

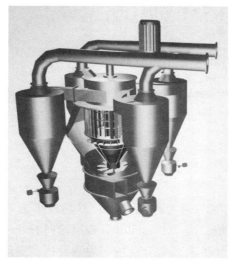

图 3.2.3-2 三滩右岸砂石加工系统选粉机结构与现场照片

3.2.4　细骨料生产质量控制及效果

三滩右岸砂石系统于 2008 年 11 月正式供应大坝垫座混凝土用砂，至 2014 年累计向锦屏一级水电站供应细骨料约 638 万 t。系统生产质量稳定。细骨料含水率控制在 3% 以内，合格率 100%；细度模数 2.6±0.4（后稳定在 2.4±0.2），合格率 95% 以上；石粉含量控制在 12%～20% 以内，合格率 95% 以上，满足锦屏一级水电站工程技术要求。细骨料细度模数和石粉含量波动曲线分别如图 3.2.4-1、图 3.2.4-2 所示。

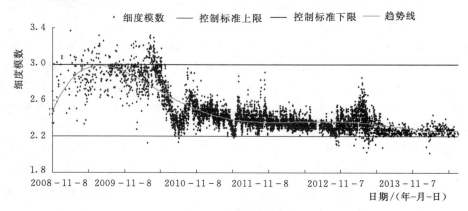

图 3.2.4-1　细骨料细度模数波动曲线图

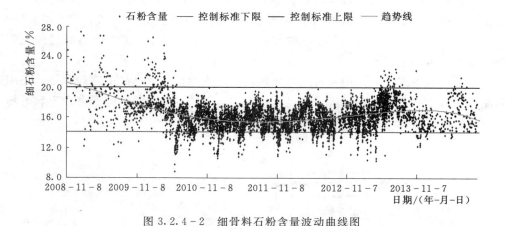

图 3.2.4-2　细骨料石粉含量波动曲线图

3.3　粗骨料整形工艺

3.3.1　粗骨料料场岩石特性

大奔流沟砂岩料场位于坝址下游雅砻江左岸，距坝址约 9km。料场地形为一顺河方向的斜坡，临河坡度 50°～65°。料场长约 1000m，宽 200～250m，岩层倾向坡外，呈长条带状展布于高程 1660～2100m，面积约 20 万 m²。料场地势陡峻，地表岩体多裸露，沟内及缓坡地带覆盖层（块碎石土）较多，厚 3～5m，局部 10～15m。

料场地层岩性为三叠系杂谷脑组第三段（$T_{3z}^{3(1-3)}$）1～3层中厚～厚层状变质石英细砂岩及粉细砂质板岩，岩层产状 N20°～40°E/SE∠60°～85°。下伏地层为第二段（T_{3z}^2）灰～灰白色角砾、条带状厚～巨厚层大理岩。料场典型地质构造如图3.3.1-1所示。料场地层由山里向岸边依次为1层、2层、3层，其中：

第1层（$T_{3z}^{3(1)}$）为厚～巨厚层状青灰色变质石英细砂岩夹少量深灰色粉砂质板岩，真厚度140～170m，中部夹厚5～6m的角砾状大理岩，约占3%。粉砂质板岩夹层一般厚0.5～2m，厚者4～6m，占5%～7%。

第2层（$T_{3z}^{3(2)}$）为深灰色粉砂质板岩夹中厚层状变质细砂岩，真厚度60～100m，局部夹厚约1m的条纹状角砾大理岩，呈带状分布。该层可分为三层，即 $T_{3z}^{3(2-1)}$ 粉砂质板岩、$T_{3z}^{3(2-2)}$ 中～厚层变质细砂岩、$T_{3z}^{3(2-3)}$ 粉砂质板岩。顶底部粉砂质板岩板理面黏结较紧，单层厚度5～20cm，部分小于5cm，真厚度40～70m，中部中～厚层状变质细砂岩真厚度20～30m。

第3层（$T_{3z}^{3(3)}$）为青灰色变质石英细砂岩夹深灰色粉细砂质板岩，板岩占35%～40%，板理面黏结较紧，真厚度大于100m。

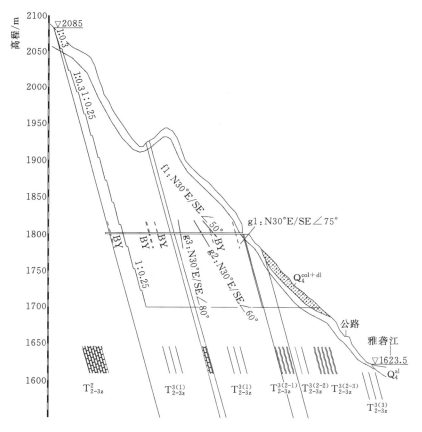

图3.3.1-1　大奔流沟料场典型地质剖面图

料场范围内发育一条断层（F_1），在大奔流沟下游100m处公路内侧出露，产状

N60°～70°E/SE∠80°～85°，断层破碎带及影响带宽 8～10m，由压碎岩、片状岩及少量糜棱岩组成，挤压紧密，延伸长度大于 1000m。据地表调查及硐探揭示，第 1 层（$T_{3z}^{3(1)}$）中层间挤压错动带较发育，主要沿板岩夹层发育，间距 3～20m 不等，宽度一般 5～15cm，宽大者 50～70cm，带内多强风化，占 2%～3%。岩体中主要发育 3 组裂隙：①层面，N20°～40°E/SE∠60°～85°，迹长大于 10m，间距 20～40cm 和 50～100cm；②N60°～80°W/NE（SW）∠60°～80°，迹长大于 10m，间距 0.5～2m，多无充填；③N10°～30°W/SW∠10°～20°，迹长大于 10m，间距 40～100cm，多无充填。第 1 层、第 3 层砂岩为中厚～厚层状，岩块大小多为 50～100cm 及 20～40cm，少量 5～20cm，板岩岩块大小多为 5～20cm。

根据地表调查及探硐揭示，料场表部岩体以强卸荷、弱风化为主，水平深度一般 20～50m，且以裂隙式风化为主，层面及裂隙面多锈染，局部地表有厚 1～5m 的强风化岩层，以里则为微新岩体。该料场有用层为微新第 1 层（$T_{3z}^{3(1)}$），岩性为巨厚～厚层青灰色变质石英细砂岩夹少量深灰色粉砂质板岩，岩层倾向山外，呈条带状，展布于高程1660～2100m，厚度 140～170m，该层中发育的层间挤压错动带、地表局部厚 1～5m 的强风化岩层为无用层。第 2 层、第 3 层（$T_{3z}^{3(2-3)}$）的粉砂质板岩夹中厚层状细砂岩，分布于山坡外侧，高程 1650～1800m，由于第 2 层、第 3 层岩性以粉砂质板岩为主，不宜作人工骨料料源。

根据大奔流沟变质砂岩原岩试验成果可知，岩石常规物理力学指标除第 2 层深灰色粉细砂质板岩岩石强度相对较低外，其余各层岩石强度等指标满足人工骨料强度质量要求。第 1 层青灰色变质石英细砂岩干密度 2.69～2.72g/cm³，饱和吸水率 0.21%～0.51%，湿抗压强度 100.8～147MPa，软化系数 0.69～0.88；第 2 层深灰色粉细砂质板岩干密度 2.71～2.76g/cm³，饱和吸水率 0.45%～0.49%，湿抗压强度（垂直层面）65.2～107.4MPa，软化系数 0.70～0.73；第 3 层青灰色变质石英砂岩干密度 2.67～2.71g/cm³，饱和吸水率 0.3%～0.4%，湿抗压强度 100.3～141.6MPa，软化系数 0.78～0.89。第 3 层深灰色粉细砂质板岩岩石物理力学指标与第 2 层深灰色粉细砂质板岩相近，各层岩石强度均满足人工骨料强度要求。砂岩的矿物成分：石英含量 65%～90%，方解石含量 3%～20%，云母含量 4%～8%（但以绢云母为主，少量黑云母）。

3.3.2　粗骨料加工系统前期生产工艺及主要问题

粗骨料加工系统布置在坝址下游左岸约 6km 的印把子沟渣场场地，其系统工艺流程图如图 3.3.2-1 所示。

1. 前期生产工艺

印把子砂石系统前期采用四级破碎、三级筛分、棒磨机制砂、湿法生产工艺。

（1）粗碎。破碎设备为 2 台美卓 MII42-65 旋回破碎机，布置在料场竖井底部，对料场开采的毛料进行第一次破碎，由胶带机运输至上游 3km 处的印把子沟主生产系统，通过第一筛分车间获得 80～150mm 特大石成品骨料。可通过调整旋回破碎机出料口开度控制特大石产量、最大粒径尺寸。

（2）中碎。破碎设备为 3 台 HP500EC 圆锥破碎机，经过第一筛分车间筛分的大于 150mm

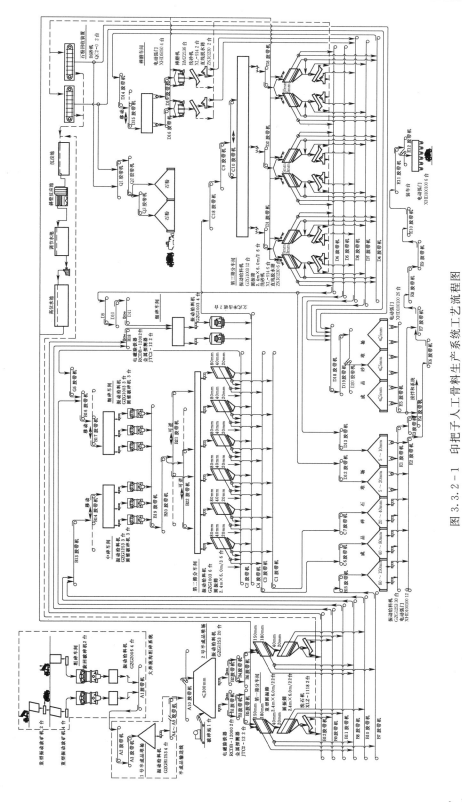

图 3.3.2-1 印把子人工骨料生产系统工艺流程图

和小于 80mm 粒径的骨料进入中碎破碎机,对骨料进行二次破碎和整形,通过第二筛分车间获得 40～80mm 的大石和 20～40mm 的中石成品骨料。

(3)细碎。设备为 3 台 H4800C 圆锥破碎机,经过第二次筛分车间筛分的多余的大石和其他粒径骨料进入细碎车间进行破碎和整形。

(4)超细碎。设备为 2 台 RP108 立式破碎机,经过第二筛分车间筛分出的小于 40mm 的骨料进入超细碎破碎机进行破碎和整形,通过第三筛分车间获得 5～20mm 的小石、5mm 以下的砂成品骨料。同时为调整砂的级配比例和细度模数,增加制砂产量,经过第三筛分车间筛分出部分中小石、部分 3～5mm 骨料,进入棒磨车间破碎制砂。

(5)系统生产砂、小石、中石、大石、特大石五种骨料,除特大石开路生产外,其他级骨料均可闭路生产,可进行整形和调节级配。

2. 前期生产工艺存在的主要问题

前期生产工艺存在的问题主要为骨料的针片状含量超标和特大石获得率偏低,不能满足大坝和垫座混凝土生产要求。系统前期按照上述工艺生产,经多次调试,特大石针片状含量为 11%～47%,合格率 54.8%。特大石获得率约为 15%,产量严重不足,且特大石中最大单边长度超过 200mm 类针状骨料有时高达 50% 以上,500mm 以上超长石时有发现,严重影响了骨料运输、混凝土生产系统正常生产和混凝土质量。其他各级粗骨料针片状含量合格率平均虽在 92% 以上,但也时有超标情况。

3.3.3 粗骨料整形工艺试验

为解决特大石长边尺寸过大、针片状含量超标和产量不足问题,现场开展了圆锥式破碎机和反击式破碎机整形对比试验,反击破碎机整形效果较好,决定增加特大石整形车间,选择在一筛后安装反击式破碎机进行二次破碎及整形。

1. 反击破特大石整形工艺

(1)整形车间设备配置。特大石整形车间配置 CFZ650 反击破碎机 3 台,2YKRH1852 重型圆振筛 2 台,YKR1852 圆振筛(冲洗筛)1 台。

(2)整形工艺流程。将原系统一筛大于 150mm 的石料,通过接入皮带引入特大石整形车间,经反击破破碎整形,筛分后进入成品料仓。反击破特大石整形工艺流程如图 3.3.3-1 所示。

2. 整形生产性试验成果

毛料经旋回破(排料口径 180mm)粗碎后,存储在半成品料仓。在第一筛分车间前的胶带机上分两次对半成品料取样检测,针片状含量为:80～150mm 的含 20.5%,40～80mm 的含 30.1%,20～40mm 的含 21.6%。

经过第一筛分车间筛分后,各级配石料含量占总流量的比例为:大于 150mm 的占 15.39%,80～150mm 的占 11.15%,小于 80mm 的占 73.46%。

反击式整形破碎机在两种工况下进行了生产性试验,试验情况分别见表 3.3.3-1～表 3.3.3-3。试验成果表明,不同给料强度、不同转速下,经过整形车间后,特大石产量明显增加,针片状含量明显降低。虽然大石、中石中针片状含量依然偏高,但经过中碎等后续破碎整形后,检测成果整体上满足设计要求。

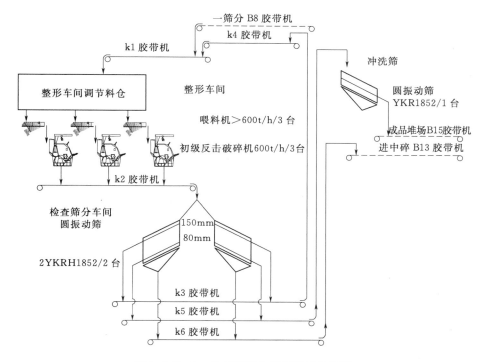

图 3.3.3-1 反击破特大石整形工艺流程

表 3.3.3-1 反击破出口胶带机上取样各种规格石料所占比例

规格/mm		＞150	80～150	40～80	20～40	5～20	≤5
反击破开口 180mm，转速 620r/min							
给料强度/(t·h⁻¹)	353.6	8.1%	44.2%	18.1%	11.3%	11%	7.6%
	440.6	7.9%	47.9%	16%	10.2%	11%	7.2%
反击破开口 150mm，转速 580r/min							
给料强度/(t·h⁻¹)	324.8	3.6%	53.7%	22.6%	9.3%	7.8%	3%
	796.6	2.7%	50.2%	14.6%	10.9%	9.9%	11.8%

表 3.3.3-2 反击破出口胶带机上取样石料单边最大长度石料比例

最大边长/mm		＞300	276～300	250～276	200～250	≤200
反击破开口 180mm，转速 620r/min						
给料强度/(t·h⁻¹)	353.6	1.9%	3.7%	7.1%	16.3%	71%
	440.6	7.9%	0%	4%	18.1%	70%
反击破开口 150mm，转速 580r/min						
给料强度/(t·h⁻¹)	324.8	14.6%	6%	0%	14.7%	64.7%
	796.6	6.7%	6%	6.7%	13.3%	67.3%

表 3.3.3 - 3　　　　　　　反击破出口胶带机上取样石料针片状含量比例

规格/mm	80~150	40~80	20~40
反击破开口 180mm，转速 620r/min			
给料强度/(t·h⁻¹)　353.6	3.5%	28%	23%
440.6	6.5%	34%	28%
反击破开口 150mm，转速 580r/min			
给料强度/(t·h⁻¹)　324.8	3%	20%	19%
796.6	4%	33%	23%

3.3.4　粗骨料整形效果

（1）整形前后对特大石针片状含量对比。整形车间投入运行前 5 个月，在成品料仓共取样检测了 42 次，整形车间投入运行后 5 个月，共取样检测了 40 次，整形前 5 个月，特大石针片状含量 11%~47%，平均含量 14.8%，合格率 54.76%；整形后 5 个月，特大石针片状含量 2%~11%，平均含量 5.1%，合格率 100%。这说明反击破碎机对特大石整形效果显著，特大石针片状含量远小于 15% 的规范要求，且特大石成品料中基本无 300mm 以上粒径石料。

（2）增加整形车间前，特大石获得率仅 15% 左右，不能满足大坝四级配混凝土级配要求。增加整形车间后，进入整形车间石料占粗碎后石料总量的 15% 左右，其中经过反击破碎后特大石获得率约 50%，即增加整形车间后，特大石总获得率约 23%，满足大坝四级配混凝土级配要求。

（3）通过整形车间生产性试验，反击破碎机转速、给料强度和 150mm 与 180mm 出料开口对特大石获得率有一定的影响，特别是 150mm 开口比 180mm 开口在控制超长石和改善针片状含量方面效果显著。

（4）在系统一筛后增加反击破碎机整形，很好地解决了特大石成品骨料中针片状含量超标、超长石多和特大石产量不足的问题。

整形车间在 2010 年 3 月底投入运行，它虽对小于 80mm 粒径石料针片状含量改善不明显，但通过后续中碎、细碎圆锥破碎机整形，大石、中石和小石的粒型也得到了很好解决。施工期特大石针片状含量检测成果如图 3.3.4 - 1 所示。

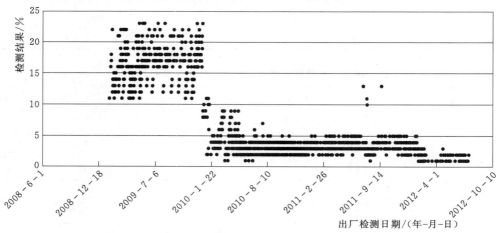

图 3.3.4 - 1　特大石针片状含量检测成果分布图

3.4　骨料管带机运输技术

3.4.1　成品骨料胶带机运输系统概况

1. 大坝混凝土骨料运输方案选择

锦屏一级水电站骨料输送系统负责向大坝高线混凝土生产系统和低线混凝土生产系统输送骨料，设计向高线混凝土生产系统输送粗骨料 1000 万 t，向低线混凝土生产系统输送粗细骨料 100 万 t，共计输送总量为 1100 万 t，其中向低线混凝土生产系统输送的骨料在棉纱沟转载。

成品粗骨料由距坝址下游左岸约 6km 的印把子沟人工骨料加工系统供应。混凝土工程施工强度高，成品骨料运输量大、运输距离长、地势坡陡、高差大等因素为运输系统布置带来困难。为了满足锦屏一级工程成品骨料运输需要，必须采用合理可靠的骨料运输方案。

在工程可行性研究阶段，对采用公路运输方案与普通带式输送机运输方案运输大坝混凝土骨料进行了比较研究。公路汽车运输方案利用场内交通公路，在右岸缆机平台下游侧开挖高线混凝土生产系统成品骨料竖井平台受料仓，转隧洞胶带机运输。公路汽车运输方案运行费用高，设计的场内公路交通流量超限，运输组织管理工作难度大。胶带机运输方案需要在左、右岸专门布置胶带机隧洞，山高坡陡，线路长，工期长，项目建设费用较大。经综合技术经济比较，两个方案的经济性相差不大，初选了汽车运输方案。

在锦屏一级拱坝施工招标阶段，进一步对大坝混凝土骨料运输方案进行了专题研究，针对胶带运输机技术与布置方案进行了深入研究，决定引进在矿山、码头和仓储等行业中使用的管状胶带机输送技术，利用管状胶带机爬升能力更强更陡、能空间转弯的特点，加大胶带机隧洞坡度、缩短隧洞长度，并利用部分已有场内公路隧道，减少了整个胶带机系统工程量，缩短了工期，降低了造价，且具有减少运输粉尘的环保优势。采用普通胶带机与管状胶带机相结合的胶带机方案经济性比汽车运输方案具有优越性，但技术上要结合锦屏工程特点进行创新。

2. 成品骨料管状胶带运输系统布置及技术参数

胶带机输送系统按不同粒径的成品粗骨料分级输送设计，设计运输能力 2500t/h。胶带机输送线路分三部分：雅砻江左岸段、跨江桥段、雅砻江右岸段。骨料运输线全程采用带式输送机，输送距离约 5.5km，总功率 6670kW。其中位于雅砻江左岸线路长度约 1.0km，右岸线路长度约 4.3km，左、右岸通过位于高程 1666m 跨江栈桥连通。系统由 4 条普通皮带机、2 条管带机、6 个转运站、1 个中控室组成。除跨江栈桥及 1 号、4 号、5 号转载站在地面外，其余均在隧洞内。胶带机起点为与印把子沟砂石骨料生产系统相接的 1 号转载站，终点为与高线拌和系统骨料竖井上的 GJ1 胶带机相接的 6 号转载站。带式输送机骨料运输沿程布置依次为：1 号转载站→101 号胶带机→2 号转载站→102 号胶带机（跨江段）→3 号转载站→103 号管带机→4 号转载站（设分支口接低线拌和系统胶带机）→104 号胶带机（5 号公路隧道架空布置）→5 号转载站→105 号胶带机→106 号管带机→6 号转载站→高线拌和系统 GJ1 卸料胶带机→骨料竖井。

（1）101 号胶带机起点为与印把子砂石骨料生产系统相接的 1 号转载站，终点为 2 号转载站，全长 968.14m，提升高度 −39.05m，倾角 −2.31°，采用带宽 1200mm 钢芯平皮带，带速 3.5m/s，采用 1 台变频电机＋1 台变频器＋1 台减速机变频软驱动系统，电机功率 185kW。

（2）102 号胶带机（跨江）起点为 2 号转载站，终点为 3 号转载站，全长 233.51m，提升高度 0m，倾角 0°，采用带宽 1200mm 钢芯平皮带，带速 3.5m/s，采用 1 台变频电机＋1 台变频器＋1 台减速机变频软驱动系统，电机功率 160kW。

（3）103 号胶带机（管带机）起点为 3 号转载站，终点为 4 号转载站，全长 1603.65m，提升高度 146.84m，倾角 5.22°，水平转弯半径 550m，转弯角度 40°。为解决转弯问题，该段采用带宽 1850mm，管径 ϕ500mm 钢芯管状皮带，带速 4m/s，采用 3 台变频电机＋3 台变频器＋3 台减速机变频软驱动系统，电机功率为 $3 \times 900 = 2700$（kW）。

（4）104 号胶带机起点为 4 号转载站，终点为 5 号转载站，全长 1562.80m，该段利用 5 号公路隧道上部悬挂布置，提升高度 73.11m，倾角 2.78°，采用带宽 1200mm 钢芯平皮带，带速 3.5m/s，采用 2 台变频电机＋2 台变频器＋2 台减速机变频软驱动系统，电机功率 $2 \times 710 = 1420$（kW）。

（5）105 号胶带机在 5 号转载站内，全长 10.43m，提升高度 1.65m，倾角 9°，采用带宽 1800mm 钢芯平皮带，带速 2.5m/s，采用 1 台变频电机＋1 台变频器＋1 台减速机变频软驱动系统，电机功率 75kW。

（6）106 号胶带机（管带机）起点为 5 号转载站，终点为 6 号转载站，全长 1134.36m，提升高度 122.99m，倾角 6.18°；水平转弯半径 450m，转弯角度 45°。为解决转弯问题，该段采用带宽 1850mm，管径 ϕ500mm 钢芯管状皮带，带速 4m/s，采用 3 台变频电机＋3 台变频器＋3 台减速机变频软驱动系统，电机功率为 $3 \times 710 = 2130$（kW）。

（7）集中控制室设置在高线拌和楼现场办公楼二楼，内设电脑控制系统、视频监视系统及对讲通信系统等，可在中控室实现对全线系统的实时监控。

骨料输送系统线路布置如图 3.4.1-1 所示，主要技术参数见表 3.4.1-1。

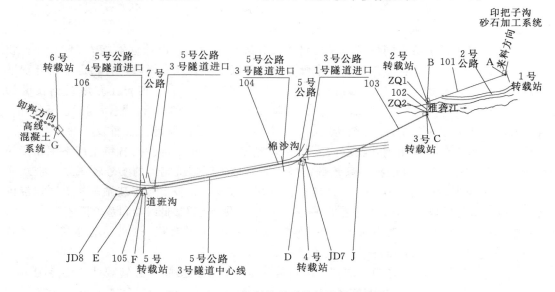

图 3.4.1-1　骨料输送系统输送线路简图

表 3.4.1-1　　　　　　　　锦屏一级水电站骨料输送系统主要技术参数表

参数/机号		101 号	102 号	103 号	104 号	105 号	106 号
物料特性	名称	混凝土骨料					
	粒度/mm	≤150					
	堆积密度（t·m⁻³）	1.5					
输送能力（t·h⁻¹）		2500					
带速/(m·s⁻¹)		3.5	3.5	4.0	3.5	2.5	4.0
管径/mm		—	—	500	—	—	500
带宽/mm		1200	1200	1850	1200	1800	1850
水平机长/m		968.143	233.512	1603.653	1562.8	10.427	1134.360
提升高度/m		−39.052	0	146.838	73.112	1.65	122.986
驱动方式		头部单电机	头部单电机	头部双滚筒三电机	头部双滚筒双电机	头部单电机	头部双滚筒三电机
电机功率/kW		185	160	3×900	2×710	75	3×710
拉紧型式		头部自液压拉紧	头部垂直重垂拉紧	头部自控液压拉紧	尾部车式自控液压拉紧	螺旋拉紧	头部自控液压拉紧
胶带带强/(N·mm⁻¹)		ST800	ST630	ST2500	ST2500	ST630	ST1600

3.4.2　骨料管状带式运输机技术

管状带式输送机技术于 1997 年左右由日本引入国内，经过十多年的不断改进、完善和发展，国内部分企业已完成和应用 DG150、DG200、DG250、DG300、DG350 和 DG400 等系列产品，但在大管径、高带强、大运量、长距离管状带式输送机方面，由于胶带的成管性、扭曲、爆管、卡带等问题没有得到很好解决，导致大直径管状带式输送机的应用较少，锦屏工程建设前在国内水电行业没有应用先例。

在锦屏一级水电站成品骨料胶带机运输系统的 103 号和 106 号采用管状带式运输机，长度分别为 1603m 和 1134m，该管状带式输送机具有大管径（φ500mm）、高带强（ST2500N/mm）、大运量（2500t/h）、长距离（单机长度 1603m，系统总长 5400m）、大功率驱动（单机配置最大功率 900kW，总功率 6670kW）等技术特征，在国内外管状带式输送机的应用中比较罕见。因此，在水电建设中首次采用 500mm 大直径管状带式输送机，具有较大的挑战性和技术创新性。主要技术难度包括：

（1）管径大、带强高，胶带的成管难。

（2）输送量大、物料来料不均，且成品骨料块度、硬度都较大，如何解决管状带式输送机因物料充满过度而爆管也是技术难题。

（3）因线路布置需要，管状带式输送机水平转弯角度大（45°），且大角度转弯均靠近头部，容易产生胶带的扭曲、跑偏甚至翻带事故。

（4）需要开发研制新规格零部件及结构件。

3.4.2.1　大直径高强度钢绳芯胶带成管技术

此前国内设计制造的管状带式输送机最大管径只有 400mm，最高带强只有 1600N/mm，而锦屏一级水电站成品骨料输送采用大型管状带式输送机需要的管径达 500mm，带强高达 2500N/mm，成管更加困难，大直径管状带式输送机胶带的成管性是关键技术之一。

影响大直径管状带式输送机胶带成管的因素主要有两个方面。其一，需要正确的横向刚度的计算方法和测试技术，来保证管状胶带的横向刚度值选择。胶带太硬（即横向刚度值过大），将会使胶带搭接处上翘，造成密封效果不好，容易进水和撒料，并且对胶带和托辊的使用寿命影响严重；胶带太软（即横向刚度值该过小），将会使胶带裹成圆管时往下塌，形成扁管现象，出现输送量达不到预期的要求，严重时还会出现扭曲的情况。因此，胶带是否具有合理的横向刚度值，对大直径管状带式输送机胶带能否成管和正常运行起到至关重要的作用。其二，保证胶带顺利成管的专用部件结构是否合理，强度、刚度是否足够，调整是否方便等，也对大直径管状带式输送机胶带能否成管及成管的效果至关重要。

1. 管状胶带的横向刚度值计算方法和测试技术

采用自行研制的管状带式输送机计算软件，对满载、空载、受料过程、排空过程等所有工况逐一分析计算，得到最不利工况，并据此配置相应的驱动功率、胶带强度、拉紧装置等。通过对管状带式输送机凹弧段、凸弧段和水平转弯弧段的许用半径进行计算和研究，并根据分析结果配置了安全保护装置，采取了必要的防护设施，保证了胶带在各种工况下不会发生振动、起跳，胶带中心张力与边缘张力差值可控，确保了大直径管状带式输送机可靠运行。

管状胶带机设计研究过程中，通过联合胶带厂家就胶带断面参数、管状胶带的质量要求和试验方法共同研究，开展相关试验，并将试验成果数据（特别是胶带的横向刚度值、横向刚度的时间衰减速度等指标）与管带机本体设计紧密结合起来，用试验数据修正管带机的主要参数和结构设计，提出了一种管状胶带的横向刚度值试验测试方法。用于测试管状胶带的静态横向刚度指标的衰减特性，从而得到胶带稳定后的横向刚度值，以保证胶带使用过程中不出现塌管、扁管，从而防止胶带管爆管、撒料。研制出专用试验台架（图3.4.2-1），采集不同的试验试样和试样尺寸，测试结果表明，管状胶带横向刚度受到胶带断面结构、厚度、重量等因素的影响，且管状胶带的横向刚度值随时间而衰减。

2. 胶带成管专用部件

研制了可调宽度、高度和槽角的托辊组（图3.4.2-2）、压带装置、展带装置、顶带

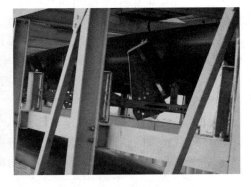

图 3.4.2-1 管状胶带横向刚度值测　　　　图 3.4.2-2 保证胶带顺利成管的
　　　　试试验台架　　　　　　　　　　　　　专用部件——可调托辊组

装置和托带装置等，实现了胶带由管状→U 形→V 形→平形和相反的平滑过渡，确保了胶带顺利展带和成管。

3.4.2.2　防止管状胶带扭曲技术

研制了管状带式输送机专用窗式托辊组，解决了在管状带式输送机水平转弯角度达 45°，转弯半径仅为 450m，水平转弯点处于张力最大的头部区域，各项指标达到管状带式输送机设计标准极限的复杂条件下，胶带不扭曲的关键技术。

与普通槽带机跑偏类似，管带机存在着扭曲的问题，只要在平面布置中有水平转弯弧段，管带机在运行中胶带就有扭曲的倾向，因此如何控制胶带扭曲，使胶带扭曲在正常范围内，保证在头尾部展开段时不至于跑偏是管带机设计、制造和安装的主要关键。防止胶带扭曲主要从设计、制造、安装三个方面加以控制。

1. 设计方面

（1）在水平转弯弧段，布置挡边专用辊子，如图 3.4.2-3 所示。

（2）在长距离、大运量管带机胶带、功率选型时，在满足成管需要和安全运行前提下，尽量选用低强度、低横向刚度胶带为宜。

（3）在管带机头尾部设置可调心托辊组协助纠正跑偏；并可采用普通槽带机的纠偏方法在头尾部纠偏，管带机纠偏托辊组如图 3.4.2-4 所示。

图 3.4.2-3　挡边专用窗式托辊

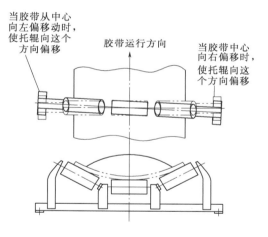

图 3.4.2-4　保证过渡段自动纠偏——
可调心托辊组

2. 制造方面

（1）严格控制钢结构件，特别是窗式框架的几何尺寸和形位公差。

（2）严格控制专用辊子的质量，重点是旋转阻力、径向跳动和防水性能。

（3）严格控制胶带的质量。

3. 安装方面

（1）严格按照管带机安装检测标准控制钢结构件安装质量，特别是上下管带机中心线的直线度，管带机成型断面图如图 3.4.2-5 所示。

（2）设计好胶带的搭接方向，切实保证胶带的接头质量。

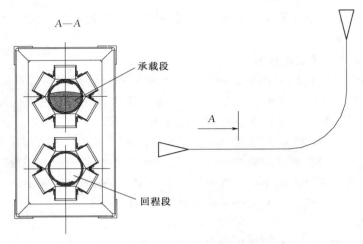

图 3.4.2-5　管带机成型断面图

（3）安装好导向托辊组、压带辊组、导带辊组等，导向、压带、导带辊安装位置示意图如图 3.4.2-6 所示。

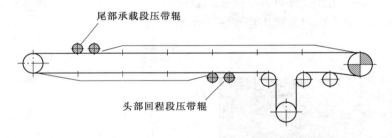

图 3.4.2-6　导向、压带、导带辊安装位置示意图

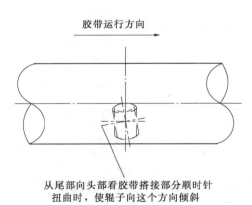

图 3.4.2-7　管带机扭带调整示意图

（4）预测胶带扭曲方向，在水平转弯弧段调整辊子位置，主动纠正或预防胶带扭曲，管带机扭带调整示意图如图 3.4.2-7、图 3.4.2-8 所示。

（5）锦屏一级骨料输送系统采用的管状带式输送机专用窗式托辊组，具有调整方便迅速，调整范围广等特点，有效地控制了胶带管在运行过程中的扭转范围，实现了沿线无撒料。

3.4.2.3　防止管状胶带爆管技术

锦屏一级水电站输送的成品骨料具有运量大（2500t/h）、粒径大（最大块度达 150～200mm）、比重高（平均比重为 1.6g/cm³）、硬度大的特点，再加上印把子砂石料场无均匀给料设备，极易造成骨料来料不均，出现骨料挤压损伤胶带的现象，严重时会造成胶带爆管事故。

在此之前，防止胶带因物料充满过度而爆管的方法，主要是采用机械式限料装置。这

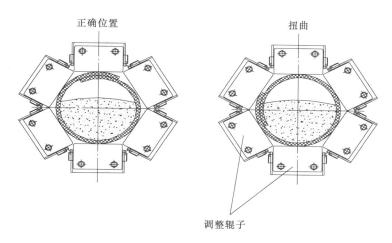

正确位置 扭曲

调整辊子

图 3.4.2-8 管带机胶带机正常运行与扭带对比图

种限料方式的主要缺陷为：①不能预防、预知来料是否过量；②只能限制少量过量物料，对于瞬间超量过大的物料，强制限料将造成机械式限料装置的损坏，并造成大量撒料等结果。

管带机胶带产生爆管的主要原因有两个：①管状胶带横向刚度过大，胶带搭接处开口上翘，造成胶带爆管，防止措施为控制胶带的成管性（见 3.4.2.1 节所述）；②物料充满过度造成胶带爆管，防止措施为研制专用结构，解决因骨料来料不均，物料在管状胶带内充满过度，或骨料因块度太大而造成爆管。

为此，设计了一种管状带式输送机专用机械限料装置，并发明了一种带电子自动控制限料装置，用于限制多余骨料的通过，防止因物料充满过度而出现胶带爆管的风险。

（1）采用"电子自动控制限料装置"控制物料流量，其工作原理为：

1）在物料进导料槽 1～2m 范围内，在胶带的下方配置一台计量装置。该计量装置为电子皮带秤或称重传感器，用于计量物料的瞬时输送量。

2）将计量装置采集到的瞬时输送量信息，传回 PLC 控制系统，计算出管带机的物料瞬时填充率 ψ（规范规定 $\psi \leqslant 75\%$）。

3）如果物料的瞬时填充率 ψ 小于规定值，则可维持当前运行，不做调整。

4）如果物料的瞬时填充率 ψ 接近或超过了规定值，则由 PLC 发出指令，增加变频器频率，增大带速 v，降低物料的瞬时填充率 ψ。

5）如果变频器频率达到预警值 45Hz，而物料的瞬时填充率 ψ 接近或超过了规定值，则发出物料过多的报警警示。

6）如果变频器频率达到设计值 50Hz，而物料的瞬时填充率 ψ 接近或超过了规定值，则发出给料设备停止加料指令。

电子自动限料装置控制流程如图 3.4.2-9 所示，电子自动限料装置控制原理如图 3.4.2-10 所示。

（2）采用机械式限料装置，当物料因突发故障造成物料增多，物料瞬时填充率超过规定值时，限制"多余"的物料进入管内，防止胶带因物料充满过度而爆管，如图 3.4.2-11 所示。

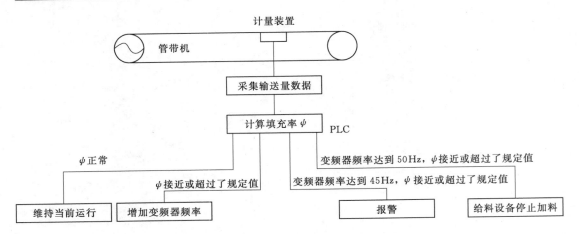

图 3.4.2-9 电子自动限料装置控制流程图

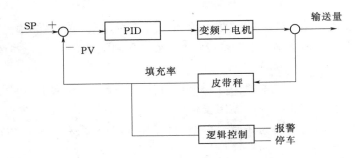

图 3.4.2-10 电子自动限料装置控制原理图

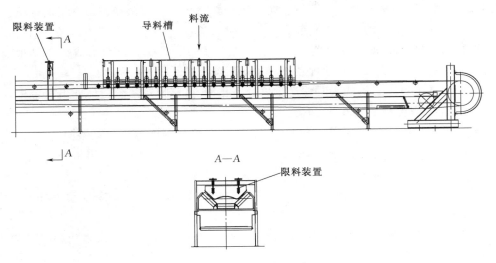

图 3.4.2-11 机械式限料装置图

3.4.2.4 防止管状胶带卡带技术

卡带是胶带机运输常遇到的问题。为防止管状胶带嵌入六边形托辊间隙引起的损坏，锦屏一级骨料管状带式输送机采取了以下防止胶带卡带的技术措施：

（1）在总体设计时，在水平弧段按照 0.5～0.8 倍标准托辊间距布置六边形托辊组，使胶带在水平转弯段平滑过渡，不出现明显折线，并适当加大头尾过渡段的距离，减少胶带边缘的过度张力。

（2）专用托辊间的间隙在理论上按零间隙设计，安装时不超过 1mm。

（3）在转弯部分每隔 3～4 个窗式框架，在胶带的搭接位处的两个专用托辊间增设一个专用托辊，防止胶带边接触两专用托辊的间隙处，从而完全有效地防止胶带嵌入。

（4）在头尾过渡段采用平底尖底组合型托辊；在转弯部分，间隔 6 组设置平底尖底组合型托辊。

（5）采用双三边形托辊组（图 3.4.2 - 12），托辊之间重叠 20mm，管状托辊间按照零间隙设计；采用低高度托辊架设计，消除托辊在胶带中线方向的间隙。

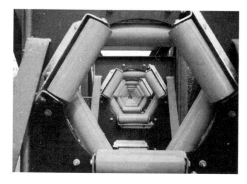

图 3.4.2 - 12　防止卡带的双三边形托辊组

3.4.3　管状带式骨料运输机运行情况

锦屏一级水电站成品骨料带式输送系统于 2009 年 8 月 12 日完成系统调试并投入试运行，2010 年 7 月 10 日正式运行，至 2014 年 6 月系统运行结束，共运输骨料 832.3 万 t（特大石采用汽车运输，运输量为 288.9 万 t），平均运输强度为 1154.3t/h，最高运输强度 2500t/h，系统完好率达 94%，满足大坝、垫座及水垫塘混凝土生产要求。骨料系统运输分季统计强度见表 3.4.3 - 1。

表 3.4.3 - 1　　　　　骨料系统运输分季统计强度表

序号	时　间	至高线混凝土生产系统			至低线混凝土生产系统		
		骨料输送量/t	送料历时/h	平均强度/(t·h⁻¹)	骨料输送量/t	送料历时/h	平均强度/(t·h⁻¹)
1	2010 年第 3 季度	347110.2	335.2	1035.4	160488.3	155.1	1034.6
2	2010 年第 4 季度	454459.8	367.8	1235.8	306789.6	265.1	1157.4
3	2011 年第 1 季度	437351.1	342.0	1278.8	292984.2	253.2	1157.4
4	2011 年第 2 季度	548048.7	348.1	1574.3	306291.9	259.9	1178.7
5	2011 年第 3 季度	555286.9	330.5	1680.2	267506.2	211.4	1265.2
6	2011 年第 4 季度	631463.3	371.4	1700.3	216733.0	180.0	1204.0
7	2012 年第 1 季度	475846.4	304.9	1560.5	134053.3	109.2	1227.6
8	2012 年第 2 季度	489460.0	287.2	1704.1	153960.0	122.5	1256.6
9	2012 年第 3 季度	303574.7	176.3	1721.6	90804.8	75.4	1205.1
10	2012 年第 4 季度	439689.3	330.7	1329.4	72444.6	79.9	906.7
11	2013 年第 1 季度	467036.0	313.1	1491.6	72870.6	77.8	936.8
12	2013 年第 2 季度	478389.6	290.6	1646.5	113647.2	105.2	1080.8

序号	时　间	至高线混凝土生产系统			至低线混凝土生产系统		
		骨料输送量/t	送料历时/h	平均强度/(t·h⁻¹)	骨料输送量/t	送料历时/h	平均强度/(t·h⁻¹)
13	2013 年第 3 季度	270578.1	166.0	1629.8	40393.0	36.3	1112.2
14	2013 年第 4 季度	107459.6	78.0	1377.1	—	—	—
15	2014 年第 1 季度	28719.7	22.1	1299.5	—	—	—
16	2014 年第 2 季度	59362.9	38.3	1549.3	—	—	—
	合计	6093836	4102.2	1485.5	2228966.7	1931.0	1154.3

3.5　混凝土高强度大方量强制拌和技术

3.5.1　右岸高线混凝土系统概述

锦屏一级水电站混凝土双曲拱坝混凝土工程量为 563 万 m³，主要由高线混凝土系统供应，系统由 2 座 HL340 - 2S4800L 型混凝土拌和楼组成，每座拌和楼各配 2 台 DKX7.0双卧轴强制式搅拌机，设计常温混凝土生产能力 600m³/h，预冷混凝土生产能力 480m³/h。系统布置于右岸坝肩下游的 1885m、1917m 和 1975m 高程的 3 个台阶地。主要技术指标见表 3.5.1 - 1。

表 3.5.1 - 1　　　　　　　　右岸高线拌和系统主要技术指标表

序号	项　　目		单位	数值	备　注
1	常温混凝土设计高峰月强		万 m³/月	20	
	预冷混凝土设计高峰月强			16	
2	混凝土设计生产能力	常温混凝土	m³/h	600	
		预冷混凝土	m³/h	480	
3	单座搅拌楼铭牌生产能力	常温混凝土	m³/h	340	2 座 2×7m³ 楼
		预冷混凝土	m³/h	250	
4	胶凝材料储量	水泥	t	6×1500	
		粉煤灰	t	4×1000	
5	骨料储量	粗骨料	m³	4×5500	
		砂	m³	2×4000	
6	拌和系统制冷容量	一次风冷	kcal/h	450	标准工况
		二次风冷	kcal/h	350	
		冷水	kcal/h	50	
		片冰	kcal/h	350	
		冰保温及输送			
		合计	kcal/h	1200	

序号	项 目		单位	数值	备 注
7	主要制冷设计能力	高温时段常态混凝土出机口温度	℃	7	
		最大冷水生产量	t/h	50	4~6℃
		片冰产量	t/d	280	
8	污水处理规模		t/h	300	
9	压气站规模		m³/min	240	
10	系统耗水量		m³/h	400	
11	电机容量	拌和系统	kW	3578	
		制冷系统	kW	7919	
		水处理系统	kW	415	
		合计	kW	11912	其中5250kW，10kV供电

锦屏一级水电站混凝土系统基本上是在总结吸收三峡、小湾和龙滩等大型水电站混凝土系统的经验基础上设计建成的，具有如下技术特点：

（1）选用大型强制式搅拌机，布置紧凑，集约化程度高。1885m高程平台总长约500m，宽度约40m，由于平台宽度不足，若选用传统的自落式混凝土搅拌机，施工场地不能满足拌和楼布置要求。为此，经过比选，采用大型进口强制式混凝土搅拌机，并将两座拌和楼交错布置，并合理利用1975m缆机平台和两个平台间的1917m平台布置两个拌和楼、制冷车间、集成化的污水处理系统、二次筛分系统、风冷料仓、胶凝材料罐等辅助设施。系统占地仅1.6万m²，布置紧凑，在同类系统中占地最小。

（2）预冷工艺先进。预冷混凝土生产工艺第一次采用一次风冷加冷水、二次风冷及加冰的方式生产7℃预冷混凝土。两次风冷很好地保证了骨料砾石温度控制在0℃左右；根据气候变化情况，选择一种或多种预冷方式组合拌制，确保预冷混凝土的出机口温度7℃可控，同时，具有节能降耗的环保特点。

（3）生产能力大，拌和物质量好。第一次采用DKX7.0双卧式强制式搅拌主机，拌制时间短，生产效率高。系统生产常温混凝土拌制时间仅需60~75s，生产预冷混凝土90~120s；单台楼拌制四级配C₁₈₀40常温混凝土生产能力340m³/h，拌制预冷混凝土生产能力250m³/h；整个系统生产常温混凝土600m³/h、预冷混凝土480m³/h。系统实际生产混凝土月平均强度达到20万m³，其中预冷混凝土月平均强度16万m³；实际生产预冷混凝土月最高强度达到17.6万m³。系统生产的混凝土拌和物质量好，出机口检测混凝土的和易性、密实度、坍落度、含气量等完全满足超高拱坝混凝土质量要求。

（4）骨料级配质量控制水平高。系统配置二次筛分冲洗工艺，二次筛分系统的处理能力为2×700t/h，有效降低了骨料因长距离运输，多次跌落造成的裹粉和逊径超标情况，有效地改善了粗骨料性能，控制成品骨料的质量，提高了混凝土中骨料的耦合度、黏结力和抗压强度。

（5）系统自动化水平高。系统采用先进的自动化控制技术，实现系统拌和楼自动拌制、拌和楼自动要料、筛分系统自动运行、废水处理系统自动运行、胶带机自动运行、制冷系统实时监控、作业环境视频监控等功能，并实现计算机、PLC、现地控制箱三位一体控制。

（6）系统绿色环保。通过多方案比较，采用污泥干化废水处理技术。整套系统布置紧凑，占地少，很好地适应了场地狭窄的现场条件。废水处理后循环利用，并且实现了废水处理全过程自动控制。系统所有设备均采用环保、能耗达标的设备，配备收尘装置收尘，节能环保。

3.5.2　右岸高线混凝土生产系统设计

3.5.2.1　系统布置

受坝址区场地条件制约，系统选择布置于右岸坝肩下游的高程1885m、1917m和1975m岸坡三级平台，顺河向长约270m，布置场地由人工开挖形成；骨料仓在右岸坝肩山体高程1917～1975m布置6个竖井。系统布置地面占地总面积1.6万 m^2，其中：

（1）高程1885m平台最大宽度52m，最大长度202m，面积8884 m^2，布置拌和楼、水泥罐、制冷车间和废水处理系统等。

（2）高程1917m平台最大宽度26.7m，最大长度159.6m，面积3617 m^2，布置二次筛分系统、一次风冷系统和外加剂车间等。

（3）高程1975m平台最大宽度25m，最大长度158m，面积3641 m^2，布置空压机室、粉煤灰罐、应急皮带受料口等。系统布置及实景如图3.5.2-1、图3.5.2-2所示。

3.5.2.2　混凝土拌制设备的选型

根据大坝混凝土高峰期浇筑要求，单座拌和楼小时产量不小于300 m^3/h，最大骨料粒径150mm，混凝土采用30t缆机运输，配9.6 m^3运输车，考虑到坝址附近没有可以直接利用的场地，需要结合工程开挖形成布置平台，从节约投资、少占用场地、运行稳定可靠等因素，选择布置2座HL340-2S5000L型拌和楼，配用4台DKX7.0的双卧轴强制式搅拌机，DKX7.0搅拌机总长5290mm，宽为3180mm。配合9.6 m^3运输车，搅拌机每次拌制4.8 m^3混凝土。

由于高程1885m平台宽度不足，2座拌和楼采用交错布置。混凝土出料设计为双斗双线，出料口离地净高5m，满足混凝土运输车（高4.1m）等的装车要求。

3.5.2.3　骨料储运系统

右岸高线混凝土生产系统布置如图3.5.2-1所示。在右岸山体内1975m高程和1917m高程分别布置上、下两条骨料运输平洞，平洞间设6条骨料竖井。其中：4条为粗骨料竖井，直径12m，深53m；2条细骨料竖井，直径10m，深53m。上平洞两端分别与粗、细骨料运输皮带洞相接；下平洞从下游往上游依次设1条交通洞、1条粗骨料皮带洞和两条细骨料皮带洞，粗骨料皮带将粗骨料送至1917m高程的二次筛分系统，细骨料皮带经1917m平台后直接上楼分别与两条拌和楼受料斗相接。在1975m平台设一骨料应急

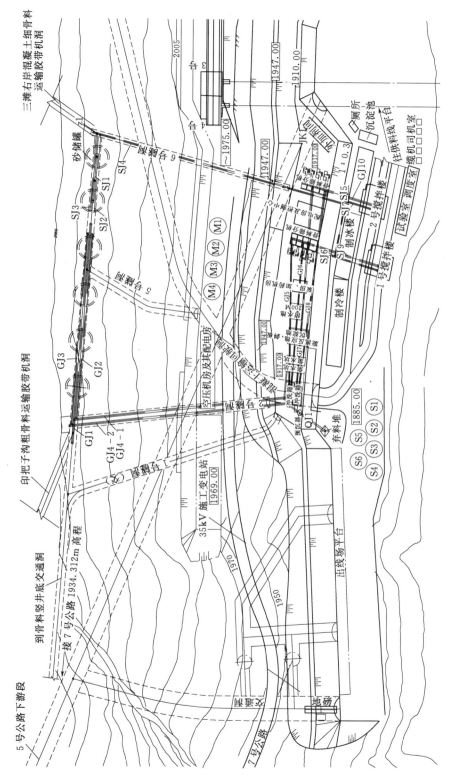

图 3.5.2 - 1　右岸高线混凝土生产系统布置图

图 3.5.2-2　右岸高线混凝土生产系统实景

运输皮带洞和受料坑，与上平洞相接。

混凝土生产系统所需的粗骨料，由左岸印把子砂石系统供给，胶带输送机运输至右岸高线混凝土生产系统高程 1975m 的 4 个粗骨料地下竖井的上方，经胶带输送机卸料小车分级运至各竖井储存。竖井单仓活容积 5500m³，总容积为 22000m³；特大石和大石仓内各设骨料缓降器两个。每个粗骨料竖井有 6 个下料口分两列，采用 2 条 B1000 胶带机出料输送至二次筛分系统，为了控制筛分混合比，粗骨料仓下面设变频惯性振动给料机，根据一次风冷调节料仓的料位，控制各种骨料的给料量，生产过程中调整混合料的最优配比。

混凝土生产系统所需的细骨料，由右岸三滩砂石系统供给，经 5 号路用自卸汽车运至 5S4 隧洞口普斯罗沟处的受料坑，再经过胶带输送机运至高线混凝土生产系统的 2 个直径 10m 的细骨料地下竖井的上方，经可逆式胶带输送机向 2 个砂仓输送，竖井单仓活容积 4000m³，总容积为 8000m³；每个细骨料竖井下有 4 个下料口分两列，设 4 台 700mm×700mm 气动弧门给料机，分别从 2 条胶带机把砂分别输送至两座拌和楼砂仓，实现细骨料的连续输送进楼。

全部骨料储量可满足大坝混凝土生产高峰期 2d 的需求量。

3.5.2.4　二次筛分系统

为了减少骨料逊径量和骨料在运输过程中因多次跌落裹粉，控制混凝土骨料的质量，在高程 1917m 平台设置二次冲洗筛分车间，分两阶筛分，系统的处理能力为 2×700t/h。粗骨料从竖井口按比例混合放料，经 3 号廊道的 2 条胶带机，输送至二次筛分车间进行二次冲洗筛分。一阶冲洗筛分配 2 台 2YKR3060 型圆振动筛分机，选用双层筛，把骨料分成 40~150mm、不大于 40mm 的两种骨料。两阶筛分配 4 台 YKR2460 型圆振动筛分机，直接设在预冷仓顶，每座预冷仓上设 2 座单层筛，通过筛分后的骨料直接进入预冷仓。

冲洗筛分选择 2YKR3060 型振动筛分机，分为冲洗和筛分两部分，前 1/3 部分筛面为冲洗，后 2/3 部分筛面为脱水，下面设一台 FG15 螺旋洗砂机，一次筛分剔除的小于 5mm 的弃料，经过螺旋洗砂机提砂后，由弃料胶带机运输，经污泥干化废水处理系统处理后进入弃料堆，由汽车定期运走。

一次风冷调节料仓内的各种粗骨料，共用 1 条胶带机向各拌和楼供料，一次风冷调节料仓下设惯性振动给料机给料，调试阶段通过试验选择合适的给料强度，确保生产过程中拌和楼料仓始终处于最佳料位状态，以获得最优的冷却效果。一次风冷调节料仓和拌和楼中的特大石仓和大石仓，都设有缓降器，防止骨料跌落破碎再次造成逊径超标。

3.5.2.5 骨料预冷系统

预冷骨料仓布置在高程 1917m 平台，为地面调节料仓。料仓分设 4 个仓，分别装小石、中石、大石、特大石四种骨料，骨料冷却采用连续冷却，料仓内骨料流向由上而下，冷风流向自下而上，其换热方式为逆流式热交换过程。

拌和楼的 4 个骨料仓在生产四级配混凝土时分别装入通过一次风冷的 4 种骨料，再进行二次风冷，骨料冷却采用连续冷却，料仓内骨料流向由上而下，冷风流向自下而上，换热方式也为逆流式热交换过程。

3.5.2.6 胶凝材料储运

（1）水泥储运。水泥全部为散装，其储量按大坝混凝土浇筑高峰期 7d 的用量进行设计。在右岸高程 1885m 平台布置 6 座 1500t 钢制水泥罐，每座水泥罐下安装一台 QPB - 11 - 6.0 气力喷射仓式泵，将水泥送入拌和楼水泥仓。

（2）粉煤灰储运。粉煤灰全部为散装，其储量按大坝混凝土浇筑高峰期 7d 的用量进行设计。在右岸高程 1975m 缆机平台公路旁"一"字形布置 4 座 1000t 钢制粉煤灰罐，每座粉煤灰罐下安装 QPB - 11 - 6.0 气力喷射仓式泵，将粉煤灰送入混凝土拌和楼粉煤灰仓。

3.5.2.7 制冷系统布置

制冷系统布置分为一次风冷平台、二次风冷平台和制冷楼三部分。

一次风冷料仓、空气冷却器和离心通风机布置在高程 1917m 平台，二次风冷空气冷却器和离心通风机布置在拌和楼的冷风机平台上，所有制冷主辅机布置在制冷楼内，制冷楼紧靠山坡布置在高程 1885m 平台。

3.5.2.8 压缩空气站

为满足拌和楼生产用风、散装粉料罐车卸载及胶凝材料输送（按同时卸 4 辆罐车和 4 台喷射泵同时工作考虑，卸车用风量每辆 10m³/min，喷射泵每台耗风 20m³/min）、外加剂搅拌、砂罐放料气动弧门等用风需求。在高程 1910m 平台建一座压缩空气站，建筑面积为 282m²，安装 3 台 40m³/min 空压机和 1 台 20m³/min 空压机，总供风量为 140m³/min。压缩空气站可向拌和系统分别提供 0.7MPa 和 0.5MPa 两种压力的压缩空气，分别用于系统控制和粉料输送。

输送用风与操作装置用风分开，以确保供风和送灰的质量。为节约用水，空压机的冷却水，经水泵和冷却塔冷却后循环使用。

3.5.2.9 外加剂车间

外加剂车间布置在高程 1917m 平台，建筑面积为 265.3m²，按满足同时使用 2～3 种外加剂设计，车间内建容积各为 15m³，设 2 个配料池和 4 个储液池。外加剂在配料池内溶解后，利用高差自流到储液池，储液池内的外加剂溶液采用化工流程泵将其送入拌和楼中外加剂储存箱，按照配比称量后进入拌和机。

3.5.2.10 监控系统

（1）混凝土拌和系统、骨料系统采用集中自动控制和集中监视的设计方案，实现系统的综合保护和集中监控。在控制室内设置系统操作站，用工业控制计算机对各相关系统进行自动化控制和监测。

系统主要包括调度上位管理机和四组控制模块：一次风冷调节料仓进料、搅拌楼料仓进料和制冷系统温度、压力，以及胶凝材料料位数显监视和工业电视监视等。各种骨料料位由超声波料位计检测，各种胶凝材料料位由重力式料位计检测，各温控测点的温度由热电偶温度计检测，各类开关量信号来自主设备控制箱内的继电器或行程开关等，具有胶带机轻跑偏报警，重跑偏停机功能。计算机管理包括开停机记录、事故记录、统计报表、即时打印、召唤打印和查询打印功能。所有自动控制设备均具备自动和手动两种控制方式，手动控制方式在设备的调试或自动控制出现异常时使用。

（2）胶凝材料的供料和料位检测系统采用集中控制，安装一台带模拟屏的总控制台，布置在胶凝材料储罐下的值班室内，检测各胶凝材料储罐和各胶凝材料仓的重力式料位传感器的料位信号，控制气力喷射泵阀门和若干电动两路阀组成的胶凝材料输送，以及胶凝材料的入库统计和库存管理等。

（3）车辆识别系统主要包括数据服务器系统、混凝土生产系统和车辆识别调度系统。车辆识别调度系统由车辆识别调度微机、车辆识别器、车道灯、地磁车辆检测器、识别报警系统等组成。车辆识别调度微机和多个搅拌站主控微机及生产调度数据管理微机组成局域网，合成可以自动识别生产车辆，自动安全的分配车道，快速安全分配调度各配合比混凝土的拌和生产管理综合系统。

3.5.2.11 废水处理系统

印把子沟砂石系统生产的砂岩骨料，经过 5.5km 长胶运输，多次跌落后致裹粉量大，在拌和系统进行二次筛分产生大量含泥粉废水。为避免环境污染，需对废水净化处理。但右岸高程 1885m 和 1917m 平台场地狭窄，而且已经布置了拌和系统和筛分系统，没有场地再用于布置平流沉淀池，污水处理系统设计和布置难度非常大。

高线拌和系统废水处理系统选择采用污泥干化废水处理技术，废水处理能力 300t/h，处理后重复利用 280t/h，处理后的水浊度不大于 20mg/L。系统集成布置于高程 1885m 平台，位于制冷车间下游，系统主要包括挖泥机组、预沉器、真空过滤机和胶带机、集料斗等。整套系统布置紧凑，适应了本工程狭窄的地形条件，并且实现了废水处理全过程自动控制。

3.5.2.12 试验室及调度室

在高程 1885m 平台拌和楼边建立现场施工指挥中心楼，楼内设置现场试验室和运行调度室。试验室主要由压力间、养护间、成型间、办公室等组成，满足大坝混凝土试验室机口取样成型和养护，拌和楼混凝土配合比控制要求。

右岸高线混凝土生产系统工艺流程如图 3.5.2-3 所示。

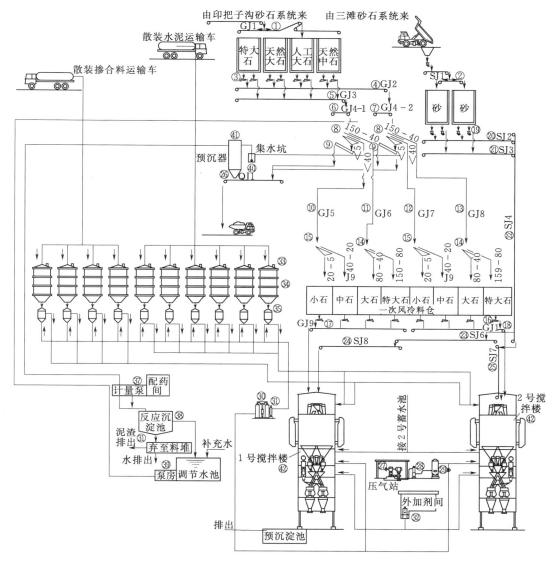

图 3.5.2-3 右岸高线混凝土生产系统工艺流程图

3.5.3 混凝土系统制冷工艺设计

高程 1885m 制冷楼为 1 号、2 号拌和楼骨料风冷提供冷源,同时生产拌和用冷水及片冰用冷水,氨压机分组运行,可互换,也可联动运行。制冷楼设五层,一层布置氨压机、冷凝器、储液器、控制室,二层布置氨泵、冷水泵、冷水箱、冷水机组,三层布置低压循环储液器及气力输送片冰装置,四层布置冰库,五层布置片冰机。车间内设置冷冻油回收再生装置,提高冷冻油的利用率。右岸高线混凝土生产拌和系统制冷楼工艺流程如图 3.5.3-1 所示。

1. 预冷措施

预冷系统按 6 月低温混凝土产量 480m³/h,混凝土拌和楼出机口温度 7℃设计。预冷

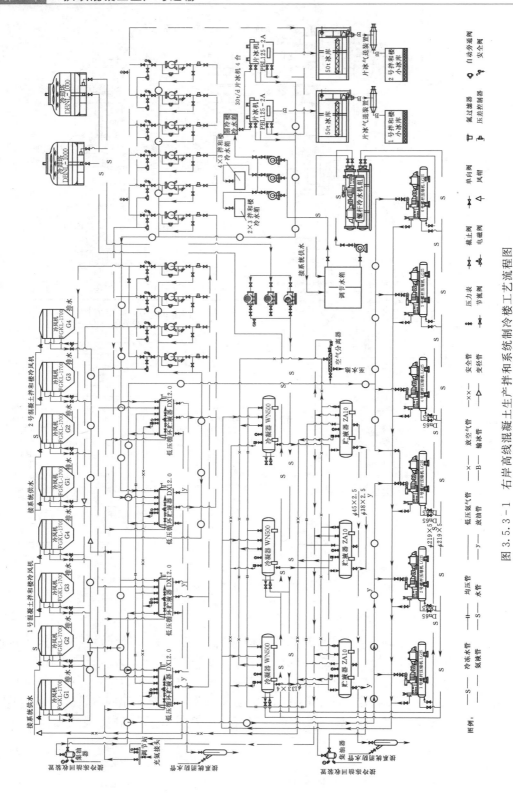

图 3.5.3-1 右岸高线混凝土拌和系统制冷楼工艺流程图

措施为地面调节料仓一次风冷四级粗骨料，拌和楼料仓二次风冷四级粗骨料，每立方米混凝土加 30kg 片冰拌和，外加剂等掺加水用 10℃ 冷水。

2. 一次风冷

一次风冷包括制冷车间内的主、辅机及地面骨料调节料仓冷风循环系统。

制冷主机装机容量（标准工况）为 5234kW（450 万 kcal）。制冷主、辅机集中布置在制冷车间内，末端设备为高效空气冷却器，放置在地面调节料仓旁边的冷风机平台上。高效空气冷却器、离心风机、地面调节料仓及其送、配风装置，用相应的风道连接组成冷风闭式循环系统，用以冷却调节料仓内的骨料。

地面调节料仓分设四个仓，每个仓内分别装 G1、G2、G3、G4 四种骨料，骨料冷却采用连续冷却，料仓内骨料流向由上而下，冷风流向自下而上，其换热方式为逆流式热交换过程。

3. 二次风冷

二次风冷由制冷车间内的主、辅机及拌和楼上的冷风循环系统组成。

制冷主机装机容量（标准工况）为 4071kW（350 万 kcal/h），制冷主、辅机集中布置在制冷车间内，末端设备为高效空气冷却器，放置在拌和楼料仓边的冷风机平台上，高效空气冷却器、离心风机、拌和楼料仓及其送、配风装置，用相应的风道连接组成冷风闭式循环系统，用以冷却料仓内的骨料。

拌和楼的四个骨料仓在生产四级配混凝土时分别装入通过一次风冷的 G1～G4 四种骨料，二次风冷在拌和楼骨料仓进行，骨料冷却采用连续冷却，料仓内骨料流向由上而下，冷风流向自下而上，其换热方式为逆流式热交换过程。

无论一次风冷还是二次风冷，要求保证连续供料，其最低料位不得低于料仓内回风道上部 0.5～1m 厚覆盖层高度，以防冷风短路而影响骨料冷却效果。

4. 制冰及制冷水

制冰由制冷车间内的制冷主、辅机和制冰楼内片冰机、储冰库、气力输冰装置，以及拌和楼内的小调节冰仓、片冰称量设备组成。

制冷主机装机容量（标准工况）为 4071kW（350 万 kcal/h），制冷主、辅机与一、二次风冷冷源一起放置在制冷车间内。制冰系统选用 6 台 PB50A 片冰机、2 台 60t 储冰库及 2 套气力输冰装置，单台片冰机产量为 50t/d。片冰机、储冰库及气力输冰装置一起放置在制冰楼内。片冰机制片冰的冷水由 1 台 LZL320 螺旋管蒸发器供应。制冷水主机装机容量（标准工况）为 582kW（50 万 kcal/h），冷水温度为 4℃，螺旋管蒸发器放置于制冷车间内。制冰系统的工艺流程为由片冰机生产的片冰从储冰库顶部进入储冰库，在有降温措施的储冰库内储存，并保持冰面干燥、低温。储冰库兼具有调节片冰机产冰与拌和楼生产用冰不平衡的作用。用冰时片冰由输冰螺旋机输出冰库，经风送片冰泵转入气力输冰管路送至拌和楼小调节冰仓，然后再送至冰称量设备计量后卸入拌和楼集中料斗，利用片冰的溶解吸热降低混凝土的温度。

螺旋管蒸发器生产的 4℃ 冷水除供片冰机制冰外，夏季还可同时供混凝土外加剂掺加用水。在过渡季节不需用片冰时全部用作拌和水。

在夏季生产出机口温度为 7℃ 的低温混凝土时，按设计条件需一次风冷、二次风冷、加冰联合运行；在过渡季节，根据外界气温及混凝土出机口温度要求，可选择单独开启一次风冷、二次风冷、加冰或加冷水拌和的任一种或多种措施组合。

3.5.4　混凝土系统运行情况

右岸高线混凝土系统自 2008 年 11 月运行以来，共生产混凝土 583 万 m^3，其中预冷混凝土 571 万 m^3。月供应强度高峰期出现在 2011 年下半年，平均月供应强度 15.7 万 m^3，最高月供应强度出现在 2011 年 11 月，达到 18.4 万 m^3，系统生产能力完全满足大坝混凝土浇筑需要。右岸高线混凝土生产系统供应强度分月统计见表 3.5.4 - 1。

表 3.5.4 - 1　　　　右岸高线混凝土生产系统供应强度分月统计表　　　　单位：万 m^3

年份 月份	2008	2009	2010	2011	2012	2013	2014
1	—	0.45	8.94	15.04	15.16	14.42	1.16
2	—	0.55	5.71	12.73	11.11	12.74	0.62
3	—	0.99	7.34	11.54	11.59	12.09	0.50
4	—	1.27	10.81	12.15	15.21	13.49	1.10
5	—	0.71	7.08	15.00	13.29	14.02	1.68
6	—	1.70	10.65	15.94	12.75	12.03	1.98
7	—	1.56	9.55	14.48	10.20	10.01	1.07
8	—	2.28	9.79	13.99	12.74	7.88	1.51
9	—	2.28	12.14	16.13	6.35	4.25	1.05
10	—	3.57	12.48	16.28	5.72	2.44	—
11	0.14	3.53	12.82	18.43	13.54	3.18	—
12	0.66	3.78	12.32	14.92	14.79	2.93	—
年强度	0.80	22.66	119.63	176.63	142.44	109.48	10.67
总计				582.5			
月最大值	0.66	3.78	12.82	18.43	15.21	14.42	1.98
月最小值	0.14	0.45	5.71	11.54	5.72	2.44	0.50
月平均值	0.40	1.89	9.97	14.72	11.87	9.12	1.19

3.6　混凝土上坝高强度运输组织与管理

3.6.1　混凝土上坝运输系统及运行效率主要影响因素

拱坝施工混凝土运输系统由混凝土运输循环线、混凝土自卸汽车水平运输和缆机垂直运输组成。其中混凝土运输循环线由拌和楼平台、右岸混凝土供料线和场内公路 5S4 隧洞相连接的混凝土运输循环洞组成。

锦屏一级拱坝混凝土上坝垂直运输共布置 5 台 30t 平移式缆机，由上游往下游依次是 1～5 号缆机。缆机的主塔位于右岸 1975m 高程平台，副塔位于左岸 1960m 高程平台。轨道长 221m，基础为钢筋混凝土结构。左、右岸 1885m 高程均布置有供料线平台。缆机的司机室位于右岸供料线平台与混凝土拌和楼出口之间的 1885m 高程平台，靠河侧布置。

影响锦屏一级水电站混凝土上坝运输效率的主要影响因素包括地形和气候条件、缆机设备状况、各种垂直运输设备运行空间交叉、混凝土运输"一条龙"的参与人员的素质以及协调管理水平等。该运输系统运行特点及主要影响因素分析如下：

（1）拌和楼与混凝土供料线距离仅 180m，有利于提高混凝土运输强度，但混凝土运输车辆运行安全管控要求高。混凝土自卸汽车为后卸式，卸料车与直行车之间存在干扰。

（2）缆机为高速缆机，小车水平最大速度为 7.5m/s，空载提升和满载下降最大速度 3.5m/s，但 5 台缆机为平移式同层共轨布置，中间缆机故障检修时对大坝混凝土浇筑影响大。

（3）锦屏一级坝址区为高山峡谷河床，河谷深切，缆机运行高度范围达 49～354m，操作人员视线范围受到很大制约，相当一部分区域仅依靠语音指挥操作，作业环境差，缆机运行安全风险大；且坝段少，坝轴线短，不利于高速缆机采用水平垂直组合运行，影响缆机效率发挥。

（4）混凝土运输与材料设备辅助吊运相互影响。原设计在大坝左岸设辅助吊运平台，右岸混凝土供料线专司混凝土吊运。但为确保左岸坝肩边坡稳定，取消了左岸辅助材料运输循环交通洞，导致大宗辅助材料及工器具运输、吊运都从右岸混凝土供料线平台吊入，对大坝混凝土运输及缆机吊运效率有一定的影响。

（5）大坝上游、下游分别布置有大坝辅助吊运塔机，缆机运行与塔机控制范围在空间存在交叉，安全风险大，对缆机运行效率也有实质性影响。

（6）施工区每年 11 月至次年 4 月为风季，风季每天中午 12：00 至次日凌晨 2：00 均有不同程度大风，最大风力可达 10 级，风季大风影响缆机运行效率，部分时段不得不暂停生产。

（7）缆机运行、大坝左右岸工程分属三家不同施工单位，缆机运行与大坝施工分属两家监理单位管理，现场协调管理难度大，施工缆机调度与检修安排、主要施工单位生产计划等都会影响混凝土吊运效率。

（8）混凝土吊运"一条龙"运行的有关人员素质对混凝土运输效率影响较大，包括缆机操作与指挥人员、混凝土自卸汽车司机及卸料指挥人员、大坝浇筑仓内卸料人员以及平仓振捣等环节都有直接影响。

（9）混凝土供料线占用大坝 25 号、26 号坝段，后期需提前拆除该段供料线，拆除期间及拆除后对缆机卸料和运行有一定的影响。

3.6.2 混凝土上坝运输组织与管理

3.6.2.1 混凝土上坝运输协调管理组织

锦屏一级水电站大坝混凝土运输涉及单位多、环节多，安全风险大，为强化大坝混凝土运输管理，锦屏建设管理局会同监理和施工单位联合成立了现场协调管理领导小组和工作组。

（1）协调管理领导小组。大坝混凝土施工协调管理领导小组由锦屏建设管理局分管副局长、监理单位分管副总监、施工单位生产副经理、管理局项目管理部门分管副主任、监理单位大坝监理处处长组成，管理局分管副局长任组长。领导小组负责混凝土浇筑一条龙考核细则审定，重要坝段浇筑计划变更审批、重大事项协调。

（2）协调管理工作组。由监理单位大坝处处长、大坝施工单位施工现场负责人、缆机运行单位现场负责人、锦屏建设管理局项目管理部门项目负责人组成。负责按照浇筑计划协调缆机使用、缆机检修计划的审定、对混凝土浇筑一条龙施工效率进行考核，协调施工过程中影响混凝土浇筑效率相关事项，一般坝段混凝土浇筑计划变更审定。现场协调工作组每天在现场组织召开日协调会议，对当天工作计划落实情况进行总结检查，分析影响混凝土浇筑效率的主要原因，对第二天的工作计划进行安排，同时提出对影响浇筑效率问题的整改要求。

3.6.2.2　混凝土上坝运输系统管理措施

1. 统一协调管理

针对现场实际情况，依靠现场协调管理机构，对相应工作进行协调。

在施工布置阶段，大坝左岸工程施工单位按照合同约定，报送了辅助吊运设备布置方案，拟将一台 C7050 建筑塔机布置在垫座 1730m 平台上，优点是覆盖范围大，可利用垫座不同高程平台及左岸基础处理不同高程通道运输材料，但缆机运行单位提出，在左岸坝后布置塔机，对缆机运行影响很大，大坝左岸多数坝段混凝土浇筑时均会因其影响而降低浇筑效率。经大坝工程监理和锦屏建设管理局评审，统筹考虑后，决定将该塔机布置调整到大坝上游河床部位，避免了上述干扰影响。

在大坝施工过程中，混凝土施工现场协调工作组坚持每天在现场组织召开碰头会，落实混凝土浇筑周计划，分析当天影响混凝土浇筑效率的主要原因，对第二天缆机使用计划进行协调和安排，并提出整改要求。

2. 统一制定混凝土浇筑月计划

锦屏建设管理局根据工程建设进展及年进度计划要求，结合大坝三大高差控制、混凝土间歇期、接缝灌浆进度要求、关键坝段形象要求，通过仿真模拟分析，统一制定大坝混凝土整体浇筑形象计划；监理机构根据管理局审定的月度形象计划，排定大坝左右岸仓位计划，并提交缆机运行单位和大坝左、右岸施工单位落实。监理排仓计划必须满足月度形象要求，同时要考虑不同仓位套浇时缆机分配及相对位置关系，缆机和拌和系统维护保养时间，并兼顾合同对大坝左、右岸缆机使用台时分配。

大坝左、右岸施工单位根据监理的月度排仓计划，制定周备仓和浇筑计划落实措施；缆机运行单位根据月度计划制定缆机运行维护和保养计划。

月度计划在月进度例会上，由协调领导小组综合各方意见后审定；周计划由协调工作组在周例会上协调审定。

3.6.3　混凝土上坝运输系统考核

因坝肩边坡开挖滞后、大坝混凝土量增加等原因，大坝施工进度曾落后合同目标。为确保工程按期蓄水发电，锦屏建设管理局制定了《锦屏一级大坝混凝土进度目标考核管理办法》，强化对大坝混凝土浇筑"一条龙"浇筑效率和缆机使用的考核。施工过程中，监理单位安排专人跟踪记录统计混凝土浇筑期间各环节运行情况，每天汇总，每周通报，每月考核。

为避免出现一味追求缆机运行效率，忽视质量和安全的情况，将浇筑效率考核与施工质量和施工安全挂钩，实行安全和质量事故一票否决。

根据《锦屏一级大坝工程混凝土施工进度目标考核管理办法》，混凝土上坝运输奖励考核分为两部分，即按施工进度形象目标和缆机使用效率"一条龙"考核。大坝工程施工单位、高线混凝土生产系统运行维护单位、缆机运行维护单位奖励金额的60%用于施工进度目标考核，40%用于混凝土浇筑"一条龙"考核；印把子沟砂石系统、三滩右岸砂石系统的运行单位只按照大坝工程施工进度目标进行考核。奖励金额按照浇筑的混凝土方量分单位分别设定，超额部分奖励另计。

所有奖励用于施工一线作业人员（包括外协队施工作业人员，以及测量、试验检测、安全监测、施工安全监督、质量检查等现场施工作业人员）的比例不得低于90%。

3.6.3.1　施工进度目标考核

为按照合同工期实现发电目标，依据合同，锦屏建设管理局开展了大坝工程进度目标考核。

1. 考核对象与内容

施工进度目标考核对象包括：大坝工程施工单位、高线混凝土生产系统运行维护单位、缆机运行单位、印把子沟砂石系统运行单位、三滩右岸砂石系统运行单位。施工进度考核以关键坝段综合形象达标为依据。

2. 大坝施工进度目标考核

（1）考核内容。考核内容为考核月实际完成的形象、当月质量、安全事故及违章作业等。

（2）目标。大坝工程施工进度目标考核以管理局发布年度和月度施工形象的排仓计划为依据。每月发布排仓计划时，由锦屏建设管理局会同监理单位确定关键坝段目标形象。

（3）考核。

1）完成当月施工形象计划（坝体混凝土施工形象按关键坝段完成高程考核），且未发生施工质量、施工安全事故的，按当月大坝混凝土浇筑量给予施工进度目标奖励。

2）当月施工形象计划超额完成的，除按大坝混凝土浇筑量给予施工进度目标奖励外，另按满足设计关于坝段高差控制要求的最低坝段浇筑形象超出高度，给予超目标奖励。

3. 缆机运行管理目标考核和奖励

（1）考核内容。缆机运行管理目标考核以报经监理机构签认的现场当月缆机运行计划完成情况为依据进行。考核内容为：

1）当月缆机吊运计划完成情况，周、日吊运计划与吊运要求符合情况，运行台时定额、吊运能力及对施工进展的影响。

2）当月设备运行评价。评价项目包括：运行记录、设备运行状况、安全文明操作、设备维护保养质量、安全事故及违规违章作业等情况。

（2）考核。考核目标以锦屏建设管理局审定的年度和月度施工形象的排仓计划为依据，在满足关键坝段浇筑形象前提下，考核报经监理机构签认的现场当月缆机运行计划完成情况。

当月大坝工程完成混凝土浇筑方量计划，缆机设备运行状况良好，安全文明操作，未发生设备质量、安全事故的，给予奖励；若混凝土完成方量小于管理局下达混凝土浇筑计划方量的90%，不予奖励。大于90%时，奖励总金额与完成率间换算系数见表3.6.3-1。

表 3.6.3-1　　　　　　　　　　施工进度目标缆机考核系数表

月计划方量完成率	<0.9	0.9	0.91	0.92	0.93	0.94	0.95	0.96	0.97
奖励金额	0	0.8V	0.82V	0.83V	0.85V	0.87V	0.89V	0.91V	0.93V
月计划方量完成率	0.98	0.99	1.0	1.05	1.08	1.1	1.15	1.2	
奖励金额	0.95V	0.98V	V	1.13V	1.22V	1.28V	1.45V	1.64V	

注　V 为当月实际方量与单方奖励金额的乘积。

4. 混凝土生产、砂石骨料供应目标考核

(1) 混凝土生产、砂石骨料供应目标考核内容。混凝土生产、砂石骨料生产系统目标考核以报经监理机构签认的现场当月供应计划完成情况为依据进行，考核内容如下：

1) 混凝土生产、砂石骨料供应对大坝工程施工进展的影响。

2) 混凝土生产、砂石骨料生产质量问题、安全事故及违规违章作业等情况。

3) 完成的混凝土生产、砂石骨料供应量和累计的混凝土、砂石骨料供应量。

(2) 考核。考核依据以锦屏建设管理局发布的年度和月度施工形象的排仓计划，在满足关键坝段浇筑形象实现前提下进行。

1) 高线混凝土拌和楼系统以混凝土拌和楼完好率为基本考核单位进行。以完好率94%为考核基准，按照完好率提高的百分点数进行奖励；同时对拌和楼日常维修保养时间进行考核，原则上要求按照每月 48h/台进行月保，每日 1h/台进行日保安排，周保养内容安排在日保养期间进行，不再另行安排停机检修，在上述时间内完成日常维修保养即给予奖励。

2) 砂石系统施工进度目标奖励申报和考核按三滩右岸砂石系统、印把子沟砂石系统分别进行。

当月大坝工程完成施工形象计划目标，各种砂石骨料供应满足大坝工程施工进展要求且未发生施工质量、施工安全事故的，给予施工进度目标奖励。

3) 当月大坝混凝土浇筑量超额完成的，按超额完成的大坝混凝土浇筑量，给予高线混凝土生产系统、三滩右岸砂石系统、印把子沟砂石系统运行维护单位施工进度目标超额完成奖励。

5. 补充奖励与奖励的追回

(1) 当月未完成施工形象计划目标，不予奖励，但在后续施工中赶回了滞后的形象，可申请补发。

(2) 由于施工单位原因，未完成年度形象计划，业主将从施工单位当期应支付进度款项中追扣当年所有已奖励费用。

3.6.3.2　混凝土浇筑缆机使用效率"一条龙"考核

鉴于缆机运行效率在大坝施工中的关键作用，锦屏建设管理局开展了以提升缆机使用效率为中心的"一条龙"考核。

1. 考核对象

缆机使用效率"一条龙"考核对象为大坝工程施工单位、高线混凝土生产系统运行单位、缆机运行单位。缆机使用效率"一条龙"考核（拌和楼生产、缆机运行和混凝土浇筑）以缆机浇筑仓使用效率考核为基准进行。

2. 考核细则

（1）考核小组与考核方式。由大坝施工监理单位牵头，缆机运行监理单位参与成立考核小组负责考核。混凝土浇筑缆机使用效率"一条龙"考核以单仓为单位进行，每月底汇总当月所有浇筑仓考核情况，月底兑现。单仓未达到额定效率不予以奖励。

（2）缆机浇筑效率考核标准。缆机使用效率按照缆机平均吊运强度进行计算。

1）单仓考核基准满足大坝工程总目标的进度计划并参考类似仓浇筑效率，根据实际排仓情况、浇筑仓位结构复杂程度、缆机运行环境等因素，由监理单位提前明确，并在每仓开仓前与相关单位签订考核基准。

2）单仓缆机平均吊运强度 q(罐/h) 为单仓 5 台缆机吊运总罐数/缆机投入混凝土吊运时间。其中缆机投入混凝土吊运时间 t(h) 为 1 号、2 号、3 号、4 号、5 号缆机对于单仓每台缆机使用时间（扣除降雨、避炮、架空、零活）。

（3）奖励。

1）将各单位总奖励额度的 40％用于缆机使用效率"一条龙"考核奖励。

2）缆机使用效率"一条龙"考核（拌和楼生产、缆机运行和混凝土浇筑）以缆机浇筑仓使用效率考核为基准进行。缆机浇筑仓使用效率考核合格，则该仓之拌和楼生产、缆机运行和混凝土浇筑按照上述奖励办法给予奖励；考核不合格则取消该仓之拌和楼生产、缆机运行和混凝土浇筑的该项奖励。

3）当缆机仓使用效率考核合格，考核仓缆机使用效率每超过缆机吊运额定效率0.5罐/h，给予大坝施工单位、缆机运行单位和拌和系统运行单位额外奖励。

3.6.3.3 考核执行效果

锦屏一级大坝工程实施过程中，受左岸复杂地质地形条件、大奔流料场开采、坝体混凝土工程量增加、温控标准提高、"8·30"特大地质灾害等因素影响，大坝工期一度滞后，如果不采取措施，工程施工工期较计划工期将延长 17 个月。通过实施混凝土浇筑施工考核，配合其他技术、资源和管理等综合措施，自 2009 年 10 月 23 日大坝混凝土首仓开浇，至 2013 年 12 月 23 日大坝全线封顶，大坝混凝土浇筑用时 50 个月，较合同工期少用时 5 个月，顺利实现了工程按期蓄水发电目标，同时还创造了大坝月平均上升 6.1m 的国内同类拱坝最高水平。大坝工程施工进度考核管理与其他高效施工技术措施相结合，成效显著。

参 考 文 献

[1] 中国水电顾问集团成都勘测设计研究院. 锦屏一级水电站大坝混凝土细骨料料源选择专题研究 [R]. 成都：中国水电顾问集团成都勘测设计研究院，2007.
[2] 中国葛洲坝集团锦屏三滩砂石系统项目部. 锦屏一级水电站大理岩制砂生产性试验报告 [R]. 成都：中国葛洲坝集团锦屏三滩砂石系统项目部，2007.
[3] 雅砻江流域水电开发有限公司，等. 锦屏一级复杂地质超高拱坝建设关键技术研究及应用 [R]. 成都：雅砻江流域水电开发有限公司，2016.
[4] 雅砻江流域水电开发有限公司，等. 超 300m 高拱坝混凝土优质快速施工关键技术研究及应用

　　　　[R]. 成都：雅砻江流域水电开发有限公司，2015.

[5]　　雅砻江流域水电开发有限公司，等. 高山峡谷区大型水电站施工场地拓展关键技术成果报告
　　　　[R]. 成都：雅砻江流域水电开发有限公司，2015.

[6]　　雅砻江流域水电开发有限公司，等. 锦屏一级水电站工程混凝土骨料大型管状带式输送机系统的
　　　　开发与应用成果报告 [R]. 成都：雅砻江流域水电开发有限公司，2014.

[7]　　雅砻江流域水电开发有限公司，等. 锦屏一级 305m 超高拱坝建设关键技术研究与应用成果报告
　　　　[R]. 成都：雅砻江流域水电开发有限公司，2015.

第4章

拱坝混凝土温度控制

4.1 概述

4.1.1 超高拱坝温控存在的主要问题

与常规的小于 200m 的高坝相比，超 300m 高拱坝的温控防裂难度技术难度更大，主要体现在以下几个方面：

（1）超高拱坝坝体厚度大，锦屏一级拱坝拱冠梁加贴角厚度最大达 79.6m，左岸 155m 高混凝土大垫座的上下游厚度最大达 102m，因而其混凝土温度应力远大于一般的高拱坝，温控防裂技术的起点要求高。

（2）超高拱坝坝体结构更加复杂，锦屏一级拱坝有四层坝身孔口和五层坝体廊道，岸坡坝基陡峻，最大坡度达 71°，坝体结构应力性态复杂；温度应力大与结构应力复杂的叠加，使得超高拱坝的温控防裂难度远超一般的高拱坝。

（3）温度边界条件复杂，锦屏一级全年日温差超过 15℃ 的天数占 46%，自然环境温差大；坝址区明显分成的冬季风季与夏季雨季，空气干湿差别大；同时，超 300m 高坝的库水水深特别大，上下游水温边界条件复杂；复杂的温度边界条件对拱坝稳定温度场的计算和封拱温度的确定难度大，对施工期坝体表面养护和保护要求高。

（4）超高拱坝施工工期长，一般需要 4 年多，需要连续施工、连续温控、连续接缝灌浆封拱，需要更加精细化管控。

（5）超高拱坝施工期工作性态复杂，超高拱坝施工期空库与温度荷载组合作用工况对拱坝工作性态的影响需高度重视，近期建设的 300m 级高拱坝就在施工期封拱后因未及时充水而坝体下游面产生结构性裂缝的情况。

基于超高拱坝温控防裂上述主要问题，需要专门研究超高拱坝混凝土温控防裂设计标准，制定温控质量精细化评价标准，并进行施工全过程监控反馈，及时解决施工过程中的问题。

4.1.2　气象条件

雅砻江流域地处青藏高原东侧边缘地带，属川西高原气候区，主要受高空西风环流和西南季风影响，干、湿季分明。每年11月至次年4月，高空西风带被青藏高原分成南北两支，流域南部主要受南支气流控制，它把在印度北部沙漠地区所形成的干暖大陆气团带入本区，使南部天气晴和，降水很少，气候温暖、干燥。流域北部则受北支干冷西风急流影响，气候寒冷、干燥。此期为流域的干季。干季日照多，湿度小，风速大，日温差大。5—10月，由于南支西风急流逐渐北移到中纬度地区，与北支西风急流合并，西南季风盛行，携带大量水汽，使流域内气候湿润、降雨集中，雨量占全年雨量的90%～95%，雨日占全年的80%左右，是流域的雨季。雨季日照少、湿度较大、日温差小。

锦屏一级坝址区气象水文要素统计值见表4.1.2-1～表4.1.2-4。

表4.1.2-1　　　　　　洼里（三滩）水文站气象要素特征值统计表

特征值		月份 1	2	3	4	5	6	7	8	9	10	11	12	全年
气温 /℃	多年平均	10.3	13.8	17.6	20.5	21.5	21.5	21.4	21.3	19.2	17.0	12.7	9.3	17.2
	极端最高	27.0	36.0	38.0	39.6	39.6	38.4	39.7	37.9	39.1	31.5	29.8	28.0	39.7
	极端最低	−3.0	−0.5	2.0	6.3	8.7	10.7	10.0	12.8	10.1	5.8	2.5	−2.0	−3.0
降雨量 /mm	多年平均	1.7	1.3	11.6	16.5	64.0	196.5	180.7	160.7	108.7	40.6	10.5	1.2	793.8
	占全年百分数/%	0.22	0.17	1.46	2.08	8.06	24.8	22.8	20.2	13.7	5.11	1.32	0.15	100
	历年一日最大	5.9	3.9	21.4	15.2	26.4	87.7	62.7	45.9	40.6	32.8	12.3	4.8	87.7
地温/℃	多年平均	11.5	15.1	19.6	23.5	24.5	24.3	24.5	24.4	21.9	19.1	14.3	10.2	19.4
水温/℃	多年平均	5.1	7.2	10.3	13.4	15.8	16.9	17.2	17.4	15.7	13.3	9.1	5.7	12.3
相对湿度 /%	多年平均	61	55	53	56	65	79	85	85	85	81	78	72	71
蒸发量 /mm	多年平均	126.0	172.4	255.0	270.6	226.1	148.5	119.7	116.7	89.5	95.9	78.4	83.9	1782.7
风速 /(m·s⁻¹)	多年平均	1.3	1.7	2.1	1.8	1.6	1.1	0.8	0.8	1.0	1.0	1.1	1.0	1.3
	最大风速及风向	9.0 NE, S	12.0 S	12.0 S	13.0 S	12.0 SW	10.0 N	9.0 N	12.0 N	12.0 N	8.0 NNE	8.0 NNW, N	11.0 S	13.0 S

表4.1.2-2　　　　　　洼里（三滩）水文站气温骤降统计表

时段	项目	1月	2月	3月	4月	5月	6月	7月	8月	9月	10月	11月	12月	全年
1d内	骤降次数	2	3	0	0	6	0	0	0	0	0	0	0	11
	百分比/%	18.2	27.3	0	0	54.5	0	0	0	0	0	0	0	100

续表

时段	项目	1月	2月	3月	4月	5月	6月	7月	8月	9月	10月	11月	12月	全年
2d内	骤降次数	5	10	6	7	17	5	2	1	3	1	2	1	60
	百分比/%	8.3	16.7	10.0	11.7	28.3	8.3	3.3	1.7	5.0	1.7	3.3	1.7	100
3d内	骤降次数	4	12	8	14	24	10	3	1	1	1	2	2	82
	百分比/%	4.9	14.6	9.8	17.1	29.3	12.2	3.7	1.2	3.5	1.2	2.4	2.4	100
备注	表中的百分比为各月份的骤降次数占全年次数的百分比，统计年份为 1990—1991 年、1994—2001 年，共计 10 年。 气温骤降是指日平均气温连续下降超过 5℃													

表 4.1.2-3　　　　　洼里（三滩）水文站气温骤降幅度统计表

时段	变温幅度	$T \geqslant 10℃$	$10℃ > T \geqslant 8℃$	$8℃ > T \geqslant 6℃$	合计
1d内	变温次数	0	0	11	11
	百分比/%	0	0	100	
2d内	变温次数	3	13	44	60
	百分比/%	5	21.7	73.3	
3d内	变温次数	8	22	52	82
	百分比/%	9.8	26.8	63.4	
备注	表中的百分比为各个气温段的个数占三个气温段总个数的百分比				

表 4.1.2-4　　　　　洼里（三滩）水文站气温日变幅统计表

温度变幅		1月	2月	3月	4月	5月	6月	7月	8月	9月	10月	11月	12月	全年
$T \geqslant 20℃$	天数	3.1	5.9	5.9	4.9	3.4	0.4	0.3	0.1	0	0.4	0.6	1.6	26.6
	百分比/%	12.9	28.1	27.4	24.6	21.1	5.1	8.1	2.2	0	3.8	3.9	8.1	15.8
$20℃ > T \geqslant 15℃$	天数	20.9	15.1	15.6	15.0	12.7	7.4	3.4	4.4	4.7	10.1	14.6	18.1	142.0
	百分比/%	87.1	71.9	72.6	75.4	78.9	94.9	91.9	97.8	100	96.2	96.1	91.9	84.2
$T \geqslant 15℃$	天数	24.0	21.0	21.5	19.9	16.1	7.8	3.7	4.5	4.7	10.5	15.2	19.7	168.7
备注	表中的百分比为各月份的各个气温变幅的平均日数占 $T \geqslant 15℃$ 的气温段的百分数													

分析锦屏一级坝址区的气象条件，影响拱坝温控防裂的环境因素有以下特点：

（1）坝区夏季温度较高，天然散热条件较差，采用通仓浇筑时，必须采取骨料预冷、水管通水冷却等有效的人工降温措施，才能把混凝土的温度控制在容许范围之内。

（2）坝址区冬季月平均气温在 9～13℃，不存在寒冷地区混凝土冬季施工的防冻问题，并且冬季气温低，混凝土入仓温度低，散热条件好，利用冬季浇筑温控要求较高的基础混凝土，能为通仓浇筑创造条件，对混凝土的防裂较为有利。

（3）坝址区气温骤降按多年平均统计，每年 1d 内骤降 6～8℃的达 11 次，每年 2d 内骤降 8～10℃的达 13 次，每年 3d 内骤降 10℃以上的达 8 次，气温骤降发生时间多在 1—6 月。气温骤降次数总体较少，降温幅度大部分在 6～8℃，对混凝土温控防裂影响相对较小。

（4）坝址区日气温变幅较大，一年中有近半年气温日变幅大于 15℃，多发生在冬季和春季，日气温变化同样会产生温度应力，并与年气温变化的温度应力相叠加，混凝土极易产生表面裂缝，这是锦屏一级拱坝温控防裂的难点和重点。

（5）坝址区干湿季节变化分明，冬季干燥、日照多、风速大、温差大，不利于温控防裂，要做好表面保温保湿；夏季气温高、多雨，需要做好混凝土雨季浇筑的仓面降温及防水工作。

4.1.3　混凝土设计材料参数与应力控制标准

参照 DL/T 5346—2006《混凝土拱坝设计规范》的规定，结合我国近年来高拱坝的建设经验及锦屏一级拱坝工程特点，根据拱梁分载法的应力计算成果，本着安全可靠、经济合理、施工方便等要求，经工程类比后，要求混凝土抗压强度标准值应不低于 30MPa。

锦屏一级拱坝规模巨大，设计龄期对工程施工及经济效益有较大影响。由于浇筑工期长，拱坝蓄水承载时，主要受力区混凝土龄期已在 360d 以上。拱坝混凝土掺入 30％～35％粉煤灰后，混凝土后期强度有一定幅度的增加，与 90d 龄期混凝土比较，180～360d 龄期混凝土强度还可提高 10％以上。采用 180d 设计龄期时，混凝土绝热温升比 90d 龄期混凝土降低 3～4℃，这对混凝土温度控制、降低工程费用以及工程早日投产创造了有利条件，鉴于此，确定锦屏一级拱坝混凝土的设计龄期采用 180d。

根据坝体应力分布情况，结合坝身孔口等建筑物对混凝土强度的要求，设计采用三种强度等级的混凝土分区，即 A 区为 $C_{180}40$，B 区为 $C_{180}35$，C 区为 $C_{180}30$。根据混凝土设计强度、抗裂性、耐久性等要求，结合混凝土试验成果，各分区混凝土的主要技术指标要求见表 2.1.1-1。

抗裂安全系数的取值应视结构的重要性和开裂危害程度及材料强度值而定，考虑锦屏一级拱坝工程的重要性，根据规范要求及可研与招标阶段确定的抗裂安全系数，在确定基础温差及上、下层温差控制标准时，抗裂安全系数 $K_f \geqslant 1.8$；在确定内外温差控制标准时，抗裂安全系数 $K_f \geqslant 1.5$；考虑温度骤降、昼夜温差等短周期温度荷载时，表面温度应力安全系数 $K_f \geqslant 1.4$。

结合组合骨料混凝土材料试验成果和大坝混凝土性能指标要求，确定温控设计的基本材料参数见表 4.1.3-1。

表 4.1.3-1　　　　　　　　组合骨料温控设计材料性能参数表

项　　目	龄期/d	大坝 A 区	大坝 B 区	大坝 C 区
抗压强度/MPa	7	16.88	14.77	11.78
	14	22.03	19.27	15.74
	28	27.69	24.23	20.20
	90	36.50	31.94	27.25
	180	40.00	35.00	30.00
	∞	42.55	37.23	31.8

项 目	龄期/d	大坝 A 区	大坝 B 区	大坝 C 区
弹性模量/GPa	7	19.8	18.7	18.1
	14	23.4	22.3	21.5
	28	27.1	25.9	24.8
	90	32.4	31.1	29.6
	180	34.5	33.3	31.5
	∞	36.8	35.4	33.5
极限拉伸值/($\times 10^{-6}$)	7	52.3	49.3	45.7
	14	65.2	61.8	57.7
	28	78.5	74.6	70.2
	90	97.7	93.2	88.3
	180	105.0	100.0	95.0
	∞	110.6	105	99.6
自生体积变形/($\times 10^{-6}$)		−30	−26	−23
线膨胀系数/($10^{-6} \cdot ℃^{-1}$)		9.00	9.00	9.00
绝热温升/℃		28	27	26
比热/($kJ \cdot kg^{-1} \cdot ℃^{-1}$)		0.85	0.86	0.84
导温系数/($m^2 \cdot h^{-1}$)		0.0036	0.0036	0.0036
导热系数/($kJ \cdot m^{-1} \cdot h^{-1} \cdot ℃^{-1}$)		7.74	7.76	7.58
容重/($kg \cdot m^{-3}$)		2475	2475	2475
泊松比		0.17	0.17	0.17
安全系数取 1.8 时拉应力控制标准/MPa	7	0.58	0.51	0.46
	14	0.85	0.77	0.69
	28	1.18	1.07	0.97
	90	1.76	1.61	1.45
	180	2.01	1.85	1.66
	∞	2.26	2.07	1.85

注 考虑到层间结合问题，竖直向拉应力控制标准取表中拉应力控制标准的 0.7 倍。

4.2 拱坝分缝设计

4.2.1 通仓浇筑论证

锦屏一级拱坝底宽在 20～79.6m 范围内，大坝基础强约束区均采用通仓浇筑，不同浇筑块尺寸受基础约束作用不同，尺寸越大，则应力越大。为深入分析通仓浇筑的温度应力，论证通仓浇筑的可行性，对不同季节、不同浇筑块尺寸的坝体温度应力进行敏感性分析，获取不同季节、尺寸变化对温度应力影响的变化规律。

敏感性分析计算时坝体宽度取 22m，坝体厚度（浇筑块长度）分别取 100m、80m、60m、40m，计算高度方向取 40m，混凝土材料为 $C_{180}40$。

按锦屏一级拱冠梁坝段施工进度进行计算，假定首仓混凝土浇筑时间分别取 1 月、4 月、7 月和 11 月 4 个月。一期通水 21d，二期通水根据拱冠梁坝段封拱要求进行，通水时间及一、二期冷却水温均按照拱冠梁坝段基础强约束区的温控方案，计算过程中不考虑蓄水。

通过对不同季节、不同浇筑块长度的大坝施工期温度应力进行敏感性分析，成果见表4.2.1-1。成果表明，虽然大坝底宽对基础区温度应力具有较大的影响，但只要采用合理的温控措施，拉应力均能满足混凝土设计容许抗裂要求，锦屏一级施工期采用的通仓浇筑方案可行。

表 4.2.1-1　　　　　　　　　长浇筑块温度应力仿真计算结果

工况	浇筑块长度/m	浇筑时间	最高温度/℃	顺河向最大应力/MPa		横河向最大应力/MPa	最大应力出现时间
				1586m 高程	1599m 高程		
Gk-1	100	1 月 1 日	23.3/26.26	1.24	1.67	0.73	二期冷却末
Gk-2	80	1 月 1 日	23.3/26.26	1.11	1.56	0.72	二期冷却末
Gk-3	60	1 月 1 日	23.3/26.26	1.05	1.40	0.71	二期冷却末
Gk-4	40	1 月 1 日	23.3/26.26	0.92	1.15	0.70	二期冷却末
Gk-5	100	4 月 1 日	24.3/26.21	1.44	1.57	0.84	二期冷却末
Gk-6	80	4 月 1 日	24.3/26.21	1.31	1.47	0.83	二期冷却末
Gk-7	60	4 月 1 日	24.3/26.21	1.16	1.35	0.83	二期冷却末
Gk-8	40	4 月 1 日	24.3/26.21	0.94	1.07	0.82	二期冷却末
Gk-9	100	7 月 1 日	24.2/25.63	1.65	1.56	1.24	二期冷却末
Gk-10	80	7 月 1 日	24.2/25.63	1.60	1.46	1.22	二期冷却末
Gk-11	60	7 月 1 日	24.2/25.63	1.43	1.36	1.21	二期冷却末
Gk-12	40	7 月 1 日	24.2/25.63	1.39	1.05	1.21	二期冷却末
Gk-13	100	11 月 1 日	22.0/26.1	1.15	1.63	0.64	二期冷却末
Gk-14	80	11 月 1 日	22.0/26.1	1.09	1.53	0.63	二期冷却末
Gk-15	60	11 月 1 日	22.0/26.1	1.03	1.44	0.62	二期冷却末
Gk-16	40	11 月 1 日	22.0/26.1	0.91	1.19	0.61	二期冷却末

注　1. 表中最高温度分别为表中最高温度分别为 1586m 高程和 1599m 高程处的数值，基础约束区附近最大应力也发生在这两个高程处。

　　2. 表中工况采取的浇筑方案、通水冷却方案及保温措施等相关温控方案均参照拱冠坝段的设计要求进行，其中一期通水 21d，不考虑蓄水。

拱冠梁处坝底厚度 63m，加上下游贴角，坝段顺河向浇筑块长度 79.6m。设置 25 条横缝，将大坝分为 26 个坝段，横缝间距为 20～25m，平均坝段宽度为 22.6m。正常仓面最大面积控制在 1500m² 左右，并缝处仓面最大面积接近 2000m²。

采用平铺方式浇筑，混凝土铺料一层按 0.5m 厚考虑，则铺一层混凝土量为 1000m³。大坝混凝土采用 4 台 30t 平移式缆机浇筑，吊罐 9.6m³。根据缆机的循环时间和生产能力，按单台缆机每小时生产运输为 63m³，混凝土初凝时间 4h（浇筑时间为 9 月）计算，采用 4 台缆机同时浇筑一个仓面，混凝土浇筑量可达 1008m³，满足最大仓面采用平铺法浇筑的要求。

根据温控设计计算成果和混凝土浇筑设备配备情况，大坝采用通仓浇筑既能满足大坝混凝土温度应力控制的要求，又能更好地保证坝体的整体性和混凝土的浇筑质量，因此锦屏一级大坝采用通仓浇筑，坝体不设纵缝。

4.2.2 拱坝横缝间距与分缝形式

确定大坝横缝间距时，需综合考虑下列各项因素：

（1）结合水工枢纽总体布置的需要，使得坝内孔口、坝体附属结构及建筑物与坝段宽度相适应，并保证各项布置合理和结构应力状态良好。

（2）要求经适当的人工冷却后，到规定的灌浆时间和封拱温度，横缝的张开度能达到 0.5～0.7mm 以上，以保证横缝使用水泥材料的可灌性。

（3）各坝段的浇筑面积应与混凝土的初凝时间、浇筑能力相适应。横缝间距过小，将导致横缝的数量、灌浆设备和施工时间以及相应的工程费用均将增多。

（4）在坝基断层破碎带、岩性不均匀或坝基面形状有显著变化的部位，宜在该部位设横缝，以防止坝体在该处因应力集中而发生裂缝。

横缝间距相等，各坝段的宽度相同，可使缝距统一，便于施工，加快进度，但在全坝内采用统一缝距尺寸的同时还必须能满足坝基地形地质情况、附属建筑物的布置、混凝土施工条件等要求。若单纯追求统一缝距，则在布缝时缺乏灵活性。

国内外部分拱坝横缝间距多为 12～25m，一般为 15～20m 的较多。根据锦屏一级拱坝及相应附属建筑物的布置情况，结合对混凝土施工浇筑能力的分析，选定孔口坝段的宽度为 22.0～25.4m，非孔口坝段的宽度为 20.0～22.0m。

拱坝横缝主要包括垂直面型横缝、折线面型横缝、扭曲面型横缝等。其中垂直面型横缝是指位于设计高程中线之径向方向的铅直面，缝面是一个平整的竖面，型式简单，施工方便，在双曲拱坝中普遍采用。

根据锦屏一级拱坝结构布置特点，由于拱坝中心线与溢流中心线之间平行但相距 13.0m，加上各泄洪孔口的轴线与所在部位的拱圈中心线的径向有较大的交角，如果采用垂直于拱圈中心的扭曲面型的横缝，则横缝将影响相应的孔口结构。采用垂直面型的横缝可有效避免因泄洪消能建筑物的不对称布置带来的孔口坝段形态较差的问题，特别是可以使得放空底孔坝段的形态和最大仓面面积控制较好。考虑拱坝的结构特别是坝身孔口的布置特点，锦屏一级拱坝采用垂直面型的横缝布置型式，横缝布置如图 4.2.2-1 所示。

4.2.3 岸坡坝段横缝底部结构型式选择

DL/T 5346—2006《混凝土拱坝设计规范》规定，横缝底部与坝基面或垫座面的夹角不得小于 60°，并尽可能接近正交，避免浇筑块出现尖角而发生裂缝。锦屏一级拱坝坝址两岸岸坡陡峻，大部分坝段坐落在陡坡基础上，尖角部位的应力集中，温控防裂难度比较大。进行合理地分缝，采用合适的近基础区缝面结构型式，不仅对施工期的温控防裂有重要作用，对拱坝运行期的工作状态也有非常重要的影响。为此，设计拟定了垂直、斜切及

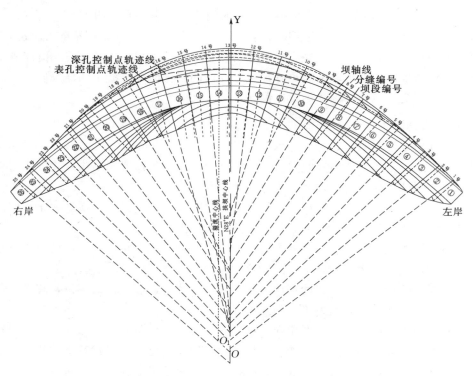

图 4.2.2-1 锦屏一级拱坝横缝布置图

水平三种型式（图 4.2.3-1），通过从施工期陡坡坝段底部应力情况、拱坝运行期的应力状态、施工期缝面开度等方面进行比较，以提出相对较优的横缝底部型式。

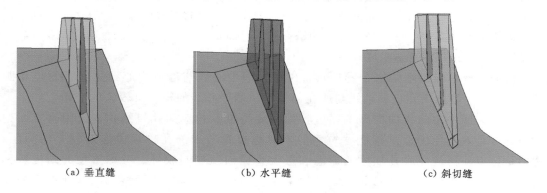

（a）垂直缝 （b）水平缝 （c）斜切缝

图 4.2.3-1 陡坡坝段缝底部形状模型

如图 4.2.3-2 所示为按照规范要求计算的锦屏一级拱坝在"正常蓄水位+温降"工况上下游面主应力矢量图，表 4.2.3-1 所示为三种分缝形式施工期应力统计表。

垂直缝施工期顺河向拉应力最大，最大值为 1.98MPa，缝端应力集中区最小，但是延伸至基础的拉应力最大，最大值为 1.8MPa，运行期最大主应力方向与分缝方向不垂直。且如果靠近河床坝段先于旁边的坝段浇筑，则会在先浇河床坝段老混凝土与基础之间产生一个非常尖的浇筑块，这对于混凝土施工和这一楔形体浇筑块的温度应力都是不利的。

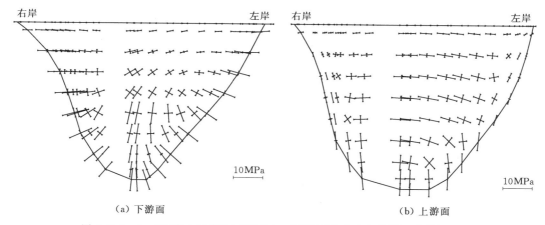

（a）下游面　　　　　　　　　　　　　　（b）上游面

图 4.2.3-2 "正常＋温降"工况下上、下游面主应力矢量图（多拱梁法）

表 4.2.3-1　　　　　　　　　三种分缝形式应力统计表　　　　　　　　单位：MPa

分缝形式	顺河向最大应力	基础内最大应力
垂直缝	1.98	1.80
水平缝	1.95	1.40
斜切缝	1.90	1.25

水平缝施工期顺河向拉应力居中，最大值为 1.95MPa，缝端应力集中区最大，延伸至基础的拉应力居中，最大值为 1.40MPa，且平缝拐角处容易产生应力集中，产生新的裂缝。运行期最大主应力方向与分缝方向不垂直。

斜切缝施工期顺河向拉应力最小，最大值 1.90MPa，缝端应力集中区居中，延伸至基础的拉应力最小，最大值为 1.25MPa，且运行期最大主应力方向与分缝方向垂直，施工期横缝张开后，与横缝垂直的施工期拉应力释放，与运行期应力叠加后，最大主应力最小。

综上所述，斜切缝是相对最优的，因此锦屏一级拱坝的陡坡坝段横缝底部结构型式采用斜切缝。

4.2.4　垫座分缝形式比选

锦屏一级左岸垫座总高度 155m，沿拱端厚度方向平均宽度约 61m，最大置换深度平均约 50m，最大宽度（上、下游长度）102m，垫座水平面积 2586～4424m²，平均 3499m²，仓面大，约束复杂，选择好的分缝形式是垫座混凝土温控方案的基础。考虑混凝土垫座温控特点，共比选了四种分缝形式，前三种均是错缝形式，三种错缝形式的分缝位置和分缝条数不同，第四种是斜缝形式，如图 4.2.4-1 所示。

针对上述三种错缝形式（高程方向间隔 12m 错缝）和一种斜缝形式，开展了不同进度、不同浇筑层厚度、不同温控措施、C30 和 C25 两种材料的多工况研究，主要研究结论如下：

（1）锦屏一级垫座浇筑块尺寸大，约束条件复杂，温控难度大于大坝混凝土，在施工中应从严控制。

（2）错缝形式下，应力分布规律与分层分块形式密切相关。12m 高浇筑块靠近底部的应力最大，每个浇筑块的最大应力等值线成拱形，离底部基础区越远，应力越小。最大应力发生在二期冷却末期，最大应力能满足安全抗裂系数 1.8 的要求。

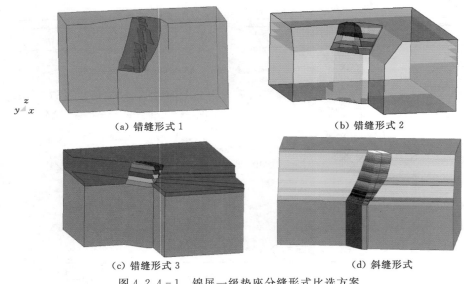

（a）错缝形式 1　　　　　　　　　　　（b）错缝形式 2

（c）错缝形式 3　　　　　　　　　　　（d）斜缝形式

图 4.2.4-1　锦屏一级垫座分缝形式比选方案

（3）错缝形式下，错缝部位有较大的应力集中，应力集中范围约为 1.5m，需要配筋，且配筋率较高；且错缝由于每 12m 就受到上、下层浇筑块的强约束作用，靠近上、下层 4m 范围内的缝开度小于 0.5mm，不利于灌浆。

（4）斜缝形式下，约束区最大应力不超过 1.5MPa，且随着高程的增加，外浇筑块最大应力有所降低，超过 10m 后上部混凝土最大应力为 1.0MPa，内浇筑块由于受三面约束，最大拉应力要普遍大于外侧混凝土块，且表现出从内侧向外侧递减的趋势，脱离约束区后的最大拉应力也达到 1.5MPa。总体应力水平满足抗裂安全系数大于 1.8 的要求。

（5）3m 浇筑时，各高程最高温度比 1.5m 浇筑时温度要高 0.4～1.2℃，最大应力大 0.15MPa，且越接近基岩，最大应力差别越明显。

（6）调仓跳块浇筑时，由于浇筑顺序的变化，其最高温度比平层浇筑略高，且由于约束条件的变化，调仓跳块浇筑的最大应力比平层浇筑略大，两者相差 0.1～0.2MPa。

（7）三期冷却比二期冷却应力削减 0.07～0.17MPa，其中基础约束区应力削减较小，而上部受上、下层温差的区域应力削减较为明显。

（8）从抗裂安全系数而言，C30 略好于 C25，两者相差小于 3%。

综上所述，考虑到错缝分缝形式存在仓面面积不均匀、最大仓面面积过大、浇筑块最大长宽比过大，以及横缝开度受上、下层约束大、缝端局部拉应力大等问题，而采用斜缝分缝形式同高程的两个浇筑块仓面大小比较均匀、浇筑块的性态较好、缝面受力性态较好，锦屏一级垫座采用斜缝分缝形式。

4.3　稳定温度场与封拱温度

4.3.1　温度边界条件包络式分析方法

温度荷载是拱坝的主要荷载，在设计阶段，考虑到拱坝温度边界特别是库底温度的不确定性，实际的库水温度可能比设计值高或者低，将对拱坝的应力产生一定的影响。对锦屏一级拱坝的温度边界，设计考虑采用包络式的方法分析拱坝的温度边界条件，即除采用数值计算方法进行常规的温度边界分析外，还根据锦屏一级工程的特点和工程运行中可能出现的不利情况，确定运行中的实际边界温度可能的分布范围。选用不同温度边界条件下的温度荷载对坝体运行期应力进行计算分析，对封拱温度进行优化使之能满足不同温度荷载条件下的应力控制要求，并且有较好的应力状态。

4.3.2 水库水温计算成果

根据包络式确定温度边界的思路，计算分析时考虑了不同的影响因素，分别确定了库水温度分布的中值、下限和上限。三种方案计算分析时考虑的主要因素基本一致，部分参数的取值有所不同。中值时考虑的最低入库水温为7℃。下限方案根据锦屏一级河道水温和库区地温的特点，汛前河道来水多为雪水，入库温度较低，计算时考虑最低月入库水温为5℃，地温也参照多年平均的地温降低1～1.5℃。上限方案考虑库底淤积，并根据二滩实测水温类比确定计算条件，如以水文气象条件类比，锦屏一级水库的入库水温、库表面水温和库底水温，均应低于二滩水库的水温1～2℃。锦屏一级水库月平均水温预测值如图4.3.2-1所示。

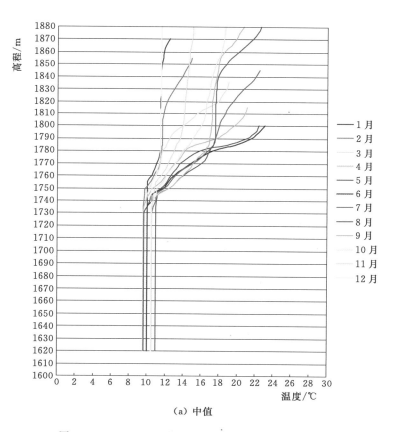

(a) 中值

图4.3.2-1（一） 锦屏一级水库月平均水温预测值

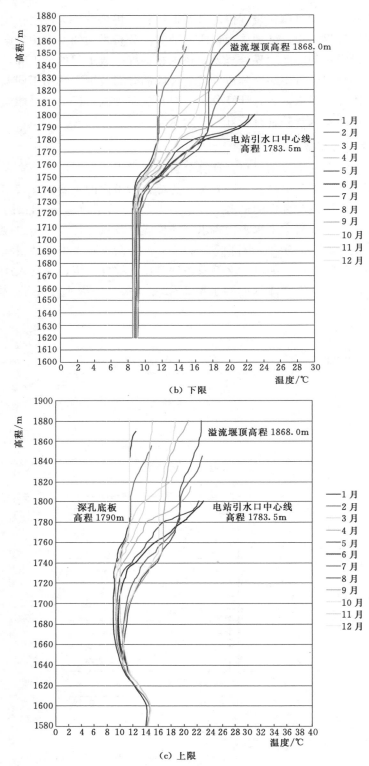

图 4.3.2－1（二）　锦屏一级水库月平均水温预测值

4.3.3 稳定与准稳定温度场

根据库水温分布、地温及其他边界条件，考虑孔口泄水与不泄水两种状态，利用三维有限元方法计算拱坝坝体准稳定温度场和稳定温度场。考虑库水温取中值、下限和上限，以及孔口泄水与不泄水两种状态，可以计算得到 6 套不同的拱坝坝体准稳定场与稳定温度场。拱坝封拱温度方案研究发现，拱坝应力主要受库水温度边界取下限的情况控制，故设计上考虑库水温度取下限为设计基本温度边界条件。

坝体温度场计算模型及温度边界如图 4.3.3－1 所示。锦屏一级水库消落深度达 80m，准稳定温度场及稳定温度场的计算充分考虑了水库特点，水位以下温度取相应的库水温，如图 4.3.2－1 的（b）下限所示，水位以上取相应的月平均气温加 1℃辐射热，下游水垫塘取水垫塘内水温。坝体准稳定温度场及稳定温度场计算均考虑了相应边界条件 12 个月的变化，其中上游、水垫塘部位的 1 月、4 月、7 月和 10 月 4 个月的温度边界条件见表 4.3.3－1、表 4.3.3－2。

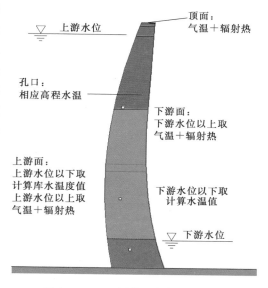

图 4.3.3－1　坝体温度场计算模型及温度边界示意图

图 4.3.3－2、图 4.3.3－3 所示为设计温度边界下，分别考虑孔口泄水和不泄水时拱冠梁坝段的稳定温度场成果。

表 4.3.3－1　　　　坝体准稳定温度场及稳定温度场计算上游温度边界　　　　单位：℃

月　份		1	4	7	10	年均
气温/℃		10.5	20.5	21.2	17.1	17.2
水位/m		1868	1815	1846	1880	1851.5
坝体高程 /m	1880				18.6	
	1875				18.6	
	1870	12.5			18.5	
	1865	12.0			18.4	
	1860	11.8			18.2	
	1855	11.7			17.9	
	1850	11.6			17.6	
	1845	11.6		22.4	17.4	
	1840	11.5		22.0	17.2	
	1835	11.5		21.5	17.0	
	1830	11.5		20.7	16.9	
	1825	11.5		20.0	16.8	

续表

月　份	1	4	7	10	年均
气温/℃	10.5	20.5	21.2	17.1	17.2
水位/m	1868	1815	1846	1880	1851.5
坝体高程/m　1820	11.4		19.5	16.6	
1815	11.5	21.0	19.0	16.5	
1810	11.5	20.9	18.6	16.4	
1805	11.5	20.3	18.2	16.3	
1800	11.5	19.6	18.0	16.0	16.3
1795	11.5	18.1	17.7	15.5	16.0
1790	11.5	17.6	17.5	15.0	15.6
1785	11.5	15.3	17.3	14.6	15.0
1783.5	11.5	14.7	17.1	14.3	14.6
1780	11.5	14.2	16.8	14.0	14.2
1775	11.3	13.7	16.0	13.6	13.7
1770	11.0	13.0	15.0	13.1	13.2
1765	10.8	12.5	14.0	12.59	12.7
1760	10.5	12.0	13.1	12.12	12.1
1755	10.0	116	12.5	11.75	11.6
1750	9.3	10.6	11.9	11.1	10.9
1745	8.9	9.5	10.6	10.3	10.0
1740	8.8	9.3	10.3	9.79	9.7
1735	8.7	9.2	9.8	9.5	9.4
1730	8.6	9.0	9.6	9.3	9.2
1725	8.6	8.8	9.4	9.2	9.1
1720	8.5	8.7	9.2	9.1	8.9
1620	8.5	8.6	9.0	9.0	8.8
1580	8.5	8.6	9.0	9.0	8.8

表 4.3.3－2　坝体准稳定温度场及稳定温度场计算水垫塘部位温度边界　　　　单位：℃

月　份	1	4	7	10	年均
气温/℃	10.5	20.5	21.2	17.1	
水位/m	1635.8	1636.6	1640.3	1638.2	1637.6
坝体高程/m　1640			22.0		
1638			21.5	18.5	18.3
1637			21.2	18.4	18.0
1636		20.0	20.9	18.3	17.8
1635	12.7	19.7	20.8	18.14	17.7
1634	12.9	19.0	20.6	17.9	17.5
1633	13.5	17.5	20.5	17.8	17.3
1630	14.0	16.5	20.2	17.5	16.9
1620	14.8	15.7	19.5	17.0	16.6
1600	15.0	15.5	18.4	16.8	16.2
1590	15.0	15.4	18.0	16.6	16.1
1585	15.0	15.2	17.9	16.55	16.0
1580	15.0	15.2	17.9	16.55	16.0

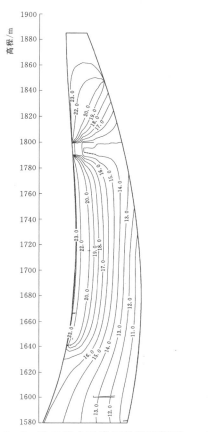

图 4.3.3-2 孔口泄水时拱冠梁坝段剖面
稳定温度场（单位：℃）

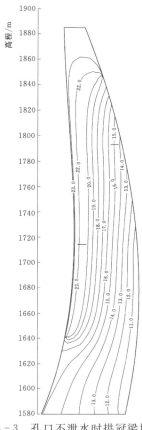

图 4.3.3-3 孔口不泄水时拱冠梁坝段剖面
稳定温度场（单位：℃）

垫座稳定温度场计算模型如图 4.3.3-4 所示。垫座温度边界分为四部分：与坝体接触的面按绝热边界考虑；上游面水位以上取相应气温加辐射，上游面水位以下取水温；下游邻空面取气温加辐射热；垫座后坡与基础接触面按绝热边界考虑。上游水库水温取低值，考虑辐射热为 1℃。垫座稳定温度场计算结果如图 4.3.3-5 所示。

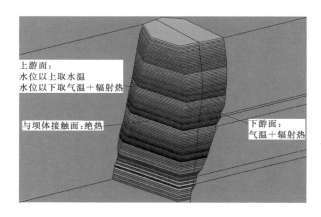

图 4.3.3-4 垫座稳定温度场计算模型图

图 4.3.3-5 垫座整体稳定温度场（单位：℃）

4.3.4　封拱温度的选择

4.3.4.1　三种温度边界条件的温度荷载

库水温分别取中值、下限和上限，可以得到三种温度边界条件下的坝体多年平均稳定温度场的某截面平均温度 T_{m1}、等效线性温差 T_{d1}，坝体多年平均变化温度场的某截面平均温度 T_{m2}、等效线性温差 T_{d2}，见表4.3.4-1。从表4.3.4-1中可以看出，三种温度边界条件下，与稳定温度相关的 T_{m1}、T_{d1} 有较大差别，而与年温度变化相关的 T_{m2}、T_{d2} 差别较小；在拱坝的上部（1790m 高程以上）T_{m1}、T_{m2}、T_{d1}、T_{d2} 的差别较小，在拱坝的中、下部差别较大。因此，封拱温度主要应在拱坝的中、下部进行调整。

表 4.3.4-1　　　　　　　　三种温度边界条件下的温升温降荷载

类别	高程/m	温升/℃				温降/℃			
		T_{m1}	T_{m2}	T_{d1}	T_{d2}	T_{m1}	T_{m2}	T_{d1}	T_{d2}
库水温度取上限	1885	18.2	2.11	0	0	18.2	−1.29	0	0
	1870	18.36	1.52	−0.32	0.22	18.36	−0.93	−0.32	−0.24
	1830	17.98	1.04	0.44	0.02	17.98	−0.65	0.44	−0.08
	1790	17.12	0.8	2.16	0.16	17.12	−0.54	2.16	0.04
	1750	15.53	0.56	5.35	0.95	15.53	−0.42	5.35	−0.18
	1710	14.29	0.39	7.83	1.59	14.29	−0.27	7.83	−0.86
	1670	14.09	0.34	8.22	1.65	14.09	−0.22	8.22	−0.98
	1630	14.24	0.17	5.55	0.72	14.24	−0.11	5.55	−0.59
	1600	15.42	0.09	1.66	0.4	15.42	−0.05	1.66	−0.21
	1580	15.19	0.07	1.77	0.34	15.19	−0.04	1.77	−0.21
库水温度取中值	1885	18.2	2.11	0	0	18.2	−1.29	0	0
	1870	18.32	1.53	−0.25	0.19	18.32	−0.91	−0.25	−0.41
	1830	17.8	0.98	0.79	0.37	17.8	−0.59	0.79	−0.39
	1790	16.92	0.8	2.56	0.17	16.92	−0.56	2.56	0.12
	1750	14.63	0.43	7.14	1.72	14.63	−0.29	7.14	−0.97
	1710	14.16	0.36	8.08	1.79	14.16	−0.21	8.08	−1.17
	1670	14.16	0.34	8.08	1.68	14.16	−0.2	8.08	−1.1
	1630	13.57	0.16	6.9	0.76	13.57	−0.11	6.9	−0.6
	1600	13.18	0.09	6.13	0.38	13.18	−0.04	6.13	−0.22
	1580	13.1	0.08	5.96	0.32	13.1	−0.04	5.96	−0.21
库水温度取下限	1885	18.2	2.11	0	0	18.2	−1.29	0	0
	1870	18.32	1.53	−0.25	0.19	18.32	−0.91	−0.25	−0.41
	1830	17.8	0.98	0.79	0.37	17.8	−0.59	0.79	−0.39
	1790	16.92	0.8	2.56	0.17	16.92	−0.56	2.56	0.12
	1750	14.55	0.45	7.31	1.59	14.55	−0.3	7.31	−0.92
	1710	13.71	0.37	8.99	1.74	13.71	−0.23	8.99	−1.1
	1670	13.64	0.34	9.12	1.65	13.64	−0.21	9.12	−1.05
	1630	12.96	0.15	8.12	0.78	12.96	−0.12	8.12	−0.54
	1600	12.73	0.1	7.04	0.34	12.73	−0.05	7.04	−0.16
	1580	12.64	0.08	6.86	0.28	12.64	−0.05	6.86	−0.15

4.3.4.2 封拱温度的初步拟定

采用水科院的 ADASO 程序开展封拱温度的初步拟定研究，初选了四种封拱温度，见表 4.3.4 - 2。

表 4.3.4 - 2 初 拟 封 拱 温 度 方 案

高程/m	1885	1870	1830	1790	1750	1710	1670	1630	1600	1580
招标封拱方案/℃	15	15	15	13	13	13	13	12（13）	12（13）	12（13）
低值封拱方案/℃	14	14	13	13	12	11.5	11.5	12	13	13
高值封拱方案/℃	15	15	14	14	13	13	13	14	14	14
封拱温度基本方案/℃	15	15	14	14	13	12	12	13	13	13

考虑表 4.3.4 - 2 所示四种封拱温度方案，表 4.3.4 - 1 所示三种温度荷载，以及规范规定的"正常蓄水位＋温降""死水位＋温降""正常蓄水位＋温升""死水位＋温升""校核洪水位＋温升"五种计算工况，开展了 60 种工况的坝体应力计算。主要结论如下：

（1）当采用招标封拱温度方案，温度边界取上限时，坝体应力满足要求。温度边界取中值和下限时，计算出的坝体最大拉应力超过应力控制值，说明对温度边界取中值而言，设计封拱温度在 1710m 高程附近有些偏高，造成最大拉应力超标。为此，应降低在 1710m 高程附近的封拱温度。

（2）低值封拱温度方案在温度边界为上限、中值和下限的情况下，坝体应力基本满足应力控制标准。

（3）高值封拱方案在温度边界为上限时，坝体应力满足要求；温度边界为中值和下限的情况下，坝体应力超标。

（4）封拱温度基本方案在三种温度边界条件下的坝体应力基本能满足应力控制标准，仅在温度边界条件取低值时"正常蓄水位＋温降""正常蓄水位＋温升""校核洪水位＋温升"三个工况的上游面 1710m 高程的拉应力超过应力控制标准。

（5）考虑到 1710m 高程的封拱温度为 12℃，如果进一步降低该高程的封拱温度，将增加施工期温控防裂的难度，以封拱温度基本方案为基础，对封拱温度开展进一步局部优化。

4.3.4.3 封拱温度的复核和优化调整

对推荐的封拱温度基本方案，采用成勘院的 ADSC - CK 程序进行坝体应力复核。采用多拱梁法，对封拱温度基本方案，从有利于坝体结构受力、降低混凝土温控防裂难度的方面考虑，进行封拱温度方案的局部调整和优化。适当降低拱坝深孔附近区域的封拱温度，并将陡坡坝段基础约束区封拱温度适当提高，达到进一步改善坝体受力的目的。

根据相关规范，计算工况如下。

1）基本组合Ⅰ：上游正常蓄水位＋相应下游水位＋泥沙压力＋自重＋温降。

2）基本组合Ⅱ：上游死水位＋下游最低尾水位＋泥沙压力＋自重＋温降。

3）基本组合Ⅲ：上游正常蓄水位＋相应下游水位＋泥沙压力＋自重＋温升。

4）基本组合Ⅳ：上游死水位＋下游最低尾水位＋泥沙压力＋自重＋温升。

5）特殊组合Ⅰ：上游校核洪水位＋相应下游水位＋泥沙压力＋自重＋温升。

采用 ADSC-CK 程序对水科院推荐的封拱温度基本方案，进行坝体应力复核，封拱温度方案见表 4.3.4-3。计算结果见表 4.3.4-4～表 4.3.4-8。由计算结果可见，推荐的封拱温度基本方案在对坝体应力最不利的温度边界为下限的条件下，坝体的拉压应力均满足设计控制标准，推荐封拱温度基本方案是合适的。

在复核封拱温度基本方案的坝体应力的基础上，还根据坝身结构特点和施工期温控防裂要求，对封拱温度进行了优化和调整：

（1）鉴于坝身孔口温度边界条件复杂，孔口区域的应力分布也较复杂，适当降低孔口的封拱温度及加严温度控制是必要的，将拱坝深孔附近的封拱温度在平均封拱温度的基础上降低 1～2℃。

（2）基础强约束区过低的封拱温度，会增加施工期混凝土温度应力，增加施工期混凝土开裂的风险，特别是陡坡坝段的基础部位。应根据拱坝的结构特点，将拱圈拱端处的封拱温度适当提高，避免过低的封拱温度。

表 4.3.4-3　　　　　　　　　　　　封 拱 温 度 方 案 表

方案	高程/m	1885	1870	1830	1790	1750	1710	1670	1630	1600	1580
1	T_{mo}/℃	15	15	15	13	13	13	13	12（13）	12（13）	12（13）
	T_{do}/℃	0	0	0	0	0	0	0	0	0	0
2	T_{mo}/℃	15	15	14	14	13	12	12	13	13	13
	T_{do}/℃	0	0	0	0	0	0	0	0	0	0
3	T_{mo}/℃	15	15	14	14	13	13	13	13	13	13
	T_{do}/℃	0	0	0	0	0	0	0	0	0	0
4	T_{mo}/℃	15	15	14	14	13	12（13）	12（13）	13	13	13
	T_{do}/℃	0	0	0	0	0	0	0	0	0	0
5	T_{mo}/℃	15	15	14	14（13）	13（12）	12（13）	12（13）	13	13	13
	T_{do}/℃	0	0	0	0	0	0	0	0	0	0
6	T_{mo}/℃	15	15	15	13	13	13	13	13	13	13
	T_{do}/℃	0	0	0	0	0	0	0	0	0	0
7	T_{mo}/℃	15	15	15	13	13	12（13）	12（13）	13	13	13
	T_{do}/℃	0	0	0	0	0	0	0	0	0	0
8	T_{mo}/℃	15	15	14	14（12）	13（12）	12（13）	12（13）	13	13	13
	T_{do}/℃	0	0	0	0	0	0	0	0	0	0

注　1. T_{mo}、T_{do} 分别为封拱时某截面的平均温度和等效线性温差。

　　2. 方案号说明如下：

　　方案 1 为招标阶段推荐封拱温度方案；

　　方案 2 为采用包络式的原则确定的封拱温度基本方案；

　　方案 3 是在基本方案 2 的基础上将 6 拱和 7 拱的封拱温度整体升高 1℃；

　　方案 4 是在基本方案 2 的基础上将 6 拱和 7 拱的拱端的封拱温度升高 1℃；

　　方案 5 是在方案 4 的基础上将 4 拱中孔区域的封拱温度降低 1℃；

　　方案 6 是将第 4 拱及以下的各拱圈调整为 13℃封拱，以上为 15℃封拱；

　　方案 7 是在方案 5 的基础上将第 3 拱升高 1℃封拱，将第 4 拱降低 1℃封拱；

　　方案 8 是在方案 5 的基础上将 4 拱中孔区域的封拱温度再降低 1℃，为推荐封拱方案。

表 4.3.4-4　　　　各封拱温度方案基本组合Ⅰ的最大应力及位移

封拱温度方案	2	3	4	5	6	7	8	部位
上游面最大主压应力/MPa	6.96	6.95	6.97	6.97	6.95	6.97	6.98	(9拱13梁)
下游面最大主压应力/MPa	7.91	7.9	7.88	7.86	7.89	7.88	7.85	(6拱16梁)
上游面最大主拉应力/MPa	−1.15	−1.25	−1.18	−1.17	−1.24	−1.18	−1.16	(6拱16梁)
下游面最大主拉应力/MPa	−0.74	−0.75	−0.76	−0.76	−0.75	−0.76	−0.75	(9拱12梁)
坝体最大径向位移/cm	−8.17	−8.22	−8.16	−8.11	−8.2	−8.16	−8.08	(5拱10梁)
基础最大径向位移/cm	−2.69	−2.71	−2.70	−2.70	−2.71	−2.70	−2.70	(10拱12梁)
坝体最大切向位移/cm	2.44	2.42	2.44	2.44	2.42	2.44	2.44	(6拱7梁)
基础最大切向位移/cm	2.34	2.32	2.33	2.32	2.32	2.33	2.32	(7拱7梁)

表 4.3.4-5　　　　各封拱温度方案基本组合Ⅱ的最大应力及位移

封拱温度方案	2	3	4	5	6	7	8	部位
上游面最大主压应力/MPa	6.99	6.98	6.99	7.00	6.98	7.00	7.00	(9拱13梁)
下游面最大主压应力/MPa	7.82	7.8	7.79	7.77	7.8	7.79	7.76	(6拱16梁)
上游面最大主拉应力/MPa	−1.08	−1.17	−1.11	−1.09	−1.16	−1.1	−1.09	(6拱16梁)
下游面最大主拉应力/MPa	−0.83	−0.83	−0.84	−0.84	−0.83	−0.84	−0.84	(9拱12梁)
坝体最大径向位移/cm	−8.37	−8.42	−8.36	−8.31	−8.4	−8.36	−8.29	(5拱10梁)
基础最大径向位移/cm	−2.71	−2.72	−2.72	−2.71	−2.72	−2.71	−2.71	(10拱12梁)
坝体最大切向位移/cm	2.45	2.44	2.45	2.45	2.43	2.45	2.45	(6拱7梁)
基础最大切向位移/cm	2.34	2.32	2.33	2.32	2.32	2.33	2.32	(7拱7梁)

表 4.3.4-6　　　　各封拱温度方案基本组合Ⅲ的最大应力及位移

封拱温度方案	2	3	4	5	6	7	8	部位
上游面最大主压应力/MPa	7.47	7.45	7.47	7.48	7.46	7.47	7.48	(9拱13梁)
下游面最大主压应力/MPa	5.42	5.36	5.4	5.38	5.35	5.41	5.37	(7拱11梁)
上游面最大主拉应力/MPa	−1.14	−1.15	−1.16	−1.16	−1.08	−1.07	−1.18	(1拱12梁)
下游面最大主拉应力/MPa	−0.94	−0.96	−0.96	−0.95	−0.91	−0.89	−0.96	(1拱12梁)
坝体最大径向位移/cm	−3.83	−3.9	−3.84	−3.83	−3.9	−3.84	−3.83	(7拱11梁)
基础最大径向位移/cm	−2.71	−2.72	−2.72	−2.71	−2.72	−2.71	−2.71	(10拱12梁)
坝体最大切向位移/cm	1.18	1.18	1.19	1.19	1.18	1.19	1.19	(7拱8梁)
基础最大切向位移/cm	2.34	2.32	2.33	2.32	2.32	2.33	2.32	(7拱7梁)

表 4.3.4-7　　　　各封拱温度方案基本组合Ⅳ的最大应力及位移

封拱温度方案	2	3	4	5	6	7	8	部位
上游面最大主压应力/MPa	7.50	7.48	7.50	7.51	7.49	7.50	7.51	(9拱13梁)
下游面最大主压应力/MPa	5.30	5.24	5.28	5.26	5.23	5.29	5.25	(7拱11梁)
上游面最大主拉应力/MPa	−1.13	−1.14	−1.15	−1.15	−1.07	−1.06	−1.17	(1拱12梁)
下游面最大主拉应力/MPa	−1.11	−1.13	−1.12	−1.12	−1.07	−1.06	−1.13	(1拱12梁)
坝体最大径向位移/cm	−3.88	−3.95	−3.89	−3.87	−3.94	−3.89	−3.87	(7拱12梁)
基础最大径向位移/cm	−2.71	−2.72	−2.72	−2.71	−2.72	−2.71	−2.71	(10拱12梁)
坝体最大切向位移/cm	1.19	1.19	1.20	1.20	1.18	1.20	1.20	(7拱8梁)
基础最大切向位移/cm	2.34	2.32	2.33	2.32	2.32	2.33	2.32	(7拱7梁)

表 4.3.4-8 各封拱温度方案特殊组合 I 的最大应力及位移

封拱温度方案	2	3	4	5	6	7	8	部位
上游面最大主压应力/MPa	6.95	6.93	6.95	6.96	6.94	6.95	6.96	(9 拱 13 梁)
下游面最大主压应力/MPa	7.98	7.97	7.96	7.94	7.96	7.96	7.93	(6 拱 16 梁)
上游面最大主拉应力/MPa	-1.15	-1.24	-1.18	-1.17	-1.24	-1.18	-1.16	(6 拱 16 梁)
下游面最大主拉应力/MPa	-0.77	-0.77	-0.78	-0.78	-0.77	-0.78	-0.78	(9 拱 12 梁)
坝体最大径向位移/cm	-8.33	-8.38	-8.32	-8.27	-8.36	-8.33	-8.25	(5 拱 10 梁)
基础最大径向位移/cm	-2.71	-2.72	-2.72	-2.71	-2.72	-2.71	-2.71	(10 拱 12 梁)
坝体最大切向位移/cm	2.47	2.46	2.48	2.48	2.46	2.47	2.48	(6 拱 7 梁)
基础最大切向位移/cm	2.36	2.34	2.35	2.35	2.34	2.35	2.35	(7 拱 7 梁)

通过以上应力及位移的计算成果可以看出，在考虑结构需要，降低孔口周边的封拱温度，并适当提高陡坡坝段基础部位的封拱温度以后的方案 5，其坝体最大拉应力相对较小，坝体及基础的位移也相对较小。方案 8 在方案 5 的基础上进一步降低了孔口周边的封拱温度，计算结果表明，降低孔口周边封拱温度 1℃ 以后，6 拱 16 梁处的上游坝踵最大拉应力进一步减小，但是也使得顶拱拱冠的拉应力增大。降低坝踵拉应力对提高拱坝的安全度是比较重要的，故推荐方案 8 为锦屏一级拱坝的封拱温度方案。

推荐封拱温度见表 4.3.4-9，高、中、低三种温度边界条件下坝体应力和位移见表 4.3.4-10。

表 4.3.4-9 施工阶段拱坝封拱温度 单位:℃

高程/m	1885	1870	1830	1790	1750	1710	1670	1630	1600	1580
1 号坝段	15									
2 号坝段	15	15								
3 号坝段	15	15	14							
4 号坝段	15	15	14	14						
5 号坝段	15	15	14	14	13					
6 号坝段	15	15	14	14	13	13				
7 号坝段	15	15	14	14	12	13	13			
8 号坝段	15	15	14	14	12	13	13			
9 号坝段	15	15	14	14	12	12	13	13		
10 号坝段	15	15	14	12	12	12	12	13	13	
11 号坝段	15	15	14	12	12	12	12	13	13	13
12 号坝段	15	15	14	12	12	12	12	13	13	13
13 号坝段	15	15	14	12	12	12	12	13	13	13
14 号坝段	15	15	14	12	12	12	12	13	13	13
15 号坝段	15	15	14	12	12	12	12	13	13	13
16 号坝段	15	15	14	12	12	12	12	13	13	13
17 号坝段	15	15	14	12	12	12	12	13	13	
18 号坝段	15	15	14	14	12	12	13	13		
19 号坝段	15	15	14	14	12	13	13			
20 号坝段	15	15	14	14	12	13	13			
21 号坝段	15	15	14	14	13	13				
22 号坝段	15	15	14	14	13					
23 号坝段	15	15	14	14						
24 号坝段	15	15	14							
25 号坝段	15	15								
26 号坝段	15									

表 4.3.4－10 不同温度边界条件下的坝体应力及位移汇总表

荷载	应力及位移项	温度边界取下限	温度边界取中值	温度边界取上限	部位
基本荷载组合 Ⅰ	上游面最大主压应力/MPa	6.98	7.01	7.08	9 拱 13 梁
	下游面最大主压应力/MPa	7.85	7.8	7.76	6 拱 16 梁
	上游面最大主拉应力/MPa	−1.16	−1.06	−1.02	6 拱 16 梁
	下游面最大主拉应力/MPa	−0.75	−0.79	−0.93	9 拱 12 梁
	坝体最大径向位移/cm	−8.08	−8.08	−8.00	5 拱 10 梁
	基础最大径向位移/cm	−2.70	−2.68	−2.62	10 拱 12 梁
	坝体最大切向位移/cm	2.44	2.45	2.44	6 拱 7 梁
	基础最大切向位移/cm	2.32	2.33	2.33	7 拱 7 梁
基本荷载组合 Ⅱ	上游面最大主压应力/MPa	7.00	7.04	7.11	9 拱 13 梁
	下游面最大主压应力/MPa	7.76	7.70	7.70	6 拱 16 梁
	上游面最大主拉应力/MPa	−1.09	−0.98	−0.96	6 拱 16 梁
	下游面最大主拉应力/MPa	−0.84	−0.87	−1.02	9 拱 12 梁
	坝体最大径向位移/cm	−8.29	−8.27	−8.24	5 拱 10 梁
	基础最大径向位移/cm	−2.71	−2.69	−2.64	10 拱 12 梁
	坝体最大切向位移/cm	2.45	2.46	2.46	6 拱 7 梁
	基础最大切向位移/cm	2.32	2.33	2.33	7 拱 7 梁
基本荷载组合 Ⅲ	上游面最大主压应力/MPa	7.48	7.52	7.58	9 拱 13 梁
	下游面最大主压应力/MPa	5.37	5.33	5.19	7 拱 11 梁
	上游面最大主拉应力/MPa	−1.18	−1.13	−1.00	1 拱 12 梁
	下游面最大主拉应力/MPa	−0.96	−0.92	−0.87	1 拱 12 梁
	坝体最大径向位移/cm	−3.83	−3.77	−3.74	7 拱 11 梁
	基础最大径向位移/cm	−2.71	−2.69	−2.64	10 拱 12 梁
	坝体最大切向位移/cm	1.19	1.19	1.18	7 拱 8 梁
	基础最大切向位移/cm	2.32	2.33	2.33	7 拱 7 梁
基本荷载组合 Ⅳ	上游面最大主压应力/MPa	7.51	7.55	7.60	9 拱 13 梁
	下游面最大主压应力/MPa	5.25	5.2	5.09	7 拱 11 梁
	上游面最大主拉应力/MPa	−1.17	−1.11	−1.03	1 拱 12 梁
	下游面最大主拉应力/MPa	−1.13	−1.08	−1.08	1 拱 12 梁
	坝体最大径向位移/cm	−3.87	−3.81	−3.80	7 拱 11 梁
	基础最大径向位移/cm	−2.71	−2.69	−2.64	10 拱 12 梁
	坝体最大切向位移/cm	1.20	1.20	1.20	7 拱 8 梁
	基础最大切向位移/cm	2.32	2.33	2.33	7 拱 7 梁
特殊荷载组合 Ⅰ	上游面最大主压应力/MPa	6.96	7.00	7.06	9 拱 13 梁
	下游面最大主压应力/MPa	7.93	7.87	7.83	6 拱 16 梁
	上游面最大主拉应力/MPa	−1.16	−1.06	−1.01	6 拱 16 梁
	下游面最大主拉应力/MPa	−0.78	−0.81	−0.95	9 拱 12 梁
	坝体最大径向位移/cm	−8.25	−8.24	−8.17	5 拱 10 梁
	基础最大径向位移/cm	−2.71	−2.69	−2.64	10 拱 12 梁
	坝体最大切向位移/cm	2.48	2.49	2.48	6 拱 7 梁
	基础最大切向位移/cm	2.35	2.36	2.35	7 拱 7 梁

　　以上计算表明，由于采用包络式优选封拱温度，锦屏一级拱坝在可能的温度边界条件变化范围内，坝体应力均满足应力控制标准的要求，可作为拱坝的封拱分区设计的基础。

4.3.5　封拱温度分区设计

根据封拱温度设计方案，为实现施工控制，对各坝段、不同部位的封拱温度进行分区细化，主要将封拱温度分区高程和浇筑层、灌浆区划分一致。封拱温度分区参见表 4.3.5 - 1。拱坝封拱温度分区如图 4.3.5 - 1 所示。

表 4.3.5 - 1　　　　　　　　　大坝混凝土封拱温度分区表

坝段	高程范围/m	封拱温度/℃	高程范围/m	封拱温度/℃	高程范围/m	封拱温度/℃	高程范围/m	封拱温度/℃
1	1885～1847.1	15						
2	1885～1841	15	1841～1803.2	14				
3	1885～1841	15	1841～1778	14	1778～1770.3	13		
4	1885～1841	15	1841～1778	14	1778～1742.4	13		
5	1885～1841	15	1841～1778	14	1778～1769	12	1769～1720	13
6	1885～1841	15	1841～1778	14	1778～1751	12	1751～1698.5	13
7	1885～1841	15	1841～1778	14	1778～1724	12	1724～1678.6	13
8	1885～1841	15	1841～1778	14	1778～1706	12	1706～1657.3	13
9	1885～1841	15	1841～1778	14	1778～1688	12	1688～1635	13
10	1885～1841	15	1841～1778	14	1778～1670	12	1670～1607	13
11	1885～1841	15	1841～1778	14	1778～1652	12	1652～1586	13
12	1885～1841	15	1841～1814	14	1814～1652	12	1652～1580	13
13	1885～1841	15	1841～1814	14	1814～1652	12	1652～1580	13
14	1885～1841	15	1841～1814	14	1814～1652	12	1652～1580	13
15	1885～1841	15	1841～1814	14	1814～1652	12	1652～1581.5	13
16	1885～1841	15	1841～1814	14	1814～1652	12	1652～1586.9	13
17	1885～1841	15	1841～1778	14	1778～1652	12	1652～1593.5	13
18	1885～1841	15	1841～1778	14	1778～1670	12	1670～1613.3	13
19	1885～1841	15	1841～1778	14	1778～1706	12	1706～1638	13
20	1885～1841	15	1841～1778	14	1778～1760	12	1760～1671.2	13
21	1885～1841	15	1841～1778	14	1778～1728.5	13		
22	1885～1841	15	1841～1778	14	1778～1777.6	13		
23	1885～1841	15	1841～1811.6	14				
24	1885～1841	15	1841～1838.8	14				
25	1885～1841	15	1841～1859	14				
26	1885～1841	15	1841～1874	14				

封拱温度分区是施工的主要依据之一，实际施工中，由于封拱冷却施工高度、范围不合适，有可能带来不利影响，结合温度应力研究，对封拱冷却施工有如下要求：

（1）施工中，要求在封拱冷却的灌区和上部混凝土温差（温度梯度）不宜过大，灌浆时应确保过渡区、盖重区高度足够，避免灌浆区单独冷却。

（2）对于陡坡坝段施工，基础约束区封拱冷却应尽可能加大冷却区高度，有条件时应安排统一进行，以减少约束区温度应力过大带来的开裂风险。

（3）对于孔口坝段施工，孔口区封拱冷却原则上应统一进行，以减少孔口区温度应力过大带来的开裂风险。

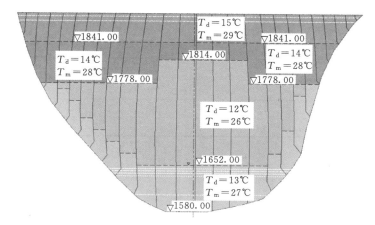

图 4.3.5 - 1　拱坝封拱温度分区图（单位：m）

根据垫座稳定温度场计算结果，确定垫座接缝灌浆温度，1847m 高程以下接缝灌浆温度为 14℃，1847～1885m 高程段为 15℃。

4.4　混凝土温控标准

4.4.1　坝体温控分区

锦屏一级超高拱坝结构对温控的影响有以下特点：

（1）拱坝加上、下游贴角最大底宽约 80m，垫座最大底宽大于 100m，基础约束的范围较大。

（2）全坝采用通仓浇筑，不仅坝段底宽大，中上部高程浇筑块顺河向长度也较大，大仓面的坝段自生约束作用较强。

（3）大部分坝段坐落在陡坡上，由于岸坡陡，基础约束范围加大。

（4）混凝土的弹性模量增长快，如 $C_{180}40$ 混凝土，其 7d 抗压弹性模量为 22.6GPa，14d 抗压弹性模量为 27.0GPa，其约束作用甚至超过基岩。

（5）施工过程中，下部已灌浆封拱区域对上部混凝土形成较强的拱向约束。

考虑锦屏一级超高拱坝结构特点及温控防裂的难点，与常规的将坝体划分为约束区与非约束区两区域实施大坝温度控制的设计有所不同，锦屏一级拱坝全坝范围按约束区进行温度控制设计。

4.4.2　温差及最高温度控制标准
4.4.2.1　坝体基础温差

1. 规范建议

基础温差系指基础约束范围以内，混凝土的最高温度和该部位稳定温度之差。基础混凝土由于受到坝基基岩较强的约束，在混凝土冷却到封拱灌浆温度的过程中，因温降导致混凝土收缩，产生较大的拉应力，有可能使基础混凝土产生贯穿性裂缝。当基础混凝土 28d 极限拉伸值不低于 0.85×10^{-4}，基岩和混凝土弹性模量相近，短间歇均匀上升浇筑时，DL/T 5346—2006《混凝土拱坝设计规范》建议的基础温差控制见表 4.4.2 - 1。

表 4.4.2 - 1　　　　　　　　　　　规范推荐的混凝土容许温差　　　　　　　　　单位:℃

距基岩高度 H	浇筑块长度 L/m				
	<16	<20	21~30	31~40	41~80
$(0.0~0.2)L$	26~25	25~22	22~19	19~16	16~14
$(0.2~0.4)L$	28~27	27~25	25~22	22~19	19~17

2. 根据规范方法估算

根据拱坝设计规范推荐的基础温差应力 σ 计算方法，不考虑自生体积变形时，相应的容许基础温差按下式计算:

$$\Delta T = \varepsilon_p (1-\mu)/\alpha R K_p K_f \qquad (4.4.2 - 1)$$

式中　ΔT——容许基础温差,℃;

　　　　ε_p——极限拉伸值;

　　　　μ——泊松比;

　　　　α——线胀系数，$\times 10^{-6}$/℃;

　　　　R——约束系数;

　　　　K_p——松弛系数;

　　　　K_f——抗裂安全系数。

按照锦屏一级混凝土性能参数设计取值，计算拱坝 A、B 区混凝土的容许基础温差，结果见表 4.4.2 - 2。

表 4.4.2 - 2　　　　　　不考虑自生体积变形的容许基础温差计算表

混凝土分区	A	B	混凝土分区	A	B
极限拉伸值 $\varepsilon_p/(\times 10^{-4})$	1.10	1.05	泊松比 μ	0.17	0.17
线胀系数 $\alpha/(\times 10^{-6} \cdot ℃^{-1})$	9.00	9.00	抗裂安全系数 K_f	1.80	1.80
约束系数 R	0.61	0.61	容许基础温差 ΔT/℃	17.11	16.33
松弛系数 K_p	0.54	0.54			

混凝土自生体积变形对抗裂性能影响主要表现为:自生体积变形为收缩型将降低混凝土的抗裂安全系数，自生体积变形为膨胀型则能提高混凝土的抗裂安全系数。拱坝设计规范未考虑混凝土自生体积变形的效应。考虑自生体积变形时的应力可按下式计算:

$$\sigma_3 = E_h K_2 K_p G/(1-\mu) \qquad (4.4.2 - 2)$$

式中　G——混凝土自生体积变形;

　　　　σ_3——自生体积变形 G 引起的拉应力;

　　　　K_2——考虑自生体积变形应力系数。

考虑自生体积变形时相应的容许基础温差按下式计算:

$$\Delta T = \frac{\varepsilon_p (1-\mu)/K_f + K_2 K_p G}{\alpha R K_p} \qquad (4.4.2 - 3)$$

根据混凝土性能试验成果，混凝土 180d 的自生体积变形呈收缩型，其收缩量值按 -30×10^{-6}，根据混凝土设计参数取值，并考虑上述量值的收缩变形，计算锦屏一级拱坝

A、B区混凝土的容许基础温差，结果见表4.4.2-3。

表 4.4.2-3 考虑自生体积变形的容许基础温差计算表

混凝土分区	A	B	混凝土分区	A	B
极限拉伸值 $\varepsilon_p/(\times 10^{-4})$	1.10	1.05	自生体积变形系数 K_2	0.30	0.30
线胀系数 $\alpha/(\times 10^{-6} \cdot {}^{\circ}\!C^{-1})$	9.00	9.00	泊松比 μ	0.17	0.17
约束系数 R	0.61	0.61	抗裂安全系数 K_f	1.80	1.80
松弛系数 K_p	0.54	0.54	容许基础温差 $\Delta T/{}^{\circ}\!C$	15.47	14.97
自生体积变形 $G/(\times 10^{-6})$	-30.00	-25.00			

自生体积变形对基础温差标准有较大影响，设计要求混凝土自生体积变形大于零，大致降低基础温差控制标准1.5℃。

3. 有限元方法计算

拱坝设计规范规定，陡坡坝段的基础温差应做专门研究。锦屏工程根据拱坝分缝及分区，建立各个坝段约束区浇筑块模型，采用三维有限元法进行相应的单位温差应力计算。根据坝体实际分缝建立的典型计算模型如图4.4.2-1所示。

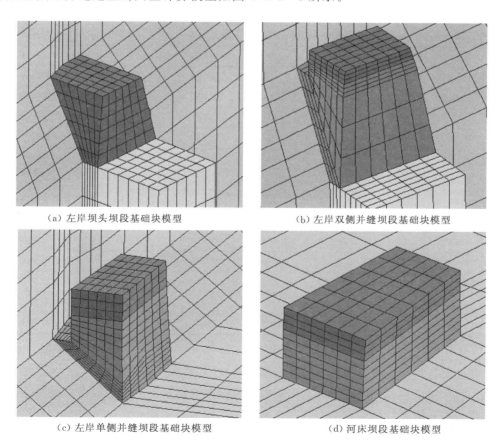

（a）左岸坝头坝段基础块模型　　　　　　（b）左岸双侧并缝坝段基础块模型

（c）左岸单侧并缝坝段基础块模型　　　　　（d）河床坝段基础块模型

图 4.4.2-1 基础温差计算模型

计算单位基础温差时的拉应力，根据容许拉应力 $\sigma \leqslant \varepsilon_p E_h / K_f$（考虑应力松弛系数 0.54），得到各坝段约束区容许基础温差见表 4.4.2 – 4。

表 4.4.2 – 4　　　　　　　各坝段浇筑块强约束区基础温差应力表

坝段	底高程 /m	岸坡角	基础长 /m	宽长比	S_1（$\Delta T = 1℃$） /MPa	ΔT /℃	备　注
1	1841.00	66.76	34.28	0.67	0.282	13.5	陡坡坝头
2	1796.00	62.05	45.58	0.57	0.278	13.7	陡坡双侧并缝
3	1769.00	55.85	50.81	0.38	0.276	13.8	陡坡双侧并缝
4	1742.00	52.35	55.37	0.39	0.269	14.2	陡坡双侧并缝
5	1721.00	47.33	58.57	0.33	0.284	13.4	陡坡双侧并缝
6	1700.00	45.29	60.87	0.35	0.281	13.5	陡坡双侧并缝
7	1682.00	42.53	61.98	0.32	0.268	14.2	陡坡双侧并缝
8	1664.00	44.05	62.95	0.30	0.264	14.4	陡坡双侧并缝
9	1643.00	47.23	64.03	0.32	0.279	13.6	陡坡双侧并缝
10	1622.00	46.97	64.71	0.33	0.273	13.9	陡坡双侧并缝
11	1583.94	41.57	64.71	0.82	0.316	12.0	单侧并缝
12	1580.00	19.08	64.61	0.41	0.239	15.9	河床坝段
13	1580.00	0.00	64.01	0.33	0.251	15.2	河床坝段
14	1580.00	3.09	66.17	0.45	0.239	15.9	河床坝段
15	1580.18	16.23	66.45	0.38	0.233	16.3	河床坝段
16	1585.56	19.07	66.45	0.40	0.243	15.7	河床坝段
17	1592.93	37.62	65.33	0.65	0.332	11.5	单侧并缝
18	1619.00	49.16	65.33	0.30	0.269	14.2	陡坡双侧并缝
19	1640.00	57.25	65.01	0.32	0.271	14.0	陡坡双侧并缝
20	1670.00	69.79	64.71	0.32	0.282	13.5	陡坡双侧并缝
21	1724.00	65.94	62.02	0.29	0.277	13.7	陡坡双侧并缝
22	1763.00	64.15	58.31	0.37	0.277	13.7	陡坡双侧并缝
23	1805.00	53.99	51.41	0.44	0.272	14.0	陡坡双侧并缝
24	1835.00	45.13	42.97	0.52	0.280	13.6	陡坡双侧并缝
25	1856.00	42.84	34.48	0.59	0.256	14.9	陡坡双侧并缝
26	1874.00	33.89	24.89	0.98	0.246	15.5	陡坡坝头

注　$\Delta T = \varepsilon_p E_h / (S_1 K_p K_f)$。

计算表明各坝段温度应力及容许基础温差各有不同，其中特点如下：

（1）河床坝段基础约束区容许基础温差计算结果与按规范确定的容许基础温差比较接近，说明采用有限元计算得到的容许基础温差是比较准确的。

（2）陡坡坝段约束区温差温度应力较大，容许温差较低，初步分析与基岩接触面积及实际宽长比有关。

（3）单侧并缝的 11 号、17 号坝段基岩接触面积和长宽比都较大，约束作用最强，温度应力最大，容许温差最低，应采取各种温控措施防止该部位混凝土开裂。

（4）其余陡坡坝段基础约束区容许基础温差为 13.4～15.5℃，大体上比河床坝段基础约束区容许基础温差低 1.0～2.0℃，可参照制定陡坡坝段的容许基础温差。

（5）以上采用有限元方法计算时，没有计入自生体积收缩变形的影响，如考虑自生体积变形，基础温差应在计算成果的基础上降低 1.5℃。

综合规范建议的基础温差、采用规范方法估算的基础温差及采用三维线弹性有限元估算的基础温差，同时考虑混凝土自生体积收缩变形的影响，确定锦屏一级拱坝基础温差控制标准统一按 14℃控制。

4.4.2.2　垫座基础温差

左岸混凝土垫座最大长度 102m，不分缝的最大仓面面积达 4400m²。垫座与基岩接触面积大，体形相对复杂，基础约束强。

采用规范方法计算基础温差，通过有限元方法计算了垫座约束条件下的约束系数为 0.75。

不考虑自生体积变形影响时，采用式（4.4.2-1）进行计算，见表 4.4.2-5，基础温差标准为 12.65℃。考虑自生体积变形影响，采用式（4.4.2-3）进行计算，见表 4.4.2-6，基础温差标准为 11.76℃。综合考虑自生体积变形影响以及复杂的约束条件带来的不确定性，确定垫座的基础温差标准为 11℃。

表 4.4.2-5　　　　　　　　　不考虑自生体积变形的容许基础温差计算表

参数	数值	参数	数值
极限拉伸值 ε_p/（$\times 10^{-4}$）	1.0	泊松比 μ	0.17
线胀系数 α/（$\times 10^{-6} \cdot ℃^{-1}$）	9.00	抗裂安全系数 K_f	1.80
约束系数 R	0.75	容许基础温差 ΔT/℃	12.65
松弛系数 K_p	0.54		

表 4.4.2-6　　　　　　　　　考虑自生体积变形的容许基础温差计算表

参数	数值	参数	数值
极限拉伸值 ε_p/（$\times 10^{-4}$）	1.0	自生体积变形系数 K_2	0.30
线胀系数 α/（$\times 10^{-6} \cdot ℃^{-1}$）	9.00	泊松比 μ	0.17
约束系数 R	0.75	抗裂安全系数 K_f	1.80
松弛系数 K_p	0.54	容许基础温差 ΔT/℃	11.76
自生体积变形 G/（$\times 10^{-6}$）	-20.00		

4.4.2.3　上、下层温差

上、下层温差系指在老混凝土表面上、下各 1/4 块长范围内，上层混凝土最高平均温度与新混凝土开始浇筑时下层混凝土平均温度之差。拱坝设计规范建议允许上、下层温差为 15～20℃。

控制上、下层温差的目的是防止新浇混凝土温度过高，降温时受老混凝土约束而产生裂缝。其原因是：①长间歇老混凝土的水化作用已基本完成，内部混凝土温度直接受气温影响作周期性变化，接近甚至低于年平均气温；②老混凝土龄期长，弹性模量高，甚至超过基岩，对新浇混凝土降温产生较大的约束。

确定上、下层温差时考虑以下两种情况：

（1）下层混凝土未封拱，老混凝土层表面上的1/4块长范围内，上层混凝土最高平均温度与上层混凝土开始浇筑时下层混凝土平均温度之差。

（2）下层混凝土已封拱，老混凝土层表面上的1/4块长范围内，上层混凝土最高平均温度与上层混凝土开始浇筑时下层混凝土平均温度之差。

根据工程的实际情况，采用三维有限元法，对浇筑块的上下层温差应力作进一步分析计算，两种典型计算模型如图4.4.2-2所示。

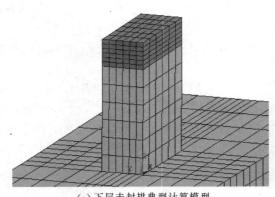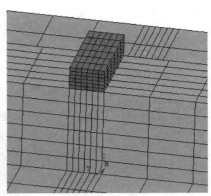

（a）下层未封拱典型计算模型　　　　　　　（b）下层已封拱典型计算模型

图4.4.2-2　上、下层温差应力计算模型

根据分缝设计，制定不同浇筑情况下的上、下层温差应力计算模型，并考虑上、下层混凝土材料分区差异，各种浇筑块尺寸的三维有限元计算模型。上、下层温差应力计算结果见表4.4.2-7。

表4.4.2-7　　　　　　　　典型尺寸浇筑块上、下层温差应力表

浇筑块尺寸（长×宽×高）/(m×m×m)	材料分区（上部/下部）	上部混凝土 E_h/GPa	上部混凝土 ε_p/(×10⁻⁶)	下层混凝土未封拱		下层混凝土已封拱	
				σ_1/MPa	容许温差 ΔT/℃	σ_2/MPa	容许温差 ΔT/℃
60×23×15.0	A/A	35.0	110	0.171	20.5	0.178	19.7
	A/B	35.0	110	0.168	20.9	0.176	19.9
	A/C	35.0	110	0.167	21.0	0.174	20.2
	B/A	33.5	105	0.164	20.2	0.171	19.4
	B/B	33.5	105	0.162	20.5	0.169	19.6
	B/C	33.5	105	0.16	20.7	0.167	19.9
	C/A	32.0	100	0.156	19.8	0.177	17.5
	C/B	32.0	100	0.154	20.1	0.174	17.8
	C/C	32.0	100	0.153	20.2	0.173	17.9

浇筑块尺寸 （长×宽×高） /（m×m×m）	材料分区 （上部/下部）	上部混凝土 E_h/GPa	上部混凝土 ε_p/（×10⁻⁶）	下层混凝土未封拱		下层混凝土已封拱	
				σ_1 /MPa	容许温差 ΔT/℃	σ_2 /MPa	容许温差 ΔT/℃
50×23×12.5	A/A	35.0	110	0.171	20.5	0.175	20.1
	A/B	35.0	110	0.169	20.8	0.173	20.3
	A/C	35.0	110	0.167	21.0	0.171	20.5
	B/A	33.5	105	0.164	20.2	0.168	19.7
	B/B	33.5	105	0.162	20.5	0.166	20.0
	B/C	33.5	105	0.16	20.7	0.164	20.2
	C/A	32.0	100	0.156	19.8	0.176	17.6
	C/B	32.0	100	0.154	20.1	0.174	17.8
	C/C	32.0	100	0.153	20.2	0.172	18.0

根据各种典型尺寸浇筑块上、下层温差应力计算结果表明，已浇筑混凝土弹性模量及长宽差异对容许上、下层温差应力有一定影响，下层混凝土是否已进行封拱对上、下层温差应力影响较大，是控制工况。鉴于此，确保灌浆区以上一定的浇筑块高度的温度梯度得到控制，减小下部封拱灌浆对新浇混凝土的约束。

根据以上计算结果，按混凝土分区确定混凝土的上、下层温差分别为 A 区 19℃，B 区 18℃，C 区为 17℃。

4.4.2.4　内外温差

坝块的内外温差问题实际上是反映坝块降温的非线性分布造成内部约束而产生的温度应力问题。实际施工时，内外温差以混凝土内部最高温度与混凝土表面温度之差来进行控制。过大的内外温差，在下列情况下将使温度应力增加：

（1）外界温度较低时，混凝土过高的温升将使表面混凝土拉应力增大。

（2）气温骤降或混凝土拆模时，过高的混凝土温度使混凝土拉应力增大。

（3）混凝土温度过高时，气温年变化产生的温度应力增加。

这几种温度应力叠加或再与其他拉应力叠加，将有可能使混凝土开裂。内外温差为不断变化的持续性温度荷载。内外温差引起的表面温度应力可采用下式计算：

$$\sigma = \frac{E_h \alpha T_0 K_p}{1-\mu} K \leqslant \frac{\sigma_p}{K_f} \qquad (4.4.2-4)$$

其中表面应力系数 K 为 0.57，应力松弛系数 K_p 为 0.65，抗裂安全系数 K_f 为 1.5，线膨胀系数 α 为 $9.0×10^{-6}$/℃，混凝土的弹性模量和劈拉强度均采用试验值。根据上述公式计算得到的大坝混凝土各龄期容许内外温差成果见表 4.4.2-8。

表 4.4.2-8　　　　　　　　　大坝混凝土容许内外温差计算表　　　　　　　　单位：℃

强度标准值　＼　龄期	7d	14d	28d	90d	180d
$C_{180}40$	14.3	14.6	16.7	18.2	17.6
$C_{180}35$	13.6	13.6	16.0	16.4	16.4
$C_{180}30$	11.4	12.6	15.4	16.0	15.6

根据计算，在不采用任何保护措施情况下，7～180d 混凝土容许内外温差平均值为 13～17℃。根据工程经验，采用坝面保温材料后，低温季节可使混凝土表面温度较气温高 2～4℃。在采取有效保温措施条件下，混凝土内外温差控制标准 15～20℃。

4.4.2.5　最高温度

综合基础温差、上下层温差、内外温差的控制要求，以及尽可能简化大坝温度控制措施，方便施工及管理，锦屏一级拱坝全坝温差控制标准取 $\Delta T \leqslant 14$℃（其中 ΔT 为混凝土最高平均温度与封拱温度之差），垫座基础温差标准取 $\Delta T \leqslant 11$℃。

为控制基础温差、内外温差及上下层温差，施工过程中通常将混凝土最高温度作为一项重要指标加以控制。根据锦屏一级拱坝温控标准，以及拱坝封拱温度分区，锦屏一级拱坝混凝土最高温度控制标准为 $T_m \leqslant T_d + \Delta T$，其中 T_d 为接缝灌浆温度。拱坝混凝土最高温度控制标准为 26～29℃，见表 4.4.2 - 9。左岸垫座的最高温度 1847m 以下高程按 25℃ 控制，1847m 以上高程按 26℃ 控制。

表 4.4.2 - 9　　　　大坝混凝土最高温度控制表

坝段	高程范围/m	最高温度/℃	高程范围/m	最高温度/℃	高程范围/m	最高温度/℃	高程范围/m	最高温度/℃
1	1885～1847.1	29						
2	1885～1841	29	1841～1803.2	28				
3	1885～1841	29	1841～1778	28	1778～1770.3	27		
4	1885～1841	29	1841～1778	28	1778～1742.4	27		
5	1885～1841	29	1841～1778	28	1778～1769	26	1769～1720	27
6	1885～1841	29	1841～1778	28	1778～1751	26	1751～1698.5	27
7	1885～1841	29	1841～1778	28	1778～1724	26	1724～1678.6	27
8	1885～1841	29	1841～1778	28	1778～1706	26	1706～1657.3	27
9	1885～1841	29	1841～1778	28	1778～1688	26	1688～1635	27
10	1885～1841	29	1841～1778	28	1778～1670	26	1670～1607	27
11	1885～1841	29	1841～1778	28	1778～1652	26	1652～1586	27
12	1885～1841	29	1841～1814	28	1814～1652	26	1652～1580	27
13	1885～1841	29	1841～1814	28	1814～1652	26	1652～1580	27
14	1885～1841	29	1841～1814	28	1814～1652	26	1652～1580	27
15	1885～1841	29	1841～1814	28	1814～1652	26	1652～1581.5	27
16	1885～1841	29	1841～1814	28	1814～1652	26	1652～1586.9	27
17	1885～1841	29	1841～1778	28	1778～1652	26	1652～1593.5	27
18	1885～1841	29	1841～1778	28	1778～1670	26	1670～1613.3	27
19	1885～1841	29	1841～1778	28	1778～1706	26	1706～1638	27
20	1885～1841	29	1841～1778	28	1778～1760	26	1760～1671.2	27
21	1885～1841	29	1841～1778	28	1778～1728.5	27		
22	1885～1841	29	1841～1778	28	1778～1777.6	27		
23	1885～1841	29	1841～1811.6	28				
24	1885～1841	29	1841～1838.8	28				
25	1885～1841	29	1841～1859	28				
26	1885～1841	29	1841～1874	28				

4.4.3　冷却过程控制

为将施工期混凝土温度降低至封拱温度，根据拱坝混凝土温度控制防裂特点，按一期冷却、中期冷却、二期冷却等三个时期进行混凝土冷却降温，如图 4.4.3-1 所示。

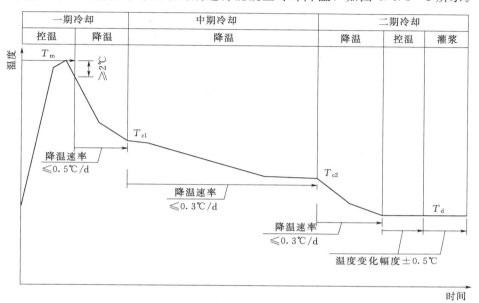

图 4.4.3-1　分期冷却降温过程示意图

T_m—最高温度限制；T_{c1}——期冷却目标温度；T_{c2}—中期冷却目标温度；T_d—封拱温度

1. 一期冷却

一期冷却分为控温和降温两个阶段。控温阶段要求将混凝土最高温度控制在设计值 T_m 以内；降温阶段要求将混凝土温度降低至一期冷却目标温度 T_{c1}，主要控制最高温度 T_m、降温速率、一期冷却目标温度 T_{c1}、温度回升。

2. 中期冷却

中期冷却的目的在于控制混凝土一期冷却结束以后的温度回升，通过中期冷却的缓慢降温，降低混凝土二期冷却时的降温幅度。中期冷却要求将混凝土温度降低至中期冷却目标温度 T_{c2}。主要控制降温速率、中期冷却目标温度 T_{c2}。

3. 二期冷却

二期冷却分为降温、控温、灌浆三个阶段。二期冷却降温阶段要求将混凝土温度降低至设计封拱温度 T_d；控温阶段要求将混凝土温度维持在设计封拱温度 T_d 附近，使混凝土温度满足接缝灌浆要求。灌浆阶段要求将混凝土温度维持在设计封拱温度 T_d 附近，直至同高程灌区灌浆完成后 1 个月内。主要控制设计封拱温度 T_d、降温幅度、降温速率、温度梯度。

各温度控制阶段降温幅度、目标温度、降温速率和降温历时要求见表 4.4.3-1。

4.4.4　温度梯度控制

研究表明，在施工过程中，除了控制每一仓混凝土的降温过程和降温速率，以减小时间维度的温度梯度外，还需同时进行空间维度的温度梯度控制，使各区温度、温降幅度形成

表 4.4.3-1　　　　　　　　　大坝混凝土各阶段降温过程控制指标

降温阶段	降温幅度/℃	目标温度/℃	降温速率/(℃·d⁻¹)	降温历时/d
一期冷却	5~6	21~23	≤0.5	≥21/28
中期冷却	3~5	17~18	≤0.3	≥28
二期冷却	3~6	12~15	≤0.3	≥42

注　水管布置间距为 1.0m×1.5m 的混凝土，一期冷却时间不宜小于 21d；冷却水管布置间距为 1.5m×1.5m 的混凝土，一期冷却时间不宜小于 28d。

合适的梯度，以减小混凝土温差应力，防止混凝土开裂。

　　按自下而上顺序分为已灌区、灌浆区、同冷区、过渡区和盖重区等五区进行温度控制，通过各期冷却降温及控温时间协调，确保接缝灌浆时上部各灌区温度及温度差形成合适的梯度。温度梯度分区及循环示意如图 4.4.4-1、图 4.4.4-2 所示，基础区各温度梯度分区形成过程示意如图 4.4.4-3 所示。

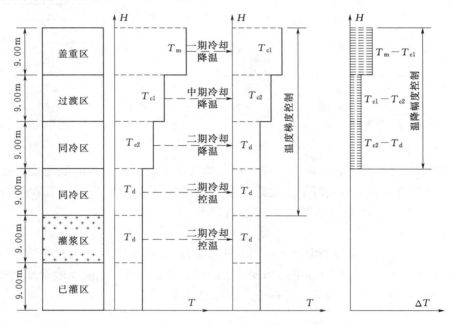

图 4.4.4-1　温度梯度控制示意图

各灌区温度应满足如下要求：

1）已灌区：温度为设计封拱温度 T_d。

2）灌浆区：进行二期冷却灌浆控温，温度为设计封拱温度 T_d。

3）同冷区：进行二期冷却控温，温度为设计封拱温度 T_d。

4）过渡区：进行中期冷却降温，目标温度 T_{c2}。

5）盖重区：进行一期冷却降温，目标温度 T_{c1}。

同冷区、过渡区和盖重区的降温过程和降温幅度应满足如下要求：

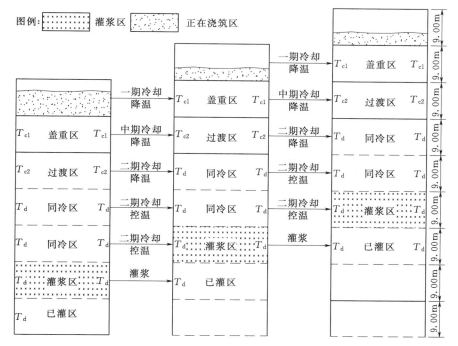

图 4.4.4-2 温度梯度分区循环示意图

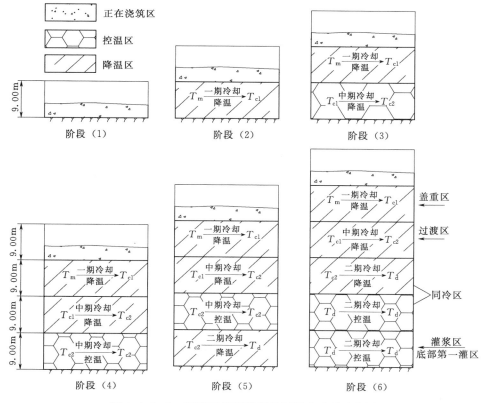

图 4.4.4-3 基础区温度梯度分区形成过程示意图

1) 同冷区：通过二期冷却降温过程，温度由中期冷却目标温度 T_{c2} 降为设计封拱温度 T_d，降温幅度为 $T_{c2}-T_d$。

2) 过渡区：通过中期冷却降温过程，温度由一期冷却目标温度 T_{c1} 降为中期冷却目标温度 T_{c2}，降温幅度为 $T_{c2}-T_{c1}$。

3) 盖重区：顶层混凝土通过一期冷却降温过程，温度由最高温度 T_m 降为一期冷却目标温度 T_{c1}，降温幅度为 T_m-T_{c1}。

4.5　混凝土温控措施与质量评价标准

采取有限元仿真分析方法模拟混凝土浇筑过程、混凝土水化放热、外界气温影响、混凝土内部热传导及通水冷却散热等因素影响，研究拱坝混凝土浇筑、通水冷却、养护与保护等的温控措施。

4.5.1　混凝土浇筑温控

4.5.1.1　浇筑层厚

混凝土浇筑层厚度对其最高温度和温度应力有显著的影响，也影响拱坝施工工期。大坝混凝土一般采用通仓薄层浇筑，主要控制混凝土入仓温度，并充分利用混凝土表面散热和采取水管冷却措施，把混凝土最高温度控制在容许范围内。现有研究表明：

（1）不考虑通水冷却，浇筑块最高温度随着浇筑层厚度的增大而增大，在表面散热为主的条件下，降低浇筑层厚度是降低混凝土最高温度的有效措施。

（2）对不同浇筑层厚度采用冷却水管进行冷却都能收到较好的降温效果，冷却通水比表面散热对不同浇筑层厚度的最高温度影响更加敏感。

（3）对于 $1.0\sim2.0\mathrm{m}$ 的浇筑层厚，在高温季节与低温季节浇筑比较，混凝土最高温度变化明显；对于 $3.0\mathrm{m}$ 的浇筑层厚，季节变化对混凝土最高温度影响较小。

（4）选择浇筑层厚度要考虑以下几方面因素：①混凝土最高温度控制的要求；②大坝的施工进度的要求；③模板的制作安装水平。

推荐浇筑层厚为：河床坝段底部 $0.4L$（L 为浇筑块长边的最大长度）高度范围内浇筑层厚度采用 $1.5\mathrm{m}$，其余部位混凝土浇筑层厚一般采用 $3\mathrm{m}$。下列情况下可进行浇筑层厚的调整：结构形状较复杂的部位、廊道、孔口附近、边坡坝段的底部、夏季浇筑基础混凝土时混凝土温度预测将超过限制要求时。

4.5.1.2　浇筑温度

浇筑温度是控制混凝土最高温度的关键因素之一，正确选择大坝混凝土的浇筑温度是防止混凝土开裂的关键。

浇筑温度越低，混凝土的最高温度就越低，对混凝土的防裂越有利。但是，浇筑温度的降低会显著增加降温费用。浇筑温度降低的幅度在技术上是有限的，目前最先进的技术水平，出机口温度可降至 $7\mathbb{C}$ 左右。因此浇筑温度的选择需要综合考虑温度控制要求、费用和技术上的可行性等各种因素。

分别考虑 $9\mathbb{C}$、$11\mathbb{C}$、$13\mathbb{C}$ 和 $15\mathbb{C}$ 四种浇筑温度，冷却水管布置间距为 $1.5\mathrm{m}\times$

1.5m，一期冷却水温 10℃，冷却水流量 1.5m³/h，考虑表面流水养护措施，计算 $C_{180}40$ 混凝土内部平均最高温度。计算成果见表 4.5.1-1 和图 4.5.1-1。

表 4.5.1-1　　　　　　**不同浇筑温度与最高温度关系比较表**

浇筑温度/℃	9	11	13	15
最高温度/℃	25.1	26.1	27.2	28.7

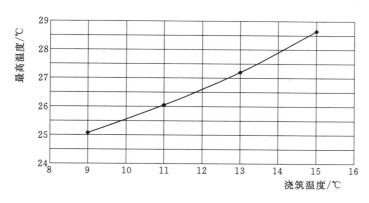

图 4.5.1-1　浇筑温度与最高温度关系曲线

由以上计算结果可知：

(1) 在设计温控参数条件下，浇筑温度每升高或者降低 1℃ 所引起的最高温度变化为 0.5~0.7℃，可见浇筑温度对最高温度的影响是非常显著的。

(2) 全坝按照约束区进行温控设计，全坝最高温度按照 26~29℃ 进行控制，相应的浇筑温度应不高于 11~15℃，全坝从严控制，浇筑温度统一按 11℃ 控制。

4.5.1.3　浇筑间歇期

混凝土浇筑层间歇期对混凝土温升有影响，并影响施工进度。间歇期长，有利于混凝土散热，但间歇期长，会影响到施工进度，因此需要研究合理的浇筑间歇期。

间歇期选取 3d、5d、7d、14d，浇筑层厚 1.5m，水管间距为 1.5m×1.5m，冷却水温均为 10℃，$C_{180}40$ 混凝土进行计算，计算结果见表 4.5.1-2 和图 4.5.1-2。

表 4.5.1-2　　　　　　**不同间歇期对应的最高温度**

参数	月份	2	5	8	10	12
气温/℃		13.8	21.5	21.3	17.0	9.3
地温/℃		15.1	24.5	24.4	19.1	10.2
浇筑温度/℃		11	11	11	11	11
最高温度/℃	间歇期 3d	25.8	27.2	27.2	26.4	25.0
	间歇期 5d	24.2	27.2	27.1	25.2	23.1
	间歇期 7d	23.6	26.9	26.8	25.0	21.8
	间歇期 14d	22.9	26.2	26.1	24.3	21.1

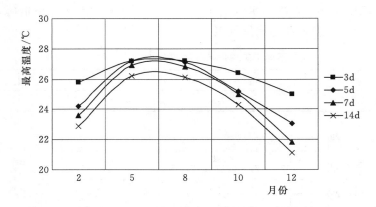

图 4.5.1-2 浇筑间歇期与最高温度关系曲线

由以上计算结果可知：采用薄层浇筑时，相同冷却措施下浇筑层间歇期对混凝土浇筑最高温度影响在低温季节较大，对高温季节不明显。

综合考虑上、下层温差和新老混凝土约束等因素，推荐浇筑间歇期为 5～14d，浇筑间歇期可根据施工进度要求进行调整，但应尽量避免出现长间歇，形成长龄期老混凝土。

4.5.1.4 采用的混凝土浇筑温控措施

根据以上计算分析结果确定混凝土浇筑方式如下：①河床坝段底部 0.4L（L 为浇筑块长边的最大长度）高度范围内浇筑层厚度采用 1.5m，其余部位混凝土浇筑层厚一般采用 3m；②浇筑温度不高于 11℃；③浇筑间歇期为 5～14d，浇筑间歇期可根据施工进度要求进行调整，但应尽量避免出现长间歇。

4.5.2 混凝土通水冷却

锦屏一级拱坝基础混凝土最高温度限制在 26～29℃，要达到这个要求，除拌制预冷混凝土、降低出机口温度和浇筑温度外，在浇筑混凝土中还必须预埋水管，采取通水冷却措施，控制混凝土最高温度，并将混凝土的温度按设计要求降至封拱温度，及时封拱灌浆，保证拱坝连续均衡施工。

4.5.2.1 冷却水管材质

混凝土冷却水管（混凝土内预埋的通水冷却用水管，包括主管和支管）一般采用高密度聚乙烯 HDPE 管（以下简称 HDPE 管）和焊接钢管（以下简称钢管），钢管主要用于固结灌浆盖重区内及其他特殊部位需要预埋水管准确定位的部位。

HDPE 管的主管规格为内径 32.6mm，壁厚 3.7mm，外径 40.0mm；支管规格为内径 28.0mm，壁厚 2.0mm，外径 32.0mm。钢管主管规格为内径 34.0mm，壁厚 2.0mm，外径 38.0mm；支管规格为内径 20.4mm，壁厚 2.3mm，外径 25.0mm。钢管应满足相关国家标准要求。HDPE 管主要技术指标见表 4.5.2-1。

4.5.2.2 冷却水管布置

水管间距是控制混凝土最高温度的关键参数。取水管水平间距 1.0m、1.5m，垂直间距 1.5m、3.0m，间歇期 7d，冷却水温 10℃，采用最大流量 1.5m³/h 通水控温，C_{180}40 混凝土进行混凝土最高温度计算，计算结果见表 4.5.2-2。

表 4.5.2-1 大坝用 HDPE 冷却水管主要指标

项 目	单 位	指 标
导热系数	kJ·m⁻¹·h⁻¹·℃⁻¹	＞1.6
拉伸屈服强度	MPa	≥20
延伸率	%	极限时大于 30%，破坏时大于 100%
纵向尺寸收缩率	%	＜3
破坏内水静压力	MPa	≥2.0
弯曲半径	10℃条件下，最小弯曲半径应不大于 0.5m，不卷折，不破裂，不渗漏	
液压试验	温度：20℃；时间：24h；环向应力：11.8MPa，不破裂，不渗漏	

表 4.5.2-2 不同冷却水管布置方式最高温度计算成果

参数 \ 月份		5	2	5	2
垂直间距/m		1.5		3.0	
气温/℃		21.5	13.8	21.5	13.8
地温/℃		24.5	15.1	24.5	15.1
浇筑温度/℃		11	12	11	12
最高温度/℃	水平间距 1.0m	26.1	23.5	29.0	27.5
	水平间距 1.5m	26.9	24.1	29.6	28.6

由以上计算结果可知：

（1）冷却水管间距对浇筑块最高温度影响较大，冷却水管间距越小浇筑块最高温度越低。

（2）水管布置采用 1.0m×1.5m 和 1.5m×1.5m 时，高温季节最高温度分别为 26.1℃和 26.9℃，满足温控要求。采用 1.0m×3.0m 和 1.5m×3.0m 水管布置时，高温季节最高温度偏大，分别为 29.0℃和 29.6℃；低温季节的混凝土最高温度分别为 27.5℃和 29.6℃，高于 27.0℃，只能部分时段和少部分坝块最高温度满足要求。

推荐冷却水管间距为 1.5m×1.5m，高温季节应加强表面流水，通低温水，控制最高温度。拱坝基础周边 A 区混凝土范围及坝身孔口周边，水管布置间距为 1.0m×1.5m。

冷却水管采用蛇形布置，除满足间距控制外，还有如下要求：

（1）冷却水管单根水管的长度不大于 300m，除陡坡坝段基础尖角部位以外，蛇形管走向宜垂直于横缝，进水管从上游弯曲至下游，蛇形管应避免交叉。

（2）最多允许三根蛇形支管并联在一根干管上，一个仓面最多布置两根干管，当同一仓面需要布置多条水管时，各条水管的长度应基本相当；同一干管上不允许超过 6 个接头，以防止接头漏水。

（3）进出口处水管水平间距和垂直间距一般不小于 1.0m，管口外露长度不应小于

20cm，并对管口妥善保护，防止堵塞。

（4）冷却蛇形管不允许穿过横缝、诱导缝及各种孔洞。

（5）在进行接触灌浆或固结灌浆时，若需要在已浇筑仓面打孔，应防止冷却水管被钻孔打断，保证冷却水管在各种施工状况下不破损。

4.5.2.3　一期冷却参数优选

1. 一期冷却控温水温

分别计算设计条件下（2009 年 9 月 15 日开浇），温度边界条件取逐月多年平均地温（表 4.1.1-1），一期冷却水温为 8℃、10℃ 和 12℃ 和 15℃ 工况，水管布置间距为 1.5m×1.5m，冷却水流量 1.5m³/h，浇筑温度为 11℃，考虑表面流水措施，计算 $C_{180}40$ 混凝土内部平均最高温度，成果见表 4.5.2-3 和图 4.5.2-1。

表 4.5.2-3　　　　　　　　　不同冷却水温下最高温度计算成果

设计方案	一期冷却水温/℃	一期控温流量/(m³·L⁻¹)	一期降温流量/(m³·L⁻¹)	最高温度/℃
工况 1	8	1.5	0.8	25.73
工况 2	10	1.5	0.8	26.08
工况 3	12	1.5	0.8	26.52
工况 4	15	1.5	0.8	27.13

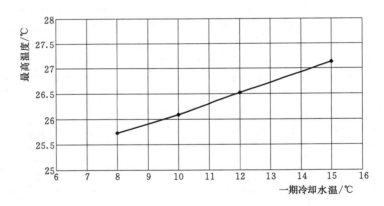

图 4.5.2-1　一期冷却控温阶段水温与最高温度关系曲线

由计算结果可见，在设计温控参数条件下，冷却水温每降低 1℃，混凝土最高温度将降低 0.2℃ 左右。

根据锦屏一级拱坝混凝土最高温度控制 26~29℃ 的要求，为降低能耗，可根据季节和最高温度分区部位尽量采用天然河水进行冷却，一期冷却水可采用 11~16℃。当全年全坝采用水温度较低的制冷水时，可调节控制通水流量。冷却水温较低时，可调小通水流量，水温较高时，相应增大通水流量。

2. 一期冷却控温通水流量

通水流量的大小关系到对通水冷却效果和费用的控制。通水流量过小，则冷却水管中的冷却水为层流状态，冷却效果差；流量过大，容易导致混凝土降温速率过大，且对制冷机组的生产能力要求较高。为此，对冷却水流量进行敏感性分析，按照设计进度（2009

年 9 月 15 日开浇），温度边界条件取逐月多年平均地温（表 4.1.1-1），分别考虑通水流量为 0.4～3.0m³/h。水管水平间距 1.5m，垂直间距 1.5m，浇筑间歇期 7d，冷却水温 10℃，C₁₈₀40 混凝土，浇筑温度 11℃，计算成果见表 4.5.2-4 和图 4.5.2-2。

表 4.5.2-4　　　　　　　　　不同通水流量下最高温度计算成果

一期控温流量/(m³·h⁻¹)	0.4	0.8	1.2	1.5	2	2.5	3
最高温度/℃	27.72	26.57	26.26	26.08	25.96	25.89	25.87

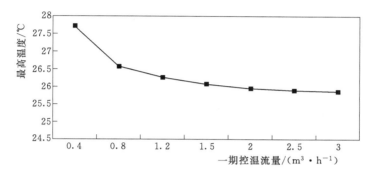

图 4.5.2-2　通水流量对最高温度的影响曲线

由计算结果可见：

（1）在相同的温控条件下，一期冷却通水流量对混凝土最高温度影响较大。

（2）通水流量在 1.5m³/h 以下时，最高温度对流量的大小较为敏感；流量达到 2.0m³/h 以上后，最高温度对通水流量的敏感性相对较小。

（3）一期冷却控温阶段，应采用较大流量通水以控制混凝土最高温度，通水流量不宜小于 1.5m³/h。

根据通水流量的敏感性分析结果，以及一期冷却水温度采用 11～16℃，推荐一期冷却控温阶段通水流量为 1.5～1.8m³/h。

3. 一期冷却降温通水流量

控温阶段冷却水温为 10℃，通水流量 1.5m³/h，水管间距 1.5m×1.5m，浇筑温度 11℃，C₁₈₀40 混凝土最高温度为 26.08℃。按照设计进度（2009 年 9 月 15 日开浇），温度边界条件取逐月多年平均地温（表 4.1.1-1），一期冷却降温阶段冷却水温分别考虑 10℃ 和 15℃，通水流量考虑 0.2～1.5m³/h，计算降温到一期冷却目标温度（21～23℃，取 22℃）的持续时间，计算成果见表 4.5.2-5 和图 4.5.2-3。

表 4.5.2-5　　　　　　　　　一期冷却降温通水流量敏感性分析

一期降温流量/(m³·h⁻¹)		0.2	0.5	0.8	1	1.5
降温历时 /d	通水温度 10℃	24	22	20	18	17
	通水温度 15℃	29	26	23	22	20

根据计算结果，得出以下结论：

（1）通水流量对一期冷却时间影响较为明显，水温为 10℃，控温流量分别为 0.2m³/h 和

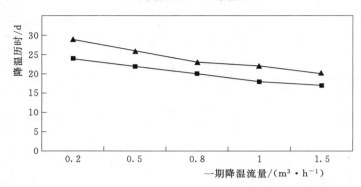

图 4.5.2 - 3　不同水温下通水流量对冷却时间的影响曲线

$1.5m^3/h$ 时，一期冷却降温时间相差 7d。

（2）冷却水温对一期冷却时间的影响也较为明显，通水流量为 $0.8m^3/h$ 时，采用水温为 10℃冷却水进行冷却比采用水温为 15℃冷却水进行冷却，冷却到一期冷却目标温度的时间要短 3～4d。

（3）通水流量 0.2～$1.5m^3/h$，一期冷却降温采用高温水，降温历时 29～20d；采用低温水，降温历时 24～17d；采用高温水冷却速率要相对小些，对于早龄期混凝土防裂较为有利。

根据计算结果，一期冷却降温阶段可采用 11～16℃的冷却水通水冷却。一期冷却降温历时 15～18d。为使混凝土降温速率缓慢，一期冷却降温阶段，当冷却水温度较低如 11℃时，可采用较小的流量如 $0.8m^3/h$，冷却水温度较高如 16℃时，可适当增大通水流量至 1.2～$1.5m^3/h$。

4.5.2.4　中期冷却参数优选

在给定的起始温度（一期冷却目标温度），分析不同的冷却水温、冷却水流量、水管布置对混凝土控温效果及降温速率的影响，提出缓慢降温的中期通水方案。考虑混凝土一期冷却后混凝土温度为 22℃，中期冷却目标温度为 18℃。中期冷却的水温分别考虑 12℃、14℃、16℃，通水流量分别考虑 $0.2m^3/h$、$0.8m^3/h$、$1.5m^3/h$，冷却水管的间距考虑 1.5m×1.5m、1.0m×3.0m、1.5m×3.0m。计算成果见表 4.5.2 - 6。

表 4.5.2 - 6　　　　　中期通水时间计算成果

水温/℃	12	12	12	14	14	14	16	16	16	16	16	16	16	16	16
流量/(m³·h⁻¹)	0.2	0.8	1.5	0.2	0.8	1.5	0.2	0.8	1.5	0.2	0.8	1.5	0.2	0.8	1.5
水管布置/m	1.5×1.5	1.5×1.5	1.5×1.5	1.5×1.5	1.5×1.5	1.5×1.5	1.5×1.5	1.5×1.5	1.5×1.5	1.0×3.0	1.0×3.0	1.0×3.0	1.5×3.0	1.5×3.0	1.5×3.0
中期冷却时长/d	35	17	13	52	23	18	64	33	24	81	54	34	96	78	52

计算结果表明：

（1）冷却水温对中期冷却时间影响较大。冷却水管为 1.5m×1.5m，通水流量为 $0.8m^3/h$，冷却水温为 12℃、14℃、16℃，相应的冷却到中期冷却目标温度的时间为 17d、23d、

33d。采用低温水时，冷却历时短，冷却速率过快，中期冷却宜采用较高水温通水冷却。

（2）通水流量对中期冷却时间影响明显。冷却水管为 1.5m×1.5m，冷却水温为 14℃，通水流量分别为 0.2m³/h、0.8m³/h、1.5m³/h，相应的冷却到中期冷却目标温度的时间为 52d、23d、18d。中期冷却通水流量大，历时短，宜采用适中的通水流量。

（3）水管间距也是影响中期冷却时间的关键因素。同样采用 16℃的冷却水温，采用 1.5m³/h 的通水流量，降温到中期冷却目标温度，采用 1.5m×3.0m 的水管时间为 52d，而采用 1.5m×1.5m 的水管时间为 24d。

中期冷却的目的在于控制混凝土一期冷却结束以后的温度回升，通过中期冷却的缓慢降温，降低混凝土二期冷却时的降温幅度。中期冷却要严格控制降温持续时间和降温速率，为此，冷却水温不宜过低，采用 14～16℃的水温比较合适，通水流量不宜过大，宜采用小于 0.8～1.0m³/h。同时，为避免由于冷却水温偏低、冷却水流量偏大带来的降温速度过快的风险，中期冷却时，可关闭一部分冷却水管，只使用一半冷却水管通水冷却（两半水管交替通水），中期冷却通水冷却的水管层距应为 3.0m，相应的中期通水冷却的水管的间距为 1.0m×3.0m 和 1.5m×3.0m，相应的中期冷却持续时间为 30～60d。

4.5.2.5　二期冷却参数优选

在给定的起始温度（中期冷却目标温度），分析不同的冷却水温和冷却水流量对二期冷却降温速率的影响，计算达到相应封拱温度所需时间。计算考虑二期冷却起始温度为中期冷却目标温度 18℃；二期冷却目标温度为封拱温度 12～15℃，计算取二期冷却目标温度 13℃；二期冷却水温为 8～10℃，计算取 8℃和 10℃；冷却水流量分别采用 0.2m³/h、0.8m³/h、1.5m³/h；冷却水管的间距考虑 1.5m×1.5m、1.0m×3.0m、1.5m×3.0m。计算成果见表 4.5.2-7。

表 4.5.2-7　　二期冷却参数敏感分析成果

二期冷却水温/℃	8	8	8	10	10	10	8	8	8	10	10	10	10	10	10
流量/(m³·h⁻¹)	0.2	0.8	1.5	0.2	0.8	1.5	0.2	0.8	1.5	0.2	0.8	1.5	0.2	0.8	1.5
水管布置/m	1.5×1.5	1.5×1.5	1.5×1.5	1.5×1.5	1.5×1.5	1.5×1.5	1.0×3.0	1.0×3.0	1.0×3.0	1.0×3.0	1.0×3.0	1.0×3.0	1.5×3.0	1.5×3.0	1.5×3.0
冷却时长/d	52	28	20	66	33	27	72	35	30	98	46	37	82	67	50

计算结果表明：

（1）冷却水温对二期冷却时间有一定影响。冷却水管为 1.5m×1.5m，通水流量为 1.5m³/h，冷却水温为 8℃、10℃，相应的冷却到二期冷却目标温度的时间为 20d、27d。

（2）通水流量对二期冷却时间有影响。冷却水管为 1.5m×1.5m，冷却水温为 8℃，通水流量分别为 0.8m³/h、1.5m³/h，相应的冷却到二期冷却目标温度的时间为 28d、20d。

（3）水管间距是影响二期冷却的关键因素。同样采用 10℃的冷却水温，采用 1.5m³/h 的通水流量，降温到二期冷却目标温度，采用 1.5m×3.0m 的水管则冷却时间为 50d，而采用 1.5m×1.5m 的水管则冷却时间为 27d。

锦屏一级拱坝的封拱温度为 12～15℃，二期冷却水温不宜过高，否则由于水温与混凝土温差过小而难以冷却到封拱温度，根据计算结果，采用 8～10℃ 的二期冷却水温是合适的。

冷却水温相对较低，冷却水与混凝土之间的温差为 8～10℃，冷却水管的间距为 1.0m×1.5m 和 1.5m×1.5m，水管密度大，如通水流量过大，则易导致混凝土降温速率过快。为避免由于冷却水温低、冷却水流量大、水管密度大带来的降温速率过快的风险，二期冷却时，关闭一部分冷却水管，相应的二期通水冷却的水管间距为 1.0m×3.0m 和 1.5m×3.0m，通水流量为 1.2～1.5m³/h。

4.5.2.6　采用的冷却通水参数

经过上述系统分析，锦屏一级拱坝混凝土采用的通水冷却参数如下：

（1）冷却水管主要采用 HDPE 高密度聚乙烯管，采用冷却水管间距为 1.5m×1.5m，拱坝基础周边 A 区混凝土范围及坝身孔口周边，水管布置间距为 1.0m×1.5m。

（2）采用分期冷却方式，分一期冷却、中期冷却、二期冷却三个时期进行混凝土冷却降温，严格控制各阶段的降温幅度和降温速率。

（3）采用两套冷却水系统，一套水温为 11～16℃，主要供一期冷却和中期冷却使用，一套水温 8～10℃，主要供二期冷却使用。

（4）一期冷却措施。一期冷却控制混凝土的最高温度不超过 T_m，一期冷却结束的目标温度为 T_{c1}，且必须严格控制一期冷却的降温幅度不超过 7℃。一期冷却通水水温 11～16℃。混凝土平仓振捣完成即开始一期通水冷却，混凝土温度达到一期冷却目标温度 T_{c1} 则一期冷却结束。对水管布置间距为 1.0m×1.5m 的混凝土，一期冷却时间不小于 21d；对冷却水管布置间距为 1.5m×1.5m 的混凝土，一期冷却时间不小于 28d。一期冷却控温阶段通水流量为 1.5～1.8m³/h，开展最高温度预警控制，根据温度测量成果，混凝土温度达到警戒水平，预计混凝土温度将超过设计允许值时，提前采取加大通水流量措施进行控温。一期冷却降温阶段通水流量为 1.2～1.5m³/h，使浇筑层混凝土温度降低至一期冷却目标温度 T_{c1}，同时要求降温阶段日降温速率不大于 0.5℃/d，且冷却降温过程要求连续平顺，防止由于通水不足及通水中断等原因造成的温度回升，降温阶段总时间不低于 15d。

（5）中期冷却措施。一期冷却结束后可根据实测混凝土内部温度情况开始中期冷却，混凝土温度达到中期冷却目标温度 T_{c2} 且历时不小于 28d，中期冷却结束。中期冷却通水水温采用 11～16℃，可采用较高的水温进行中期通水。为避免中期冷却阶段降温速率过快及降温幅度过大，中期冷却阶段只使用一半冷却水管通水冷却，关闭另一半冷却水管，中期冷却水管的层距为 3.0m。中期冷却控制混凝土一期冷却结束以后的温度回升不超过 1℃，进行混凝土的缓慢降温，将混凝土温度降低至中期冷却目标温度 T_{c2}，同时要求日降温速率不大于 0.3℃/d，通水流量为 0.8～1.0m³/h。

（6）二期冷却措施。中期冷却结束后，根据温度梯度控制要求和接缝灌浆进度计划开始二期冷却，混凝土温度达到设计封拱温度 T_d 接缝灌浆开始时完成，一般按不小于 42d 控制。二期冷却水温为 8～10℃，二期通水温度与混凝土温度之差控制在 10℃ 以内。为避免二期冷却阶段降温速率过快，二期冷却阶段只使用一半冷却水管通水冷却，关闭另一半冷却水管，即二期冷却水管的层距为 3.0m。二期冷却降温阶段日降温速率不大于 0.3℃/d。通水流量 1.2～1.5m³/h。二期冷却降温结束至接缝灌浆前，开展通水冷却控温，使混凝土温度维持在设计封拱温度 T_d 附近，温度变化幅度控制在 $\pm0.5℃$。在接缝灌浆以前，在各灌区选取 3～4 层冷却水管进行闷温测温，结合温度传感器测温成果，综合判定是否达到设计封拱温度，不满足要求的灌区，继续通水冷却，直至达到要求为止。灌浆结束 1 个月内，继续观察坝体温度，温度回升超过 1℃时，继续通水冷却。

4.5.3 混凝土养护与保护

4.5.3.1 表面养护措施

锦屏一级拱坝混凝土施工采取的表面养护措施如下：

（1）新浇混凝土层面采用湿养护方法保持表面持续湿润，或养护到新混凝土覆盖或保温覆盖为止。气温骤降期间暂停层面湿养护，在混凝土层面上覆盖保温材料进行保温，气温骤降结束后揭开隔热材料，继续进行层面湿养护。

（2）高温季节采取表面流水冷却措施。混凝土终凝后即开始表面流水，要求流水清洁、均匀覆盖整个仓面。流水时间至混凝土最高温度出现后 3d，以后可换成洒水养护。

（3）上、下游坝面及横缝面在模板拆除之前及拆除期间都应保持潮湿状态，其方法是让养护水流从混凝土顶面向模板与混凝土之间的缝渗流，以保持表面湿润，直到模板拆除。

（4）上、下游坝面及横缝面在模板拆除后继续用水养护，采用储水材料保湿养护或花管不间断喷淋养护。

4.5.3.2 气温骤降下表面保温与表面温度应力研究

浇筑仓面遇到气温骤降时，混凝土表面会产生较大的温度应力，有产生较大的开裂风险。利用仿真分析方法对混凝土遭遇气温骤降时的温度应力进行分析，并研究不同保温措施对温度应力的减小作用。选择强约束区浇筑 4.5m 后考虑固结灌浆，作为气温骤降的研究模型。计算网格厚度方向最小尺寸为厘米级，以满足短周期温度荷载的需要。在顶面施加 2d 温降 10℃ 的温度骤降荷载，温度骤降计算工况按混凝土龄期 3d、7d、14d、28d、90d、180d，表面不保温及表面保温材料等效放热系数 $10kJ/(m^2 \cdot h \cdot ℃)$、$7kJ/(m^2 \cdot h \cdot ℃)$ 和 $3kJ/(m^2 \cdot h \cdot ℃)$ 四种情况，共 24 个工况。计算成果分别见表 4.5.3-1、表 4.5.3-2 和图 4.5.3-1，计算成果表明：

（1）混凝土 2d 温降 10℃ 表面最大应力，在不保温情况下，3d、7d、14d、28d、90d、180d 龄期遭遇寒潮的最大拉应力为 0.94MPa、1.11MPa、1.26MPa、1.44MPa、1.76MPa、1.91MPa，采取保温材料等效放热系数为 $10kJ/(m^2 \cdot h \cdot ℃)$ 的保温后，最大拉应力降低为 0.53MPa、0.61MPa、0.68MPa、0.78MPa、0.95MPa、1.03MPa。

（2）与混凝土虚拟抗裂强度相比，不保温情况下，7d、14d、28d、90d、180d 龄期的安全系数分别为 0.8、1.0、1.2、1.4、1.5；保温材料等效放热系数为 $10kJ/(m^2 \cdot h \cdot ℃)$ 的保温情况下，7d、14d、28d、90d、180d 龄期的安全系数分别为 1.4、1.8、2.2、2.6、2.9。

（3）图 4.5.3-1 所示为寒潮产生的应力沿厚度方向的分布，由此可见，2d 寒潮的拉应力范围为 1～1.5m。

在没有表面保护的条件下，寒潮产生的表面应力与长周期温度荷载产生的温度应力叠加，很可能超过混凝土的抗拉强度而产生开裂。保温［等效放热系数为 $10kJ/(m^2 \cdot h \cdot ℃)$］能削减温度骤降产生的拉应力 40%～50%，且最小安全系数大于 1.4。因此，遭遇寒潮时采取保温措施以避免短周期温度荷载和长周期温度荷载的叠加是有效且十分必要的。

表 4.5.3-1　　　　　　　　混凝土 2d 温度骤降 10℃ 表面最大应力　　　　　　单位：MPa

表面最大拉应力	龄期					
保温等效放热系数	3d	7d	14d	28d	90d	180d
不保温	0.94	1.11	1.26	1.44	1.76	1.91
10kJ/(m² · h · ℃)	0.53	0.61	0.68	0.78	0.95	1.03
7kJ/(m² · h · ℃)	0.41	0.48	0.54	0.62	0.76	0.82
3kJ/(m² · h · ℃)	0.22	0.26	0.29	0.34	0.41	0.45

表 4.5.3-2　　　　　　　　混凝土 2d 温度骤降 10℃ 表面抗裂安全系数

表面抗裂安全系数	龄期				
保温等效放热系数	7d	14d	28d	90d	180d
不保温	0.8	1.0	1.2	1.4	1.5
10kJ/(m² · h · ℃)	1.4	1.8	2.2	2.6	2.9
7kJ/(m² · h · ℃)	1.8	2.2	2.7	3.2	3.6
3kJ/(m² · h · ℃)	3.3	4.2	5.0	5.9	6.6

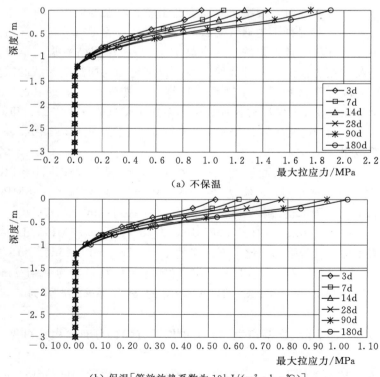

(a) 不保温

(b) 保温[等效放热系数为 10kJ/(m² · h · ℃)]

图 4.5.3-1　温度骤降产生的拉应力沿厚度方向分布

4.5.3.3 表面保护措施

根据研究成果，锦屏一级拱坝混凝土施工采取如下表面保护措施：

（1）高温时段浇筑坯层保护。混凝土浇筑过程中，仓内气温高于23℃时，实施仓面喷雾降温保湿措施，在混凝土振捣密实后，立即在混凝土坯层面上覆盖等效热交换系数β≤10kJ/（m²·h·℃）的保温材料进行隔热，直至上坯混凝土开始铺料或安装冷却水管时再逐步揭开，并且要求上坯混凝土覆盖时间控制在4h以内。

（2）层面保护。混凝土浇筑收仓后，仓内气温高于23℃时，立即在混凝土层面上覆盖等效热交换系数β≤10kJ/（m²·h·℃）的保温材料进行隔热，入夜前揭开隔热材料，揭开隔热材料后进行湿养护。气温骤降期间应在混凝土层面上覆盖等效热交换系数β≤10kJ/（m²·h·℃）的保温材料进行保温，气温骤降结束后揭开隔热材料，继续进行层面湿养护。冬季长间歇的浇筑层面，也应采用覆盖等效热交换系数β≤10kJ/（m²·h·℃）的保温材料方法进行保温。

（3）混凝土拆模时间不宜早于5d，气温骤降期间不允许拆模，根据气象预报未来2d内将发生气温骤降时也不允许拆模。

（4）11月至次年2月，横缝面拆模后，在48h内覆盖等效热交换系数β≤10kJ/（m²·h·℃）的保温材料进行保温，保护材料应紧贴被保护面。横缝面保温至缝面另一侧浇筑块混凝土浇筑前才能全部拆除。

（5）上、下游坝面拆模后，在有防渗及其他处理要求的部位，立即进行防渗或其他处理施工；一般在坝面拆模后，在坝体上、下游面及孔洞暴露部位粘贴厚30～50mm的聚苯乙烯泡沫塑料板保温，时间不短于6个月。实际施工过程中，保温板直到验收前才拆除。

（6）11月至次年2月，对廊道等孔洞部位采取有效措施封闭保护。

4.5.4 混凝土温控质量评价标准

锦屏一级水电站结合工程自身特点和设计要求，制定了适用于锦屏一级超高拱坝的温控评价指标，并通过每周的温控例会和每月的温控领导小组会议，对温控效果进行评价。主要控制指标为出机口温度、浇筑温度、最高温度、内部温差、内部温度回升和降温速率等。项目的具体评价方式和评价指标如下：

1. 混凝土出机口温度评价

当外界温度高于10℃时，混凝土机口温度按不超过7℃控制；当外界气温低于10℃时，混凝土出机口温度按7～9℃控制；出机口温度低于5℃的混凝土应作为废料处理（夏季可不做要求）。出机口温度合格率要求大于98%。

2. 混凝土入仓温度、浇筑温度评价

从出机口至上坯层混凝土覆盖前的温度回升值不超过4℃，浇筑温度按不超过11℃控制，浇筑温度合格率要求大于90%，且超标值不高于2.0℃。

3. 最高温度评价

根据混凝土分区，按照26℃、27℃、28℃、29℃作为混凝土最高温度控制标准，低温季节（每年11月至次年2月）最高温度按照不低于一期冷却目标温度控制，岸坡坝段最高温度可略高于一期冷却目标温度（23℃）。其他时段对应控制最高温度在23～26℃、24～27℃、25～28℃、26～29℃范围视为符合，符合率要求大于95%，最高温度不允许超标。

4. 浇筑单元内部温差控制情况评价

同一单元内部温差一期、中期不大于 4℃，二期不大于 2℃。温差符合率大于 95%，按照符合单元数/总单元数计算。

5. 全过程内部温度回升评价

若在未超冷时出现回弹，则在本期通水中进行降温；若已超冷，则应当稳定温度，直至下阶段冷却方可开始降温。温度回升符合率为未回弹或者回弹不超过 1℃的温度计数量/总温度计数量（按每周统计一次，逐周累计评价），要求温度回升符合率大于 95%。

6. 各期冷却降温幅度及历时控制评价

降温幅度根据各阶段目标温度要求并结合上一阶段目标温度实际控制情况确定，一般一期冷却降幅 5～7℃，冷却天数不小于 21d；中期冷却降幅 3～5℃，冷却天数不小于 28d；二期冷却降幅 3～6℃，冷却天数不小于 42d。因冷却水管间距不同，冷却天数有所不同，控温和降温天数具体按照温控技术要求控制。

7. 各期冷却目标温度控制情况评价

按照一期冷却目标温度 21～23℃，中期冷却目标温度 17～18℃，二期冷却目标温度 12～15℃进行控制，一期和中期冷却目标温度的偏差控制在－2℃以内，二期冷却目标温度偏差－1℃。各期冷却符合率应大于 95%，符合率为各期结束的目标温度范围内的单元数/总单元数（不含正在冷却的单元）。

8. 各期冷却降温速率控制情况评价

一期冷却温度降速不大于 0.5℃/d；中期冷却温度降速不大于 0.3℃/d；二期冷却温度降速不大于 0.3℃/d。降温速率符合率应达到 95%以上，且不能出现连续两天超标，超标的不能大于设计要求的 0.1℃/d。最高温度下降 2℃后开始计入降温速率符合率评定。降温速率每天统计一次，符合率为当天观测降温速率满足要求的温度计数量/观测温度计总数量。

4.6 典型坝段三维温度应力仿真分析

采取有限元仿真分析方法模拟计算混凝土浇筑过程、混凝土水化放热，分析外界气温、混凝土内部热传导及通水冷却散热等影响因素，分析坝体（段）的应力状态。

4.6.1 河床孔口坝段温度应力仿真分析

锦屏一级的 13 号坝段为河床拱冠梁坝段，同时集表孔、深孔和导流底孔于一体。在温度应力和温度控制方面，具有典型意义，故选取 13 号坝段，考虑气候条件、表面保温、混凝土材料的热学及力学性能等，对设计温控方案进行复核，研究分析在 9 月按照设计方案进行浇筑时，河床坝段的温度及应力发展规律和变化历程。另外，还对贴角混凝土与大坝混凝土整体浇筑的方案进行了分析。

4.6.1.1 计算模型

建立 13 号河床坝段模型，如图 4.6.1-1 所示。温度边界条件为多年平均地面温度，仓面表面流水时，参考温度为多年平均河水温度。地基底部固定约束，地基侧面法向约束，计算中考虑河床坝段两侧封拱灌浆后约束的情况。

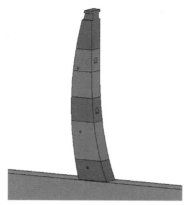

（a）不考虑贴角的模型　　　　　　（b）贴角与坝体一起浇筑模型

图 4.6.1-1　13 号河床坝段模型

贴角坝体通仓浇筑，模型的主要差别在于贴角与坝体通仓浇筑时，顺水流方向长度增加至 79.6m，且 1591m 高程以下贴角与下游基岩接触，约束条件发生了变化。

4.6.1.2　计算工况

计算工况见表 4.6.1-1，各个工况的起浇时间均为 9 月，浇筑温度为 11℃，均采用表面流水养护和上游保温，$0.4L$（L 为坝底宽度）以上水管布置为 1.5m×1.5m。

表 4.6.1-1　　　　　　　　　　　　河床与孔口坝段仿真分析计算工况

工况号	0.4L 以下水管布置/m	同冷区范围	一期冷却		中期冷却		二期冷却		备注
			水温/℃	流量/(m³·h⁻¹)	水温/℃	流量/(m³·h⁻¹)	水温/℃	流量/(m³·h⁻¹)	
13-1	1.5×1.5	1 个灌区	11	1.5	15	0.8	10	0.8	考虑底孔过流
13-2	1.5×1.5	1 个灌区	8	1.5	15	0.8	8	0.8	考虑底孔过流
13-3	1.5×1.5	2 个灌区	11	1.5	15	0.8	10	0.8	考虑底孔过流
13-4	1.5×1.5	2 个灌区	8	1.5	15	0.8	8	0.8	考虑底孔过流
13-5	1.5×1.5	1 个灌区	11	1.5	15	0.8	10	0.8	贴角与坝体一起浇筑
13-6	1.5×1.0	1 个灌区	11	1.5	15	0.8	10	0.8	贴角与坝体一起浇筑
13-7	1.0×1.5	1 个灌区	11	1.5	15	0.8	10	0.8	无贴角
13-8	1.0×1.5	1 个灌区	11	1.5	15	0.8	10	0.8	贴角与坝体一起浇筑

注　工况 13-7 和工况 13-8，中期冷却和二期冷却时关闭一半冷却水管。

4.6.1.3　计算成果及分析

1. 计算成果

河床与孔口坝段仿真分析混凝土最高温度、应力及抗裂安全系数计算成果见表 4.6.1-2、表 4.6.1-3。

表 4.6.1 - 2　　　　　　　河床与孔口坝段仿真分析混凝土最高温度

工况号	一期冷却水温/℃	0.4L 以下/℃	0.4L 以上/℃	底孔/深孔/℃
13 - 1	11	25.4	26.3	25.8/25.3
13 - 2	8	25.0	26.3	25.8/25.3
13 - 3	11	25.4	26.3	25.8/25.3
13 - 4	8	25.0	26.3	25.8/25.3
13 - 5	11	25.4	26.3	25.8/25.3
13 - 6	11	25.4	26.3	25.8/25.3
13 - 7	11	25.4	26.3	25.8/25.3
13 - 8	11	25.4	26.3	25.8/25.3

表 4.6.1 - 3　　　　　　河床与孔口坝段仿真分析应力及抗裂安全系数　　　　　　单位：MPa

工况号	0.4L 以下				0.4L 以上				底孔/深孔			
	顺河向应力	安全系数	坝轴向应力	安全系数	顺河向应力	安全系数	坝轴向应力	安全系数	顺河向应力	安全系数	坝轴向应力	安全系数
13 - 1	1.74	2.17	1.70	2.22	1.10	3.19	1.50	2.52	1.70	2.22	1.30	2.91
13 - 2	1.68	2.25	1.64	2.30	1.00	3.51	1.46	2.59	1.65	2.29	1.20	3.15
13 - 3	1.74	2.17	1.68	2.25	1.00	3.51	1.45	2.61	1.66	2.28	1.20	3.15
13 - 4	1.68	2.25	1.63	2.32	0.90	3.90	1.40	2.70	1.60	2.36	1.10	3.44
13 - 5	2.00	1.89	1.20	3.15	1.10	3.19	1.00	3.78	1.00	3.78	0.60	6.30
13 - 6	1.91	1.98	1.10	3.44	1.00	3.51	1.00	3.78	1.00	3.78	0.60	6.30
13 - 7	1.62	2.33	1.70	2.22	0.90	4.20	1.65	2.29	1.70	2.22	1.30	2.91
13 - 8	1.80	2.10	1.00	3.78	0.80	4.73	0.70	5.40	1.00	3.78	0.60	6.30

2. 成果分析

分析上述计算成果，主要认识如下：

(1) 最高温度。以工况 13 - 1 为例，不同高程最高温度的差异主要取决于混凝土配合比以及气温年变化的影响。$0.4L$ 以下区域最高温度为 25.4℃，其他区域的最高温度也都在 24～26.5℃，均能够满足设计温控最高温度标准 26～29℃。

(2) 最大应力。从顺河向应力来看，$0.4L$ 以下最大应力位于建基面附近的 1582m 高程，最大应力为 1.74MPa，出现在二期冷却末期，安全系数 2.17；$0.4L$ 以上高程区域各灌区的最大应力为 0.9～1.1MPa，安全系数均在 2.0 以上，满足混凝土设计抗裂要求。

上游坝面轴向大应力区都出现在高温季节浇筑的混凝土部位，最大应力为 1.7MPa，出现在 1609m 高程，安全系数 2.0 以上，若不叠加短周期温降带来的温度荷载，安全系数能够满足设计抗裂要求。

对于一期冷却末的应力情况，由于一期冷却温降幅度只有 4～6℃，一期冷却末应力大都在 0.5MPa 以下，安全系数都在 2.0 以上，能够满足设计抗裂要求。

底孔和深孔表面过流，水温普遍比气温低 4～5℃，因此，最大应力比非约束区大，顺河向应力为 1.7MPa，安全系数 2.2，满足抗裂要求。

（3）一期冷却水温对最高温度及应力影响。对比工况 13-1 和工况 13-2，工况 13-2 一期冷却采用 8℃冷却水温，最高温度可降低约 0.4℃，但二期冷却水温稍低，冷却速度稍快，因此，总体而言应力差异不大，工况 13-2 应力比工况 13-1 要小 0.1MPa 左右。温度和应力均能够满足设计温控要求。

（4）同冷区高度的影响分析。工况 13-1 和工况 13-3 的计算结果对比表明，由于 13 号坝段第一个灌区的冷却方式都采用 3 个灌区同冷却的方案，因此工况 13-3 靠近基础区的最大应力约为 1.74MPa，与工况 13-1 相同，安全系数 2.17，满足设计要求。

对于第一个灌区以上的区域，虽然同冷区由 1 个灌区增大为 2 个灌区，但相应的混凝土龄期也有所增加；另外无论同冷区是一个灌区，还是 2 个灌区，由于本工况上、下层温差都基本一致，因此就应力而言，应力虽有所减小，但减幅不大，约 0.1MPa，顺河向最大应力为 0.8～1.0MPa，安全系数均在 2.5 以上，满足设计温控抗裂要求。

（5）中期和二期冷却水管层距为 3.0m 的影响分析。由工况 13-1 和工况 13-7 的计算结果可知，中期和二期冷却采用 1.5m×3.0m 的冷却水管后，降温速率降低，中期和二期冷却的时间明显延长，比相同条件下采用 1.5m×1.5m 的水管冷却时间延长 30～40d。

应力计算结果表明，由于冷却速率放慢，冷却时间延长，0.4L 以下基础区的最大应力由工况 1 的 1.74MPa 减小为 1.62MPa；工况 13-8 的最大应力由工况 13-6 的 1.91 MPa 降低为 1.8MPa，安全系数都在 2.0 以上，满足设计温控抗裂要求。

（6）下游贴角对温度应力的影响分析。下游贴角对混凝土最高温度没有影响。由于浇筑块顺水流方向长度的增加，特别是 1591m 贴角与基岩接触条件按固结考虑，造成的约束条件的变化，使得同等条件下（工况 13-1 和工况 13-5）约束区顺河向应力由 1.74MPa 增加到 2.0MPa，安全系数由 2.17 降低为 1.89。工况 13-6 中将 0.4L 范围内水管由 1.5m×1.5m 加密为 1.0m×1.5m 后，使得平均温度峰值降幅约 1.2℃，最大应力减小为 1.91MPa，安全系数提高为 1.98，安全裕度明显增加。另外根据温控设计，中期冷却和二期冷却的水管关闭一半，使得冷却时间延长，混凝土降温速率放慢，最大应力降低为 1.8MPa，进一步提高了抗裂安全系数。

（7）设计温控标准与措施复核结论。综合上述分析，严格按照设计要求的灌浆区、二期冷却区、中期冷却区、一期冷却区四个区同时冷却，形成高度方向的温度梯度，按设计方案进行温控，大坝最高温度可控制在 27℃以下，能够满足设计提出的 26～29℃温控标准。从应力情况来看，考虑贴角时最大应力 1.8MPa，位于靠近基础的区域；上部坝体中心顺河向应力大都在 1.0MPa 以下；孔口最大应力在 1.7MPa 左右，上游表面最大轴向应力为 1.7MPa，安全系数都在 2.0 以上，能够满足设计抗裂要求。

温度应力的产生主要源于上、下层约束，设计温控方案中，由于高度方向的冷却梯度得到了较好的控制，因此采用不同冷却区高度的差异并不明显，表明在冷却时保持良好的高度方向的温度梯度是非常重要的。

混凝土具有徐变的特性，温度应力随作用时间增长而减小，产生应力松弛。混凝土的降温冷却应充分发挥混凝土材料的徐变特性，通过持续的缓慢降温达到减小温度应力的目的，所以在中期冷却和二期冷却过程中，采用间距较大的冷却水管降温冷却是必要的。

4.6.2 陡坡坝段温度应力仿真分析

锦屏一级坝址两岸岸坡陡峻，大部分坝段坐落在陡坡基础上，尖角部位应力集中，温控防裂难度大。选取锦屏一级拱坝坡度最陡的 20 号边坡坝段作为典型陡坡坝段，对坝段施工期的温度及温度应力进行了仿真计算分析。仿真计算中，适时模拟了坝体基础约束区与非约束区混凝土的浇筑时间、浇筑温度、浇筑层厚、间歇期、一期、中期及二期通水冷却措施、表面散热状况、坝体分区灌浆等施工措施及过程。

4.6.2.1 计算模型

20 号边坡坝段三维有限元计算模型示意如图 4.6.2-1 所示。20 号边坡坝段仿真计算边界条件示意图如图 4.6.2-2 所示，计算中考虑了相邻坝体对 20 号坝段的支撑和约束作用。由于本坝段是陡坡坝段，研究重点是陡坡部位的温度应力特点，仿真计算中，考虑自重影响。

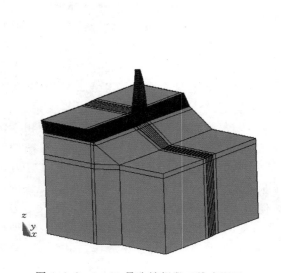

图 4.6.2-1 20 号边坡坝段三维有限元
计算模型示意图

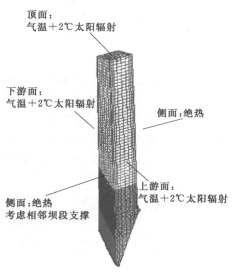

图 4.6.2-2 20 号边坡坝段仿真计算
边界条件示意图

4.6.2.2 计算条件

主要计算条件如下：河床坝段开浇时间 2009 年 9 月，浇筑温度 11℃，浇筑层厚 3.0m；水管间距 1.5m×1.5m 及 1.0m×1.5m；一期冷却水温 10℃，中期控温 14～16℃（按 15℃ 计算），二期冷却 10℃；一期冷却控温阶段通水流量 1.5m³/h，一期冷却降温阶段通水流量 0.8m³/h，中期冷却通水流量 0.8m³/h，二期冷却通水流量 0.8m³/h；低温季节表面保温，高温季节采用表面流水措施。

计算采用两种进度，分别是河床坝段 9 月开始浇筑、假定 20 号陡坡坝段 7 月开始浇筑。其他条件相同：浇筑温度 11℃；一期冷却水温 10℃、流量 1.5m³/h；中期冷却水温 15℃、流量 0.8m³/h；二期冷却水温 10℃、流量 0.8m³/h；无表面流水、有喷雾，考虑上游保温；同冷区范围为 1 个灌区。计算工况见表 4.6.2-1。

表 4.6.2-1　　　　　　　　　　陡坡坝段仿真分析计算工况表

工况号	起浇时间	水管布置 0.4L 以下/m	水管布置 0.4L 以上/m
20-1	河床坝段 9 月	1.5×1.5	1.5×1.5
20-2	20 号坝段 7 月	1.5×1.5	1.5×1.5
20-3	河床坝段 9 月	1.0×1.5	1.5×1.5
20-4	20 号坝段 7 月	1.0×1.5	1.5×1.5

4.6.2.3　计算成果

计算成果分别见表 4.6.2-2、表 4.6.2-3 和图 4.6.2-3。

表 4.6.2-2　　　　　20 号坝段不同工况最高温度、轴向应力及安全系数

工况号	最高温度/℃		坝轴向应力/MPa /安全系数
	1 号、2 号灌区	>2 号灌区	
20-1	26.1	27.1	0.9~0.6/4.2~6.3
20-2	27.0	27.1	1.0~0.6/3.78~6.3
20-3	24.7	25.6	0.9~0.6/4.2~6.3
20-4	25.4	26.2	1.0~0.6/3.78~6.3

表 4.6.2-3　　　　　20 号坝段不同工况最大顺河向应力及安全系数

工况号	最大顺河向应力/MPa/安全系数										
	1 号	2 号	3 号	4 号	5 号	6 号	7 号	8 号	9 号	10 号	11 号
20-1	2.1 /1.80	2.0 /1.89	1.8 /2.10	1.6 /2.36	1.4 /2.70	1.3 /2.91	1.2 /3.15	1.2 /3.15	1.0 /3.78	1.0 /3.78	0.9 /4.20
20-2	2.3 /1.65	2.1 /1.80	1.9 /1.99	1.4 /2.70	1.2 /3.15	1.1 /3.44	1.2 /3.15	1.2 /3.15	1.0 /3.78	1.0 /3.78	0.9 /4.20
20-3	1.85 /2.04	1.9 /1.99	1.7 /2.22	1.5 /2.52	1.2 /3.15	1.1 /3.44	1.2 /3.15	1.2 /3.15	1.0 /3.78	1.0 /3.78	0.9 /4.20
20-4	2.1 /1.80	1.8 /2.10	1.6 /2.36	1.2 /3.15	1.1 /3.44	1.0 /3.78	1.0 /3.78	1.0 /3.78	1.0 /3.78	1.0 /3.78	0.9 /4.20

4.6.2.4　成果分析

根据计算成果有以下认识：

（1）4 种工况各分区混凝土的最高温度基本上可以控制在设计温控标准的范围内，工况 20-1 在未采用流水养护的前提下，最高温度 27.1℃。工况 20-3 和工况 20-4 中加密水管后 0.4L 以下最高温度 25.4℃，0.4L 以上 26.2℃，都能满足设计温控要求。

（2）计算方案考虑混凝土拆模后，上下游表面全年采用 30~50mm 厚聚苯乙烯泡沫塑料板保护，因此 4 个工况表面坝轴向应力水平不高，安全系数均大于 3.5。

（3）4 种工况大部分区域的顺河向应力水平基本满足设计抗裂标准，4 种工况最大顺河向拉应力均发生在 1 号和 2 号灌区二期冷却末。由应力计算结果可见，工况 20-2（20

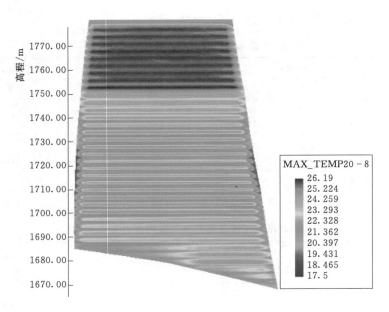

图 4.6.2-3　20 号陡坡坝段最高温度包络图（工况 20-8）（单位：℃）

号坝段 7 月起浇）基础部位最大顺河向拉应力达到 2.3MPa，安全系数为 1.65，安全系数偏低。

（4）坝段底部 0.4L 范围内水管加密至 1.0m×1.5m 后，最高温度在 26℃以下，最大应力降至 2.1MPa，安全系数 1.8，满足设计要求。

陡坡坝段基础约束区底宽较大，体型结构复杂，基础部位的温度应力较之其他坝段要大。在采用有效温控措施的前提下，温度和应力可满足设计温控要求，但安全裕度不高，施工期的温控措施应从严对待。根据河床坝段中期冷却和二期冷却缓慢降温冷却方案计算分析结果，中期冷却和二期冷却采用 3.0m 层距的冷却水管，进一步降低降温速率，可降低 0.1MPa 左右的应力，陡坡坝段也应采用，以进一步降低最大拉应力。

计算中严格按照灌浆区、二期冷却区、中期冷却区、一期冷却区四个区同时冷却各有目标，形成高度方向的温度梯度，各分区混凝土的计算最高温度可以满足设计温控标准。施工中需严格管理，以有效方式实现这种复杂严谨、环环相扣的温度控制过程。

4.6.3　垫座温度应力仿真分析

锦屏一级拱坝在左岸设置垫座，总高度 155m，沿拱端厚度方向平均宽度约 61m，最大置换深度平均约 50m，各高程平均断面面积约 3500m²，垫座底部（1730.00m 高程）最大浇筑块长度 102m，最大面积约 4400m²，混凝土采用 C$_{180}$30，浇筑方量约 56 万 m³；垫座由一条斜缝分成 A 块和 B 块，B 块混凝土嵌入山体，A 块上游侧部分与山体接触。垫座尺寸大，约束强，温度应力大，是温控防裂的难点。本节开展多工况仿真分析论证垫座温控标准和措施。

4.6.3.1　计算模型

建立斜缝方案垫座计算模型，如图 4.6.3-1 所示。高度方向 0.5m 一层划分有限元网格，靠近基础和分缝的部位加密。

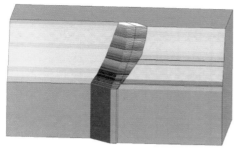
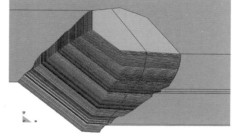

| （a）整体计算模型图 | （b）计算模型俯视图 |

图 4.6.3-1　计算模型图（不同颜色表示不同浇筑分块）

4.6.3.2　计算工况

结合垫座混凝土浇筑的实际情况以及工程需要，主要考虑两种工况，第一种工况为 1748m 高程以上开始采用 3m 浇筑层厚，第二种工况为 1760m 高程以上开始采用 3m 浇筑仓层，上述两个高程以下按 1.5m 仓层厚度。详细计算工况如表 4.6.3-1 所示。

表 4.6.3-1　　　　　　　　　垫座温度应力仿真分析工况表

工况	计　算　进　度
DZ-1	自 1748m 高程开始浇筑 3m；B 块于 2009 年 8 月 14 日开始、A 块于 2009 年 9 月 28 日开始采用 3m 层厚
DZ-2	自 1760m 高程开始浇筑 3m；B 块于 2009 年 10 月 17 日开始、A 块于 2009 年 11 月 29 日开始采用 3m 层厚

仿真计算中主要计算条件为：浇筑温度 11℃，浇筑层厚 1.5m 及 3.0m，间歇期 8～14d，相邻高差 6～12m；灌区高度 12m；水管间距 1.0m×1.5m；一期冷却水温 11℃，中期控温 15℃，二期冷却水温 10℃；低温季节表面保温，夏季浇筑混凝土表面流水 6d，流水温度取河水温度。

4.6.3.3　计算成果

根据计算成果，垫座 A、B 块混凝土内部最大应力见表 4.6.3-2。图 4.6.3-2 所示为典型高程缝开度过程线，图 4.6.3-3 所示为最大缝开度沿高程分布。

表 4.6.3-2　　　　　　　　垫座 A、B 块混凝土内部最大应力对比

典型高程 /m	A 块最大应力/MPa		B 块最大应力/MPa	
	1748m 高程开始 3.0m 仓层	1760m 高程开始 3.0m 仓层	1748m 高程开始 3.0m 仓层	1760m 高程开始 3.0m 仓层
1733	1.56	1.60	1.55	1.61
1752	1.33	1.25	1.57	1.52
1764	1.27	1.23	1.31	1.28
1776	1.12	1.1	1.42	1.38
1788	1.1	1.08	1.45	1.40
1800	1.0	1.02	1.5	1.47

注　表中最大应力为二期冷却末时应力，相应的设计允许应力值为 1.52～1.64MPa。

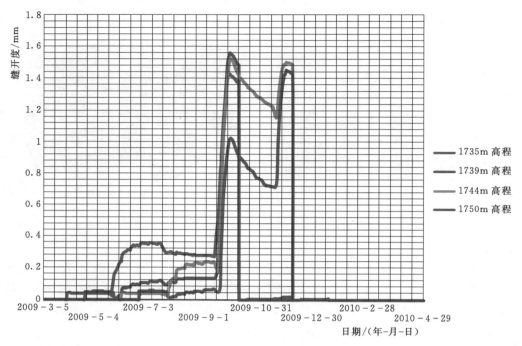

图 4.6.3 - 2　典型高程缝开度过程线（工况 DZ - 1，12m 灌区，1748m 开始 3m/层）

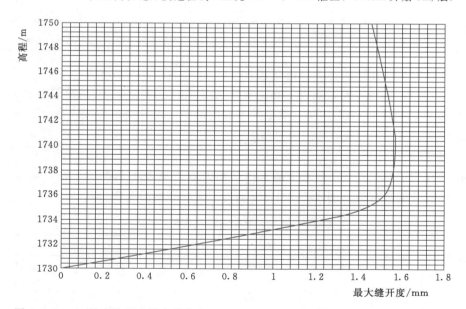

图 4.6.3 - 3　最大缝开度沿高程分布（工况 DZ - 1，12m 灌区，1748m 开始 3m/层）

4.6.3.4　成果分析

综合仿真计算结果，垫座混凝土温度和应力主要结论如下：

1. 混凝土最高温度

按照设计温控方案，最高温度都可控制在 25℃以下，无论是 1748m 高程还是 1760m

高程开始采用 3.0m 仓层方案，都能够满足设计温控标准。表明只要严格按照确定的温控方案和措施，混凝土最高温度是可控的。

2. 最大应力

应力计算结果表明，按照温控方案进行施工，分别在 1748m 高程和 1760m 高程开始采用 3.0m 仓层方案，最大应力为 1.3～1.6MPa，都出现在二期冷却末期，能够满足设计抗裂标准。但安全系数仅为 1.8～1.9，垫座混凝土浇筑时需要严格执行设计温控方案。

从应力分布情况看，B 块浇筑块的温度应力大于 A 块浇筑块的温度应力，且 1750m 高程以上的 A 块温度应力不大于 1.2MPa，而 B 块即使在较高的高程温度应力始终保持在 1.3～1.5MPa，A 块混凝土底部约束区和 B 块混凝土是温控的重点。

基础约束区临空面由于受基础温差和内外温差的影响，局部拉应力值也在 1.8MPa 以上，冬季需加强表面保温。而对于上部约束区作用相对较小的区域（1750m 高程以上），临空面受内外温差和上下层温差影响，拉应力接近 1MPa，如再叠加昼夜温差及寒潮影响，仍存在较大的开裂风险，需注意施工期的表面保温工作。

3. 横缝开度

横缝开度过程与降温冷却过程密切相关；按当前的浇筑施工方案，尽管受压重影响缝开度减小，但除下部高程灌区外，缝开度仍在 0.5mm 以上。

4. 浇筑层厚度影响分析

关于不同高程开始浇筑 3.0m 层厚对垫座混凝土温度和应力的影响如下：

（1）从混凝土最高温度控制的角度，由于计算方案采用了非常严格的温控方案，水管布置较密，考虑了表面流水养护等措施，浇筑层厚变化对最高温度的影响并不明显，最高温度主要受季节影响变化，无论是从 1748 高程或者从 1760m 高程开始浇筑 3m 仓层方案，最高温度的影响并不明显，仅在 1748～1760m 这一局部高程温度差异为 0.2℃左右。

（2）应力计算结果表明，整体应力分布规律基本一致，应力差异主要体现在 A 块和 B 块的 1748～1760m 区域，但由于温度差异并不很大，因此应力值差异也并不显著，两者差异在 0.1MPa 以内，工况 DZ-1 比工况 DZ-2 稍高。

（3）理论计算分析表明，垫座混凝土从 1748m 高程或者 1760m 高程开始浇筑 3.0m 仓层方案都是可行的，相应的混凝土施工能力应适应垫座大仓面通仓浇筑的要求。混凝土施工期抗裂安全度不高，仅为 1.8～1.9，尤其是 B 块混凝土。另外，计算方案垫座混凝土层间歇基本小于 14d，没有考虑长间歇，施工期若出现长间歇问题，势必会进一步降低混凝土的安全度。

垫座混凝土尤其是温度超标区域的强约束区混凝土进行后期冷却时存在较大开裂风险。施工期必须严格按照设计施工和温控方案进行控制，降低开裂风险。

参 考 文 献

[1] 中国电建集团程度勘测设计研究院有限公司 . 四川省雅砻江锦屏一级水电站拱坝混凝土温度控制设计报告 [R] . 成都：中国电建集团程度勘测设计研究院有限公司，2009.

［2］　中国水利水电科学研究院．锦屏一级拱坝组合骨料混凝土温控研究及陡坡坝段并缝结构与施工期
　　　稳定分析项目研究报告［R］．北京：中国水利水电科学研究院，2008.

［3］　中国水利水电科学研究院．锦屏一级拱坝混凝土施工期动态温度应力仿真分析及温控措施研究总
　　　报告［R］．北京：中国水利水电科学研究院，2014.

第5章

大坝混凝土智能温控

5.1 概述

5.1.1 大坝混凝土传统温控存在的问题

拱坝大体积混凝土温度控制除做好混凝土预冷、浇筑、养护、保温等控制措施外，通水冷却是控制混凝土最高温度和保证按温控设计方案冷却至封拱温度的最重要温控措施。传统的通水冷却工作是在经过简单的热交换平衡计算后，布置一定数量的冷却水管通低温河水或冷却水，采用冷却水管闷温测量水温后估计混凝土的内部温度，利用估计的混凝土温度根据经验制订下一步冷却通水计划，工作过程繁杂，经验性强，人工工作量大，精细控制差。为满足特大仓面混凝土温控防裂要求，随着计算技术的进步，发展到模拟冷却水管通水的精细算法，冷却水管的布设日益精确，冷却通水过程控制也要求日益精细，温控过程也越来越严密。但冷却通水的实际控制过程还处在人工控制状态，工作方式简单粗犷。因此，人工冷却通水的实际操作与温控设计水平存在明显的代差，存在明显的不足，直接影响混凝土温控质量和效果，主要表现在：

（1）混凝土温度、通水参数测量和控制工作量大而繁杂，人工作业容易出错。

超高拱坝在施工期同时通水的水管超过 1000 多组，均需要通过人工监测冷却通水温度和流量，闷温、放水、测水温及估算混凝土温度，需要进行大量的监测、数据抄录、比对和分析等工作，然后"通水班班长"根据经验来制定每仓混凝土和每支水管的通水计划，最后实施巨大数量的冷却水管次日的通水水温和流量，其工作量和工作压力非常大，人工作业容易出错。

（2）冷却通水方案和计划难以个性化，针对性不强，及时性差。

混凝土施工的重要特征就是各类环境条件时常发生变化，如不同仓位的混凝土坝块在原材料、浇筑环境、养护条件、气候条件等方面可能存在较大差异，冷却水管闷温测量的混凝土温度误差大，过程繁琐。此时依靠个人经验，在面对浩繁的冷却通水问题时就难以对各个坝块制定个性化的通水方案和计划，因此通水方案和计划的针对性不强，及时性差。

（3）冷却通水决策依靠施工人员的经验，混凝土冷却过程波动大，极易开裂。

由于无科学的计算工具和方法指导施工一线精细通水，主要依靠施工人员积累的经验来控制，这导致在混凝土温度控制上经常处于事后补救的状态。即出现温度超标后，迅速加大通水力度，包括加大流量、降低水温等措施，这虽然能够降低最高温升，但却有可能让水管周围混凝土引发温度骤降，产生人为裂缝；对混凝土最高温度之后的冷却过程波动大，极易因通水冷却速度过快、降温过大而产生混凝土开裂。

5.1.2　大坝混凝土智能温控研究思路

为解决传统温控问题，锦屏一级拱坝施工开展了混凝土智能温控技术的研究工作，实现拱坝混凝土温度实时监测感知、分析评价和智能调控。研究工作包括两部分内容：第一部分为拱坝混凝土施工期温度自动化监测与评价技术；第二部分为拱坝混凝土冷却通水智能化控制技术。

拱坝混凝土施工期温度自动化监测与评价技术研究主要通过锦屏一级拱坝全坝全部仓块埋设温度计、实施自动化监测和温度信息集成与分析评价，实现拱坝混凝土温度实时感知、分析和评价。首次在水电工程中实施全坝全部仓块埋设温度计进行监测；提出并经试验研究采用了坝体廊道布设自动化采集单元的拱坝混凝土施工期温度自动化监测系统，坝体混凝土的温度计埋设后，及时接入自动化监测系统，实时监测数据自动导入拱坝混凝土温度集成与分析系统，实现坝体混凝土温度状态实时可知；并为更好地制订冷却通水计划、更好地调控混凝土温度过程及实施智能冷却通水系统奠定了基础。

拱坝混凝土冷却通水智能化控制技术研究主要是开展混凝土温度、冷却通水参数与效果的分析与反馈以及控制决策的智能化实现，使混凝土温度处于精细化受控状态。其基本思路是：建立混凝土温度自动化监测和分析评价系统；在冷却水管上安装流量传感器、温度传感器和电动控制阀，并通过电缆连接至冷却通水测控装置；测控装置根据采集的温度、流量信号以及开度等实时信息，进行分析决策，发出控制信号，实施电动控制阀自动操作，调节通水流量和通水水温。大坝混凝土智能通水总体思路如图 5.1.2-1 所示。其关键技术主要包括：冷却通水智能控制方法；通水流量和水温的测量传感器或装置研发；冷却通水智能控制装置研发；智能控制系统以及通信组网技术。

5.1.3　研发历程

锦屏一级大坝智能温控技术经历了以下研发过程。

1. 拱坝混凝土温度信息集成与分析系统开发

该系统在 2009 年 10 月开发完成，混凝土浇筑后即开始试用，实现了混凝土温度的及时分析、评价和预警。该系统最初数据采集采用 PDA 现场录入，2010 年 6 月正式投入运行，温度监测自动化系统投运后，直接导入温度监测数据，实现了温控信息的实时性分析与评价。为避免重复研发和影响温控工作，在拱坝施工实时监控系统研发时，将温度信息集成与分析系统作为一个子系统嵌入其中。

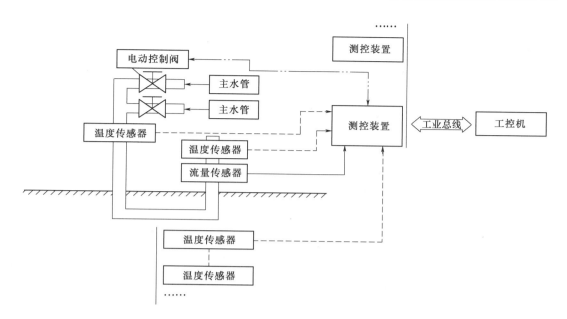

图 5.1.2-1 大坝混凝土智能通水总体思路图

2. 拱坝混凝土温度监测设计与现场试验

为准确掌握拱坝混凝土浇筑过程中各部位的温度及变化过程,2009年10月23日锦屏一级拱坝混凝土首仓浇筑开始即埋设温度计进行监测,先后进行了1.5m仓层和3.0m仓层的9支、27支、6支和3支温度计的浇筑仓监测试验,并与传统的冷却水管闷温测水温估计混凝土温度进行对比分析,最后确定每仓混凝土埋设3支温度计、顶部坝体厚度较薄部位仓块埋设2支温度计进行温度监测。

3. 拱坝混凝土施工期温度自动化监测系统实施方案试验研究

随着浇筑坝段和仓块的增加,温度计数量不断增多,人工监测工作量不断增大,人工监测工作已经难以满足坝体温度监测工作需要。为减轻人工监测工作量,提高监测工作的及时性和监测精度,2011年1月,锦屏建设管理局组织开展了拱坝混凝土施工期自动化监测系统实施方案试验研究。首先开展了坝段仓面布设自动化采集单元方案的现场试验,试验表明,仓面布设自动化采集单元方案由于电池供电的时间限制、系统在仓面的保护困难、复杂现场无线传输不畅等诸多不便,自动化采集系统运行故障频发;经进一步分析与研究,2011年6月确定利用坝体廊道布设自动化采集单元,温度计通过电缆牵引和预埋与廊道内的自动化采集单元连接,温度计埋设后即接入自动化采集系统,采用有线与无线相结合的通信组网技术与系统主机实现通信连接与控制,2011年11月系统投入运行并接入拱坝混凝土温度信息集成与分析系统,实现坝体内部温度数据自动采集、传输、存储、分析与预警及信息共享。

4. 冷却通水智能控制系统研发

(1) 拱坝混凝土冷却通水水温流量检测传感器与电动控制阀门研发。水温和流量是拱坝混凝土冷却通水的基本参数,传统的测量方法是人工打开水管阀门检测水温和流量,误差大,工作繁琐。为此,研制了与水管阀门结合的水温和流量监测一体化装置,采用读数仪器读取数据。为实施智能冷却通水监控，研发了一个集水温、流量测量与流量控制于一体的电动阀门，该阀门同时具备正反两个水流方向的测量和控制功能，适应冷却通水操作。2011年10月完成自动化测控装置和附属设备的研发，并进行了模拟平台的测试、装置操作培训和现场试验。

（2）拱坝混凝土冷却通水参数智能算法研究。冷却通水参数智能计算方法区别于粗糙的人工经验估算，其基本原理是基于混凝土温度过程与冷却通水过程的反馈与控制。该研究工作经历了一个探索过程，开始根据混凝土降温过程的冷却通水效率计算各期通水流量，采用基于神经网络原理的自学习过程，不断学习和修正计算通水流量，供通水作业控制，该方法称为流量法。2012年1—3月进行56组采集单元和8组控制单元现场数据采集试验，数据采集和控制阀门工作正常。流量法在现场试验过程中基本能满足智能冷却通水需要，但各仓混凝土的边界条件差别较大、中间还不断变化，因此冷却通水过程效率也是在变化，要精确控制也存在难度；同时测控设备较复杂，测控设备受现场环境和水质影响较大。

针对流量法的问题，研发团队另辟蹊径，研发了基于混凝土温度历程与当前测值、混凝土温控设计过程要求，实施冷却通水阀门打开或关闭操作的间歇式通断法。通断法的基本原理是混凝土温度实际历程与当前温度值是否在设计温度过程线及允许波动幅度范围之内，进行阀门打开或关闭操作，通水时间计算基于预定的通水水温和全开的流量，省去了水温和流量测量与计算，通水冷却操作简单，经现场试验，满足智能冷却通水控制要求。2012年8月，完成通断法控制系统的硬件研制。

（3）拱坝混凝土冷却通水智能测控系统研发。2012年10月，完成了流量法和通断法两套自动控制系统在现场的部署和应用测试。与智能通水参数流量法相对应，研制了水温测量装置、流量传感器和智能传感器、自动化测控设备。与智能通水参数间歇式通断法相对应，研制了间歇式通断法冷却通水智能控制系统，包括自主研发的LT-18型无线控制终端、一体化管理服务端程序和通断式电动阀门等。智能控制系统通信采用"无线＋有线"的组网方式，控制系统布置在右岸坝顶平台的现场指挥部机房内，采用无线网络信号与坝后控制终端通信，控制终端与各冷却水管电动阀门采用电缆连接通信。通过比较，选择通断法在现场推广试用。

2013年5月至2014年4月，大体积混凝土施工智能温控系统（通断法）在锦屏一级拱坝右岸坝段全面应用。

5.2 混凝土温度监测自动化采集系统

5.2.1 混凝土温度监测电缆布设与自动采集单元安装方案

拱坝混凝土内部温度过程是混凝土温控质量评价的核心，锦屏一级拱坝坝体内部埋设温度计共计3565支，确保能较全面掌握混凝土内部温度情况。混凝土内部温度观测的频次非常高，温度计数量庞大，观测周期较长，常规的人工观测难以满足现场需要。锦屏建设管理局组织于2011年3月开始从温控数据采集、电缆牵引、接入自动化采集单元、坝体组网、数据传输、采集软件编制等方面开始研究，通过试验研究最终确定采用监测电缆预埋、集中牵引、坝体廊道内观测、后方数据存储的混凝土温度自动采集方法。

坝体内温度计埋设在坝体中下部，按 3.0m 仓和 4.5m 仓均布置 3 支温度计，坝体顶部埋设 2 支温度计，在坝体特殊部位（牛腿、建基面约束区等）视需要增加安装量。现场温度计绑扎在支撑钢筋上进行预安装，预埋穿线管周围焊接支撑钢筋进行固定，并制作升线钢支撑架，温度计埋设后立即与预埋电缆完成接续。为避免跨缝造成坝体渗漏，所有预埋监测电缆采用自廊道垂直向上牵引或向下预埋，在廊道下游侧分坝段集中的原则，温度计埋设后即接入自动采集装置。

现场的监测电缆具体牵引方案为：将高程 1730m 以下的未封拱灌浆部位的温度计向上牵引，高程 1730～1787m 区间所有温度计的观测电缆向下预埋进入高程 1730m 廊道，高程 1787～1838m 区间所有温度计的观测电缆预埋进入高程 1778m 廊道，高程 1838～1885m 区间所有温度计的观测电缆预埋在高程 1829m 廊道。现场监测电缆埋设布线如图 5.2.1－1 所示。

5.2.2　拱坝混凝土温度自动化系统组网

拱坝混凝土温度监测自动化采集系统由位于锦屏建设管理局后方的服务器、通信光纤、信号转换设备、NDA 数据采集模块、自动化监测专用电源线及 RS485 通信线组成，其结构示意如图 5.2.2－1 所示。

埋设好的温度计电缆经预埋牵引至坝体廊道内的监测电缆端子接入 NDA 数据采集模块，即实现对温度计进行实时、定时观测以及加密观测等功能，观测数据存储在专用存储器内。由于大坝处于施工期，现场环境恶劣，无法保障电源稳定，各层廊道设置稳压电源且 DAU 模块内置蓄电池。每层廊道设置一根 RS485 通信线将本层廊道内的所有 DAU 单元并联起来。RS485 信号通过设置在每层廊道的信号转换设备转化为标准信号后，直接接入光猫，最后通过贯穿各层廊道的光纤经出坝廊道从坝后牵引至坝肩现场值班房，再经坝肩变电站的光环网将监测数据发送至位于管理局后方的服务器。

该方案可以自由切换数据传输模式，当现场某层廊道出现断路或断电时可以采用便携机到现场进行数据人工拷贝，同时由于各层廊道相对独立，单次采集数据量较小，可以较大程度降低现场安全监测数据读取时间。为解决在传输光纤出现断路时现场温控数据无法传输的问题，锦屏建设管理局在坝址区采用 WIFI 完全无死角覆盖。该无线传输方案不但实现了在光纤出现断路时通过便携计算机在坝址区任意位置无线接收温控数据，为数据传输提供了备选方案，同时便于现场通水冷却人员在现场随时掌控坝体温度情况，确保及时通水及时冷却。该方案在锦屏 2012 年"8·30"群发性特大泥石流事件中发挥了极大作用，使得现场技术人员在通行不便，数据传输断路的情况下及时取得监测数据。

大坝温控数据通过光纤传输到位于管理局后方的服务器备份后，立即向大坝温控数据分析单位和现场施工单位前方和后方值班室传输坝体温度数据，用于修正现场冷却水流量和温度。大坝温控数据传输及设备配置如图 5.2.2－2 所示。

智能温控系统研制成功后，坝体温度监测自动化系统实时采集的温度作为智能通水的基础数据。

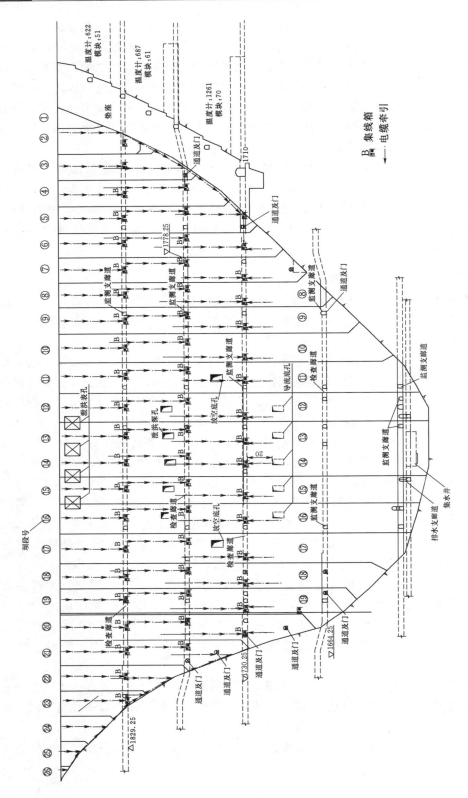

图 5.2.1-1　锦屏一级拱坝温度计电缆牵引与监测自动化采集单元布置图

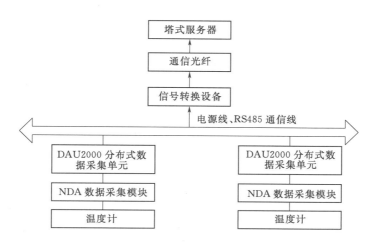

图 5.2.2-1 拱坝混凝土温度监测自动化采集系统结构示意图

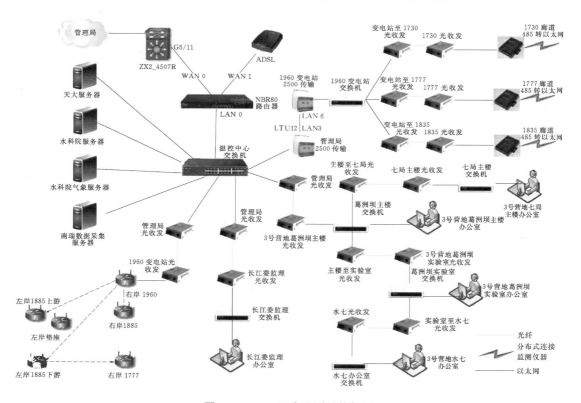

图 5.2.2-2 温度监测系统框图

5.3 冷却通水参数智能算法研究

拱坝混凝土智能温控就是混凝土温度状态与冷却通水参数效果的分析、反馈与调控的智能化实现过程。其中，冷却通水参数计算是冷却通水智能控制的基础，因此有必要研究冷却通水参数的智能算法。

5.3.1　基于神经网络的仿人工智能冷却通水参数计算方法

1. 冷却通水温控过程精细划分

根据流量法智能温控思路，提出了一种大体积混凝土通水冷却仿人工智能控制算法，给出通水流量建议值，减少了以往人工经验控制算法计算时间，从定性到定量，提高了计算精度，解决了温控滞后问题。其基本思想就是在控制过程中，利用计算机模拟人的控制行为，识别和判断描述控制过程中的各种特征量，模仿人的直觉推理，作出相应的控制决策。为精确实施智能通水过程，将三期冷却通水温控阶段进一步精细划分为 7 个小阶段，具体如下：

（1）一期冷却阶段又分为控温与降温 2 个小阶段。控温阶段由于水泥水化放热，混凝土内部会产生大量热量导致温度急剧升高，需要削减温峰，控制混凝土最高温度，故控温阶段采用最大流量通水，通过采集混凝土温度分析是否满足技术要求，否则调整参数。一期降温阶段需要将混凝土温度按设计要求从最高温度降至一期冷却目标温度。

（2）中期冷却的目的在于控制混凝土一期冷却结束以后的温度回升，通过中期冷却的缓慢降温，降低混凝土二期冷却时的降温幅度。中期冷却阶段又分为降温和控温 2 个小阶段，中期降温阶段是进一步缓慢削减温度幅度，达到中期冷却目标温度；中期控温阶段是控制温度回升，并使混凝土温度控制由以浇筑仓为单元控制向以灌浆区为单元控制的二期冷却过渡。

（3）二期冷却阶段又分为二期冷却降温、控温、灌浆 3 个小阶段，主要目的是将混凝土温度降低至灌浆封拱温度并维持，以满足接缝灌浆要求。二期降温阶段就是将混凝土温度缓慢降至二期目标温度（封拱温度）；二期控温阶段是控制混凝土温度稳定在封拱温度，等待各坝段相同高程灌区的全部仓块温度冷却至封拱温度；二期灌浆阶段是通水冷却的最后阶段，是拱坝某一高程灌区灌浆过程及灌浆后 1 个月继续维持坝体温度的控温过程。

2. 智能冷却通水参数计算方法

实际工程中，由于边界条件总是变化的，假定条件也是有出入的，计算结果与实际情况会有一定差异，需要进行修正。本算法通过将混凝土温度的计算值与实测值进行比较，即采用实际降温流量系数 α 的自行动态调整，进行反复自学习逼近计算，使假定条件和边界条件的变化以及滞后效应带来的误差得到较好的修正，最终达到控制混凝土的温度均匀下降的目的。

（1）算法基础。计算通水流量时，假定某阶段（一期、中期和二期）的通水水温恒定，某阶段的某一通水时段的热交换边界条件除通水参数外基本不变或该时段内变化很小，混凝土发热也是均匀的，混凝土热量变化基本只与通水流量有关，即假定混凝土温度变化与通水总量呈线性关系，则可通过计算出前一时段单位流量的降温系数 α。以 α、当期混凝土温度、混凝土温度技术要求（温度限值和日降温幅度限值）、计划的降温时段等参数计算未来的通水流量。其中，计算前一时段的单位流量的降温系数 α 中追溯天数时段以短为好，通常为 $1\sim3d$，对于边界条件变化较小的可选择追溯天数长些，变化较大的可短些。

　　每套冷却水管的冷却区域内安置有混凝土温度计，温度计测得的混凝土温度代表该冷却水管所需控制的混凝土温度，各期通水水温假定各自固定不变，冷却水调控间隔采用固定间隔，如冷却水的流量8h调节一次（由于混凝土温度的滞后性，一般采用4h以上比较合理），冷却水管上设置有可调节冷却水流量的电磁阀。

　　1）基础参数。本控制方法的基础参数包括：

　　Q_{max}——最大通水流量；

　　ξ——滞后系数（用于消除控制中的温度滞后产生的问题，这是一个在实践中总结的经验参数）；

　　t_0——追溯天数（例如3d，表示根据前3d的实际降温效果来计算下一控制时段的控制流量）。

　　设计参数见表5.3.1-1。

表 5.3.1-1　　　　　　　　　　　分期冷却设计控制参数

一期冷却	中期冷却	二期冷却
T_m—最高温度限值； T_a—控温结束标志（如最高温度降温1~2℃）； $V_{限1}$——一期降温速率限值（如不大于0.5℃/d）； t_1—预期一期冷却天数； T_{c1}—一期目标温度	$V_{限中}$—中期降温速率限值（如不大于0.3℃/d）； $t_中$—预期中期冷却天数； T_{c2}—中期目标温度	$V_{限2}$—二期降温速率限值（如不大于0.3℃/d）； t_2—预期二期冷却天数； T_d—封拱温度

　　2）计算公式。

　　a. 理论目标降温速率。理论目标降温速率计算公式为

$$V_{理} = \frac{T - T_c}{t_1 - t} V_{限} \tag{5.3.1-1}$$

式中　$V_{理}$——理论目标降温速率，℃/d；

　　　　$V_{限}$——降温速率限值，℃/d；

　　　　T——当前温度，℃；

　　　　T_c——目标温度，℃；

　　　　t_1——预期冷却天数，d；

　　　　t——当前已冷却天数，d。

　　该公式适应于降温阶段，如果降温速率超标，则应延长预期冷却天数。

　　b. 平均流量。平均流量=追溯天数内的流量按其持续时间的加权平均值，即

$$Q = \sum \left(Q_i \frac{t_i}{\sum t_i} \right) \tag{5.3.1-2}$$

式中　Q——平均流量，m³/h；

　　　　Q_i——各时段的实测流量，m³/h；

　　　　t_i——各实测流量的持续时间，h。

　　c. 实际平均降温速率。实际平均降温速率＝(追溯天数开始时的混凝土温度－当前温度)/追溯天数，即

$$V_{实}=\frac{T_0-T}{t_0} \tag{5.3.1-3}$$

式中　$V_{实}$——实际平均降温速率，℃/d；

　　　　T_0——追溯天数开始时的混凝土温度，℃；

　　　　T——当前混凝土温度，℃；

　　　　t_0——追溯天数，d。

　　在实际工程运用中发现，追溯天数不是越短越好，也不是越长越好，短则无法避免滞后效应对降温速率的影响，而长则边界条件变化过多，造成计算不能逼近当前实际降温流量系数，所以在工程运用中通常取 1～5d。对于边界条件变化较小的可选择追溯天数长些，变化较大的可短些。在一期冷却的早期阶段，由于水泥水化反应放热，热交换剧烈，可取一次观测间隔作为追溯天数，如 1/6d、1/3d 等。

　　d. 实际降温流量系数。实际降温流量系数＝实际平均降温速率/平均流量，即

$$\alpha=\frac{V_{实}}{Q} \tag{5.3.1-4}$$

式中　α——实际降温流量系数。

　　(2) 下一步理论流量控制值计算。下一步理论流量控制值＝理论目标降温速率/实际降温流量系数，即

$$Q_{理}=\frac{V_{理}}{\alpha} \tag{5.3.1-5}$$

式中　$Q_{理}$——下一步理论流量控制值，m³/h。

　　(3) 下一步实际流量控制值计算。下一步实际流量控制值＝下一步理论流量控制值－(当前流量值－理论流量控制值)×滞后系数，即

$$Q_{t+1}=Q_{理}-(Q_t-Q_{理})\xi \tag{5.3.1-6}$$

式中　Q_{t+1}——实际下一步流量控制值，m³/h；

　　　　Q_t——当前流量值，m³/h；

　　　　ξ——滞后系数，滞后系数是一个经验参数，其意义是用超前调整来抵消滞后产生的问题，一般取值 0.5～1.0，如 V_t 较大，接近限值，可取 1.0，如 V_t 较小，可取 0.5，ξ 中间可内插取值。

　　(4) 瞬时降温速率修正。如果 $V_t>V_{限}$，则进行修正，否则不修正。修正后的下一步流量控制值＝降温速率限值/当前实际降温速率×下一步实际流量控制值，即

$$Q'_{t+1}=\frac{V_{限}}{V_t}\times Q_{t+1} \tag{5.3.1-7}$$

式中　Q'_{t+1}——修正后的下一步流量控制值，m³/h；

　　　　$V_{限}$——降温速率限值，℃/d；

Q_{t+1}——下一步实际流量控制值，m^3/h；

V_t——当前实际降温速率，℃/d。

（5）下一步流量控制范围计算。如果 $Q_{t+1} > Q_{max}$ 或为负数，则下一步流量控制范围为 $(Q_{max} - \Delta Q) \sim Q_{max}$，或 $0 \sim 0$。否则，下一步流量控制范围为：$Q_{t+1} \pm \Delta Q$，其中 ΔQ 为流量控制精确度（通常为 0.15），m^3/h。

本计算方法适用于一期冷却降温阶段与中期、二期冷却降温阶段，中期控温和二期控温阶段根据达到的目标温度及时间情况进行小范围调控。一期冷却控温阶段由于水泥水化放热，其内部会产生大量热量导致温度急剧升高，直接采用最大流量通水，当混凝土温度超出最高温度限值，则说明供水系统设计容量偏小或水温偏高，需要调整供水系统设计，提高最大通水流量 Q_{max} 或调低通水水温。初始预测和调控假设混凝土浇筑后 3d 达到最高温度进行。一期控温阶段结束标志以达到最高温度并开始下降为准，实际控制中以温度下降 2℃ 以内为结束标志，进入一期冷却降温阶段。当混凝土最高温度出现后，需要进行降温速率验算，并根据验算结果进行流量修正。

5.3.2 自适应通断式智能通水控制方法

在现场试验阶段，针对工程实际中出现的各类复杂而难以控制的外部环境问题，基于通断式智能温控思路，研究开发了一套简化的反馈控制方法。该套算法核心在于闭环控制系统内的输入（水管阀门状态）与输出（混凝土内部温度）反馈调节，是根据混凝土实测温度跟踪设计温控过程偏差而间歇通断冷却水的智能控制方法。区别于仿人工智能冷却通水参数算法面向通水流量的特征，该方法称之为冷却通水自适应通断式温度控制算法，简称为通断法。

通断法首先根据拱坝混凝土三期冷却设计过程线建立一个概化的数学模型，作为预期的混凝土降温理想过程线，如图 5.3.2-1 所示。每套冷却水管在混凝土冷却区域内安置有温度计，监测时刻（段）混凝土内部温度与预期温度相比较，如混凝土温度高于预期温度，则变更或保持继电器状态开启通水阀门，如混凝土温度低于预期温度，则变更或保持继电器状态关闭通水阀门。高于设计预期温度较多、降温速率接近或大于设定值 0.5℃/d（一期降温）或 0.3℃/d 时通水时间长些，否则短些。其原理是将大体积混凝土冷却通水作业过程看作是典型的继电器反馈控制（Bang Bang Control）系统。在该系统中，受控对象为混凝土浇筑仓块，输出变量为混凝土内部温度，输入变量为给定了预期温度（分阶段降温可以对应的参考温度）。混凝土内部温度由温度计测量，与预期温度相比较，经判断后改变阀门继电器的状态。判断规则为

$$S(t) = \begin{cases} 1 & (t \geqslant T) \\ 0 & t < T \end{cases} \tag{5.3.2-1}$$

式中　S——阀门状态，1 为通，0 为断；

T——预期混凝土温度；

t——实测混凝土温度。

通断法算法原理清晰明了，直接应用混凝土实测温度，沿温降过程直接反馈调控，系统控制过程可追溯性强，对系统组件要求低，易于大范围应用，实际应用效果令人满意，

如图 5.3.2 - 1 所示。

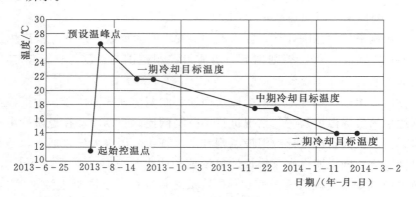

图 5.3.2 - 1　锦屏一级拱坝混凝土预期温度过程线

5.4　冷却通水测控系统研制

5.4.1　通水水温测量装置研制

传统的冷却水管内水温测量是将水放出来，用水桶盛起来，再用简易温度计人工测读而得。这种测温方法操作起来比较麻烦，需要打开水管，将温度计插入一定时间待其稳定方可读数，对于进水温度测温误差一般较小，对于出水温度，由于测试位置与被测试水管有一定距离，中间可能还会有其他出水影响，测温误差较大，有时达到 2～3℃。而且这种便携式温度计在现场使用时容易丢失和损坏，需要定期检定，也会给现场应用带来许多不便。

现代温度测试技术发展后，采用便携式红外激光测温仪对水管管壁进行非接触测量水温，这种测温方法快捷方便，但由于激光扫描部位通常为水管外壁，与实际水温会有一些差距，尤其是在阳光直射比较强烈的位置，测温误差较大。

智能温控需要一种自动监测冷却水管内水温的温度计，以便在线监测。常用的在线测温温度计有电阻温度计，如铜电阻和铂电阻温度计，热敏电阻、热电偶、半导体温度计，集成电路测温模块等。电阻式温度计性能稳定但价格较高，而且测温受电路的影响较大。

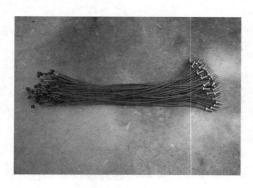

图 5.4.1 - 1　冷却通水测温装置

热电偶在水工建筑物中应用存在较多问题，如接线长度变化问题，低温测试精度问题等。半导体温度计则精度偏低，经过全面综合考虑，最后选用集成电路测温模块。结合锦屏一级拱坝智能冷却通水项目研制了一种混凝土冷却通水测温装置，如图 5.4.1 - 1 所示。通过电缆连接封装在螺钉内的温度模块和温度信号采集仪，封装螺钉穿过水管接头的侧壁伸入水管接头内；温度模块优选为电子温度计，固定在封装螺钉的钻孔内；封装螺钉与水管接头的侧壁螺纹连接，螺纹上缠绕有止水生胶带；温度信号采集仪优选为与温度模块输出信号相适应的具有显示和数据储存或传输的电子仪表。该混凝土冷却通水测温装置具有结构设计合理、使用方便、测试快捷方便、精确度高的特点，克服了现有水温测量方法的不足。

5.4.2　流量传感器和智能传感器研制

流量计的种类很多，按流量计机构原理分有容积式流量计、叶轮式流量计、差压式流量计、变面积式流量计、动量冲量式流量计、电磁流量计、超声波流量计等。如何选择一种价格便宜、环境适应性强、结构简单且稳定性好便于自动采集的传感器至关重要。

经过全面比较，确定选用叶轮式流量传感器，这种传感器结构简单，通过水流带动叶轮转动，叶轮转动产生电脉冲信号，通过记录一定时间内的脉冲数获得流量，其流量与该脉冲数的线性很好，测试的稳定性比较好；通常采用塑料浇铸成型，由于结构简单，成本较低，但该型产品市场上一般都是小口径，适用小流量，没有适合于水电工程冷却通水常用口径的产品，且一般为单向测流型，在口径加大后对流量测试的准确性有较大影响。

针对该问题研制了大口径叶轮式脉冲信号流量传感器，在普通叶轮式脉冲信号流量传感器的基础上将壳体设计成对称结构并增大了壳体内径，水流冲击叶轮使叶轮旋转产生脉冲信号，记录脉冲信号可以换算叶轮转速，进而换算管道的流量。加大流量计口径，在保证测试精度不低于 5% 的基础上使过流测试范围加大，适应了大管径流量测试要求，能方便测量直径大于 25.4mm 的管道流量，并实现了双向测量，精确度高；阀体的材质选择尼龙加玻璃纤维或工程塑料，增强阀体强度，提高热变形温度，能有效地抵抗水流冲击。

通常情况下采用流量计测试管道内流体的流量，用温度计测试流体温度。为实现同时监测管道内流体流量和温度，在发明的测温型叶轮式脉冲信号流量传感器的电路板上加装了温度模块，使流量传感器能够提供温度信号，形成一款兼测温度的新型流量传感器（图 5.4.2-1），节省了材料与安装成本，提高了测试效率。

图 5.4.2-1　流量传感器

5.4.3　自动化测控设备研制

由于大坝混凝土通水冷却智能测控系统的构建复杂，涉及多个关键技术的攻克，因此在研发过程中使用渐进式分阶段开发方式，使得系统在各个阶段达到稳定状态，这有利于增强系统的健壮性，保证最终系统的完成。实施过程中将大坝混凝土通水冷却智能测控系统研究分成三步逐级推进：冷却通水数据半自动化采集分析系统、冷却通水数据全自动采集分析系统和冷却通水全自动测控系统。

1. 半自动化采集分析系统

采用便携式采集仪人工采集各支冷却水管的数据，数据的记录和传输完全自动化，冷却通水数据的显示和分析由专门开发的数据处理软件完成。由于不需要在现场布置信号线和电源线等，半自动采集系统的适应能力较强，其成本也相对较低，适合于投入小但又急切需要改变冷却水数据管理的项目使用。

半自动采集系统采用的控制算法是模拟现场的经验控制方法，其数据处理软件可提供下一步的通水流量建议值，控制操作由人工完成。从锦屏一级拱坝施工实践情况看，人工调控的频率一天一次可满足要求。

其关键技术包括：采集仪的设计和制造，PDA 程序设计、数据处理软件系统设计和编制，经验控制算法研究。

2. 全自动采集分析系统

全自动采集分析系统采用将所有安装于水管和混凝土内的传感器用现场总线联网的方式，实现数据自动实时采集，进一步减少了采集数据的工作量。

其关键技术包括：传感器联网的监测系统设计，严酷工作条件下的大规模联网测控系统的软硬件设计。

3. 全自动测控系统

全自动测控系统完全解放了数据采集和调控的人工操作。控制操作由电动球阀完成，采集和控制全部在机房中下达指令来完成。要实现安全可靠的自动控制，并实现大规模应用，必须在保证高可靠性的条件下，尽量降低控制单元的成本。

目前能够实现安全可靠的自动控制大都在工厂内部，在施工现场的恶劣条件下，随时可能发生碰撞，通水管路经常改变，温度变化大，电源供应不能保证等，要实施联网控制单元数达 1000 个之多的大系统，没有先例。

其关键技术包括：控制单元的选择（即电动阀门选型）和使用。自动控制算法的研究，采用被控系统原理研究（有限单元法仿真预测或神经网络预测）与反馈控制方法相结合的办法来解决这个难题，使得混凝土坝块的温度达到自动控制要求。

5.4.3.1　半自动化通水参数采集系统研制

便携式数据采集仪与大坝混凝土冷却通水数据处理软件构成了对混凝土冷却通水数据的半自动采集系统，如图 5.4.3 - 1 所示。

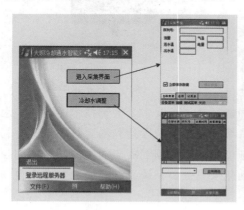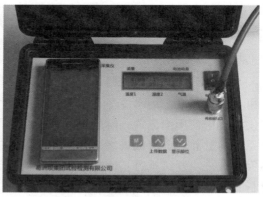

图 5.4.3 - 1　半自动化通水采集系统图

混凝土冷却通水数据便携式半自动采集仪，它由带蓝牙通信模块的便携式数据采集器和掌上电脑组成，便携式数据采集器和掌上电脑之间通过蓝牙通信模块进行数据连接。能自动识别冷却水管的位置信息，实现了对混凝土冷却通水的流量和水温的信号进行采集和数据传输，克服了人工测试记录需要耗费大量人工、信息反馈慢的缺点。便携式半自动采集仪由两部分组成，手持 PDA 和采集器。采集器负责连接传感器并读取温度和流量数据，PDA 负责存储数据和将数据发送到服务器上。手持 PDA 可以将服务器上的传感器及其安装位置信息和冷却水调整信息下载到其内存中。手持 PDA 与采集器建立蓝牙连接即可收起 PDA（关闭 PDA 屏幕，将 PDA 放入口袋内），下面的采集操作将全部在采集器上进行。

大坝混凝土冷却通水数据处理系统主要处理两种数据，一是混凝土内部温度数据，二是冷却水数据。混凝土内部温度数据是在浇筑时预埋在坝块内部的用于观测大坝混凝土内部温度的温度计按规定时间间隔所采集的数据，这些数据可用于坝块通水降温的流量控制。混凝土内部温度数据主要包括采集时间和温度值。冷却水数据指的是按规定时间间隔采集的冷却水主管的通水数据，主要包括采集时间、进出水温度和流量。软件中包含了冷却通水控制方法和数据分析功能，该模块可以为通水控制管理人员提供数据分析和辅助设计，减少通水管理人员的手工计算和抄写。软件系统按 C/S 模式设计，采用 VBA 和 SQL语言编程，是基于 MS Office Access 和 MS SQL Server 的数据处理和分析软件，主要用于大型混凝土工程冷却通水数据的管理和分析，可以配合大坝混凝土冷却通水数据采集系统工作，也可以单独使用。软件具有界面简洁友好，操作方便快捷，数据存储可靠，报表采用灵活的 Excel 表格，可多用户并行操作，功能易扩展性等优点，同时设计有用户管理和权限管理模块，可以分配各个操作界面的访问权限，将各个模块的功能分配给指定的人员来录入和操作，有利于系统的管理。

5.4.3.2 自动化通水参数采集系统研制

大坝混凝土冷却通水传感器联网采集系统是建立在原有半自动采集系统所安装的传感器的基础之上，通过连接电缆将所有传感器连接起来，由采集装置自动进行采集、存储和传送，实现更高的采集频率和更实时的数据传输。联网采集系统的联网系统结构如图 5.4.3-2所示。

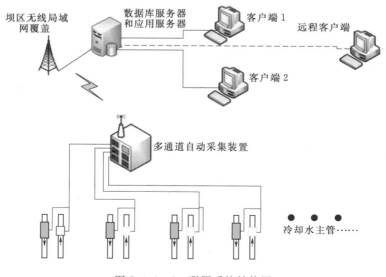

图 5.4.3-2　联网系统结构图

大坝混凝土冷却通水传感器联网采集系统的关键技术是多通道冷却通水采集装置的研制和监控软件开发。监控软件的开发采用了成熟的.net WCF 开发框架结合 SQL Server 2008 数据库，实现了多线程数据采集和存储，以及采集服务器和客户端分离的模式，能很好地应付大量数据的采集和处理，同时具有好的扩展性。大坝混凝土冷却通水采集装置是专门为大坝混凝土冷却通水采集而研制的自动化通水采集系统，它具有较多的通道数、

图 5.4.3-3　采集装置正面图

高速的以太网或 WIFI 连接，可实现高密度、大规模冷却通水网络的无人值守下的通水采集。装置连接的传感器为脉冲信号的流量传感器和数字式温度计，因此对外界环境的抗干扰能力较强，不存在因供电电压波动而产生测量数据跳动的情况。采集装置采用全铝合金高强度外壳和密封处理，适应大坝施工现场的物理冲击和高湿环境，在装置外面加装外防护箱即可在有水淋的环境下可靠工作，采集装置如图

5.4.3-3 所示。

该系统分别从定时数据采集、历史数据、温度和流量对比以及网络连通率分析等几个方面进行了现场试验。

1. 定时数据采集试验

监控程序可以设置的采集时间不小于 60s，系统数据采集的参数设置界面、实时数据界面和冷却水管信息曲线如图 5.4.3-4～图 5.4.3-6 所示。

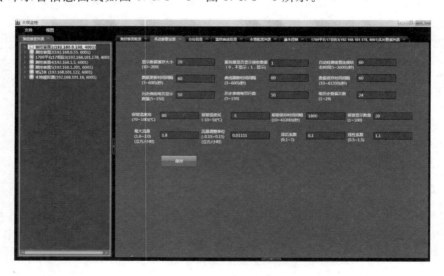

图 5.4.3-4　参数设置界面

2. 典型历史数据分析

监控程序所采集的数据是保存在 SQL Server 中的，以保存所有采集到的数据作为分

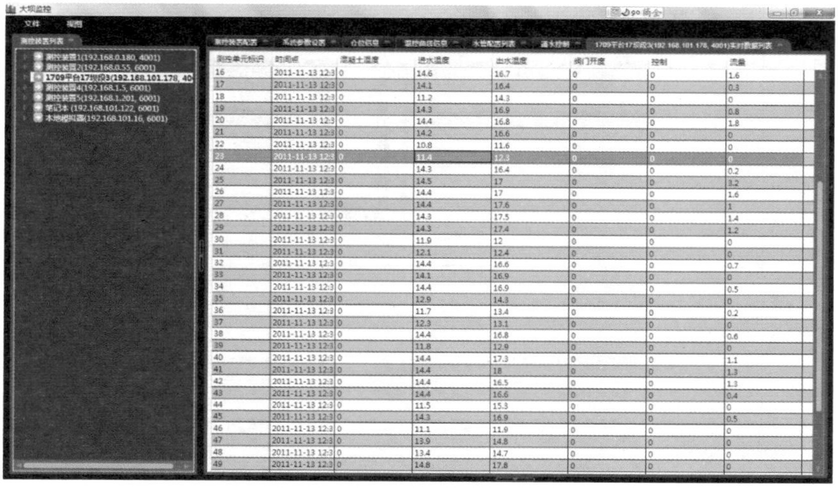

图 5.4.3-5 实时数据列表显示界面

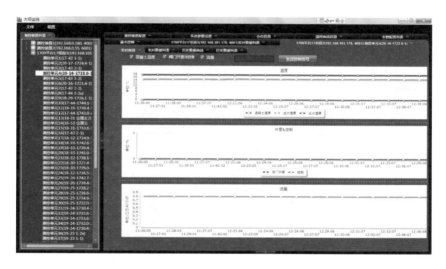

图 5.4.3-6 单水管的实时曲线显示界面

析用，可以设置的保存时间不小于 60s。保存的两组水管从 2011 年 11 月 9 日至 2011 年 11 月 11 日的历史数据如图 5.4.3-7 所示，可以看出装置所采集的流量和温度值都很稳定，没有出现因受到其他电磁干扰而产生的较大波动。其中在 11 月 10 日 9：00—14：00 的一段时间内进行了流量调节试验，可以看到当流量从 1.1 调节到 0 时，进出水温分别从 14℃和 16.3℃下降到了 7.9℃和 8.1℃，这是因为当时的环境温度为 8℃左右，当水管中的水停止流动后传感器所测的水温将接近环境温度。从图 5.4.3-7 中也可看出，在同样的时段内，由于水管流量为 0，装置所测的进出水温度随着环境温度变化而变化，直到流量被调节到 0.7 时，所测的才是真正的进出水温度。

3. 温度对比试验

现场进行了笔式温度计、红外温度计、采集仪和采集装置的温度对比试验，温度对比

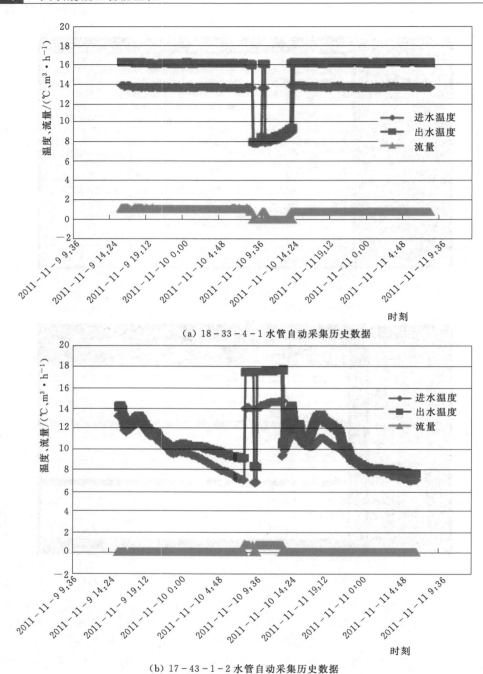

（a）18-33-4-1水管自动采集历史数据

（b）17-43-1-2水管自动采集历史数据

图 5.4.3-7　典型水管自动采集历史数据

结果见表 5.4.3-1。可以看出采集装置、采集仪和笔式温度计所测的温度是一致的。其中采集装置与采集仪的读数基本相同，这是因为采用的温度传感器单元是数字式传感器，其精确度由传感器单元本身来保证，二次仪表读取的是传感器所给出的温度值，它不需要进行数模转换和修正之类的操作，因此二次仪表不同对温度采集没有影响，即采集装置和采集仪本身不会引入误差，这个结论在室内测试时已经得到充分验证。笔式温度计和采集装置的偏差都在±0.2℃以内，因为笔式温度计和数字式传感器的绝对误差都是±0.5℃，因此可以说明它们所测的温度是一致的。而红外温度计相对采集装置、采集仪和笔式温度计的偏差很大。

表 5.4.3-1 温度对比试验成果表

序号	水管编号	进水和回水温度/℃				相对采集装置的绝对偏差/℃		
		采集装置	采集仪	笔式温度计	红外温度计	采集仪	笔式温度计	红外温度计
1	17-44-1742.4-1 进水	14.0	14.0	14.1	13.8	0.0	0.1	-0.2
2	17-44-1742.4-1 回水	17.4	17.4	17.4	19.1	0.0	0.0	1.7
3	18-33-1742.6-1 进水	14.0	14.1	14.0	14.9	0.1	0.0	0.9
4	18-33-1742.6-1 回水	17.0	17.0	16.9	18.7	0.0	-0.1	1.7
5	18-32-1738.1-1 进水	13.8	13.8	13.7	11.8	0.0	-0.1	-2.0
6	18-32-1738.1-1 回水	17.9	18.0	18.1	16.5	0.1	0.2	-1.4
7	18-30-1727.4-1 进水	13.8	13.8	13.6	13.3	0.0	-0.2	-0.5
8	18-30-1727.4-1 回水	15.9	15.9	16.0	16.5	0.0	0.1	0.6
9	19-26-1739.4-1 进水	13.9	13.9	13.8	14.0	0.0	-0.1	0.1
10	19-26-1739.4-1 回水	17.6	17.6	17.4	17.4	0.0	-0.2	-0.2
11	19-25-1734.9-1 进水	13.9	13.8	13.9	16.1	-0.1	0.0	2.2
12	19-25-1734.9-1 回水	17.3	17.3	17.4	15.7	0.0	0.1	-1.6

4. 流量对比试验

现场进行了容积法、超声波流量计、采集仪和采集装置的流量准确性对比试验，以容积法所测的流量为标准值，流量准确性对比结果见表 5.4.3-2。表中采用的误差表示方法为"±（0.03+相对误差）"，这是因为采集仪的分辨率为 0.03m³/h，在小流量的时候这种误差表示方法更合理。可以看出超声波流量计所测的流量值误差很大，最大误差超过20%，基本呈现大流量偏小和小流量偏大的非线性趋势。而采集装置和采集仪所测的流量值基本相同，并且与标准值的相对偏差在 5%以内，采集装置和采集仪的流量很接近的原因与温度采集的原因相同，是因为流量传感器的信号也是数字式的。

表 5.4.3-2 流量准确性对比试验成果表

序号	水管编号	容积法标准值	采集装置误差 ±（0.03+相对误差）	采集仪误差 ±（0.03+相对误差）	超声波流量计误差 ±（0.03+相对误差）
1	17-44-1742.4-1	3.18	-（0.03+2.8%）	-（0.03+3.1%）	-（0.03+1.3%）
2	17-44-1742.4-1	3.17	-（0.03+4.7%）	-（0.03+3.8%）	-（0.03+3.5%）
3	17-44-1742.4-1	1.55	-（0.03+1.3%）	-（0.03+1.3%）	-（0.03+0.0%）
4	17-44-1742.4-1	1.56	-（0.03+1.3%）	-（0.03+1.9%）	-（0.01+0.0%）
5	18-33-1739.4-1	6.20	-（0.03+1.1%）	-（0.03+1.6%）	-（0.03+13.7%）
6	18-33-1739.4-1	6.15	+（0.00+0.0%）	-（0.02+0.0%）	-（0.03+15.3%）
7	18-33-1739.4-1	3.17	-（0.03+0.3%）	-（0.03+0.9%）	-（0.03+15.5%）
8	18-33-1739.4-1	3.18	-（0.03+1.6%）	-（0.03+1.3%）	-（0.03+22.6%）
9	19-26-1739.4-1	4.01	+（0.03+1.7%）	+（0.03+1.7%）	-（0.03+2.0%）
10	19-26-1739.4-1	0.22	+（0.00+0.0%）	+（0.01+0.0%）	+（0.03+22.7%）

5. 网络联通率分析

为了测试现场无线网络的联通情况，对监控程序的日志进行了分析。监控程序被设置为每分钟检测一次网络是否断开，当检测到网络被断开时程序会自动重新发起连接，并将测试的情况记录到日志文件。通过读取 2011 年 11 月 13 日 0：00 至 2011 年 11 月 16 日 15：23 的日志并进行了分析，发现总共测试了 4186 次，其中连接断开的情况有 166 次，连接正常以及重新连接成功的次数为 4020 次，说明设备至服务器之间的网络的联通率为 96% 左右。此结果说明多通道冷却通水采集装置使用的无线 WIFI 模块能满足现场无线连接的需求，图 5.4.3-8 所示为系统现场连接情况。

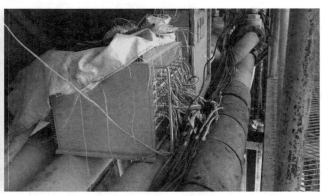

图 5.4.3-8　现场照片

现场试验进行了多通道冷却通水采集装置的传感器联网采集、温度对比试验和流量对比试验。联网采集采用现场的无线 WIFI 传输定时采集的冷却通水数据，能够达到每分钟采集一次，完全可以满足通水数据采集频率的要求。温度和流量对比结果显示采集装置与原采集仪在准确性方面没有差异，相对超声波流量计在流量测试准确性方面有很大提高。试验证明，多通道大坝混凝土冷却通水采集装置达到实用化水平。

5.4.3.3　测控一体化流量连续调控系统研制

混凝土坝冷却通水智能控制系统，通过自动采集各项数据并进行处理，生成可供流量预测的数据，再根据仿人工智能控制算法求解下一步的通水计划，最后通过智能控制系统调节电动阀门开度，以达到智能控制流量的目的，即大坝的冷却通水控制实现自动化。

在冷却通水主管安装带测温功能的流量传感器，将传感器用电缆接入多通道冷却测控装置（本系统按 8 路设计，可同时接入 8 组主管的进出水流量和温度、混凝土温度），在每组主管上安装 1 个电动控制阀门，同时接入多通道通水冷却测控装置，采用无线 WIFI 与中心计算机连接，计算机通过自动测控软件设定测试参数，如采样频率、流量控制参数等，对多台测控装置进行控制，自动采集数据并通过软件依据混凝土实际温度自动控制电动阀，智能控制通水流量，如图 5.4.3-9 所示。

1. 传感器组和电动阀门

考虑到现场冷却水管非常多，采集量大，在每组冷却水管上安装固定式遥测温度计和遥测流量计，温度计每组水管 2 支，进出水管各 1 支，流量计安装 1 支，安装在进水管或

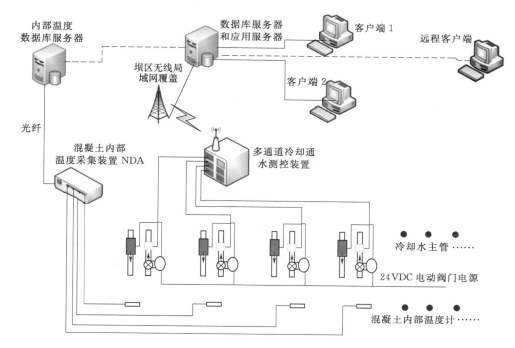

图 5.4.3-9　流量式混凝土冷却通水智能控制系统结构示意图

出水管上。

系统采用的温度传感器为 DS18B20 单线总线式数字温度计，管道式水温传感器，温度传感器元件直接深入到水流中部，具有在－10～＋85℃内±0.5℃的固有精确度，不需要专门校准，使用非常方便，其分辨率达到 0.06℃。

流量传感器为研发和定制的叶轮式脉冲信号流量传感器，具有价格低廉、适应现场严酷的工作环境，以及可满足测控要求的 2‰精度等特点。该传感器与市场上大多数工业用流量传感器相比，价格不到其 10%，且经过针对性设计，可以在双向水流下运行，采用螺纹方式，适应现场的安装条件。

电动球阀为工业级高可靠性球阀，24V 安全电压供电，通过 4～20mA 电流环进行控制和反馈，可实现对阀门开度的无级调节，如图 5.4.3-10 所示。温度传感器单元和电动球阀现场应用照片如图 5.4.3-11 所示。

图 5.4.3-10　电动球阀

2. 多通道冷却通水测控装置

多通道混凝土冷却通水数据自动测控装置为单个装置 8 通道，可连接 8 组主管，用于混凝土冷却通水的水温、混凝土温度和冷却水流量的自动采集和控制，通过对冷却水流量的自动控制达到对混凝土温度的调节。测控装置的联网方式可采用以太网或无线 WIFI。

大坝混凝土冷却通水测控装置是专门为大坝混凝土冷却通水测控而研制的自动化通水

图 5.4.3－11　传感器、电动球阀及电缆安装

测控系统，可实现高密度、大规模冷却通水网络无人值守下的通水测控。装置连接的传感器为脉冲信号的流量传感器和数字式温度计，因此对外界环境的抗干扰能力较强，不存在因供电电压波动而产生的测量数据跳动的情况。装置连接的电动阀门采用 4～20mA 电流环控制和反馈，抗干扰能力强，可实现全开到全闭的无级调节，还可实现对通水流量进行精细的调控。测控装置采用全铝合金高强度外壳和密封处理，适应大坝施工现场的物理冲击和高湿环境，在装置外面加装外防护箱可在有水淋的环境下可靠工作，如图 5.4.3－12 所示。

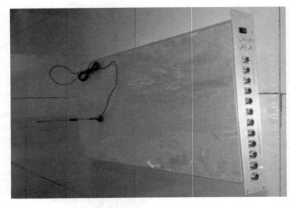

图 5.4.3－12　测控装置

3. 服务器和 UPS

服务器主要包含了数据库服务和应用服务，负责存储实时数据以及与测控装置的不间断连接、接收测控装置的数据、发送控制命令。应用服务包括了客户端连接界面、流量反馈控制部分、混凝土温度数据库对接服务。UPS 主要作用是在系统意外断电后能够利用存储电量给服务器系统供电。

4. 客户端

系统采用多客户端的 C/S 模式，在客户 PC 上安装定制客户端软件即可连接服务器。客户端的主要功能是查看服务器的数据，导入、导出数据，数据分析功能，对采集/控制参数进行设置。客户端软件功能结构包括三大部分：基础数据管理、数据记录管理和通水控制管理，如图 5.4.3－13 所示。

5.4.4　间歇通断法智能测控系统研制

间歇通断法冷却通水智能控制方法（简称"通断法"）是以混凝土温度冷却设计过程

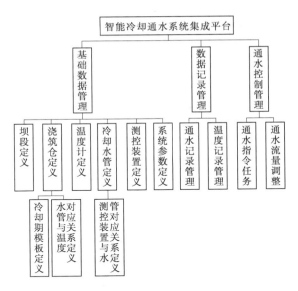

图 5.4.3－13　客户端软件功能图

线为基准，根据混凝土实测温度、龄期和温度变化控制要求，确定和控制冷却水管的通水或断开状态。具体来说，以混凝土温度冷却设计过程线为基础，根据现场各浇筑仓块实际施工情况，按不同仓块的起始时点规划出理想的混凝土内部温度冷却过程线；根据各仓块不同时点的混凝土内部温度，对比其规划过程线的位置、温度及其变化限制值，判断温度是否在设计过程范围（过高或过低），降温速率是否超过限制值，再自动控制相应冷却水管的通水或停止通水状态。该控制系统构成简单，设备轻便，便于现场安装和维护。

在系统运行稳定后，控制方法进一步完善过程中，为使温度变化更平滑，引入了开度参数。即在通断两状态相互变迁过程中，同时考察已有的降温速率、与目标温度的偏差等因素，计算得出阀门的理论开度值，实现渐进平滑的变化过程。该参数的量化，参考了自动化控制业内非常成熟的 PID 理论。在具体实施中，考虑到保持系统内各组件的简化，通断式电动阀门只有开关两种状态，将阀门物理开度转换为单位时间内，通水时长比例来进行等价替代。该项改进使混凝土内部温度控制过程更为平缓，有效避免通水过程中温度突变进而引发的应力作用，后期试验证明达到了预期的目的。

通断式冷却通水智能控制系统主要由自主研发的 LT－18 型无线控制终端（图 5.4.4－1）、一体化管理服务端程序和通断式电动阀门组成。自主研发的 LT－18 型无线控制终端，核心单片机构造如图 5.4.4－2 所示。其主控 MCU 采用 C8051F350 芯片，是一款较为成熟的 8 位 MCU。通过 WIFI 转串口模块实现数据通信，该 WIFI 模块兼容 802.11 b/g/n 标准，数据传输速度最高可达 300M。板上附带一块 4kbit 的存储芯片。该终端工作时，

图 5.4.4－1　LT－18 型无线控制终端现场照片

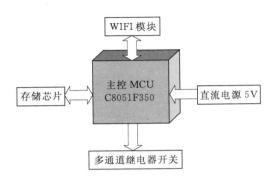

图 5.4.4－2　LT－18 型无线控制终端单片机构成

通过无线 WIFI 使用 TCP/IP 协议与服务器进行通信，MCU 对串口接收到的消息进行解析，然后控制相应的多通道继电开关以实现对电动阀门的无线远程控制。该终端内部结构简单、流程清晰，实际生产应用中表现稳定。

　　智能冷却通水管理系统，作为智能冷却通水自动化的软件核心，提供自动化监控、系统内各对象管理、用户与权限、报表及数据交换等一系列功能，是一款适用于大体积混凝土信息化温控作业的一体化管理软件。软件基于高级动态语言 Python 开发，跨平台，服务端可以运行在 Windows、Linux 等主流操作系统。模块化开发，具有较高的扩展性。支持多机热备等高可靠性方案。搭配实时数据库，系统内实现高性能消息/任务队列组件，支持高并发的大规模任务处理。同时支持 B/S、C/S 架构，兼容手机、平板电脑等各类终端访问（图 5.4.4 - 3）。支持 Office 办公格式的数据导入导出功能。同时具备完全开放的 Web - Service 接口，方便系统集成。

　　通断法采用 DN32 通断两相的电动阀门（图 5.4.4 - 4），结构简单，体积小巧，便于安装和更换，适合施工现场复杂恶劣的应用环境。与市面常见的电磁球阀相比，电动球阀没有阀体内流向的限制，适用于冷却通水作业中经常冷却水倒换流向的需求。因为球阀双向都可以承受较大水压力，且开关速度缓慢。这正好适合冷却通水水流必要时需要调换方向，且不宜快速开关的要求。

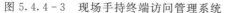

图 5.4.4 - 3　现场手持终端访问管理系统　　　图 5.4.4 - 4　现场安装的通断式电动球阀

　　混凝土温度采集硬件联网方式可以采用有线或无线的方式连接。在廊道内可采用有线测站，使用 485 通信，在廊道口可连接 485 转无线装置。在仓面或开阔地区可采用无线测站，无线测站采用电池供电，能连续运行 1～2 个月。系统的网络连接方式灵活，可以转换使用 485、以太网或 WIFI 进行数据传输。

5.5　智能通水试验

5.5.1　流量法智能温控试验

　　智能温控系统研发完成后，开展了流量法智能冷却通水现场试验测试。共测试 7 组，其中一期冷却 2 组，中期冷却 2 组，二期冷却 3 组。如图 5.5.1 - 1 所示为智能温控典型测试仓温度过程曲线。参照温控设计要求，对智能温控试验仓的温控效果进行分析。

1. 最高温度分析

如表 5.5.1-1 所示为 19 号-55 仓和 18 号-62 仓采用智能通水系统控制通水冷却的温度测试结果，从表中可以看出，所控制的 5 支温度计最高温度均在设计要求的 27℃ 之内，所以流量法智能控制系统能够较好地控制混凝土的内部温度，防止最高温度超标。

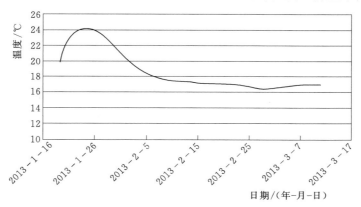

图 5.5.1-1　智能温控典型测试仓温度过程曲线

表 5.5.1-1 混凝土最高温度控制结果

仓号	水管编号	关联温度计	最高温度 /℃	最高温度 平均值/℃	设计要求 最高温度/℃	是否 达标	合格率 /%
19 号-55	19-1818.9-1	T19-100	24.64	24.69	27	是	
		T19-101	24.71				
		T19-102	24.71				100
18 号-62	18-1830.9-1	T18-1830.20-1	24.20	26.03	27	是	
		T18-1830.20-2	27.87				

2. 降温速率分析

表 5.5.1-2 所示为采用智能温控系统控制的 7 仓实验仓的降温速率控制效果，表中反映了各仓混凝土的最大降温速率，以及超标的天数和控制合格率，从中可以看出，最大降温速率有少量超标，但是超标的天数不多，单仓合格率在 96% 以上，整体控制的合格

表 5.5.1-2 混凝土降温速率控制结果

仓号	最大降温速率 /(℃·d⁻¹)	目标最大降温速率 /(℃·d⁻¹)	超标天数 /d	单仓合格率 /%	总合格率 /%
21 号-34	0.34	0.3	1	98	
21 号-33	0.19	0.3	0	100	
18 号-62	0.78	0.5	2	96	
19 号-55	0.48	0.5	0	100	98.86
20 号-44	0.11	0.3	0	100	
20 号-45	0.37	0.3	1	98	
20 号-46	0.17	0.3	0	100	

率为 98.86%，相较于人工控制，有了较大的提高，保证了混凝土温度的缓慢下降和温控质量的提高。

3. 降温目标温度分析

在试验过程中，18 号-62、19 号-55、21 号-33 和 21 号-34 四个仓的混凝土进行了转期工作，各期结束时的温度和转期时间见表 5.5.1-3。从表 5.5.1-3 中的数据可以看出，所控制的混凝土转期温度均在要求范围之内，对目标温度的控制效果很好。

4. 降温时间分析

在试验过程中，18 号-62、19 号-55、21 号-33、21 号-34 四个仓的混凝土经历了转期工作，各期的冷却实际时间如表 5.5.1-3 所示。在锦屏一级拱坝施工过程中，温控设计要求：一期冷却通水天数不得少于 21d，中期冷却通水将之目标温度时间不少于 28d。从表 5.5.1-3 中的数据来看，本系统能够满足通水时间的要求。

表 5.5.1-3　混凝土冷却目标温度与时间要求控制结果

仓号	阶段	目标温度 /℃	要求时间 /d	开始时间 /(年-月-日)	结束时间 /(年-月-日)	结束温度 /℃	结束时长 /d	是否达标	合格率 /%
18 号-62	一期	21~23	21	2013-1-16	2013-2-19	21.04	35	是	
19 号-55	一期	21~23	21	2013-1-25	2013-2-19	21.56	24	是	100
21 号-33	中期	17~18	28	2013-1-13	2013-3-10	17.34	56	是	
21 号-34	中期	17~18	28	2013-1-17	2013-3-10	17.53	52	是	

5. 温差分析

（1）纵向温差分析。即对同一仓号不同高程和同一坝段上、下仓层温度计的温度之差进行分析。选择同一坝段不同高程的两仓 20 号-45 和 20 号-46 进行试验对比，分析接入流量法冷却通水智能控制系统前后的同一坝段不同高程之间的混凝土内部温度，并计算接入控制系统前后混凝土的内部温差，见表 5.5.1-4。从表 5.5.1-4 中的数据可以看出，接入系统前两个坝块的温差为 1.26℃ 和 0.5℃，随着系统的自动运行与控制，温差逐渐缩小，结束时的温差已降至 0.36℃ 和 0.03℃，效果明显。

表 5.5.1-4　同一仓号不同高程混凝土内部温差控制结果

仓号	温度计	开始时间 /(年-月-日)	开始温度 /℃	开始温差 /℃	结束时间 /(年-月-日)	结束温度 /℃	结束温差 /℃	温差减小值 /℃
20 号-45	T20-1810.7-1	2013-1-19	16.68	1.26	2013-3-10	15.14	0.36	0.90
	T20-1812.25-1	2013-1-19	17.93		2013-3-10	15.50		
20 号-46	T20-1815.20-1	2013-1-19	18.03	0.50	2013-3-10	16.68	0.03	0.47
	T20-1816.75-1	2013-1-19	17.53		2013-3-10	16.71		

选择 21 号-34、21 号-33 和 20 号-45、20 号-46 仓进行相邻浇筑块上、下层温差对比分析，对 21 号-34、21 号-33 两仓，经系统冷却后，由开始平均温差 1.08℃ 减小到 0.2℃，对上下浇筑层温度均化明显，而对 20 号-45、20 号-46 两仓，在通过系统冷却

后，平均温差反而增加了 0.61℃，达到 1.45℃。主要是因为这两个仓在系统接入时温度已经很低，降温幅度有限导致，随着降温历时的延长，这一温差将会被消除，尽管这样，也同样满足在中期冷却和二期降温过程中，上、下层温差不大于 4℃ 的要求。对比情况见表 5.5.1-5。

表 5.5.1-5　　　　同一坝段上、下仓层混凝土内部温度温差控制结果

仓号	温度计	开始时间/(年-月-日)	开始温度、温差			结束时间/(年-月-日)	结束温度、温差			温差减小值/℃
			单支温度/℃	单仓平均温度/℃	平均温差/℃		单支温度/℃	单仓平均/℃	平均温差/℃	
21 号-33	T21-1827.20-1	2013-1-19	19.83	20.35	1.08	2013-3-10	16.76	17.34	0.2	0.88
	T21-1827.20-2	2013-1-19	20.86			2013-3-10	17.92			
21 号-34	T21-1830.20-1	2013-1-19	23.58	21.43		2013-3-10	17.86	17.54		
	T21-1830.20-2	2013-1-19	19.28			2013-3-10	17.22			
20 号-45	T20-1810.7-1	2013-1-19	16.67	17.07	0.84	2013-3-10	14.97	15.06	1.45	-0.61
	T20-1810.7-2	2013-1-19	17.46			2013-3-10	15.15			
20 号-46	T20-1815.20-1	2013-1-19	18.02	17.91		2013-3-10	16.69	16.51		
	T20-1815.20-2	2013-1-19	17.80			2013-3-10	16.33			

（2）横向温差分析。即对相同坝段、相同高程上不同温度计测得的温度之差进行分析。在试验过程中，21 号-34、21 号-33、19 号-55、20 号-45、20 号-46 这几仓混凝土都在同一高程上埋设不同温度计进行控制，可以比较坝块的横向温差，列出各个坝块在同一高程上的不同温度计之间温度差值如表 5.5.1-6 所示。从表 5.5.1-6 中数据可以看出，同一高程的不同仓块不同温度计之间在系统接入 50d 前后的温度差值最后基本都在 1.5℃ 以内，相比于接入系统前存在有 4.3℃ 温度差值，接入后温度差值明显变小。

表 5.5.1-6　　　　同一仓号上下游混凝土内部温差控制结果

仓号	温度计	开始时间/(年-月-日)	开始温度/℃	开始温差/℃	结束时间/(年-月-日)	结束温度/℃	结束温差/℃	温差减小值/℃
21 号-34	T21-1830.20-1	2013-1-19	23.58	4.3	2013-3-10	17.86	0.64	3.66
	T21-1830.20-2	2013-1-19	19.28		2013-3-10	17.22		
21 号-33	T21-1827.20-1	2013-1-19	19.83	1.03	2013-3-10	16.76	1.16	-0.13
	T21-1827.20-2	2013-1-19	20.86		2013-3-10	17.92		
19 号-55	T19-100	2013-1-19	23.10	0.16	2013-3-10	18.52	1.14	-0.98
	T19-102	2013-1-19	23.04		2013-3-10	19.66		
20 号-45	T20-1810.7-1	2013-1-19	16.67	0.79	2013-3-10	14.97	0.18	0.61
	T20-1810.7-2	2013-1-19	17.46		2013-3-10	15.15		
20 号-46	T20-1815.20-1	2013-1-19	18.02	0.22	2013-3-10	16.69	0.36	-0.14
	T20-1815.20-2	2013-1-19	17.80		2013-3-10	16.33		

综上所述，本套系统能够完成冷却通水任务，保证混凝土施工过程中的各项温控指标在设计要求范围之内，保证混凝土的内部温度能够按照要求均匀缓慢地下降，对于混凝土温度的控制也较为精细，符合混凝土的温控技术要求，整体控制效果良好。

5.5.2　通断法智能温控试验

本项测试的主要目的是全面检验通断式冷却通水智能控制系统的可靠性，评估智能化控制设备各个模块运行的稳定性，为大规模推广应用奠定基础。

通过总结混凝土降温过程，设计混凝土模拟降温曲线。然后通过实测混凝土内部温度和模拟降温曲线中的预设温度进行比较，计算出下一阶段的通水指令。虽然间歇通断式系统每 4h 进行一次温度比对，但为了方便统计分析，在测试中只记录测试仓位每天的降温速率，同时记录实测温度与预设温度的差值。通过以上两个指标来判断间歇通水控制系统的可靠性。

选取了 20 号坝段 20 号-41、20 号-42、20 号-43 仓进行二期冷却通水试验，22 号坝段的 22 号-15 仓进行中期冷却通水试验，21 号坝段的 21 号-36 仓进行一期冷却通水试验，共计 10 组水管，各仓号、水管编号、关联温度计的对应关系见表 5.5.2-1。

表 5.5.2-1　　　　仓号、水管编号、关联温度计对应关系表

仓　号	水管编号	关联温度计
21 号-36	21-1836.9-1	T21-1839.25-2
	21-1838.4-1	T21-1839.25-2
		T21-1837.7-2
	21-1839.9-1	T21-1837.7-2
22 号-15	22-1826.1-1	T22-1825.70-1
		T22-1827.25-1
		T22-1827.25-2
	22-1827.9-1	T22-1827.25-2
		T22-1827.25-1
	22-1824.9-1	T22-1825.70-1
20 号-41	20-1800.9-1/2	T20-1801.50-1
20 号-42	20-1802.4-1	T20-1803.20-1
	20-1803.9-1	T20-1803.20-2
20 号-43	20-1805.4-1	T20-1805.0-1

图 5.5.2-1～图 5.5.2-3 所示分别为一期冷却、中期冷却和二期冷却试验仓典型温度控制曲线。参照温控设计要求，对智能温控试验仓的温控效果进行分析。

1. 最高温度

试验过程中，选取了 21 号-36 仓的三根水管进行一期通水试验，试验结果如表

5.5.2－2所示。从表5.5.2－2中可以看出，其最高温度控制在24.7℃左右，低于设计要求的28℃，并且试验水管的控制合格率达100％，说明本套系统在对于混凝土浇筑过程中的最高温度控制效果良好。

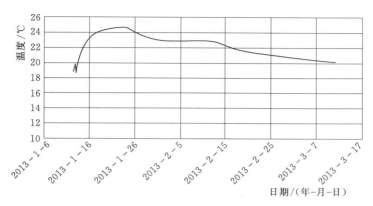

图5.5.2－1　一期冷却试验仓典型温度控制曲线

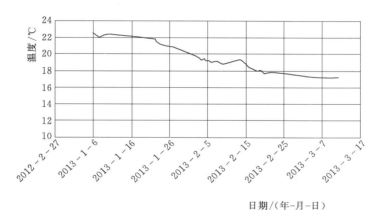

图5.5.2－2　中期冷却试验仓典型温度控制曲线

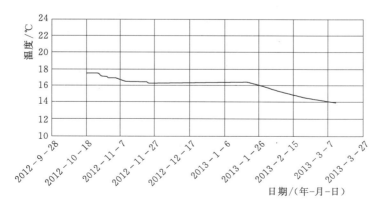

图5.5.2－3　二期冷却试验仓典型温度控制曲线

表 5.5.2－2　　　　　　　　　　　混凝土最高温度控制结果

仓号	水管编号	关联温度计	最高温度/℃	最高温度平均值/℃	设计要求最高温度/℃	是否达标	合格率/%
21 号－36	21－1836.9－1	T21－1839.25－2	24.65	24.65	28	是	100
	21－1838.4－1	T21－1839.25－2	24.65	24.69	28	是	
		T21－1837.7－2	24.78		28	是	
	21－1839.9－1	T21－1837.7－2	24.78	24.78	28	是	

2. 降温速率

通断法控制系统的各仓的降温速率情况见表 5.5.2－3。可以看出，最大降温速率有少量超标，单水管控制合格率在 94% 以上，整体控制的合格率为 99.36%，保证了混凝土温度的缓慢下降，有利于混凝土温控质量的提高。

表 5.5.2－3　　　　　　　　　　　混凝土降温速率控制结果

仓号	水管编号	最大降温速率/(℃·d⁻¹)	允许最大降温速率/(℃·d⁻¹)	超标天数/d	单水管控制合格率/%	总合格率/%
21 号－36	21－1836.9－1	0.49	0.5	0	100	
	21－1838.4－1	0.38	0.5	0	100	
	21－1839.9－1	0.25	0.5	0	100	
22 号－15	22－1824.9－1	0.38	0.3	4	94	99.36
20 号－41	20－1800.9－1/2	0.24	0.3	0	100	
20 号－42	20－1802.4－1	0.15	0.3	0	100	
	20－1803.9－1	0.52	0.3	1	99	
20 号－43	20－1805.4－1	0.11	0.3	0	100	

3. 目标温度

在试验过程中，21 号－36 仓完成了转期工作，其一期冷却通水阶段降温完成时的温度见表 5.5.2－4。从表中数据可以看出，21 号－36 仓在一期试验降温完成时的温度在 21.5℃ 左右，而设计要求的目标温度为 21~23℃，故所控制的混凝土转期温度在要求范围之内，对目标温度的控制效果较好。

表 5.5.2－4　　　　　　　　　　　混凝土目标温度控制结果

仓号	阶段	水管编号	结束温度/℃	结束时间/(年-月-日)	目标温度/℃	是否达标	合格率/%
21 号－36	一期	21－1836.9－1	21.58	2013－2－20	21~23	是	100
		21－1838.4－1	21.41	2013－2－20	21~23	是	
		21－1839.9－1	21.23	2013－2－20	21~23	是	

4. 冷却时间要求

在试验过程中，21 号－36 仓完成了转期工作，现列出 21 号－36 仓混凝土一期冷却时长,见表 5.5.2 - 5,从表中可以看出时长满足设计要求。

表 5.5.2 - 5　　　　　　　　　　混凝土冷却时间控制结果

仓号	阶段	开始时间 /(年-月-日)	结束时间 /(年-月-日)	实际用时 /d	要求时间 /d	是否达标
21 号-36	一期	2013 - 1 - 12	2013 - 2 - 20	40	≥21	是

5. 内部温差

(1) 纵向温差分析。即对同一仓号不同高程的温度计测得的温度之差进行分析。

取 21 号-36 仓在同一仓内的不同高程任一时段对应的混凝土内部温度差见表 5.5.2 - 6,从表中的数据可以看出,温差略有增大,但远小于设计允许温差范围。

表 5.5.2 - 6　　　　　　　　　　混凝土内部温差控制结果

仓号	温度计	开始时间 /(年-月-日)	开始温度 /℃	开始温差 /℃	结束时间 /(年-月-日)	结束温度 /℃	结束温差 /℃	温差减小值 /℃
21 号-36	T21 - 1837.7 - 2	2013 - 1 - 19	24.19	0.17	2013 - 3 - 11	20.30	0.33	-0.16
	T21 - 1839.25 - 2	2013 - 1 - 19	24.36		2013 - 3 - 11	19.97		

(2) 横向温差分析。即对相同坝块,相同高程上不同的温度计测得的温度之差进行分析。在通断式智能控制系统的试验过程中,20 号-42 仓在同一高程埋设了不同温度计,可以进行横向温差的比较,列出该坝块不同温度计之间温度差值,见表 5.5.2 - 7。从表 5.5.2 - 7中可以看出,对比接入系统前后,温差有所减小,且远小于设计允许温差范围。

表 5.5.2 - 7　　　　　　　　同一浇筑仓混凝土内部温差控制结果

仓号	温度计	开始时间 /(年-月-日)	开始温度 /℃	开始温差 /℃	结束时间 /(年-月-日)	结束温度 /℃	结束温差 /℃	温差减小值 /℃
20 号-42	T20 - 1803.20 - 1	2012 - 12 - 11	16.87	0.25	2013 - 3 - 10	14.21	0.16	0.09
	T20 - 1803.20 - 2	2012 - 12 - 11	16.62		2013 - 3 - 10	14.05		

综上所述,整体来看,坝体混凝土内部温度控制效果良好,能够保证降温过程中,最高温度在设计要求之内,温度平缓下降,降温速率在温控技术要求内。系统指令的发布成功率高,运行稳定,说明本系统能够适应现场恶劣的施工环境并正常运行。从系统的整体试验情况来看,以上两种控制方法都能够较好地控制大体积混凝土的内部温度,满足拱坝混凝土温控要求。流量法冷却通水智能控制系统的优点是对于混凝土的温度控制较为精细,采用仿人工智能控制算法进行流量的计算,通过控制阀门的开度能够调节流量的大小,有效地控制混凝土的降温过程,温控效果良好;不足之处是设备较为复杂,安装繁琐,且对于现场环境的要求较高,成本也较高。通断法也能够较好地控制混凝土内部温度;但对于混凝土的内部温度数据的及时性和准确性要求较高,需要以混凝土温度自动化监测系统作为基础和前置条件。

总之,从测试的结果来看,两套系统在现场都能够运行良好,相对于人工控制而言,减少了工作量,控制精度高,可以推广应用。而通断法相对于流量法又具有以下优点:系统原理及操作相对简单，设备安装方便，而且能够更好地适应工程施工现场的恶劣环境，系统在现场试验中运行更加稳定，具有良好的工程实用价值。

5.6 工程应用

5.6.1 实施方案

依托锦屏一级水电站拱坝施工实时控制系统，开展了大体积混凝土温度智能化控制系统的应用实践。系统由坝址区环境气象信息自动监测系统、大坝混凝土温度监测自动化系统、混凝土温控信息集成系统、混凝土温度控制冷却通水智能控制系统等模块构成，实现了温控信息的自动采集、传输、储存、混凝土内部温度仿真与反馈分析、冷却通水的控制等温控工作的智能化和网络化管理。大体积混凝土温度智能化控制系统各部分逻辑关系如图 5.6.1-1 所示。工程应用时冷却通水控制方法采用通断法智能控制方法。

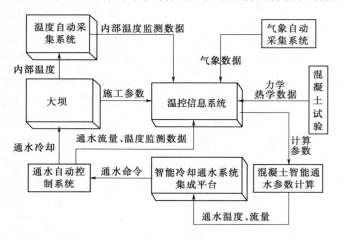

图 5.6.1-1 大体积混凝土温度智能化控制系统逻辑关系图

锦屏一级拱坝混凝土温度智能化控制系统中的气象自动监测系统、大坝混凝土温度监测自动化系统、混凝土温控信息集成系统在锦屏一级拱坝施工实时控制系统中已经实施和稳定运行。将混凝土冷却通水智能控制系统模块与前述模块重新集成后即可运行。

2012 年 3 月，大体积混凝土冷却通水智能控制系统在锦屏一级 14～26 号坝段上部仓块推广使用。应用期间系统共计接入无线控制终端 18 台，通断式电动阀门 280 余套，累计控制 104 仓位的 280 套冷却水管和 193 支温度计，具体应用实施情况如下。

1. 网络布置

服务器和无线控制终端之间以无线局域网实现通信。锦屏一级服务器设在右岸坝肩1885m 高程平台的指挥中心内，无线控制终端分布在坝后 1832m、1841m、1850m 的 3 个高程约 240m 长的栈桥上，服务器距离控制终端群的中心位置约 500m，采取了如图 5.6.1-2 所示的组网方案。该组网方案的主要构成有：服务器、交换机 A、无线网桥 A、无线网桥 B、交换机 B、无线接入点 A、无线接入点 B，以及 POE 电源模块若干、双层绝缘超五类双绞线若干。

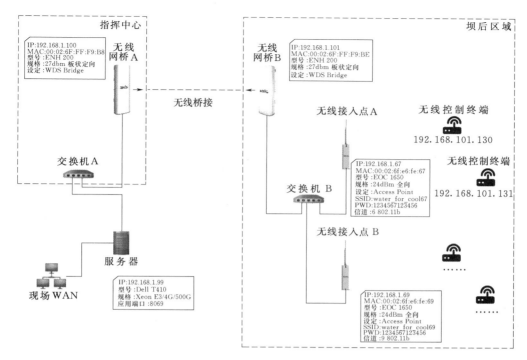

图 5.6.1-2 自动化温控系统组网方案

（1）服务器使用 Dell T410 塔式双通道主机，机身配备双网卡，可以同时接入设备通讯网络与现场 WAN 网络。

（2）服务器通过简易交换机 A 与无线网桥 A 连接，无线网桥 A 安装在控制室房顶。

（3）无线网桥 B 安装在坝后，通过 WDS Bridge 模式与无线网桥 A 桥接。调整两网桥（内置）天线方向，使通信质量最佳。

（4）从无线网桥 B 引出的线路接入交换机 B，并与无线接入点 A、无线接入点 B 实现连接。

（5）无线接入点 A、B 共同作用，实现区域内无线网络覆盖。

2. 安装无线控制终端

所用无线控制终端为 LT-18 型，有 18 路通道，可以控制 18 路水管。控制面板上的 18 个航空插座对应 18 路通道，与事先连接好的插头对接，装卸方便。由于冷却水管通常会 10 多根集中在一起布置，无线控制终端的安装位置选择尽量接近水管集中的位置。另外，控制终端要能够与服务器顺畅地建立无线连接。现场设备布置方案图如图 5.6.1-3 所示。

3. 安装电动球阀

电动阀门选择二线制，并且事先在室内连接快速接头，接头进行密封防水。此外，电动阀门执行机构的塑料封装盒的接口处，电线的进线孔都涂抹密封胶予以密封。

为方便冷却水管更换等操作，电动阀门和供水主管道之间需设置手动阀门。电动阀门一端与手动阀门通过直接头连接，另一端通过直接头与冷却水管连接。电动阀门两端的连

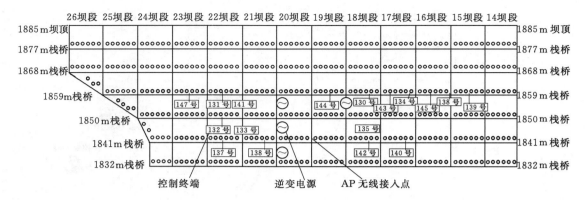

图 5.6.1-3　自动通水控制设备布置图

接也要进行密封处理，如图 5.6.1-4 所示。

图 5.6.1-4　电动球阀现场安装图

4. 供电与测试

为控制终端和电动阀门供电的配电箱内都设有逆变器和蓄电池，它们与外电路相接，外电路有电时，系统靠外电路直接供电，外电路断电时，系统靠逆变器和蓄电池供电，续航时间可达数小时，从而保证了系统运行的稳定性。

安装完成之后，进行测试。通过便携式电脑或者手机对系统发送指令，使电动阀门动作，核查阀门的开关状态是否正确。按这种方式，对电动阀门逐一检查，发现问题，及时处理，

直至所有阀门都表现正常，系统正式投入运行。

5.6.2　效果评价

锦屏一级拱坝 14～26 号坝段共 13 个坝段，1841～1885m 高程间共 104 仓采用智能温控系统对大坝混凝土内部温度进行全过程智能控制，控制冷却水管 280 套，坝内温度传感器 193 支。其中最高温度合格率达 98.96%，降温速率符合率 99.5%。一期、中期和二期冷却历时合格率约为 97.95%，温度回升合格率 95%。内部温差合格率 98.5%。温控效果满足温控评价指标要求，且除温度回升符合率略低于人工控制的 96.4% 外，其余全部统计数据均好于人工控制效果，且真正意义上实现了"早冷却、小温差、慢冷却"，降低了人力成本，提高了工人在施工现场作业的安全性。大坝混凝土内部温度全过程智能温控效果如图 5.6.2-1 所示。

大面积推广使用情况进一步证实，该冷却通水系统对水电工程施工现场的恶劣工作环境具有很强的适应性和稳定性。在该系统的控制下，混凝土温度过程控制满足设计要求。基于锦屏一级水电站拱坝工程建设研发的智能温控系统具备以下优点：

（1）安全性。由于混凝土坝块的冷却水管的控制阀均在坝后，现场环境恶劣，且具有一些不确定性的风险，长期由人工调整冷却通水流量容易出现安全事故。系统通过向电动

阀门发送命令，达到由系统智能控制冷却通水流量，无需人工值守，安全性高。

（2）可靠性。工程管理人员可以通过系统客户端查看混凝土温度历史记录、已执行冷却通水方案以及将要执行的冷却通水方案等，向参建各方呈现一个透明、真实的操作环境，无需担心个别通水作业人员弄虚作假，保证了温控质量的可靠性。

（3）实时性。人工冷却通水的调控频率基本上只保持为每天 1～2 次。而本系统中的冷却通水数据及混凝土温度是通过温度传感器及流量传感器测量，并自动导入数据库中，系统采集数据及控制的频率可人为根据需要设定，根据温控阶段不同，一般在 2～12h 之间变化，相对于人工点对点测量、记录，具有数据采集实时性、及时性、无滞后的优点。且温控管理和作业人员随时都可以通过系统客户端实时查看坝体混凝土内部温度、冷却通水数据（通水温度、通水流量等）。

（4）精确性。系统通过实测混凝土温度与预设温度过程线测点时刻的温度进行比较，当实测温度大于预设温度，则通过控制阀打开流量开关；反之，则关闭控制阀，因比较间隔时间很小，因此，实际温控过程曲线逐步逼近预设过程线，温控过程得到精准控制。而且系统还可以通过仿真的混凝土温度线来控制上、下坝块混凝土温度梯度，使上、下坝块温度梯度更协调，进而达到大坝整体混凝土温度的精细控制。

系统在锦屏一级大坝工程成功应用，以"精准控制"为特点，混凝土拱坝的温控工作飞跃至智能化水平。与传统人工控制比较，具有安全性、可靠性、实时性和精准性的优点，对大坝施工复杂的作业环境具有很好的适应性，具有广泛的推广和应用价值。

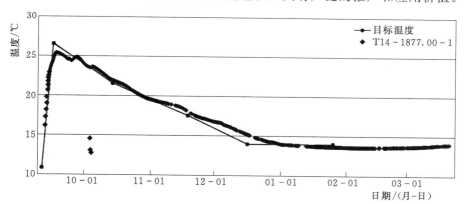

图 5.6.2-1　大坝混凝土 14 号-100 仓内部温度全过程自动化温控曲线

参 考 文 献

［1］　中国葛洲坝集团股份有限公司，葛洲坝集团试验检测有限公司，等．大体积混凝土温控自动化系统研制与应用成果报告［R］．成都：雅砻江流域水电开发有限公司，2014.

［2］　中国葛洲坝集团股份有限公司．大体积混凝土施工期温度控制与冷却通水信息反馈与自动控制系统研究及应用总结报告［R］．成都：雅砻江流域水电开发有限公司，2015.

第6章

大坝 4.5m 仓层浇筑

6.1 概述

6.1.1 研究背景

出于温度控制的需要,大体积混凝土在约束区一般采取薄层浇筑的方式,常用的浇筑层厚是 1.5m。二滩拱坝原合同规定浇筑仓层厚度为 1.5m,后经大量分析研究,将约束区从 1.5m 仓层厚度大胆地增加到 3.0m,不但提高了浇筑块的抗裂能力,而且为大坝混凝土浇筑抢回了 4 个月工期,后续高拱坝浇筑仓层厚度均沿用了这种模式。

三峡工程临时船闸 2 号坝段,为满足 2003 年 6 月 15 日三峡大坝蓄水至 135m 水位的要求,在脱离基础强约束区后,部分仓位采用了 4.5m 仓层混凝土施工方案,并通过加快混凝土入仓速度,改进混凝土施工工艺,加强混凝土模板设计,注重混凝土初期冷却,缩短混凝土间歇期等一系列措施,提前 7d 完成了目标计划。由于其混凝土设计标号为 $R_{90}150$ 和 $R_{90}200$,温控难度相对较低。

近期施工的拉西瓦、溪洛渡、小湾等超高拱坝,均在河床约束区采用 1.5m 层厚浇筑,其他部位采取 3.0m 仓层厚浇筑的方式,小湾拱坝曾经就 4.0m 仓层厚的浇筑开展初步研究,但未深入研究和推广应用。在锦屏工程之前,常态混凝土拱坝均没有超过 3.0m 仓层厚度浇筑的经验。

锦屏一级拱坝由于河谷狭窄,坝段少,305m 高拱坝全坝只有 26 个坝段,调仓跳块受到极大限制,拱坝浇筑进度和效率难以提高。同时,超高拱坝度汛程序复杂,安全度汛压力大,每年汛前坝体必须达到相应的度汛形象。再加上全坝孔口和廊道多,结构复杂,坝体厚度大,温度应力大,超高拱坝需分期蓄水等引起拱坝施工期工作性态复杂。因此,对拱坝优质快速施工提出了更高要求,需要在传统的通仓浇筑技术基础上有所突破,有必要研究拱坝快速施工技术。

提高拱坝浇筑速度的方法主要是加大施工资源投入、缩短转仓时间、优化调配缆机等。由于资源投入受施工场地极大制约，其投入的有效性是有限的；转仓时间的缩短和缆机的优化配置的空间也不大。且随着施工技术和管理水平的提高，这些常规方法已基本没有再提升的空间，要进一步提高拱坝均衡浇筑上升速度，需要有新的突破。而通过提高浇筑仓层厚度，减少大坝总仓位数，减少转仓和备仓次数，减少仓间间歇时间，可以较大幅度提高大坝浇筑上升速度。同时将不同厚度的浇筑仓层结合使用，可有效控制相邻坝段高差和全坝段高差，改善拱坝应力性态。

锦屏一级拱坝全坝按约束区进行温控设计，特别是陡坡坝段约束区温控防裂安全余度不高，4.5m仓层浇筑是否对温控防裂带来重大不利影响，还缺乏经验。目前拱坝施工规范中，悬臂高度不大于60m（孔口坝段50m），相邻高差不大于12m，最大高差不大于30m，是多年已有拱坝建设经验的总结，如要突破这一限制，需要全面论证由此带来的下游面开裂、侧面开裂及陡坡坝段失稳等风险，并提出相应的处理措施。4.5m层厚浇筑在模板、形体控制等方面都与常规的3m层厚浇筑存在显著的差别。上述问题均需要进行专题研究。

6.1.2 研究内容

4.5m仓层通仓浇筑技术有以下关键问题需要研究：

（1）通过仿真分析研究3.0m浇筑层厚与4.5m浇筑层厚的温度场与温度应力，分析4.5m浇筑对温控防裂的影响，进而分别对河床坝段和陡坡坝段采用的4.5m仓层浇筑的温控标准和措施进行研究。

（2）研究采用4.5m仓层浇筑的最大悬臂高差、相邻坝段最大高差以及全坝段最大高差控制标准。

（3）通过理论计算，研究采用4.5m仓层浇筑时拱坝施工形体偏差是否满足规范要求；通过生产性试验，研究4.5m仓层浇筑施工工艺。

6.2 温控标准和措施研究

4.5m仓层厚度浇筑温控标准和措施的研究思路如下：①建立河床坝段、陡坡坝段计算模型，计算分析同等条件下3.0m层厚浇筑和4.5m层厚浇筑温度场、温度应力和安全系数的差别，评估4.5m层厚浇筑温控防裂的风险；②对4.5m层厚浇筑的温控标准和措施进行优化，使优化后4.5m层厚浇筑的抗裂安全系数不低于现有温控措施条件下3.0m层厚浇筑的抗裂安全标准。

6.2.1 4.5m与3.0m仓层浇筑温度和应力对比

1. 计算模型与计算工况

选用11~13号三个坝段，建立12号河床坝段计算模型，11号坝段和13号坝段作为边界条件，如图6.2.1-1所示。选择20号坝段，建立边坡坝段三维有限元计算模型，如图6.2.1-2所示。图6.2.1-3所示为18号、19号边坡坝段三维有限元计算模型示意图。计算工况见表6.2.1-1，计算参数见4.1.2节。

2. 计算结果分析

研究时河床坝段基础约束区已经浇筑完成，仅研究河床坝段非约束区。以12号坝段

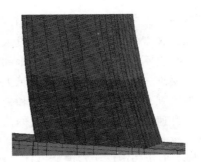

（a）整体模型   （b）局部网格

图 6.2.1-1   12 号河床坝段模型

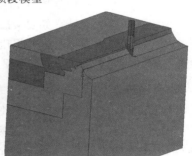

图 6.2.1-2   20 号边坡坝段模型   图 6.2.1-3   18 号、19 号边坡坝段模型

表 6.2.1-1   计 算 工 况 表

计算坝段	仓号	起始浇筑季节	浇筑层厚度 /m	浇筑安排
河床坝段 12 号	12 号-5	按实际情况考虑	3.0	3.0m，4 台缆机
	12 号-6		3.0	3.0m，5 台缆机
	12 号-7		4.5	4.5m，4 台缆机
	12 号-8		4.5	4.5m，5 台缆机
岸坡坝段 20 号	20 号-12	按实际情况考虑	3.0	3.0m，4 台缆机
	20 号-13		3.0	3.0m，5 台缆机
	20 号-14		4.5	4.5m，4 台缆机
	20 号-15		4.5	4.5m，5 台缆机
岸坡坝段 19 号	19 号-1	春	3.0	3.0m，5 台缆机
	19 号-2	夏		
	19 号-3	秋		
	19 号-4	冬		
	19 号-5	春	4.5	4.5m，5 台缆机
	19 号-6	夏		
	19 号-7	秋		
	19 号-8	冬		

为例，研究河床坝段非约束区 4.5m 仓层的温度和应力，冷却水管采取与 3.0m 仓层同样的间距，按照 1.5m×1.5m 布置。计算结果见表 6.2.1-2，4.5m 仓层浇筑比 3.0m 仓层浇筑最高温度略高，相差约 0.22℃，最高温度均满足设计标准要求；4.5m 仓层浇筑比 3.0m 仓层浇筑最大拉应力略大，最大拉应力分别为 1.62MPa 和 1.50MPa，按照 120d 龄期 B 区普通混凝土的设计抗拉强度 3.15MPa 计算，抗裂安全系数分别为 1.94 和 2.10。从计算结果来看，现有温控标准和施工条件下，12 号河床坝段非约束区 4.5m 仓层浇筑的最高温度和最大应力均满足设计要求，4.5m 仓层浇筑方案在河床坝段非约束区是可行的。

表 6.2.1-2   12 号河床坝段仿真计算结果

计算坝段	仓号	浇筑层厚度/m		浇筑安排	最高温度/℃	非约束区顺河向	
		已浇筑	未浇筑			最大拉应力/MPa	安全系数
河床 12 号坝段	12 号-5	实际情况	3.0	3.0m，4 台缆机	25.88	1.50	2.10
	12 号-6	实际情况	3.0	3.0m，5 台缆机	25.88	1.50	2.10
	12 号-7	实际情况	4.5	4.5m，4 台缆机	26.10	1.62	1.94
	12 号-8	实际情况	4.5	4.5m，5 台缆机	26.10	1.62	1.94

以 20 号岸坡坝段为例，研究陡坡坝段非约束区 4.5m 仓层的温度应力，冷却水管采取与 3.0m 仓层同样的间距，按照 1.5m×1.5m 布置。计算结果见表 6.2.1-3，4.5m 仓层浇筑比 3.0m 仓层浇筑最高温度略高，相差 0.1~0.7℃，最高温度均满足设计标准要求。4.5m 仓层浇筑比 3.0m 仓层浇筑最大拉应力略大，最大拉应力分别为 1.40MPa 和 1.20MPa，按照 120d 龄期 C 区普通混凝土的设计抗拉强度 2.60MPa 计算，安全系数分别为 1.86 和 2.17。从计算结果来看，现有温控标准和施工条件下，4.5m 仓层浇筑的最高温度满足设计要求，非约束区抗裂安全系数大于 1.8，4.5m 仓层浇筑方案在陡坡坝段非约束区是可行的。

表 6.2.1-3   20 号岸坡坝段第二阶段仿真计算结果

计算坝段	仓号	浇筑层厚度/m	浇筑安排	非约束区最高温度/℃	非约束区	
					最大拉应力/MPa	安全系数
岸坡 20 号坝段	20 号-12	3.0	3.0m，4 台缆机	26.1	1.20	2.17
	20 号-13	3.0	3.0m，5 台缆机	25.7	1.20	2.17
	20 号-14	4.5	4.5m，4 台缆机	26.4	1.40	1.86
	20 号-15	4.5	4.5m，5 台缆机	25.8	1.40	1.86

以 19 号坝段为例，研究陡坡约束区同等条件下 3.0m 仓层和 4.5m 仓层温度应力比较，冷却水管按照 1.5m×1.5m 布置，坝基第一仓开始浇筑时间分春（3 月 1 日开浇）、夏（6 月 1 日开浇）、秋（9 月 1 日开浇）和冬（12 月 1 日开浇）不同季节安排浇筑进度计划，计算成果见表 6.2.1-4 和表 6.2.1-5。通过 19 号-1~19 号-8 的计算可知，在现有温控措施和要求，相同浇筑条件下 4.5m 仓层最高温度高于 3.0m 仓层，冬季浇筑相差最大达到 0.8℃，夏季差别在 0.1℃左右，平均最高温度相差 0.4℃。相应的 4.5m 仓层的最大拉应力大于 3.0m 仓层，冬季相差最大，达到 0.18MPa，夏季相差 0.05MPa 左右，平

均最大应力相差 0.15MPa 左右。按照 A 区纤维混凝土应力最大时刻相应龄期（150d）设计抗拉强度 3.68MPa 考虑，4.5m 仓层浇筑抗裂安全系数只有 1.71～1.81，3.0m 仓层抗裂安全系数为 1.75～1.99。夏季采取表面流水措施后，4.5m 仓层和 3.0m 仓层最高温度分别降低了 0.3℃ 和 0.6℃，应力降低为 2.07MPa 和 1.92MPa，4.5m 仓层比 3.0m 仓层的最高温度高 0.4℃ 左右，拉应力增加 0.15MPa。按照 A 区纤维混凝土应力最大时刻相应龄期（150d）设计抗拉强度 3.68MPa 考虑，4.5m 仓层和 3.0m 仓层抗裂安全系数分别为 1.78 和 1.92。

表 6.2.1－4　　　　19 号岸坡坝段基础约束区不同仓层方案最高温度对比表

计算工况	基础强约束区最高温度/℃				
	春（3 月初开浇）	夏（6 月初开浇）	秋（9 月初开浇）	冬（12 月初开浇）	年平均
3.0m 仓层 1.5m 水管	26.6	26.9	26.5	25.8	26.4
3.0m 仓层 1.5m 水管表面流水	—	26.3	—	—	—
4.5m 仓层 1.5m 水管	26.8	27.0	26.8	26.6	26.8
4.5m 仓层 1.5m 水管表面流水	—	26.7	—	—	—

表 6.2.1－5　　　　19 号岸坡坝段基础约束区不同仓层方案最大应力对比表

计算工况	参数	春	夏	秋	冬	平均	夏季表面流水
3.0m 仓层 1.5m 水管	拉应力/MPa	1.95	2.10	1.96	1.85	1.96	1.92
	安全系数	1.89	1.75	1.88	1.99	1.88	1.92
4.5m 仓层 1.5m 水管	拉应力/MPa	2.10	2.15	2.12	2.03	2.1	2.07
	安全系数	1.75	1.71	1.74	1.81	1.75	1.78

3. 研究结论

对比分析 3.0m 仓层和 4.5m 仓层浇筑方案，结论如下：

（1）4.5m 仓层浇筑混凝土的最高温度一般发生在 3～5d 龄期之内，混凝土内部最大顺河向拉应力均发生在该部位二冷降温末期。河床坝段最大顺河向应力位于基础强约束区；岸坡坝段最大顺河向应力位于基础强约束区与岸坡交界处。4.5m 仓层浇筑温度应力基本规律与 3.0m 仓层浇筑混凝土相同。

（2）对于非约束区而言，同等冷却水管布置条件下，4.5m 仓层浇筑比 3.0m 仓层最高温度略高，相差约 0.3℃，最高温度均满足设计标准要求。最大应力 4.5m 仓层比 3.0m 仓层略大，河床坝段非约束区最大拉应力 1.62MPa 和 1.50MPa，抗裂安全系数分别为 1.94 和 2.10；陡坡坝段非约束区最大拉应力 1.40MPa 和 1.20MPa，抗裂安全系数分别为 1.86 和 2.17，均大于抗裂安全系数要求。

（3）陡坡坝段约束区（掺纤维混凝土）的温度和应力情况基本规律如下：4.5m 仓层比 3.0m 仓层最高温度高 0.1～0.8℃，夏天相差小、冬天相差大，平均高约 0.4℃；4.5m 仓层最大应力为 2.03～2.15MPa，安全系数 1.71～1.81（采取表面流水措施，安全系数由 1.71 提升至 1.78），不同季节 3.0m 仓层最大应力为 1.85～2.10MPa，安全系数 1.75～1.99（采取表面流水措施，安全系数由 1.75 提升至 1.92）。最高温度均满足设计温控要求，4.5m 仓层浇筑的抗裂安全系数略低。

综上所述，在相同的温控措施和施工条件下，4.5m仓层浇筑与3.0m仓层浇筑比较，最高温度均满足设计温控标准要求，陡坡坝段非约束区、河床坝段非约束区抗裂安全系数均大于1.8；3.0m层厚时，陡坡坝段强约束区除夏季外的抗裂安全系数均大于1.8，夏季采用流水养护后抗裂安全系数也大于1.8；而采用4.5m仓层浇筑，夏季浇筑抗裂安全系数1.78，略低于1.8。

6.2.2　4.5m仓层浇筑温度标准和措施

现有温控措施条件下，4.5m仓层浇筑相对于3.0m仓层浇筑温控防裂略为不利，本小节研究陡坡坝段约束区采取加强温控措施，保障4.5m仓层浇筑混凝土防裂安全。

以19号坝段为研究对象，研究陡坡约束区4.5m仓层温控措施优化，即采用加密冷却水管措施下温度应力情况。计算工况见表6.2.2-1，成果见表6.2.2-2和表6.2.2-3。

表6.2.2-1　　　　　　　　　计　算　工　况　表

仓号	起始浇筑季节	浇筑层厚度/m	浇筑安排	温　控　措　施
19号-9	春（3月初）	4.5	4.5m，5台缆机	已有温控要求＋加密冷却水管（1m×1.2m）
19号-10	夏（6月初）			
19号-11	秋（9月初）			
19号-12	冬（12月初）			
19号-13		3.0和4.5	现场实际进度	3.0m仓层水管间距1m×1.5m；4.5m仓层水管间距1m×1.2m

表6.2.2-2　　　　　　19号岸坡坝段不同工况最高温度对比

计　算　工　况	基础强约束区最高温度/℃				
	春	夏	秋	冬	年平均
4.5m仓层1m×1.5m水管	26.8	27.0	26.8	26.6	26.8
4.5m仓层1m×1.2m水管	26.0	26.1	26.0	25.8	26.0

表6.2.2-3　　　　　　19号岸坡坝段不同工况最大应力对比

计　算　工　况	参数	春	夏	秋	冬	平均
4.5m仓层1m×1.5m水管	拉应力/MPa	2.10	2.15	2.12	2.03	2.1
	安全系数	1.75	1.71	1.74	1.81	1.75
4.5m仓层1m×1.2m水管	拉应力/MPa	1.93	2.05	1.98	1.85	1.95
	安全系数	1.91	1.80	1.86	1.99	1.88

19号-9～19号-12仓为不同季节浇筑4.5m仓层加密冷却水管的计算工况，从计算结果可知，相同浇筑季节，加密冷却水管情况下，最高温度平均降低1℃左右，最大应力降低0.15MPa左右。按照A区纤维混凝土的应力最大时刻相应龄期（150d）设计抗拉强度3.68MPa考虑，抗裂安全系数由1.71～1.81提高到1.80～1.99。

通过19号-9～19号-12仓计算成果可知，相同浇筑仓层，夏季浇筑混凝土最大拉应力比冬季浇筑的大0.15MPa左右，春季和冬季浇筑混凝土最大拉应力相差不大。

基于上述计算成果，推荐 4.5m 仓层浇筑的温控标准和措施如下：

（1）非基础约束区浇筑 4.5m 仓层，其温控标准和措施与 3.0m 仓层相同。

（2）陡坡坝段基础约束区浇筑 4.5m 仓层，其温控标准和措施如下：①最高温度降低 1℃，按照 26℃控制；②冷却水管间距为 1m×1.2m；③一期冷却、中期冷却、二期冷却目标温度分别是 19～20℃、16～17℃，封拱温度 13～15℃。

6.2.3　跟踪评估

为积极稳妥地推进 4.5m 仓层浇筑技术的成功应用，现场每个月初排出本月详细的浇筑进度计划（含 4.5m 仓层厚度），运用仿真分析方法对 4.5m 仓层厚度浇筑的可行性进行跟踪评估。

下面以 2011 年 12 月为例，阐述研究当月 4.5m 仓层厚度可行性。

2011 年 11 月 25 日之前按照大坝混凝土实际浇筑情况进行模拟，2011 年 11 月 25 日之后按照进度计划模拟。

19 号、20 号、21 号坝段，2011 年 12 月处于基础约束区的浇筑仓是 20 号-25、20 号-26 仓，21 号-3、21 号-4、21 号-5 仓。4.5m 仓层的浇筑仓是 20 号-23、20 号-24、20 号-25、20 号-26 仓，因最大拉应力发生在二期冷却结束时，故本节仿真预测 2011 年 12 月浇筑仓到二期冷却结束时（2012 年 6 月底），并重点对基础约束区浇筑仓以及 4.5m 仓层浇筑仓的温度应力情况进行分析。

1. 温度情况

19 号、20 号坝段 12 月浇筑仓平均最高温度按 26℃控制，21 号坝段按 27℃控制，高程在 1778m 以上的仓位按 28℃控制。温度包络图如图 6.2.3-1、图 6.2.3-2 所示。

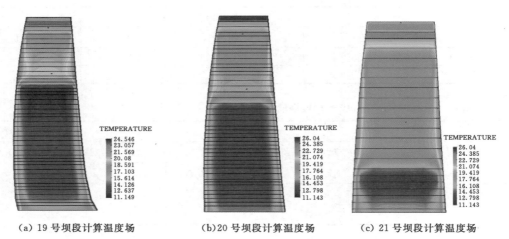

（a）19 号坝段计算温度场　　（b）20 号坝段计算温度场　　（c）21 号坝段计算温度场

图 6.2.3-1　2012 年 6 月 24 日温度场（单位：℃）

2. 温度应力情况

19 号、20 号和 21 号坝段横剖面应力包络图如图 6.2.3-3～图 6.2.3-5 所示，纵剖面应力包络图和最大拉应力包络图如图 6.2.3-6 和图 6.2.3-7 所示。由仿真计算结果可见：19 号、20 号、21 号坝段的最大拉应力均发生在强约束区冷却至封拱温度的时期。其

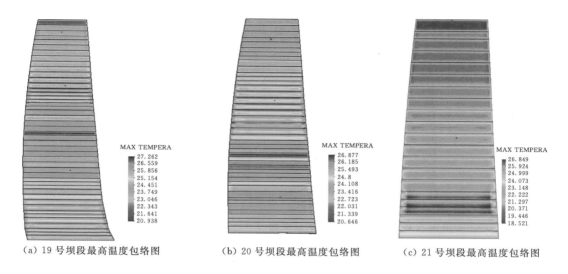

(a) 19 号坝段最高温度包络图　　　(b) 20 号坝段最高温度包络图　　　(c) 21 号坝段最高温度包络图

图 6.2.3-2　最高温度包络图（截止到 2012 年 6 月 24 日）（单位：℃）

中 19 号坝段最大拉应力最大值为 2.0MPa，按照应力最大时刻相应龄期（150d）抗拉强度 3.68MPa 考虑，抗裂安全系数为 1.84；20 号坝段最大拉应力为 2.0MPa，按照 150d 龄期纤维混凝土抗拉强度 3.68MPa 考虑，抗裂安全系数为 1.84；20 号坝段 12 月浇筑的 4.5m 仓层 20 号-25、20 号-26 仓最大拉应力分别为 1.14MPa、0.77MPa，按照 150d 龄期纤维混凝土抗拉强度 3.68MPa 考虑，抗裂安全系数为 3.22、4.78；21 号坝段的 3.0m 仓层 21 号-6、21 号-7、21 号-8 仓最大拉应力为 2.04MPa，按照应力最大时刻相应龄期（150d）抗拉强度 3.68MPa 考虑，抗裂安全系数为 1.8。

由此可见，在应力条件复杂的陡坡坝段约束区浇筑 4.5m 仓层的温度应力与 3.0m 仓层一样，也是可控的，其抗裂安全系数满足要求。但是，由于陡坡自重以及温度综合作用，在陡坡的建基面上沿和上下游面附近，存在一定的拉应力集中，可能造成建基面脱开，应注意做好该部位接触灌浆。

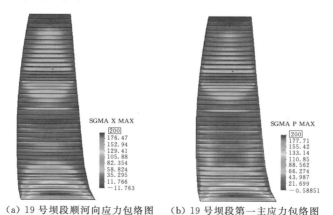

(a) 19 号坝段顺河向应力包络图　　　(b) 19 号坝段第一主应力包络图

图 6.2.3-3　19 号坝段中间横剖面应力包络图（单位：0.01MPa）

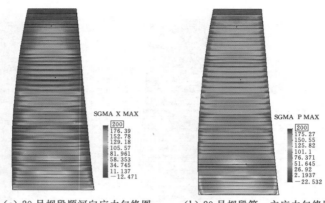

(a) 20 号坝段顺河向应力包络图   (b) 20 号坝段第一主应力包络图

图 6.2.3-4   20 号坝段中间横剖面应力包络图（单位：0.01MPa）

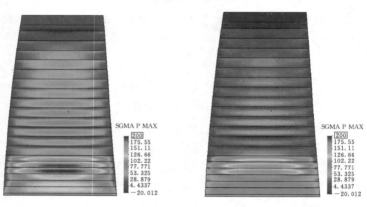

(a) 21 号坝段顺河向应力包络图   (b) 21 号坝段第一主应力包络图

图 6.2.3-5   21 号坝段中间横剖面应力包络图（单位：0.01MPa）

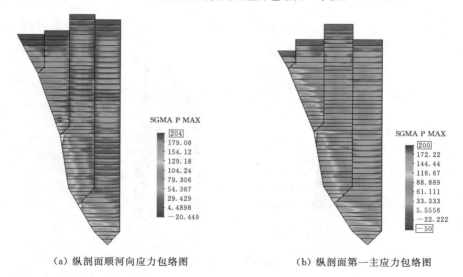

（a）纵剖面顺河向应力包络图   （b）纵剖面第一主应力包络图

图 6.2.3-6   19 号、20 号、21 号坝段纵剖面应力包络图（单位：0.01MPa）

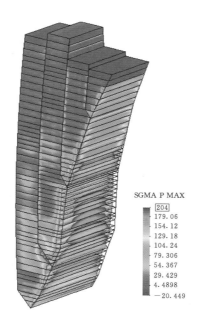

SGMA P MAX
204
179.06
154.12
129.18
104.24
79.306
54.367
29.429
4.4898
-20.449

图 6.2.3-7 19号、20号、21号坝段最大拉应力包络图（单位：0.01MPa）

6.3 坝体浇筑三大高差标准研究

为平衡水压力的作用，拱坝一般都有一定的倒悬度。对于高坝而言，施工期必须控制拱坝悬臂高度，否则可能因为悬臂高度过大导致下游面出现过大拉应力；且悬臂高度过大在汛期遭遇大洪水时会导致悬臂挡水的情况出现。拱坝施工期相邻高差过大可能因为横缝面长期临空增加开裂风险，特别是陡坡相邻高差过大会导致压缝或挤压相邻坝段等不利情况。各坝段均衡上升能及时形成拱效应，最大限度保证施工期坝体应力处于设计范围内，而最大高差过大可能会导致局部稳定状况超出设计要求而产生风险。为此，必须对施工期大坝浇筑悬臂高度、相邻高差、最大高差进行控制。

锦屏一级坝址处河谷狭窄，大坝仅有 26 个坝段，其中孔口坝段 7 个，且布置有 5 层廊道，浇筑调仓跳块困难，大坝浇筑施工期间悬臂高度、相邻坝段高差、全坝最大高差控制难度大。根据大坝工程进度计划分析，采用 4.5m 仓层浇筑方案时，孔口坝段的悬臂高度最大超过了 75m，相邻坝段高差达到 18m，坝段间最大高差超过了 36m，这将突破现有相关规范关于拱坝浇筑悬臂高度不大于 60m（孔口坝段 50m）、相邻高差不大于 12m、最大高差不大于 30m 的要求。本小节按照实际情况对锦屏一级拱坝悬臂高度、相邻高差和最大高差控制标准进行动态研究与论证，为进一步修订技术标准提供科学依据。

6.3.1 悬臂高度控制标准研究与论证

悬臂高度过大主要可能使坝体局部产生拉应力，为此，选择代表性河床坝段和陡坡坝段开展研究。

6.3.1.1　河床坝段

选用悬臂高度相对较大的 14 号坝段作为河床典型坝段。按照施工进度计划，自 2011 年 7 月后，不同灌浆高程条件下坝体的悬臂高度见表 6.3.1-1。

表 6.3.1-1　2011 年 7 月后不同灌浆高程时 14 号坝段的悬臂高度　　单位：m

序号	时　　间	封拱高程	浇筑高程	悬臂高度
1	2011 年 7 月	1657	1721	64
2	2011 年 8 月	1664	1730	66
3	2011 年 9 月	1673	1739	66
4	2011 年 10 月	1682	1752.5	70.5
5	2011 年 11 月	1691	1766	75
6	2011 年 12 月	1700	1772	72
7	2012 年 1 月	1709	1781	72
8	2012 年 2 月	1718	1787	69
9	2012 年 3 月	1730	1790	60
10	2012 年 4 月	1739	1790	51
11	2012 年 5 月	1748	1799	51
12	2012 年 6 月	1748	1806.5	58.5
13	2012 年 7 月	1757	1814	57
14	2012 年 8 月	1766	1827.5	61.5
15	2012 年 9 月	1775	1835	60
16	2012 年 10 月	1784	1844	60
17	2012 年 11 月	1793	1850	57
18	2012 年 12 月	1802	1859	57
19	2013 年 1 月	1814	1868	54
20	2013 年 2 月	1823	1874	51
21	2013 年 3 月	1832	1885	53

采用材料力学方法和有限元分析方法验算悬臂梁的应力。

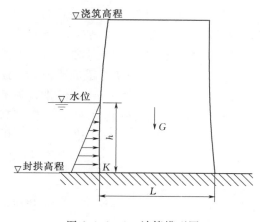

图 6.3.1-1　计算模型图

如图 6.3.1-1 所示为材料力学方法的计算模型。

水压力为

$$F = \int_0^h \rho g h \, \mathrm{d}h \qquad (6.3.1-1)$$

水压力合力作用点在距离约束面 $\dfrac{h}{3}$ 处。

在 1664m 高程平面产生的弯矩为

$$M = F\frac{h}{3} \qquad (6.3.1-2)$$

水压力在 K 点的弯矩应力为

$$\sigma_\mathrm{w} = \frac{M}{W} \qquad (6.3.1-3)$$

抗弯截面系数为

$$W = \frac{BL^2}{6} \qquad (6.3.1-4)$$

自重应力为

$$\sigma_p = \frac{G}{BL} \qquad (6.3.1-5)$$

重力产生弯矩为

$$M_G = G\Delta x \qquad (6.3.1-6)$$

式中　Δx——重心与地面中点的水平坐标的差值。

重力产生的弯矩应力为

$$\sigma_G = \frac{M_G}{W} \qquad (6.3.1-7)$$

K 点的总正应力为

$$\sigma = \sigma_w + \sigma_p + \sigma_G \qquad (6.3.1-8)$$

按照材料力学计算模型，不考虑牛腿和闸墩影响的不同时刻的上游面应力和下游面应力见表 6.3.1-2，考虑牛腿和闸墩影响的不同时刻的上游面应力和下游面应力见表 6.3.1-3。由表可知，不考虑牛腿和闸墩的悬臂自重作用下，坝体封拱高程上下游面应力均为压应力，且在 2011 年 10 月前上游面压应力大于下游面，之后下游面压应力大于上游面；考虑牛腿和闸墩的悬臂自重作用下，上部高程应力影响较大，上游面出现一定的拉应力，拉应力最大值 0.29MPa，小于设计允许的 0.5MPa。

表 6.3.1-2　不同时刻 14 号坝段坝体封拱高程上下游面应力（未考虑闸墩和牛腿）

序号	时　间	封拱高程 /m	浇筑高程 /m	悬臂高度 /m	上游面应力 /MPa	下游面应力 /MPa
1	2011 年 7 月	1657	1721	64	−1.84	−1.15
2	2011 年 8 月	1664	1730	66	−1.77	−1.32
3	2011 年 9 月	1673	1739	66	−1.66	−1.44
4	2011 年 10 月	1682	1752.5	70.5	−1.62	−1.67
5	2011 年 11 月	1691	1766	75	−1.54	−1.93
6	2011 年 12 月	1700	1772	72	−1.37	−1.96
7	2012 年 1 月	1709	1781	72	−1.24	−2.08
8	2012 年 2 月	1718	1787	69	−1.10	−2.07
9	2012 年 3 月	1730	1790	60	−0.89	−1.86
10	2012 年 4 月	1739	1790	51	−0.76	−1.60
11	2012 年 5 月	1748	1799	51	−0.68	−1.65
12	2012 年 6 月	1748	1806.5	58.5	−0.69	−1.95

序号	时 间	封拱高程 /m	浇筑高程 /m	悬臂高度 /m	上游面应力 /MPa	下游面应力 /MPa
13	2012 年 7 月	1757	1814	57	-0.61	-1.95
14	2012 年 8 月	1766	1827.5	61.5	-0.50	-2.19
15	2012 年 9 月	1775	1835	60	-0.42	-2.17
16	2012 年 10 月	1784	1844	60	-0.33	-2.21
17	2012 年 11 月	1793	1850	57	-0.28	-2.11
18	2012 年 12 月	1802	1859	57	-0.20	-2.13
19	2013 年 1 月	1814	1868	54	-0.28	-1.94
20	2013 年 2 月	1823	1874	51	-0.25	-1.81
21	2013 年 3 月	1832	1885	53	-0.16	-1.88

注　"+"（表中省略）表示拉应力，"-"表示压应力。

表 6.3.1-3　不同时刻 14 号坝段坝体封拱高程上下游面应力（考虑闸墩和牛腿）

序号	时间	封拱高程 /m	浇筑高程 /m	悬臂高度 /m	上游面应力 /MPa	下游面应力 /MPa
1	2011 年 7 月	1657	1721	64	-1.54	-2.44
2	2011 年 8 月	1664	1730	66	-1.72	-2.40
3	2011 年 9 月	1673	1739	66	-1.44	-2.89
4	2011 年 10 月	1682	1752.5	70.5	-1.57	-3.14
5	2011 年 11 月	1691	1766	75	-2.44	-1.95
6	2011 年 12 月	1700	1772	72	-1.56	-1.66
7	2012 年 1 月	1709	1781	72	-1.51	-1.61
8	2012 年 2 月	1718	1787	69	-1.75	-0.94
9	2012 年 3 月	1730	1790	60	-1.51	-1.61
10	2012 年 4 月	1739	1790	51	-1.75	-0.94
11	2012 年 5 月	1748	1799	51	-0.18	-3.24
12	2012 年 6 月	1748	1806.5	58.5	-0.15	-2.81
13	2012 年 7 月	1757	1814	57	-0.07	-2.87
14	2012 年 8 月	1766	1827.5	61.5	0.04	-3.44
15	2012 年 9 月	1775	1835	60	0.10	-3.28
16	2012 年 10 月	1784	1844	60	-1.39	-0.91
17	2012 年 11 月	1793	1850	57	-0.08	-2.98
18	2012 年 12 月	1802	1859	57	0.09	-3.00
19	2013 年 1 月	1814	1868	54	0.29	-2.94
20	2013 年 2 月	1823	1874	51	-0.98	-0.86
21	2013 年 3 月	1832	1885	53	-0.22	-2.81

注　"+"（表中省略）表示拉应力，"-"表示压应力。

利用有限元模型计算了 14 号河床坝段的温度应力，计算模型如图 6.3.1-2 所示。计算中仅考虑温度荷载，2011 年 7 月 15 日以前的温度过程按照实际过程模拟，2011 年 7 月 15 日以后的温度过程按照设计过程模拟。竖直向应力包络图如图 6.3.1-3 所示。由图 6.3.1-3 可知，施工期温度作用下，竖直向最大拉应力为 1.4MPa，叠加自重引起的压应力后，拉应力小于 1MPa，小于混凝土的设计允许拉应力。

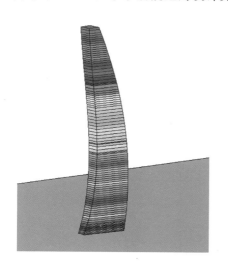 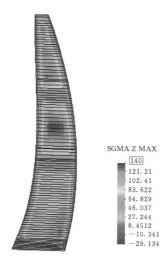

SGMA Z MAX

| 140 |
| 121.21 |
| 102.41 |
| 83.622 |
| 64.829 |
| 46.037 |
| 27.244 |
| 8.4512 |
| -10.341 |
| -29.134 |

图 6.3.1-2　计算模型图　　　　图 6.3.1-3　中间剖面竖直向应力包络图（单位：0.01MPa）

14 号坝段作为河床坝段典型坝段，按 4.5m 仓层浇筑进度，悬臂高度 75m 条件下的坝体应力情况受控，开裂风险较小。主要成果如下：

（1）采用材料力学法分析，按照现有 4.5m 仓层进度条件，不考虑牛腿和闸墩条件下，坝体悬臂产生的自重应力为压应力，最大压应力为 2.21MPa，出现在下游面。

（2）采用材料力学法分析，按照现有 4.5m 仓层进度条件，考虑牛腿和闸墩条件下，上游面出现一定的拉应力，拉应力最大值 0.29MPa，小于设计允许的 0.5MPa，满足要求。

（3）采用有限元法分析，按照现有 4.5m 仓层进度条件，竖直向拉应力小于 1MPa，安全系数大于 1.8，满足要求。

6.3.1.2　陡坡坝段

以边坡最陡且悬臂高度较高的 20 号坝段为研究对象，按照施工计划进度，自 2011 年 7 月后，不同灌浆高程条件下坝体的悬臂高度见表 6.3.1-4。

表 6.3.1-4　　　2011 年 7 月后不同灌浆高程时 20 号坝段的悬臂高度　　　　单位：m

序号	时　间	封拱高程	浇筑高程	悬臂高度
1	2011 年 7 月		1709	
2	2011 年 8 月		1721	
3	2011 年 9 月		1730	

续表

序号	时　间	封拱高程	浇筑高程	悬臂高度
4	2011 年 10 月	1691	1739	48
5	2011 年 11 月	1700	1748	48
6	2011 年 12 月	1709	1761.5	52.5
7	2012 年 1 月	1718	1775	57
8	2012 年 2 月	1730	1784	54
9	2012 年 3 月	1739	1793	54
10	2012 年 4 月	1748	1802	54
11	2012 年 5 月	1748	1814	66
12	2012 年 6 月	1757	1827.5	70.5
13	2012 年 7 月	1766	1836	70
14	2012 年 8 月	1775	1845.5	70.5
15	2012 年 9 月	1784	1859	75
16	2012 年 10 月	1793	1868	75
17	2012 年 11 月	1802	1877	75
18	2012 年 12 月	1814	1885	71

　　计算模型如图 6.3.1-4 所示，边界条件如图 6.3.1-5 所示，在封拱高程以下靠近河床的侧面施加法向约束以模拟封拱的效果，典型点位置如图 6.3.1-6 所示。按照计算模型，只考虑自重荷载，通过应力计算陡坡坝段向上游倒悬和向河床倾斜产生的坝体应力，不同时刻的坝体应力见表 6.3.1-5。由此可知，按照计划进度进行分析，自重作用下，20 号陡坡坝段不会因为向上游倒悬产生拉应力，但是倾向河床方向，在 20 号坝段建基面顶部高程部位产生拉应力，在温度应力综合作用下可能造成建基面脱开。

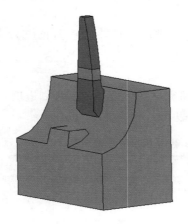

图 6.3.1-4　计算模型图

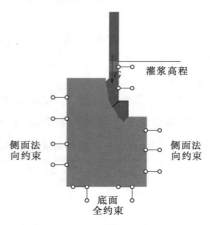

图 6.3.1-5　边界条件示意图

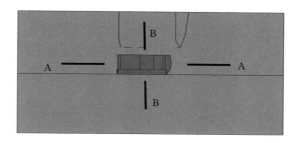

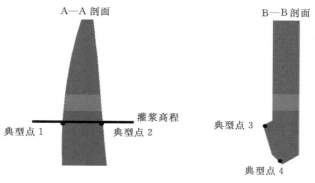

图 6.3.1 - 6 典型点位置示意图

表 6.3.1 - 5 20 号坝段自重荷载典型点竖直向应力（拉为正） 单位：MPa

序号	时 间	典型点 1	典型点 2	典型点 3	典型点 4
1	2011 年 7 月	−2.87	−2.36	0.74	−2.09
2	2011 年 8 月	−4.69	−3.47	0.38	−3.01
3	2011 年 9 月	−5.03	−4.53	0.16	−3.44
4	2011 年 10 月	−0.59	−0.61	0.11	−3.09
5	2011 年 11 月	−0.58	−0.6	0.15	−3.31
6	2011 年 12 月	−0.62	−0.64	0.16	−3.73
7	2012 年 1 月	−0.79	−0.76	0.12	−3.96
8	2012 年 2 月	−0.85	−0.81	−0.38	−3.9
9	2012 年 3 月	−0.97	−0.97	−0.83	−3.98
10	2012 年 4 月	−1.18	−1.24	−1.02	−4.15
11	2012 年 5 月	−1.38	−1.5	−1.11	−4.41
12	2012 年 6 月	−1.41	−1.64	−1.21	−4.67
13	2012 年 7 月	−1.35	−1.68	−1.27	−4.83
14	2012 年 8 月	−1.28	−1.66	−1.3	−4.97
15	2012 年 9 月	−1.24	−1.71	−1.35	−5.19
16	2012 年 10 月	−1.17	−1.71	−1.43	−5.29
17	2012 年 11 月	−1.09	−1.68	−1.45	−5.41
18	2012 年 12 月	−0.91	−1.56	−1.49	−5.47

利用有限元模型计算了 20 号坝段的温度应力。计算中仅考虑温度荷载，2011 年 7 月 15 日以前的温度过程按照实际过程模拟，2011 年 7 月 15 日以后的温度过程按照设计过程模拟。竖直向应力包络图如图 6.3.1-7 所示，施工期温度作用下，最大竖直向应力为 1.6MPa，叠加自重引起的压应力，竖向拉应力小于 1MPa，小于混凝土的允许拉应力。

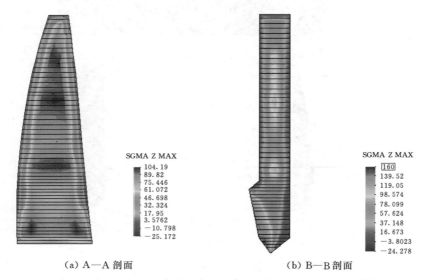

（a）A—A 剖面　　　　　　　　（b）B—B 剖面

图 6.3.1-7　典型剖面竖直向应力包络图（单位：0.01MPa）

以 20 号坝段为例按照研究陡坡坝段悬臂梁应力，拟定施工进度采用有限元方法计算了坝体自重应力和温度应力，并基于应力计算成果进行了建基面抗剪切分析，其悬臂梁应力受控，开裂风险较小。主要成果结论为：

（1）自重作用下，20 号陡坡坝段不会因为向上游倒悬产生拉应力，但是向河床倾斜会在 20 号坝段建基面顶部高程部位产生拉应力，在温度应力综合作用下可能造成建基面脱开。

（2）施工期考虑自重与温度作用，最大竖直向拉应力小于 1MPa，小于混凝土的设计允许拉应力。

6.3.2　相邻高差控制标准研究与论证

相邻高差大会导致横缝面长时间暴露，从而加大横缝面开裂风险。为此，采用整坝仿真分析对相邻高差控制标准进行研究与论证。

采用 13 号、14 号典型多坝段计算模型，如图 6.3.2-1 所示，13 号坝段和 14 号坝段均按照设计温控措施进行仿真计算。约束区两个坝段平行浇筑，脱离约束区后考虑 6m、12m 和 18m 的相邻高差，分别考虑逐月年均气温和昼夜温差两种温度边界条件，考虑无表面保温和表面保温等效放热系数为 10kJ/（m² · h · ℃）两种情况，一共 4 种工况。

计算结果见表 6.3.2-1，由表可知，考虑逐月平均气温与 20℃ 昼夜温差叠加，无保温时相邻温差 6m、12m、18m 的最大应力为 1.57MPa、1.84MPa、2.14MPa，安全系数均小于 1.4 的控制标准；设计保温［等效放热系数 10kJ/（m² · h · ℃）］条件下，相邻温差 6m、12m、18m 的最大应力为 0.36MPa、0.60MPa、0.72MPa，安全系数分别为 5.14、3.92、3.82。

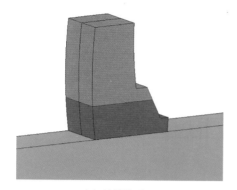
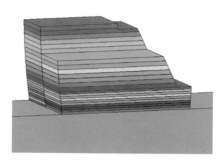

（a）计算模型　　　　　　　　　　　　　　（b）相邻高差 18m 的情况

图 6.3.2－1　计算模型图

表 6.3.2－1　　　　　　　　　　　　　不 同 工 况 计 算 结 果

工况号	温度边界	表面保温	不同相邻高差时最大应力/MPa		
			6m	12m	18m
工况 1	逐月年均气温	无保温	0.66	0.86	1.00
工况 2	20℃昼夜温差	无保温	0.91	0.98	1.14
工况 3	逐月年均气温	等效放热 $10kJ/(m^2 \cdot h \cdot ℃)$	0.04	0.26	0.32
工况 4	20℃昼夜温差	等效放热 $10kJ/(m^2 \cdot h \cdot ℃)$	0.32	0.34	0.40
无保温时长短周期应力叠加（工况 1＋工况 2）			1.57	1.84	2.14
有保温时长短周期应力叠加（工况 3＋工况 4）			0.36	0.60	0.72
相应龄期强度值/MPa			1.85	2.35	2.75
无保温时抗裂安全系数			1.18	1.28	1.28
有保温时抗裂安全系数			5.14	3.92	3.82

注　昼夜温差是指日最高气温与夜间最低气温之差。

如图 6.3.2－2 所示为相邻高差为 18m 时，典型高程横缝开度过程线以及不同高程最大横缝开度，由图可知，最大横缝开度一般大于 2mm。

上述计算结果说明，从侧面防裂的角度而言，相邻高差 18m 相对于相邻高差 6m，开裂风险相差不大，关键是要做好表面保温。相邻高差 18m 时，横缝开度普遍都能大于 2mm，不影响横缝灌浆。

6.3.3　最大高差控制标准研究与论证

最大高差过大可能会导致局部稳定状况超出设计要求，为此，采用全坝仿真对最大高差控制标准开展研究与论证。

采用整坝计算模型，单元总数 430704，节点总数 544889。已浇筑混凝土按实际进行

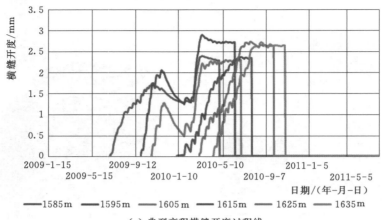

（a）典型高程横缝开度过程线

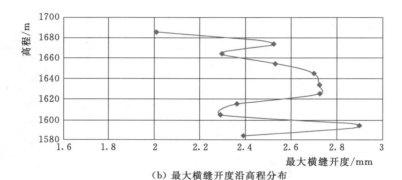

（b）最大横缝开度沿高程分布

图 6.3.2-2　横缝开度过程与最大横缝开度沿高程分布

模拟，真实反映整个坝段的实际跳仓浇筑进度，横缝的实际灌浆进程。基础四周轴向约束，底部全约束。模型和示意如图 6.3.3-1～图 6.3.3-3 所示。

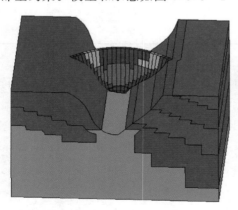

图 6.3.3-1　大坝整体仿真计算模型

图 6.3.3-2　仿真计算模型
（2012 年 12 月 15 日形象）

主要计算工况如下：

工况1，2011年7月15日以前按照实际浇筑过程模拟，之后按设计过程模拟；灌浆前缝开度为0，横缝灌浆后设置为不可破坏；不考虑温度应力，只考虑自重荷载。

工况2，2011年7月15日以前按照实际浇筑过程模拟，之后按设计过程模拟；温度过程与监测值一致，温度边界条件取实测气温；灌浆前缝开度为0，横缝灌浆后设置为不可破坏。考虑自重和温度荷载。

图6.3.3-3 大坝横缝面示意图

计算参数见4.1.3节。

建基面抗剪切安全系数为

$$K = \frac{F_c}{F} = \frac{Nf' + cA}{F} \qquad (6.3.3-1)$$

工况1，自重作用下陡坡坝段18号、19号、20号不同时间的抗剪切安全系数见表6.3.3-1～表6.3.3-3。由表可知，自重作用下，按照整体计算考虑，单坝段浇筑高度越高，抗剪切安全系数越低；建基面强度越低，抗剪切安全系数越低。采用设计提供的各坝段黏聚力和摩擦系数进行抗剪切安全系数的计算，18号、19号、20号坝段的最低安全系数分别为3.11、2.27、1.49，抗剪切安全系数满足要求。

表6.3.3-1　　18号坝段建基面的抗剪切安全系数（$f' = 1.20$，$C' = 1.20$MPa）

序号	时 间	滑动力 /（×10kN）	抗滑力 /（×10kN）	抗滑面积 /m²	安全系数
1	2011年7月	155070.8	551204.1	2065.6	3.55
2	2011年8月	166321.4	576244.1	2079.8	3.46
3	2011年9月	176227.2	603906.5	2079.8	3.43
4	2011年10月	184516.6	627714.0	2079.8	3.40
5	2011年11月	194848.0	653573.5	2101.3	3.35
6	2011年12月	203129.9	675501.7	2108.3	3.33
7	2012年1月	209711.4	693009.1	2115.3	3.30
8	2012年2月	215412.4	708513.7	2115.3	3.29
9	2012年3月	221548.1	726031.6	2115.3	3.28
10	2012年4月	228583.9	740599.0	2122.3	3.24
11	2012年5月	233523.4	752533.1	2122.3	3.22
12	2012年6月	239430.8	765476.3	2122.3	3.20
13	2012年7月	244408.3	778133.3	2122.3	3.18
14	2012年8月	249252.0	790790.2	2122.3	3.17
15	2012年9月	254916.5	805096.2	2122.3	3.16
16	2012年10月	260011.9	818148.4	2122.3	3.15
17	2012年11月	266169.0	830964.6	2129.3	3.12
18	2012年12月	270005.3	840659.3	2129.3	3.11

表 6.3.3 - 2　19 号坝段建基面的抗剪切安全系数（$f' = 1.195$，$C' = 1.194\text{MPa}$）

序号	时　间	滑动力 /(×10kN)	抗滑力 /(×10kN)	抗滑面积 /m²	安全系数
1	2011 年 7 月	157087.6	517807.7	2548.7	3.30
2	2011 年 8 月	174000.7	534484.3	2525.7	3.07
3	2011 年 9 月	186211	543655.8	2458.8	2.92
4	2011 年 10 月	197029	557229.8	2428.2	2.83
5	2011 年 11 月	211436.8	579718	2434.2	2.74
6	2011 年 12 月	226326.8	604120.7	2471.6	2.67
7	2012 年 1 月	237046.6	622036.3	2477.7	2.62
8	2012 年 2 月	251474.4	642923.9	2514.3	2.56
9	2012 年 3 月	262538.6	663508.8	2527.4	2.53
10	2012 年 4 月	274118.6	681036.1	2539.5	2.48
11	2012 年 5 月	286768.5	697521.9	2563.9	2.43
12	2012 年 6 月	297800.4	713632.4	2570	2.40
13	2012 年 7 月	308036.9	729382.3	2582.1	2.37
14	2012 年 8 月	318424.2	745260.3	2594.1	2.34
15	2012 年 9 月	329047.4	762625.8	2600.1	2.32
16	2012 年 10 月	337804.9	777688.4	2600.1	2.30
17	2012 年 11 月	347802.2	792911.3	2612.2	2.28
18	2012 年 12 月	354426	804007.1	2612.2	2.27

表 6.3.3 - 3　20 号坝段建基面的抗剪切安全系数（$f' = 1.187$，$C' = 1.184\text{MPa}$）

序号	时　间	滑动力 /(×10kN)	抗滑力 /(×10kN)	抗滑面积 /m²	安全系数
1	2011 年 7 月	41440.6	243247.4	1692.8	5.87
2	2011 年 8 月	69730.3	328127.8	2261.5	4.71
3	2011 年 9 月	90002.7	354173.9	2344.1	3.94
4	2011 年 10 月	117558	377564.3	2490.8	3.21
5	2011 年 11 月	148169.1	395380.7	2603.3	2.67
6	2011 年 12 月	164280.5	384916.5	2517.6	2.34
7	2012 年 1 月	178477.8	383468.7	2500.6	2.15
8	2012 年 2 月	185452.9	373555	2404.1	2.01
9	2012 年 3 月	191119.2	362888.5	2278.9	1.90
10	2012 年 4 月	208821.8	377405.9	2340.8	1.81
11	2012 年 5 月	222205.5	385774.1	2362.9	1.74
12	2012 年 6 月	238797.8	398559.7	2407.7	1.67
13	2012 年 7 月	253404	408949.1	2441.7	1.61
14	2012 年 8 月	261686.4	414496.2	2430.4	1.58
15	2012 年 9 月	272682.7	424467.6	2441.7	1.56
16	2012 年 10 月	278857.3	428997.9	2413.4	1.54
17	2012 年 11 月	290107	438414.3	2430.3	1.51
18	2012 年 12 月	298637.4	445074.8	2435.9	1.49

工况 2，自重和温度作用下各坝段不同时间的抗剪切安全系数见表 6.3.3 - 4～表 6.3.3 - 6。由表可知，自重作用下，按照整体计算考虑，随着单坝段浇筑高度越高，建基面强度越低，抗剪切安全系数越低，其基本规律与不考虑温度应力的计算时一致。截至 2012 年 2 月，采用设计提供的各坝段黏聚力和摩擦系数进行抗剪切安全系数的计算，18 号、19 号、20 号坝段的最低安全系数分别为 3.60、3.11、3.97，大于不考虑温度作用时的抗剪切安全系数。

表 6.3.3 - 4　18 号坝段建基面的抗剪切安全系数（$f' = 1.20$，$C' = 1.20$MPa）

序号	时间	滑动力 /(×10kN)	抗滑力 /(×10kN)	抗滑面积 /m²	安全系数
1	2011 年 8 月	131778.1	555940.9	1977.5	4.22
2	2011 年 9 月	143418.6	580119.7	1991.7	4.04
3	2011 年 10 月	151314.2	601711.1	1985.2	3.98
4	2011 年 11 月	159953.7	619364.1	1978.2	3.87
5	2011 年 12 月	171513.2	642007.6	1964.1	3.74
6	2012 年 1 月	181347.3	659828.0	1943.4	3.64
7	2012 年 2 月	188721.8	680194.6	1950.5	3.60

表 6.3.3 - 5　19 号坝段建基面的抗剪切安全系数（$f' = 1.195$，$C' = 1.194$MPa）

序号	时间	滑动力 /(×10kN)	抗滑力 /(×10kN)	抗滑面积 /m²	安全系数
1	2011 年 8 月	74087	378169.6	1845.2	5.10
2	2011 年 9 月	89954.7	403609.4	1870.7	4.49
3	2011 年 10 月	102756.3	425311.8	1888.8	4.14
4	2011 年 11 月	113510.4	446283.1	1925.7	3.93
5	2011 年 12 月	130410.8	473129.2	1963.1	3.63
6	2012 年 1 月	154581.2	506799.8	2063.9	3.28
7	2012 年 2 月	171130.1	531878.6	2121.4	3.11

表 6.3.3 - 6　20 号坝段建基面的抗剪切安全系数（$f' = 1.187$，$C' = 1.184$MPa）

序号	时间	滑动力 /(×10kN)	抗滑力 /(×10kN)	抗滑面积 /m²	安全系数
1	2011 年 8 月	26426	231480.3	1415.3	8.76
2	2011 年 9 月	26066.8	277831.7	1598.8	10.66
3	2011 年 10 月	37552.7	270684.3	1677.3	7.21
4	2011 年 11 月	39590.1	243239.4	1414.5	6.14
5	2011 年 12 月	52390.6	303615.7	1823.8	5.80
6	2012 年 1 月	67142.7	306654.6	1793.3	4.57
7	2012 年 2 月	81143.6	322421.6	1871.9	3.97

6.3.4　研究结论

悬臂高度过大可能引起局部产生拉应力，存在开裂风险；相邻高差过大会增大横缝面开裂风险，降低横缝开度，增加灌浆难度；最大高差过大可能会导致局部稳定状况超出设计要求。为此，本节运用材料力学方法和有限元方法，对现有施工进度条件下的应力和建基面抗剪切安全系数进行分析，并对现有进度条件下的悬臂高度、相邻高差、最大高差的控制标准进行了论证，结论如下：

（1）考虑现有进度条件下悬臂高度 75m 的情况，采用材料力学方法计算，考虑闸墩和牛腿作用时，河床坝段自重倒悬应力为拉应力，小于 0.5MPa 的设计控制指标；按照有限元方法计算，考虑自重和温度荷载，河床坝段拉应力小于 1MPa，安全系数大于 1.8，满足要求；按照有限元方法计算，陡坡坝段自重作用下基本为压应力，仅在建基面上端略有拉应力，在温度应力与自重应力综合作用下，可能引起建基面局部脱开，应注意做好接触灌浆。

（2）从侧面防裂的角度而言，相邻高差 18m 相对于相邻高差 6m，开裂风险相差不大，关键是要做好表面保温；在设计保温措施下，相邻高差 18m 时抗裂安全系数大于3.0。相邻高差 18m 时，横缝开度普遍都能大于 2mm，不影响横缝灌浆。

（3）考虑现有进度条件下最大高差 36m 的情况，采用有限元法进行整坝仿真计算，考虑自重和温度作用，按照设计提供的岩体的黏聚力和摩擦系数进行抗剪切安全系数的计算，各坝段的最低抗剪安全系数 1.49，抗剪切安全系数满足要求。

综上所述，现有进度条件下的悬臂高度 75m、相邻高差 18m 和最大高差 36m 的控制标准是合适的，但应按照设计要求做好横缝面表面保温以及建基面接触灌浆。

6.4　模板及施工工艺研究

6.4.1　拱坝曲面 4.5m 直模板形体偏差
6.4.1.1　形体偏差解析式推导

为了分析 4.5m 浇筑仓层相对大坝形体控制的影响，下面分析浇筑过程中模板"以直代曲"对大坝形体的影响。3.0m 和 4.5m 仓层浇筑模板引起的形体偏差主要在竖直方向，通过坝面的抛物方程和各参数方程，可以确定坝面的设计形体；通过建立 3.0m 和 4.5m 模板每一个高程段高度方向的直线方程，可以确定大坝的实际建成形体；两个形体方程之差即反映了设计和实际的形体偏差。如图 6.4.1−1 所示，模板"以直代曲"对形体的影响最大值出现在模板中部高度。

坝面形体抛物方程如下：

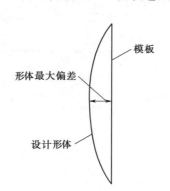

图 6.4.1−1　模板和设计形体
偏差示意图

$$x = R(z)\tan\alpha$$

$$y_s = A(z) - \frac{x^2}{2R(z)}$$

坝面参数方程如下：

$$R(z) = a_1 + a_2 z + a_3 z^2 + a_4 z^2$$

$$A(z_i) = 0.387524 z_i - 0.8188564 \times 0.001 z_i^2 - 0.3531828 \times 0.000001 z_i^3$$

$$T_c(z_i) = 16.00 + 0.3664835 z_i - 0.1473859 \times 0.01 \times z_i^2 - 0.2549226 \times 0.000001 z_i^3$$

$$z_i = 1885 - z$$

式中　R——坝面的拱圈曲率半径；

z——拱圈高程；

T_c——拱冠梁厚；

α——拱圈中心角；

x——拱端的 x 坐标。

以上为坝面设计形体方程，锦屏一级拱坝上下游面和左右岸共分为 4 组抛物线方程，且每组方程的各个高程有不同的曲率半径和曲率中心坐标。根据各组参数方程和抛物方程可得到大坝实际的坝面。

各高程段模板直线方程如下：

$$y_m = [(z - z_1) \cdot A(z_2) + (z_2 - z) \cdot A(z_1) + 0.5 \tan \alpha^2 R(z_1)(z z_2)$$
$$+ 0.5 \tan \alpha^2 R(z_2)(z_1 - z)] / (z_2 - z_1)$$

$$A(z_i) = 0.387524 z_i - 0.8188564 \times 0.001 z_i^2 - 0.3531828 \times 0.000001 z_i^3$$

$$T_c(z_i) = 16.00 + 0.3664835 z_i - 0.1473859 \times 0.01 z_i^2 - 0.2549226 \times 0.000001 z_i^3$$

$$z_i = 1885 - z$$

式中　z_1——某个 α 中心角模板高度方向直线方程中模板底部高程值；

z_2——相同 α 中心角模板高度方向直线方程中模板顶部高程值，$z_2 - z_1$ 为 3m 或者 4.5m。

由于每组方程的各个高程有不同的曲率半径和曲率中心坐标，因此可以根据参数方程，对每个 α 角的高度方向，每隔 3.0m 或者 4.5m 建立一根直线方程，可以分别得到每个部位每个模板相对于设计形体的偏差，也可以得到每个模板相对于设计形体的最大偏差。计算表达式如下：

$$err = y_m - y_s$$

$$err = [(z - z_1) A(z_2) + (z_2 - z) A(z_1) + 0.5 \tan \alpha^2 R(z_1)(z z_2)$$
$$+ 0.5 \tan \alpha^2 R(z_2)(z_1 - z)] / (z_2 - z_1) A(z) + \frac{x^2}{2R(z)}$$

6.4.1.2　4.5m 和 3.0m 仓层厚度浇筑对拱坝形体影响对比分析

以拱冠梁部位为典型研究对象，分析 3.0m 和 4.5m 仓层拱冠梁形体偏差值。表 6.4.1-1 为拱圈曲率半径方程系数。上述公式计算成果见表 6.4.1-2 和表 6.4.1-3，分别为 3.0m、4.5m 仓层模板各高程偏差最大值；图 6.4.1-2 所示为 3.0m、4.5m 仓层浇筑各高程模板的最大误差以及设计允许误差。从计算结果可以看出，拱冠梁坝段，全部采用 4.5m 仓层模板浇筑，形体最大偏差小于 6mm，远小于设计允许最大误差 20mm。理论上，4.5m 仓层模板相对于 3.0m 仓层模板形体最大偏差仅增加 3mm，满足设计要求。

表 6.4.1-1　　　　　　　　　　拱圈曲率半径方程系数

高程/m	a_1	a_2	a_3	a_4
1850～1885	268.5178	−0.4638326	−0.00211846	−1.3971×10^{-5}
1790～1850	249.0896	−0.5148767	−0.00132545	2.5795×10^{-5}
1710～1790	218.9971	−0.506165	0.004802789	−4.8864×10^{-5}
1650～1710	184.2236	−0.7361907	0.003456079	−1.9789×10^{-5}
1600～1650	148.2196	−0.3746117	−0.0010608	5.3431×10^{-5}
1580～1600	133.5159	0.5290705	−0.00259002	5.4928×10^{-4}

表 6.4.1-2　　　　　　　　3.0m 浇筑仓层模板对大坝形体影响

高程/m	实际各点的 y_s/m	模板上各点 y_m/m	各高程段模板最大偏差/mm
1882	0.57944	0.57760	1.85
1876	2.86022	2.85836	1.86
1858	9.34354	9.34164	1.90
1840	15.27874	15.27680	1.95
1822	20.65345	20.65146	1.99
1804	25.45532	25.45329	2.03
1786	29.67199	29.66991	2.07
1768	33.29109	33.28897	2.12
1750	36.30027	36.29811	2.16
1732	38.68718	38.68498	2.20
1714	40.43945	40.43720	2.25
1696	41.54472	41.54243	2.29
1678	41.99064	41.98831	2.33
1660	41.76485	41.76247	2.38
1642	40.85498	40.85256	2.42
1624	39.24869	39.24623	2.46
1606	36.93360	36.93110	2.50
1588	33.89737	33.89483	2.55

表 6.4.1-3　　　　　　　　4.5m 浇筑仓层模板对大坝形体影响

高程/m	实际各点的 y_s/m	模板上各点 y_m/m	各高程段模板最大偏差/mm
1882	0.96369	0.95958	4.11
1876	3.23457	3.23044	4.14
1858	9.68777	9.68354	4.23
1840	15.59215	15.58783	4.33
1822	20.93537	20.93094	4.42
1804	25.70505	25.70053	4.52
1786	29.88884	29.88422	4.62
1768	34.47438	34.46967	4.71
1750	36.44932	36.44451	4.81
1732	38.80129	38.79639	4.90
1714	40.51794	40.51294	5.00
1696	41.58691	41.58181	5.09
1678	41.99583	41.99064	5.19
1660	41.73236	41.72708	5.28
1642	40.78413	40.77875	5.38
1624	39.13878	39.13331	5.47
1606	36.78396	36.77839	5.57
1588	33.70730	33.70164	5.66

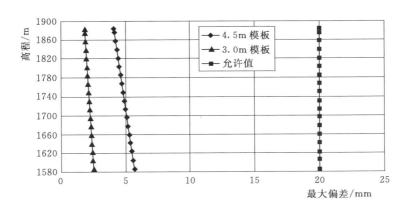

图 6.4.1-2 拱冠梁部位各高程形体最大偏差对比图

6.4.1.3 小结

根据坝面设计抛物方程和各参数方程，对不同浇筑仓层条件下模板尺寸引起的形体偏差解析公式进行了推导，以拱冠梁坝段为例，计算了模板引起的各高程部位的偏差。全部采用 4.5m 仓层模板浇筑时，拱冠梁坝段形体最大偏差小于 6mm。相对于 3.0m 仓层模板，4.5m 仓层模板引起形体最大偏差增加 3mm，满足设计要求的最大允许误差 20mm。

6.4.2 4.5m 仓层双撑杆悬臂大模板设计制作安装

锦屏一级水电站高拱坝混凝土施工中，为了进一步提高混凝土浇筑效率，实现全坝快速均衡浇筑上升，控制施工期拱坝工作性态，将科研成果与现场试验相结合，大量采用 4.5m 仓层混凝土浇筑，形成了一套完整的 4.5m 仓层浇筑模板施工技术。模板类型包括 4.5m 双撑杆悬臂大模板、4.5m 直筒异型液压自爬模板、导流底孔 4.5m 仓层模板等。

6.4.2.1 模板设计计算方法

为满足 4.5m 仓层混凝土浇筑需要，施工单位通过与专业化公司合作，进行 4.5m 仓层模板结构设计，要求模板能够适应 1.5m、3.0m 和 4.5m 层厚浇筑，模板最大变形控制在 5mm 以内。

模板侧压力计算公式为

$$F = 0.22\gamma_c t_0 \beta_1 \beta_2 v^{\frac{1}{2}}$$

式中　F——新浇筑混凝土作用于模板的最大侧压力，kN/m^2；

　　　γ_c——混凝土的重力密度，kN/m^3；

　　　t_0——混凝土入仓温度，按 7℃考虑；

　　　v——混凝土的浇筑速度，m/h，按照每 3h 浇筑 0.5m 高考虑；

　　　β_1——外加剂影响修正系数，取 1.2；

　　　β_2——混凝土坍落度影响修正系数，取 1.0。

分别计算以下两种工况。

工况 1：使用在竖直面（横缝）的情况下，模板受到混凝土的侧压力及自重。

工况 2：使用在倒悬角度最大（81.92°）部位（上下游面）的情况下，模板受到混凝土的侧压力及自重。

6.4.2.2 模板组成

模板采用双支点双轴杆的支撑方式增强模板刚度,悬臂大模板主要由面板系统、支撑系统、锚固系统及辅助系统4部分组成,通过由加强型爬升锥、悬挂螺栓、预埋蛇形筋等组成的锚固系统固定模板,具有操作简单快捷、通用性强、调节灵活方便、安全性高、周转次数多等特点。模板以3m×4.9m平面模板为基础,通过改变球形键槽布置,形成上下游面模板和横缝模板,模板安装完成后,可根据施工进度、间歇期控制和高差控制需要,分别浇筑1.5m、3.0m和4.5m仓层。3m×4.9m平面模板组装如图6.4.2-1、图6.4.2-2所示。

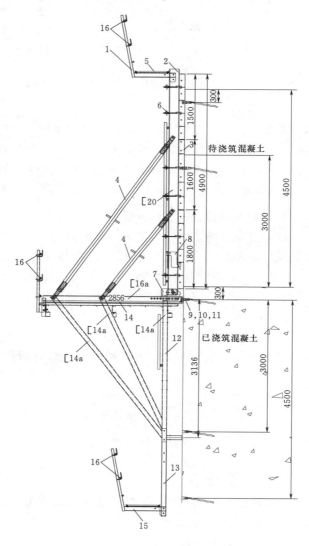

图6.4.2-1 3m×4.9m平面模板组装图(单位:mm)

1—旋入架;2—D22竖围檩(5.15m);3—钢面板(3m×4.9m);4—大(小)轴杆;5—上工作平台;
6—D15加长钩头螺栓;7—D22S连接件;8—D22S调节件;9—B7螺栓;10—爬升锥;
11—D25锚筋;12—D22K-G型悬臂支架;13—悬杆;14—主工作平台;
15—下工作平台;16—组装钢管

为满足先浇块的施工及后期接缝灌浆需要，在前期后浇块 4.5m 仓层大坝模板的基础上增加了横缝键槽模板。将横缝模板上的球形键槽间距由 20cm 调整为 10cm，球形键槽数量由 3 个增加至 5 个，并相应调整了球形键槽与模板上下端的距离，如图 6.4.2-3 所示。

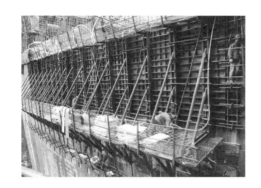

图 6.4.2-2　3m×4.9m 双撑杆悬臂
大模板安装图

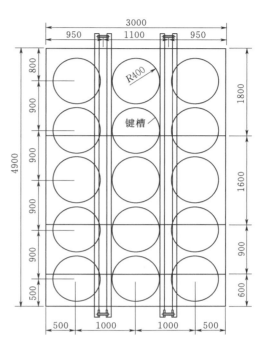

图 6.4.2-3　4.5m 仓层横缝球形
键槽模板（单位：mm）

（1）面板部分。3m×4.9m 模板由一块 3m×1.8m 的平面模板、一块 3m×1.5m 的平面模板和一块 3m×1.6m 的平面模板组拼而成。面板采用 $\delta=5$mm 热轧钢板，两块面板通过 M16×45 螺栓进行连接，竖围檩与面板通过 D15 加长钩头螺栓装配，组成面积较大的模板单元。各模板单元间通过 U 形卡相连。

（2）支撑部分。支撑部分选用了 D22K-G 支架、竖围檩、轴杆、连接模件、悬杆及旋入架等部分。各部件由轴销和螺栓连为一体，通过锚固部分的约束和吊车的配合，可使作业人员安全、便捷地完成模板作业。D22K-G 支架主要由 [16a 的水平架、[14a 的竖直杆和斜杆组成。竖围檩由 [20 组装焊接而成。

（3）锚固部分。锚固部分包括定位锥、B7 螺栓、预埋锚筋及密封壳。其中预埋锚筋和密封壳为一次性消耗件，每套模板每浇筑层高需消耗两套消耗件，其他部件为重复使用件。模板组装成套后，锚固部分的埋置位置将控制混凝土的浇筑层高。由于浇筑层高达到了 4.5m，且部分仓位上下游面倒悬角度较大，故选用 M52×5 的 10.9 级高强螺栓及其配套的定位锥等锚固部件。

（4）辅助部分。辅助部分主要有钢板网工作平台、组装钢管、组装扣件等部件，通过螺栓与支撑部分连为一体，组成稳固的空间受力桁架。上、中、下三层工作平台可为清理修整模板面板、调整模板、安装配件、修整混凝土表面及混凝土施工作业提供足够的安全作业空间。

6.4.3 大坝4.5m仓层混凝土浇筑施工工艺

6.4.3.1 4.5m仓混凝土浇筑施工工艺试验

为检验4.5m仓层浇筑施工工艺，获得施工参数，掌握设计4.5m仓层温控技术要求下的混凝土内部温度场的真实情况，锦屏建设管理局组织现场各方分别于2010年5月底在15号-17和15号-18，2010年7月底8月初在11号-16和11号-17，2011年3月底在8号-3、8号-4以及19号-10、19号-11安排进行了4.5m仓层浇筑试验，并组织了评审。各试验仓的基本情况及仓面设计见表6.4.3-1；试验仓冷却水管布置和温度计布置图如图6.4.3-1～图6.4.3-4所示。4.5m仓层试验仓主要试验成果见表6.4.3-2，典型仓温控过程如图6.4.3-5所示。

表6.4.3-1　　　　　　　　　　各试验仓仓面设计基本情况表

仓号	15号-17	15号-18	11号-16	11号-17	8号-3	8号-4	19号-10	19号-11
起止高程/m	1616.0～1620.5	1620.5～1625.0	1625.0～1629.5	1629.5～1634.0	1664.0～1668.5	1668.5～1673.0	1673.0～1677.5	1677.5～1682.0
面积/m²	1440	1380	1553.8	1547	670	1065	1840	1690
浇筑方量/m³	6471	6205	7069	7045	3040	4820	8267	7610
设备配置	4缆4平4振	4缆4平4振	4缆4平4振	4缆4平4振	3缆2平2振	3缆2平2振	3缆3平3振	3缆3平3振
冷却水管布置/(m×m)	1.5×1.5	1.5×1.5	1.5×1.5	1.5×1.5	1.0×1.2	1.0×1.2	1.0×1.2	1.0×1.2
温度计/支	27	27	27	9	12	12	12	12

表6.4.3-2　　　　　　4.5m仓层混凝土浇筑试验仓内部最高温度情况统计表

仓号	高程/m	仓层层高	收仓时间	历时/h	间隔期/d	浇筑方量/m³	最高温度		
							温度/℃	出现时间	历时/d
8号-3	1664.0～1668.5	4.5	2011-3-23 15：15	40.7	8.1	3040.2	27.6	2011-3-28 14：00	5.4
8号-4	1668.5～1673.0	4.5	2011-4-2 21：55	51.9	10	4819.8	24.7	2011-4-8 04：00	5.4
11号-16	1625.0～1629.5	4.5	2010-7-23 21：22	36.2	13.5	7069.0	26.0	2010-7-25 20：00	3
11号-17	1629.5～1634.0	4.5	2010-8-7 17：00	31.8	9.4	7045.3	26.3	2011-8-12 08：00	4.6
15号-17	1616.0～1620.5	4.5	2010-5-26 03：30	26.5	5.5	6471.0	24.5	2010-5-30 01：00	4
15号-18	1620.5～1625.0	4.5	2010-6-1 21：05	29.3	16.7	6205.5	24.6	2010-6-6 00：00	5.1
19号-10	1673.0～1677.5	4.5	2011-3-20 22：34	59.0	6.2	8267.5	25.7	2011-3-24 16：00	3.8
19号-11	1677.5～1682.0	4.5	2011-3-30 01：20	69.0	7	7609.2	24.6	2011-4-3 00：00	4

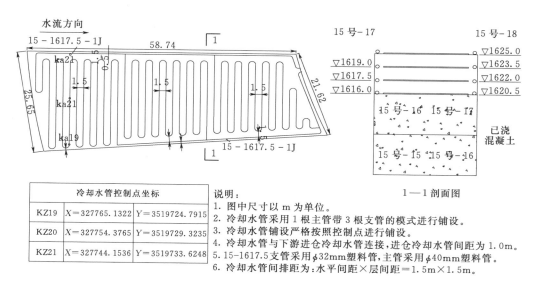

图 6.4.3-1 河床坝段 4.5m 试验仓冷却水管典型布置图

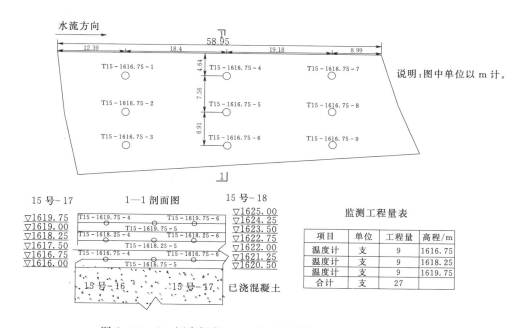

图 6.4.3-2 河床坝段 4.5m 试验仓温度监测仪器典型布置图

试验结果表明，除 8 号-3 仓因布置有廊道且靠近边坡，钢筋密集，还布置有大量的灌浆管路，二级配混凝土使用较多，导致最高温度略微超标外，按照试验参数进行 4.5m 仓层浇筑试验，试验仓混凝土内部最高温度、温控过程、形体控制以及施工过程均能够满足设计及仓面设计要求。

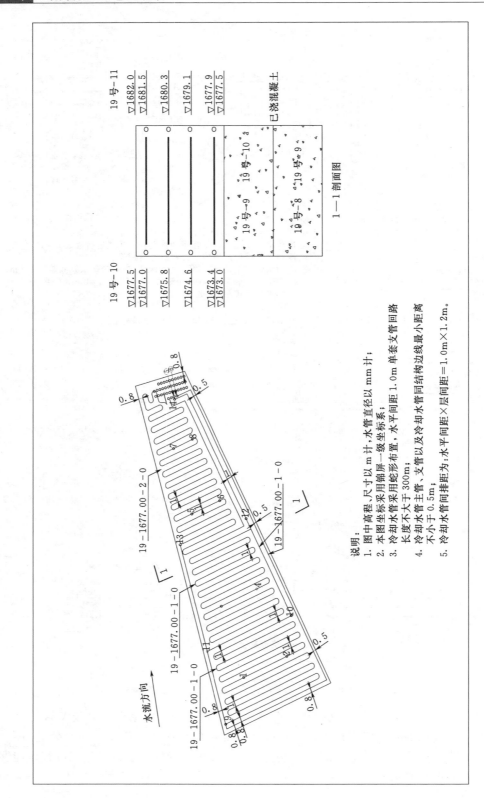

说明:
1. 图中高程、尺寸以m计,水管直径以mm计;
2. 本图坐标采用销屏一级坐标系;
3. 冷却水管采用蛇形布置,水平间距1.0m单套支管回路长度不大于300m;
4. 冷却水管主管、支管以及冷却水管同结构同结构边线最小距离不小于0.5m;
5. 冷却水管间排间距为:水平间距×层间距=1.0m×1.2m。

图6.4.3-3 边坡坝段4.5m试验仓冷却水管典型布置图

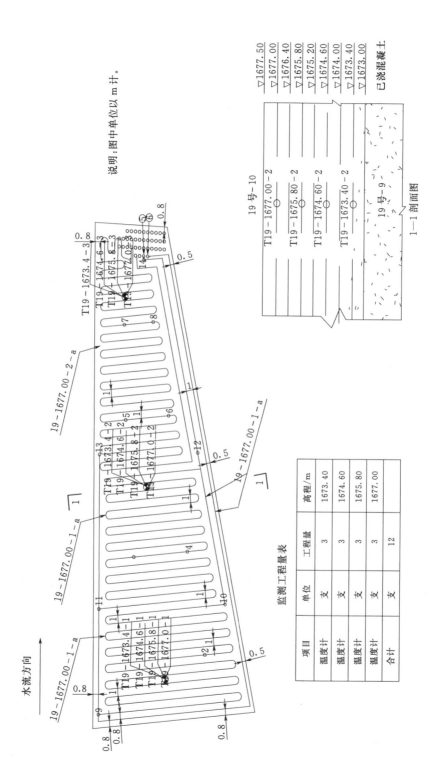

图 6.4.3-4 边坡坝段 4.5m 试验仓监测仪器典型布置图

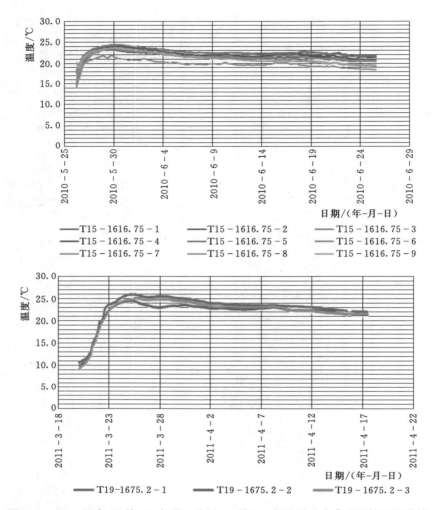

图 6.4.3-5　河床 15 号-17 坝段、岸坡 19 号-10 坝段试验仓典型温控过程曲线

6.4.3.2　实施阶段 4.5m 仓混凝土浇筑仓面设计

1. 设备配置

在推广实施阶段，仓内设备配置随着坝段上升，仓面变小后，设备逐步减少到"三振三平""二振二平"。

2. 坯层及冷却水管布置

推广阶段，冷却水管布置根据混凝土坯层厚度进行了调整，4.5m 仓层大坝 A 区混凝土结合其混凝土浇筑坯层厚度 0.4m×10+0.5m 分层，冷却水管分别布置在第 1、第 4、第 7、第 10 坯层顶面，仓内第 1 层冷却水管布置参数为 100cm（间距）×90cm（层高）及其余各层 100cm（间距）×120cm（层高）。4.5m 层厚大坝 B 区混凝土结合其混凝土浇筑坯层厚度 0.4m×10+0.5m 分层，冷却水管分别布置在第 1、第 5、第 9 坯层顶面，仓内第 1 层冷却水管布置参数为 150cm（间距）×130cm（层高）及其余各层 150cm（间距）×160cm（层高）。

在 4.5m 仓层施工进入正常后，坯层采用 0.4m＋0.5m×6＋0.55m×2 进行分层，冷却水管布置参数为 150cm（间距）×130cm（层高）铺设。

3. 温度计布置

推广阶段，每仓埋设 9 支温度计，温度计布置在仓位中部，分三层，高度间隔 1.5m，每层在仓位的上游（距边 5m）、中间和下游（距边 5m）各埋设一支。

在 4.5m 仓层施工进入正常后，每仓埋设 3 支温度，高度间隔 1.5m，分三层布置，温度计埋设在仓位中间。

4. 特殊部位的冷却水管和温度计布置

对陡坡坝段基础约束区、孔口、牛腿等特殊部位，根据情况适当加密冷却水管，增设温度计。对陡坡坝段基础约束区、孔口周边，冷却水管水平间距加密至 100cm；对牛腿部位，混凝土强度等级高，采用 80cm（间距）×100cm（层高）布置。温度计则视情况增加布置。

6.4.3.3　实施阶段 4.5m 仓混凝土浇筑施工

（1）浇筑仓面分区。各浇筑仓按仓面面积划分为 2～4 个区域，每个区域 600m² 左右，每台缆机浇筑一个区域，各台缆机间的最小安全距离 12m。

（2）混凝土分层。4.5m 仓层按 0.4m×10＋0.5m 或 0.4m＋0.5m×6＋0.55m×2 进行分层。混凝土浇筑前在模板和横缝混凝土面采用红色油漆画好分层线、收仓线，或在模板的收仓线上点焊小角钢，以便控制混凝土浇筑层厚及收仓高程。

（3）混凝土分区。除按设计和规范要求外，第一层 0.4m 及止水（浆）片 1.0m 范围内采用三级富浆混凝土，其余采用四级配混凝土。

（4）平仓。仓内采用履带式平仓机（SD13S）进行平仓，对于超出缆机下料范围且平仓机不能到达的区域，采用长臂反铲转运混凝土。平仓振捣设备必须与模板保持适当距离。

（5）振捣。采用混凝土振捣台车振捣辅以持插入式振捣器或软轴振捣器进行振捣。对结构部位、靠近模板区域、钢筋密集区及金属结构、止水止浆片附近等埋件的部位，采用手持插入式振捣器或软轴振捣器进行人工平仓、振捣。

（6）冷却水管铺设。冷却水管位置在开仓前经测量放样定位，并在模板上做好标识，安排专人铺设。为缩短铺设时间，减少对浇筑的影响，冷却水管铺设在混凝土平仓振捣后进行，错开下料平仓区和振捣区。

（7）温度计埋设。温度计埋设在备仓阶段完成，在开仓前，接入自动化监测系统。

6.5　工程应用

6.5.1　形体控制成果

锦屏一级拱坝部分仓位形体检测成果见表 6.5.1－1，形体符合率整体达到 90.4%。1.5m、3.0m、4.5m 仓层分别浇筑了 92 仓、689 仓和 556 仓，形体符合率分别为 91.5%、91% 和 89.5%，从形体偏差统计成果来看，4.5m 浇筑仓层形体偏差略大于 1.5m、3.0m 层厚，整体差别不大，具体见表 6.5.1－2。

表 6.5.1－1　　　　　大坝坝段整体形体偏差汇总表

序号	坝段	仓数	测点总数	形体偏差区间测点百分比统计					
				<－20mm		－20～20mm		＞20mm	
				测点数	%	测点数	%	测点数	%
1	1号	13	116	5	4.3	101	87.1	10	8.6
2	2号	25	216	7	3.2	200	92.6	9	4.2
3	3号	32	399	15	3.8	371	93.0	13	3.3
4	4号	37	444	9	2.0	414	93.2	21	4.7
5	5号	44	515	11	2.1	473	91.8	31	6.0
6	6号	47	586	13	2.2	548	93.5	25	4.3
7	7号	57	680	24	3.5	618	90.9	38	5.6
8	8号	60	848	20	2.4	789	93.0	39	4.6
9	9号	65	859	17	2.0	813	94.6	29	3.4
10	10号	72	1120	40	3.6	1040	92.9	40	3.6
11	11号	83	1694	88	5.2	1558	92.0	48	2.8
12	12号	85	2074	123	5.9	1814	87.5	137	6.6
13	13号	87	1756	100	5.7	1568	89.3	88	5.0
14	14号	90	2287	95	4.2	2064	90.2	128	5.6
15	15号	83	2120	111	5.2	1878	88.6	131	6.2
16	16号	85	2320	111	4.8	2067	89.1	142	6.1
17	17号	75	1704	74	4.3	1546	90.7	84	4.9
18	18号	65	946	50	5.3	825	87.2	71	7.5
19	19号	61	807	44	5.5	719	89.1	44	5.5
20	20号	53	671	21	3.1	606	90.3	44	6.6
21	21号	44	496	19	3.8	446	89.9	31	6.3
22	22号	28	314	14	4.5	285	90.8	15	4.8
23	23号	21	275	11	4.0	253	92.0	11	4.0
24	24号	14	194	6	3.1	184	94.8	4	2.1
25	25号	8	52	0	0.0	51	98.1	1	1.9
26	26号	3	16	0	0.0	16	100.0	0	0.0
合计		1337	23509	1028	4.4	21247	90.4	1234	5.2

表 6.5.1－2　　　　　锦屏一级水电站大坝形体偏差统计成果

序号	浇筑仓层	仓数	测点总数	形体偏差区间测点百分比统计					
				<－20mm		－20～20mm		＞20mm	
				测点数	%	测点数	%	测点数	%
1	1.5m仓层形体	92	1509	62	4.1	1381	91.5	66	4.4
2	3.0m仓层形体	689	11682	491	4.2	10627	91.0	564	4.8
3	4.5m仓层形体	556	10318	475	4.6	9239	89.5	604	5.9

6.5.2 温控效果比较

2010 年 7 月开始至 2013 年年底大坝浇筑完成，共浇筑 4.5m 仓层厚仓位 556 个单元，温控过程满足设计要求。4.5m 仓层浇筑的最高温度控制与 3.0m 浇筑层厚没有实质性差别，只是单仓浇筑时间延长 8～10h，最高温度出现的时间晚 1～3d。2011 以来，多采用两仓套浇；一般单仓浇筑视方量大小在 25～35h 之间完成，套浇在 45～55h 之间完成，单仓浇筑最高温度合格率比套浇仓合格率稍高。套浇仓中每仓浇筑强度虽下降，但由于采取薄层（40cm）浇筑，调整冷却水管间距等措施，坯层覆盖时间略微增加，温控整体满足设计要求。1.5m、3.0m、4.5m 仓层最高温度超温情况统计见表 6.5.2－1，统计表明，1.5m 仓层厚度浇筑最高温度超温率最低，3.0m 仓层和 4.5m 仓层超温率相差不大，由于加强了 4.5m 仓层的温控措施，其超温率还略低于 3.0m 仓层，说明 4.5m 仓层的温控措施是有效的。

表 6.5.2－1 各种仓层最高温度超温统计表

序号	浇筑仓层	统计仓数	超温仓数/仓	超温率/%
1	1.5m 仓层形体	205	4	1.6
2	3.0m 仓层形体	734	21	2.9
3	4.5m 仓层形体	556	14	2.5

6.5.3 进度效果

大坝共浇筑仓位 1495 个，其中 4.5m 仓层 556 个，浇筑方量 235.82 万 m^3；3.0m 仓层 734 个，浇筑方量 237.37 万 m^3；1.5m 仓层 205 个，浇筑方量 33.94 万 m^3。4.5m 仓层厚度浇筑混凝土量占总浇筑方量的 46.5%。若将 4.5m 仓层全部按 3.0m 仓层则要浇筑 834 个仓，采用 4.5m 仓层少浇筑了 278 仓。因此采用 4.5m 仓层厚度浇筑混凝土对加快施工进度是十分有利的。锦屏一级大坝各坝段浇筑仓层统计见表 6.5.3－1。

表 6.5.3－1 锦屏一级大坝各坝段浇筑仓层统计表

坝段	1.5m 仓层			3.0m 仓层			4.5m 仓层			小 计		
	仓数/仓	浇筑方量/万 m^3	总层高/m	仓数/仓	浇筑方量/万 m^3	总层高/m	仓数/仓	浇筑方量/万 m^3	总层高/m	仓数/仓	浇筑方量/万 m^3	总层高/m
1 号	2	0.064	2	10	0.855	30	1	0.031	6	13	0.949	38
2 号	1	0.024	1	18	3.212	54	6	1.212	27	25	4.447	82
3 号	2	0.168	3	15	3.505	45	15	4.131	68	32	7.804	115
4 号	5	0.616	8	14	3.788	41	21	6.326	94	40	10.73	143
5 号	1	0.023	1	20	5.44	60	24	8.051	108	45	13.514	168
6 号	2	0.133	3	15	4.248	45	31	10.962	140	48	15.344	187
7 号	6	0.834	9	27	7.032	81	26	10.115	117	59	17.981	207
8 号	6	0.611	9	27	7.106	81	31	12.237	138	64	19.953	228
9 号	10	1.379	14	25	7.816	75	36	14.628	162	71	23.823	250
10 号	5	0.679	7	27	8.881	81	42	20.164	191	74	29.723	278

续表

坝段	1.5m 仓层			3.0m 仓层			4.5m 仓层			小　计		
	仓数 /仓	浇筑方量 /万 m³	总层高 /m	仓数 /仓	浇筑方量 /万 m³	总层高 /m	仓数 /仓	浇筑方量 /万 m³	总层高 /m	仓数 /仓	浇筑方量 /万 m³	总层高 /m
11 号	12	1.906	18	41	14.845	125	35	20.111	158	88	36.862	301
12 号	22	4.012	32	62	24.334	186	21	10.636	93	105	38.982	305
13 号	20	4.391	29	61	22.439	182	22	10.944	97	103	37.774	305
14 号	19	4.115	28	64	22.643	191	20	9.742	90	103	36.5	305
15 号	20	3.947	29	51	18.03	151	28	14.497	124	99	36.474	305
16 号	22	4.375	32	63	25.108	187	18	10.317	82	103	39.8	301
17 号	12	1.734	19	43	17.197	127	34	18.311	154	89	37.242	300
18 号	7	0.861	10	29	9.091	86	39	15.616	176	75	25.568	272
19 号	12	1.676	18	24	7.695	72	36	16.109	162	72	25.48	252
20 号	9	1.409	14	28	8.874	83	26	9.841	117	63	20.124	214
21 号	7	0.926	11	25	6.478	74	16	5.127	72	48	12.531	156
22 号	1	0.021	1	14	3.384	42	14	3.917	64	29	7.322	107
23 号	1	0.018	1	12	2.408	36	8	1.789	36	21	4.215	73
24 号	1	0.02	1	9	1.611	27	4	0.732	19	14	2.363	46
25 号	—	—	—	9	1.255	26				9	1.255	26
26 号	—	—	—	1	0.097	2	2	0.276	9	3	0.373	11
合计	205	33.942	300	734	237.371	2189	556	235.821	2499	1495	507.13	4975

1. 4.5m 仓层在河床孔口坝段进度效果分析

以影响大坝施工关键部位孔口 15 号坝段为例，采用 4.5m 仓层共使用了 28 仓，浇筑混凝土 14.5 万 m³，4.5m 仓层浇筑混凝土方量为该坝段总方量的 40%，较全部改用 3.0m 仓层的仓数减少了 14 仓。经统计锦屏实际施工效率，采用 4.5m 仓层与采用 3.0m 仓层比较，大坝每上升 1m 可节约 1d 时间，按此效率，15 号坝段采用 4.5m 仓层共浇筑 126m，节约工期 126d。如果按照行业平均完成一仓用 10d 的施工水平计算，相当于可节约工期 140d。

2. 4.5m 仓层在岸坡坝段的进度效果分析

以 19 号坝段为例，全坝共浇筑 72 仓，其中采用 4.5m 仓层共浇筑 36 仓，浇筑混凝土 16.1 万 m³，4.5m 仓层浇筑混凝土方量占该坝段总方量的 63%，较全部采用 3.0m 仓层浇筑减少了 18 仓。按照锦屏实际施工效率，36 仓 4.5m 仓层共 162m，相当于增加了 162d 的仓位调节时间。

3. 4.5m 仓层对大坝提前蓄水至 1840m 影响

根据《锦屏一级水电站工程下闸、蓄水及发电工期研究报告》推荐方案，锦屏一级大坝在 2013 年 7 月底蓄水至 1800m，满足首台机组发电要求，汛末可抬升水位至 1810m，至 2014 年汛前，水位在 1800～1810m 之间运行。

采用 4.5m 仓层浇筑以后，大坝施工形象较原计划有较大幅度提高，根据施工进度计划分析，至 2013 年 8 月底，接缝灌浆可至 1850m 高程。据此，开展 2013 年提前蓄水至1840m 高程可行性研究和导流底孔下闸时机研究，根据研究成果，在原设计蓄水方案基础上，增设第三阶段蓄水，即在 2013 年汛后将大坝水位抬升至 1840m 高程的蓄水方案。

实际至 2013 年 9 月 10 日，大坝最低坝段浇筑至高程 1874m，接缝灌浆至高程1857m。工程于 2013 年 9 月 22 日开始第三阶段蓄水，坝前水位从高程 1800m 开始上升，2013 年 10 月 8 日水库水位升至 1830m，2013 年 10 月 14 日顺利蓄水至高程 1840m。2013年汛后水库水位从 1810m 抬升至 1840m，增加锦屏一级水库调节库容 16 亿 m³，通过优化水库调度，使锦屏一级、锦屏二级、官地和二滩增加发电量 20.3 亿 kW·h。

锦屏一级水电站大坝共 26 个坝段，大坝首仓混凝土于 2009 年 10 月 23 日开仓浇筑，至 2013 年 12 月 23 日封顶，历时 50 个月。大坝共浇筑 1495 仓（共计混凝土 507.20 万m³），其中 4.5m 仓共浇筑 556 仓，浇筑混凝土 235.82 万 m³。4.5m 仓层厚度浇筑仓位占总仓位数的 37.2%，混凝土量占总方量的 46.5%。大坝全线封拱后，已经历 3 年以上正常蓄水位考验，大坝混凝土没有发现温度裂缝，监测数据显示，大坝工作性态正常，4.5m 仓层浇筑技术得到成功实践。

参 考 文 献

[1] 王继敏，段绍辉，郑江，等．锦屏一级超高拱坝混凝土 4.5m 仓层厚度施工关键技术 [J]．南水北调与水利科技，2015（6）：580－584．

[2] 张瑞华，宋殿海．三峡工程临时船闸坝段 4.5m 升层混凝土施工 [J]．水力发电，2003（7）：36－38．

[3] 雅砻江流域水电开发有限公司，等．超 300m 高拱坝混凝土优质快速施工关键技术研究及应用 [R]．成都：雅砻江流域水电开发有限公司，2015．

[4] 中国水利水电科学研究院．雅砻江锦屏一级水电站大坝混凝土浇筑 4.5m 层厚关键技术研究报告 [R]．北京：中国水利水电科学研究院，2011．

[5] 河海大学．雅砻江锦屏一级水电站大坝混凝土浇筑 4.5m 层厚关键技术研究报告 [R]．南京：河海大学，2011．

[6] 中国水利水电科学研究院．雅砻江锦屏一级水电站拱坝混凝土浇筑 4.5m 层厚关键技术研究及实时仿真分析评价技术服务项目报告 [R]．北京：中国水利水电科学研究院，2014．

第 7 章

拱坝混凝土施工实时监控与仿真

7.1 概述

7.1.1 研究背景

锦屏一级水电站为特大型水电工程，地处地质条件复杂的高山峡谷地区，地形陡峻、河谷深切，且空间资源有限，不利于施工场地的布置和交通运输，施工质量与进度控制是非常重要而又艰巨的任务，关系整个工程的建设目标能否实现。然而，超高拱坝工程在施工过程中存在很强的随机性和不确定性，各种各样的施工参数都影响着大坝的施工质量，这些参数信息的及时采集、分析与反馈调控极为重要。

超高拱坝施工工期长，过程中产生大量信息，如拱坝混凝土浇筑施工、混凝土试验与原材料检测、混凝土系统生产、缆机运行、拱坝及基础处理灌浆、混凝土温控、施工进度等将产生海量信息，传统的做法是将上述各板块信息各自使用人工收集、整理和分析，根据分析成果控制各自的施工质量和进度，工作量巨大，工作效率低，质量和进度控制偏差大，难以满足精细化控制要求。进入 21 世纪后，随着计算机、信息与网络技术的高速发展及其在水电工程中的普及应用，对大坝施工信息管理使用计算机技术越来越广泛，大坝施工信息化管理程度越来越高。但此前把高拱坝施工的全部信息集成在一起，实施实时采集、分析、共享、共用、评价、预警、调控，实时控制拱坝施工质量和进度，还没有先例。

为对锦屏一级水电站高拱坝施工质量和进度信息等进行动态高效地集成管理和实时分析调控，有必要研究开发一种具有实时性、连续性、自动化、数字化、网络化等特点的拱坝施工实时控制系统。通过计算分析提供反馈信息和决策支持，控制大坝施工质量和进度，并提出高标准的大型水电工程高强度连续施工的措施和建议，提高大坝施工管理水平。

锦屏一级超高拱坝水文气象条件分雨季与风季，也叫高温季与干旱季；坝体结构复杂，岸坡坝基陡峻，坝体孔口坝段占比大；超高拱坝坝体厚度大，温度应力大，温控防裂难度大；施工工期长，超高双曲拱坝空库自重荷载受力复杂；需要分期蓄水，尽早获得发电效益，拱坝施工中后期需要分期受荷。上述这些条件和特点，决定了超高拱坝施工期工作性态复杂。有多个超过200m以上超高拱坝因为没有及时蓄水平压，致使下游坝面在施工期出现规律性的长大拉裂裂缝。因此，有必要实时监控超高拱坝的工作性态，防止坝体出现应力和变形水平超标而产生施工期破坏。

为此，开展了锦屏一级拱坝施工实时控制系统研发和拱坝工作性态跟踪仿真监控研究。拱坝施工实时控制系统要求集成拱坝施工过程的所有信息，实现施工质量信息的实时采集、分析、评价、预警，实现施工进度的实时评价、仿真分析和提出建议计划，并据此进行施工质量和进度的实时调控，使拱坝施工质量和进度处于受控状态。通过共享拱坝施工质量、进度和温控信息，跟踪开展拱坝工作性态仿真分析，对拱坝施工计划提出建议意见，对拱坝控制性蓄水程序和计划提出建议。

7.1.2 拱坝施工实时控制系统结构

为对锦屏一级水电站超高拱坝施工质量和进度信息采集、分析与评价实时控制，使业主、监理、设计和施工单位的相关人员进行远程访问和应用，开发了支持IE访问的拱坝施工实时控制系统。根据系统开发的要求及其实现的功能，系统的结构如图7.1.2-1所示，系统部署模型如图7.1.2-2所示。

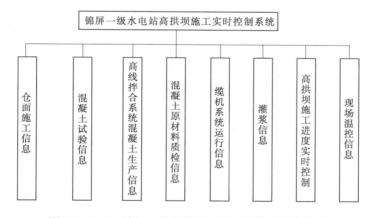

图7.1.2-1 锦屏一级拱坝施工实时控制系统结构图

根据系统功能要求，开发的锦屏一级水电站高拱坝施工实时控制系统总界面如图7.1.2-3所示，系统由高拱坝仓面施工信息、高线拌和系统生产数据、混凝土原材料质检信息、缆机系统运行信息、灌浆信息、拱坝混凝土施工进度信息、拱坝温控信息的采集与分析等8个模块组成。系统基于B/S体系结构和中间件技术构架，实现业务和数据的集中管理，降低系统维护和升级成本。利用EJB封装业务逻辑，实现了内容展现（图形界面）、业务逻辑（业务流程）以及业务逻辑和数据存储之间的分离。这样可以根据系统的需求以及业务规模，方便快捷地搭建商务系统，实现具体业务，且系统在安全性、可重用性等都有较好的表现。

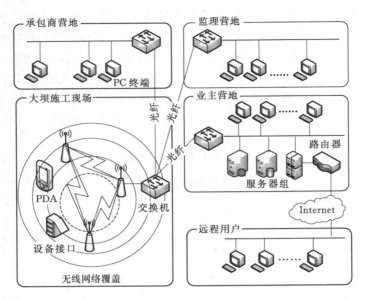

图 7.1.2 - 2　锦屏一级拱坝施工实时控制系统部署模型

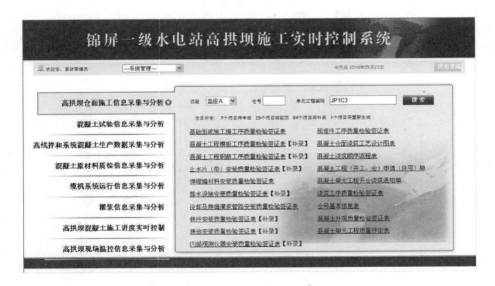

图 7.1.2 - 3　系统总界面

7.1.3　拱坝施工期工作性态跟踪监控

为及时评价拱坝施工的温度应力和坝体结构应力状态，在锦屏一级超高拱坝尚未浇筑之前，就根据施工计划开展了拱坝施工期温度应力仿真分析，施工过程中跟踪开展了拱坝工作性态仿真与反馈分析和跟踪评价，重要问题开展专题研究，实时指导拱坝施工月、年和总计划的制订和调整。

锦屏一级拱坝工作性态监控采用拱坝施工的真实材料参数、真实边界条件、真实监测资料、真实施工进度过程开展全坝、全仓块、全过程的仿真模拟与反馈分析。具体研究每一坝段、每一浇筑仓块的工作性态。按可研月报、年报、专题报告的形式提交科研成果，现场常驻可研代表开展工作，实时提出现场施工温控问题与建议，提出控制性施工计划和技术措施建议意见，为锦屏一级超高拱坝的高效高质量建设提供了有力的技术支持。

7.2 拱坝施工质量监控与评价

7.2.1 混凝土原材料质检信息采集与分析

混凝土原材料质检信息采集的主要内容有细骨料、粗骨料、水泥、粉煤灰、减水剂、引气剂的质检信息以及预冷粗骨料的表面温度和砸石温度信息。原材料的质量直接关系到了混凝土的质量，因此通过对混凝土原材料质量信息采集与分析对于大坝混凝土质量的控制作用显著。

原材料质量检测信息由葛洲坝锦屏试验室、长江委监理中心锦屏监理部试验室和锦屏试验检测中心在试验室的 IE 端上独立地进行录入。用户在数据录入时，系统会自动用录入的某项指标的实测数值与设计标准要求进行比较分析，并根据分析的结果自动生成此次抽检的结论，如此次抽检是否合格，如果不合格哪些指标值与设计标准相比偏大或者偏小等。另外入库的数据可以根据原材料的抽检日期时间范围和录入的单位来进行数据的快速检索，检索出的数据系统也提供了打印或者以 Word、PDF 文件的格式进行保存的功能。针对原材料中关键的且易于变化的指标还可以绘制其检测曲线，辅助管理者对其变化规律进行分析，加强对混凝土原材料的质量的实时控制。

进入粗骨料质检信息分析页面后，可以根据检索条件快速检索出相应的质量数据信息，表 7.2.1-1 所示为 2011 年 6 月 17 日长江委监理部在高线拌和系统 1 号楼一次预冷仓下料口随机抽检的编号为 GBSS-140 的大石的质检数据。

表 7.2.1-1 骨 料 质 检 数 据 表

使用工作项目及部位	高程 1885m 高线拌和系统		材料名	大石	
代表数量/m³	—		产地或厂家	印把子沟料场	
抽样日期	2011-6-17 00：00		检测日期	2011-6-18 00：00	
样品编号	GBSS-140		抽样地点	高线拌和系统 1 号楼一次预冷仓下料口	
抽样方法	随机抽样		抽样数	一组	
项目	标准要求	检测结果	项目	标准要求	检测结果
表观密度/(kg·m⁻³)	≥2550	—	吸水率/%	≤2.5	—
超径/%	<5	0.0	逊径/%	<10	9.0
含泥量/%	≤0.5	0.2	轻物质含量/%	—	—
SO₃ 含量/%	≤0.5		含水率/%	—	—
坚固性/%	≤5		针片状含量/%	≤15	4.0
紧密密度/(kg·m⁻³)	—		堆积密度/(kg·m⁻³)	—	
压碎指标/%	≤16				
检测结论	所检项目均符合 DL/T 5144—2001 标准要求				
备注					

对于粗骨料的质量控制而言，超逊径和含泥量是波动的且极为重要的，系统对于这两个指标绘制了动态检测曲线，与设计标准进行比较分析，辅助管理者对粗骨料的质量进行有效控制，超逊径曲线和含泥量曲线如图 7.2.1-1 和图 7.2.1-2 所示。

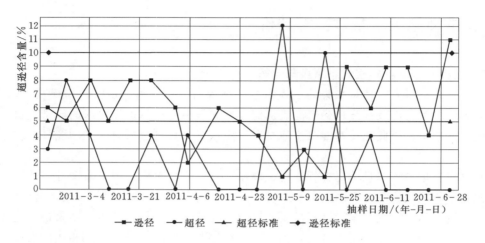

图 7.2.1-1　2011 年 1 月 1 日至 9 月 1 日期间大石的超逊径曲线

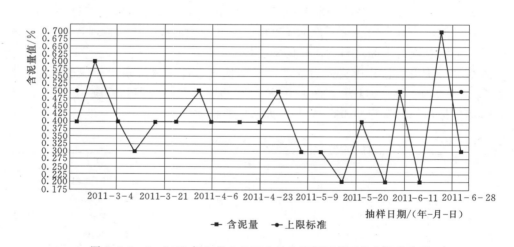

图 7.2.1-2　2011 年 1 月 1 日至 9 月 1 日期间大石的含泥量曲线

通过对高线拌和系统一次、二次风冷后的粗骨料的表面温度和砸石温度的数据采集，可以全面了解控制粗骨料的温度情况，从而能够有效地控制拌和楼的出机口的混凝土的温度在设计要求以内。通过输入砸石温度数据的起止日期，选择录入单位以及石头的类别等检索条件的设置可以快速模糊查询砸石温度数据信息。如图 7.2.1-3 所示，输入相应的检索条件后，系统可以快速检索出相应的数据，并自动统计这个时间段内抽测的数据的组数以及骨料砸石温度的最大值，最小值，平均值和与设计标准相比较的符合率等信息，从图中可以看出 2011 年 1 月 1 日至 9 月 1 日共抽检了 1753 组特大石的砸石温度，最大值 -0.5℃，最小值 -6.1℃，平均值 -2.03℃，与设计标准的符合率为 99%。

开始日期:2011-01-01　　结束日期:2011-09-01　　录入单位:葛洲坝原材料试验　　风冷次数:二冷
石类别:特大石　　单元名称:

骨料温度曲线　砸石温度曲线　搜索

单元名称	楼号	抽查时间	风冷次数	骨料类别	砸石温度	骨料温度	录入单位	操作
大坝混凝土7-10	2#	2011-08-31 22时	二冷	特大石	-1.3	-2.9	葛洲坝原材料试验室	
大坝混凝土11-43	2#	2011-08-31 22时	二冷	特大石	-1.3	-2.9	葛洲坝原材料试验室	
大坝混凝土7-10	1#	2011-08-31 20时	二冷	特大石	-2.0	-4.1	葛洲坝原材料试验室	
大坝混凝土11-43	1#	2011-08-31 20时	二冷	特大石	-2.0	-4.1	葛洲坝原材料试验室	
大坝混凝土7-10	1#	2011-08-31 09时	二冷	特大石	-0.6	-2.7	葛洲坝原材料试验室	
大坝混凝土11-43	1#	2011-08-31 09时	二冷	特大石	-0.6	-2.7	葛洲坝原材料试验室	
大坝混凝土7-10	2#	2011-08-31 09时	二冷	特大石	-2.7	-5.0	葛洲坝原材料试验室	
大坝混凝土11-43	2#	2011-08-31 09时	二冷	特大石	-2.7	-5.0	葛洲坝原材料试验室	
大坝混凝土7-10	2#	2011-08-30 21时	二冷	特大石	-1.4	-3.0	葛洲坝原材料试验室	
大坝混凝土15-47	2#	2011-08-30 21时	二冷	特大石	-1.4	-3.0	葛洲坝原材料试验室	
大坝混凝土7-10	1#	2011-08-30 20时	二冷	特大石	-3.2	-5.5	葛洲坝原材料试验室	
大坝混凝土15-47	1#	2011-08-30 20时	二冷	特大石	-3.2	-5.5	葛洲坝原材料试验室	
大坝混凝土15-47	2#	2011-08-30 10时	二冷	特大石	-4.9	-6.4	葛洲坝原材料试验室	
大坝混凝土18-33	2#	2011-08-30 10时	二冷	特大石	-4.9	-6.4	葛洲坝原材料试验室	
大坝混凝土15-47	1#	2011-08-30 09时	二冷	特大石	-3.1	-5.3	葛洲坝原材料试验室	
大坝混凝土18-33	1#	2011-08-30 09时	二冷	特大石	-3.1	-5.3	葛洲坝原材料试验室	
大坝混凝土18-33	2#	2011-08-29 21时	二冷	特大石	-1.0	-2.0	葛洲坝原材料试验室	
大坝混凝土15-47	2#	2011-08-29 21时	二冷	特大石	-1.0	-2.0	葛洲坝原材料试验室	
大坝混凝土18-33	1#	2011-08-29 20时	二冷	特大石	-2.5	-4.9	葛洲坝原材料试验室	
大坝混凝土15-47	1#	2011-08-29 20时	二冷	特大石	-2.5	-4.9	葛洲坝原材料试验室	

项目	特大石					大石				
	组数	最大值(℃)	最小值(℃)	平均值(℃)	符合率	组数	最大值(℃)	最小值(℃)	平均值(℃)	符合率
内部温度	1739	-0.5	-6.1	-1.97	98%	0				
评定标准					-6℃≤特大石、大石≤-1℃					

图 7.2.1-3　砸石温度信息检索页面

同时系统也对骨料温度和砸石温度进行了检测曲线分析,便于管理者直观地对两者的温度数据有总体把握,从而辅助管理者对粗骨料的温度进行有效的控制。

7.2.2　高线混凝土生产系统车辆识别系统

高线混凝土生产系统供料单位多,同一单位浇筑部位不同,混凝土配合比经常变化,采用传统的拌和系统人工调度方式易出现拌制混凝土与受料车不匹配的问题,且拌和系统运行效率低。锦屏一级水电站拱坝建设过程中研发了高线混凝土生产系统车辆识别系统,实现了混凝土拌和楼的自动化控制和现代化管理。车辆识别调度系统具有自动车辆识别、自动调度管理、自动生产混凝土、自动材料管理和自动数据管理等特点。

7.2.2.1　系统组成

车辆识别系统主要包括:数据服务器系统、混凝土生产系统和车辆识别调度系统。车辆识别调度系统由车辆识别调度微机、车辆识别器、车道灯、地磁车辆检测器、识别报警系统等组成。

车辆识别调度微机和多个搅拌站主控微机及生产调度数据管理微机组成局域网,组合成可以自动识别生产车辆,自动安全的分配车道,快速安全的分配调度和配合比的混凝土综合管理生产拌和系统。

7.2.2.2　系统应用流程

混凝土使用单位接到新的混凝土任务后,把任务单发送到车辆识别系统调度室,车辆调度人员通过车辆识别系统填写好生产任务单和生产用标准配比,经过检查后,发送到拌和系统生产工控机上。然后填写生产用的识别卡,把生产用的识别卡发放给混凝土使用单位。

实验室工作人员根据生产需要给出生产的标准配合比,并同时检测拌和楼的配合比和生产情况，做出适当的调整。混凝土使用单位领取到车辆识别卡后，按照车的实际情况把识别卡发放给驾驶员。

混凝土车辆驾驶员领取到识别卡后，进入搅拌楼，驾驶员根据识别指示灯的情况，进入车辆识别区域，进行车辆自动识别，车辆自动识别调度微机根据多个搅拌楼等料车辆队列情况科学合理的发出命令打开进入相应车道的指示绿灯信号，同时关闭识别进入指示绿灯信号，开启红灯信号，防止下一辆车误进入识别系统。在分道岔口用车道指示器指示车辆要进入的车道，安装在各个车道的红外（地磁）车辆感应器把车辆经过的信号传送到生产调度数据管理微机，车辆自动识别调度微机等车辆过去后发出命令打开识别区域的交通指示灯，指示可以进行下一辆车的自动地识别和生产。在识别的同时车辆自动识别调度微机把分配后的车辆生产队列及时送到两个搅拌楼的控制微机中，使搅拌楼可以提前生产，提高生产效率。

系统还有很强的差错报警功能，更加提高了生产过程中的安全性。拌和楼现场得到生产队列任务后，经过实验人员的配合比确认后进行混凝土的生产。

混凝土使用单位在生产结束后，把识别卡从驾驶员手中收回，同时把识别卡归还给车辆调度人员，并告知调度人员任务结束。调度人员把结束的任务和配合比删除，同时处理结束任务的识别卡。

在车辆识别过程中识别调度，给出车辆识别的动态画面和现场信号显示，同时，给出车辆进入的语音提示和报警提示，如果车辆没有按照正常的规程和信号进入，出现异常，则现场和调度室内同时给出报警提示和报警信号。

自动识别系统流程如图 7.2.2 - 1 所示。

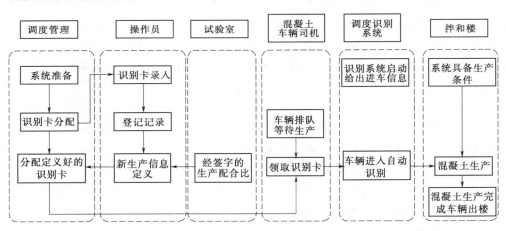

图 7.2.2 - 1　自动识别系统流程图

7.2.3　混凝土生产系统生产信息采集分析

通过在高线拌和系统的两座拌和楼内的计算机系统中安装拌和楼混凝土生产数据接口的客户端程序，实现数据的自动采集，并利用在现场搭建的无线局域网络来实现数据的实时发送入库，以供用户进行混凝土生产数据的分析，从而对混凝土拌和质量进行控制。

进入系统中心数据库中的数据可以供用户的查询分析，此模块的界面如图 7.2.3 - 1

所示，共包括了混凝土拌和系统生产数据查询、大坝仓面单元混凝土供应量查询、拌和系统月生产方量查询、大坝仓面单元混凝土各组分偏差率查询 4 个功能。

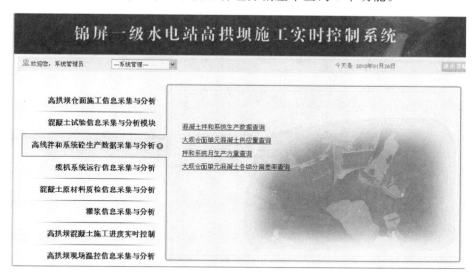

图 7.2.3-1　拌和楼混凝土生产数据采集分析界面

通过输入任意仓的浇筑部位或者单元编码、拌和楼的楼号以及要检索的称量偏差率范围来查询此仓的每一盘的高线拌和系统混凝土的各个组分的生产情况，以及其与设计的混凝土配合比的各组分偏差情况进行对比分析。

在页面的列表中双击某一盘的混凝土生产数据，可以弹出此盘混凝土各组分的实际生产用量与设计的用量的偏差情况，进行详细的查询。

在大坝仓面单元混凝土供应量查询中输入任意仓的浇筑部位或者单元编码，可以查询这仓混凝土的两座拌和楼的生产供应情况，用于分析两座拌和楼的混凝土生产是否均匀，如图 7.2.3-2 所示。

在拌和系统月生产方量查询中输入要查询的指定月份，即可绘制出该月的高线混凝土系统两座拌和楼的每天的生产方量及这个月的混凝土系统生产方量的累计曲线图，方便用户对该月混凝土生产情况有直观的认识，如图 7.2.3-3 所示。

7.2.4　大坝仓面施工信息采集分析

7.2.4.1　模块界面

大坝仓面施工信息采集主要包含两个部分，一部分为在现场用 PDA 进行信息的录入和审核入库，一部分为在 IE 端进行一些工序的检测数据的补录和审核工作，其模块界面如图 7.2.4-1 所示，其中后面写有"补录"的工序指的是需要在 IE 端进行数据补录的。这一系列表格涉及了大坝混凝土仓面单元从备仓、浇筑、养护到评定的整个过程的施工质量验收表格，有效地反映了仓号施工质量情况。

7.2.4.2　信息采集主要内容

大坝仓面施工信息采集的主要内容包括仓号、高程、混凝土工程量、浇筑时段等施工信息采集，钢筋、模板、预埋件、混凝土等检测与评定信息采集与分析等，其信息采集结

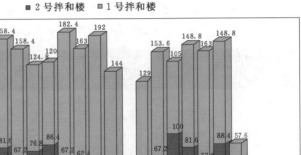

图 7.2.3-2　高线混凝土系统供应大坝 14 号-17 仓混凝土方量图

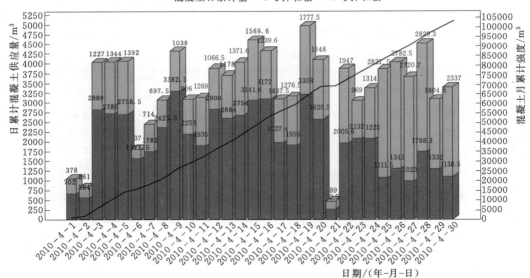

图 7.2.3-3　2010 年 4 月的高线混凝土系统混凝土供应量图

构如图 7.2.4-2 所示，其采集的主要内容如下：

（1）仓面基本信息的 PDA 采集。包括浇筑仓号、起始高程、终止高程、形体尺寸、仓面面积、混凝土工程量、浇筑起始时间、浇筑终止时间、浇筑机械、承建单位、合同编号、单位工程名称、分部工程名称、分项工程名称、单元工程名称及编码等。

（2）混凝土仓面浇筑工艺设计图表的 IE 端录入。主要内容包括计划的开、封仓时间、计划使用的浇筑机械及仓面的设备设施、仓面的人员、浇筑方法、仓面的设计温度等，另

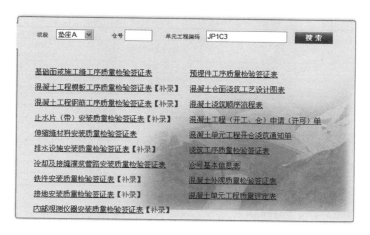

图 7.2.4-1 大坝仓面施工信息采集模块界面

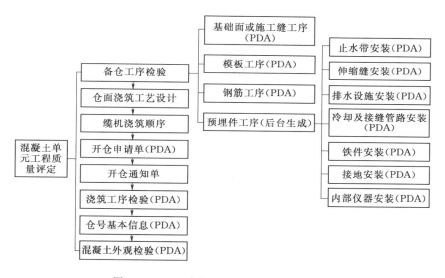

图 7.2.4-2 大坝仓面施工信息采集结构

外在表格中可以查看施工单位设计的缆机浇筑方法、冷却水管埋设等图纸。

（3）基础面或施工缝工序质量的 PDA 采集。仓位单元编码、施工时段、施工依据、基岩面松动岩块清理、基岩面地表水和地下水引排或封堵、验收结果（初检、复检、终检）、验收日期、监理单位意见等。

（4）预埋件工序（包括止水带安装质量、伸缩缝材料安装质量、冷却及接缝灌浆管路安装质量等）质量信息采用 PDA 采集。

（5）混凝土工程开仓申请单信息的 PDA 采集。其信息采集页面如图 7.2.4-3 所示。

（6）混凝土浇筑工序质量信息、外观质量信息采用 PDA 采集。混凝土单元质量评定表格的 IE 端自动生成。

7.2.4.3 信息采集入库流程

在现场用 PDA 采集的数据信息入库要走施工单位三级自检、监理审核的流程，即施

混凝土工程（开工、仓）申请（许可）单

承建单位：中国水利水电第七工程局　合同编号：JPIC-200617　NO：

单位工程名称	拱坝左岸溢流坝段	分部工程名称	11#坝段
分项工程名称	混凝土工程	单元工程名称及编码	大坝混凝土11-13 JP1C3Z050101013
工程部位	Y0+327.915-Y0+248.448 EL1616.00-EL1619.00	施工时段	2010-06-13 ～ 2010-06-18
施工依据	CD66 SG-412-1(3-4) CD66 SG-412-2(1-4)R1 CD66 SG-412-1(1-2) CD66 SG-412-1(1-2) CD66 SG-412-2(21-23) CD66 SG-412-2(24-27) CD66 SG-412-5 (19-22) CD66 SG-412-3(42-46) 锦设(坝)字(2010)018号(总1031号) 锦设(坝)字(2010)056号(总1091号)		
混凝土性能	C40		

项次	检查、检测项目	承建单位自检	监理机构检查	备注
1	前置各项工序（浇筑面、立模、钢筋、埋件、混凝土配合比设计等），结构与施工依据核查已经报验合格	合格	合格	/
2	施工措施计划、质量检验标准、安全作业等施工技术交底完成	完成	完成	/
3	混凝土料生产、供应与运输手段落实	落实	落实	/
4	入仓、平仓、振捣等浇筑设备已经按需要到位	到位	到位	/
5	劳动组织、现场施工员、质检员、调度员、现场指挥等人员已经安排就绪	就绪	就绪	/
6	现场风、水、电供应等辅助作业设施布设已经完成	完成	完成	/
7	重要部位混凝土浇筑施工工艺设计报经批准	批准	批准	/
承建单位申报记录	申报意见：以上各项工作经检查均已落实到位，申请进行混凝土浇筑作业。 申请人：唐晋如 承建单位：中国水利水电第七工程局　申报日期：2010年06月19日			
监理机构审签意见	● 同意开仓 ○ 完善施工准备后另行申请开仓 签证人：毀走恒 监理机构：长江委锦屏工程监理部大坝处　审签日期：2010年06月21日			

图 7.2.4-3　混凝土工程开仓申请单页面

工单位的初检人员在仓面根据工序表格的要求采集到内容后，将自动调用的施工初检人员的电子签名，信息提交后会向现场的施工单位复检人员发送提示信息，复检人员登陆后审核录入的数据，若发现数据有误要驳回给初检人员让其对错误之处重填，确认无误后自动调用复检人员自己的名字，再提交信息后会向现场的施工单位终检人员发送提示信息，终检人员登陆后对录入数据审核后，若发现数据有误要驳回给初检人员让其对错误之处重填，确认无误后即自动调用的终检人员的名字。三检流程过后，施工单位终检人员提交信息后会向现场监理人员发送提示信息，监理人员登陆审核后，若发现数据有误要驳回给初检人员让其对错误之处重填，确认无误后也将自动调用的自己的名字再将最终数据发送到服务器中，其审核流程如图 7.2.4-4 所示。

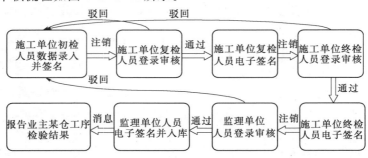

图 7.2.4-4　大坝仓面施工信息采集流程图

7.2.4.4 信息综合检索查询及输出

可以根据仓号或者单元编码两种方式来检索查询任意仓的施工质量检验结果。如要查询 14 号坝段第 2 层的施工质量检验情况，则在界面的最上方的快速检索中选择 14 号坝段 2 层，点搜索按钮后即可查出，结果如图 7.2.4-5 所示。

单元工程编码	工序	施工部位	进度	评定结果	评定日期	备注
JP1C3Y040101002	仓面基本信息	Y0+252.713~Y0+332.600 EL1581.50-EL1583.00	审核结束	合格	2009-11-04	砼工程量：2300.0 开仓时间：2009-11-03 00:40 封仓时间：2009-11-03 17:00
JP1C3Y040101002	基础面或施工缝	Y0+252.713~Y0+332.600 EL1581.50-EL1583.00	审核结束	优良	2009-11-04	/
JP1C3Y040101002	模板工序	Y0+252.713~Y0+332.600 EL1581.50-EL1583.00	审核结束	合格	2009-11-05	/
JP1C3Y040101002	钢筋工序	Y0+252.713~Y0+332.600 EL1581.50-EL1583.00	审核结束	优良	2009-11-05	/
JP1C3Y040101002	止水片（带）安装	Y0+252.713~Y0+332.600 EL1581.50-EL1583.00	审核结束	优良	2009-11-05	/
JP1C3Y040101002	排水设施安装	EL1581.50-EL1583.00	审核结束	优良	2009-11-05	/
JP1C3Y040101002	冷却及接缝灌浆管路安装	EL1581.50-EL1583.00	审核结束	优良	2009-11-04	/
JP1C3Y040101002	内部观测仪器安装	Y0+252.713~Y0+332.600 EL1581.50-EL1583.00	审核结束	优良	2009-11-05	/
JP1C3Y040101002	预埋件工序	Y0+252.713~Y0+332.600 EL1581.50-EL1583.00	审核结束	优良	2009-11-05	/
JP1C3Y040101002	开工（仓）申请许可单	Y0+252.713~Y0+332.600 EL1581.50-EL1583.00	审核结束	同意开仓	2009-11-05	/
JP1C3Y040101002	浇筑工序	Y0+252.713~Y0+332.600 EL1581.50-EL1583.00	审核结束	优良	2009-11-11	/
JP1C3Y040101002	混凝土外观质量	Y0+252.713~Y0+332.6 EL1581.5-EL1583	审核结束	优良	2010-01-31	/
JP1C3Y040101002	单元工程质量评定	Y0+252.713~Y0+332.6 EL.1581.5~EL1583	终检完成	优良	2010-05-18	/
JP1C3Y040101002	混凝土仓面浇筑工艺设计图表	y+252.713~y+332.6	审核结束	/	2009-11-11	/
JP1C3Y040101002	混凝土浇筑顺序流程表	Y0+252.713~Y0+332.6	审核结束	/	2010-01-11	/
JP1C3Y040101002	混凝土单元工程开仓浇筑通知单	y+252.713~y+332.6	审核结束	/	2010-01-11	/

图 7.2.4-5 大坝 14 号-2 仓面单元施工综合信息查询

另外，对于以上所有的质量检验签证表，系统均支持打印和输出，输出的格式可以为 Word 文件或者 PDF 文件供归档使用。

7.3 拱坝混凝土温控实时监控

7.3.1 混凝土温控质量评价标准

依据锦屏一级超高拱坝的温控质量评价标准，为满足温控过程中对温控工作质量进行及时评价的要求，依托温控自动采集系统和温控信息集成系统，对出机口温度、浇筑温度、最高温度、内部温差、内部温度回升和降温速率等进行实时评价。项目的具体评价方式和评价指标如下。

1. 混凝土出机口温度评价

当外界温度高于 10℃时，混凝土机口温度按不超过 7℃控制；当外界气温低于 10℃时，混凝土出机口温度按 7~9℃控制；出机口温度低于 5℃的混凝土应作为废料处理（夏季可不做要求）。出机口温度合格率要求大于 98%。混凝土出料口温度检测表格式见表 7.3.1-1。

2. 混凝土入仓温度、浇筑温度评价

从出机口至上坯层混凝土覆盖前的温度回升值不超过 4℃，浇筑温度按不超过 11℃控制，浇筑温度合格率要求大于 90%，且超标值不高于 2.0℃。混凝土浇筑温度检测成果统计格式见表 7.3.1-2。

表 7.3.1-1　　　　　　　　　　　　　出机口混凝土温度检测统计表

参数	高线混凝土系统	控制要求/℃	检测次数	最大值/℃	最小值/℃	平均值/℃	合格率/%
高线拌和系统	1号楼	≤7					
		≤9					
	2号楼	≤7					
		≤9					
低线拌和系统		≤10					
设计标准		按《左岸垫座混凝土工程施工技术要求》《左岸垫座混凝土温度技术要求》规定，出机口温度不超过7℃按5～7.5℃进行评定，出机口温度不超过9℃按5～9.5℃进行评定，水垫塘 $C_{90}30/W8F100$ 混凝土出机口温度按5～10.5℃评定						

表 7.3.1-2　　　　　　　　　　　混凝土浇筑温度检测统计表

允许浇筑温度/℃	入仓温度/℃				浇筑温度/℃					
	测次	最大	最小	平均	测次	最大	最小	平均	超温点/个	超温率/%
≤11										

3. 最高温度评价

根据混凝土分区，按照 26℃、27℃、28℃、29℃ 作为混凝土最高温度控制标准，低温季节（每年11月至次年2月）最高温度按照不低于一期冷却目标温度控制，岸坡坝段最高温度可略高于一期冷却目标温度（23℃）。其他时段对应控制最高温度在 23～26℃、24～27℃、25～28℃、26～29℃ 范围视为符合，符合率要求大于 95%，最高温度不允许超标。最高温度监测成果统计表格式见表 7.3.1-3 和表 7.3.1-4。

表 7.3.1-3　　　　　　　　　　　　最高温度监测统计表

序号	设计温度/℃	仓号	高程/m	平均最高温度/℃	符合率/%	平均符合率/%
1						
2						

表 7.3.1-4　　　　　　　　　　　　最高温度区间频率统计表

项目	≤23℃仓数	23～24℃仓数	24～25℃仓数	25～26℃仓数	26～27℃仓数	≥27℃仓数
左岸						
右岸						
比例						

4. 浇筑单元内部温差控制情况评价

同一单元内部温差一期、中期不超过 4℃，二期不超过 2℃。温差符合率大于 95%，按照符合单元数/总单元数计算。浇筑单元内部温差成果统计格式见表 7.3.1-5。

表 7.3.1－5　　　　　　　　浇筑单元内部温差成果统计表

项目	一期冷却			中期冷却			二期冷却结束温度		
	≤4℃数	总数	符合率	≤4℃数	总数	符合率	≤2℃数	总数	符合率
左岸									
右岸									

5. 全过程内部温度回升评价

若在未超冷时出现回弹，则在本期通水中进行降温；若已超冷，则应当稳定温度，直至下阶段冷却方可开始降温。符合率大于 95％，定义为未回弹或者回弹不超过 1℃的温度计数量/总温度计数量（按每周统计一次，逐周累计评价）。混凝土内部温差统计格式见表 7.3.1－6。

表 7.3.1－6　　　　　　　　混凝土内部温度回升统计表

项目	回弹数大于1℃数	温度回弹小于1℃数	未回弹温度计数	总温度计数	符合率
左岸					
右岸					

6. 各期冷却降温幅度及历时控制评价

降温幅度根据各阶段目标温度要求并结合上一阶段目标温度实际控制情况确定，一般一期冷却降幅 5～7℃，冷却天数不小于 21d；中期冷却降幅 3～5℃，冷却天数不小于 28d；二期冷却降幅 3～6℃，冷却天数不小于 42d。因冷却水管间距不同，冷却天数有所不同，控温和降温天数具体按照温控技术要求控制。各期冷却降温幅度及历时控制情况评价格式见表 7.3.1－7。

表 7.3.1－7　　　　　　混凝土各期冷却降温幅度及历时控制评价表

单元工程名称	一期冷却			中期冷却			二期冷却		
	一期控温	一期降温		结束温度	降幅(3～5℃)	历时(≥28d)	结束温度	降幅(3～6℃)	历时(≥42d)
	最高温度	结束温度	历时(≥21d)	降幅(5～6℃)					
××坝段									
符合率/%									

7. 各期冷却目标温度控制情况评价

按照一期冷却目标温度 21～23℃，中期冷却目标温度 17～18℃，二期冷却目标温度 12～15℃进行控制，一期和中期冷却目标温度的偏差控制在－2℃以内，二期冷却目标温度偏差－1℃。各期冷却符合率应大于 95％，按照各期结束的目标温度范围内的单元数/总单元数（不含正在冷却的单元）计算。混凝土各期冷却目标温度控制效果评价表格式见表 7.3.1－8。

表 7.3.1 - 8　　　　　　　　混凝土各期冷却目标温度控制效果评价表

序号	单元名称	一期冷却结束温度	中期冷却结束温度	二期冷却结束温度
		×× 坝段		
1				
符合率/%				

8. 各期冷却降温速率控制情况评价

一期冷却温度降速不大于 0.5℃/d，中期冷却温度降速不大于 0.3℃/d，二期冷却温度降速不大于 0.3℃/d。降温速率符合率应达到 95% 以上，且不能出现连续两天超标，超标的不能大于设计要求的 0.1℃/d。最高温度下降 2℃ 后开始计入降温速率符合率评定。降温速率每天统计一次，符合率按照当天观测降温速率满足要求的温度计数量/观测温度计总数量。混凝土各期冷却降温速率控制情况评价格式见表 7.3.1 - 9。

表 7.3.1 - 9　　　　　　　　混凝土各期冷却降温速率控制评价表

项目	一期冷却降温速率			中期冷却降温速率			二期冷却降温速率		
	符合数	超标数	连续超标数	符合数	超标数	连续超标数	符合数	超标数	连续超标数
左岸									
右岸									

7.3.2　温控信息实时入库管理与分析

温控信息可通过以下三种方式导入数据库：一是人工录入信息，包括浇筑仓的起始高程、终止高程、混凝土强度等级、浇筑时间等；二是通过 Excel 表格导入，包括通水时间、通水水温、通水流量等；三是通过自动化监测系统自动导入，包括混凝土内部温度过程等。

系统中的主要温控数据表格如图 7.3.2 - 1 所示，主要包括公共信息、浇筑信息、水

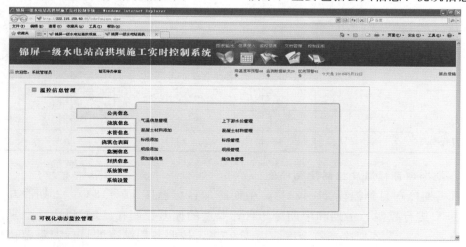

(a) 信息管理界面

图 7.3.2 - 1（一）　系统中的主要温控数据表格

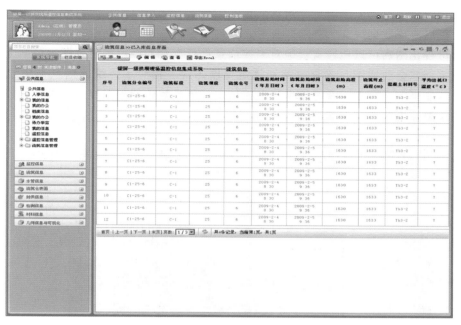

（b）浇筑信息表格

（c）通水信息表格

序号	标段	坝段	仓位编号	收仓时间 （年/月/日）	贴保温板完成时间 （年/月/日）	时差（d）
1	C3左	13#	13#-6	2010-01-23 21:30:00	2010-02-04 11:08:00	11.5680555555555
2	C3左	13#	13#-5	2009-12-30 06:00:00	2010-01-18 17:30:00	19.4791666666666
3	C3左	13#	13#-4	2009-12-24 01:40:00	2010-01-18 11:02:00	25.3902777777777
4	C3左	13#	13#-3	2009-12-17 14:30:00	2010-01-17 16:22:00	31.0777777777777
5	C3左	13#	13#-2	2009-12-12 04:05:00	2010-01-17 10:55:00	36.2847222222222
6	C3左	13#	13#-1	2009-12-04 23:30:00	2010-01-16 17:00:00	42.7291666666666
7	C3左	12#	12#-9	2010-01-25 03:05:00	2010-02-05 11:10:00	11.3360055555555
8	C3左	12#	12#-8	2010-01-13 10:30:00	2010-01-24 16:30:00	11.25
9	C3左	12#	12#-7	2010-01-06 15:15:00	2010-01-16 11:00:00	9.78125
10	C3左	12#	12#-6	2009-12-21 00:38:00	2010-01-15 16:57:00	25.6798611111111

（d）浇筑仓表面信息表格

图 7.3.2-1（二） 系统中的主要温控数据表格

管信息、浇筑仓信息、监测信息、封拱信息等。根据不同用户的不同权限，通过浏览器登录系统，可以实现数据提交、删除、查看、查询、编辑、审核等功能。

通过可视化图表可以比较直观地对温控信息进行直观的展示，主要图表包括上游面立视图、浇筑仓综合曲线图、入仓温度和浇筑温度图等。相对于传统的信息采集与管理方式，本系统能真实、全面、及时地采集温控信息，更高效地管理温控，为智能温控奠定了基础。系统温控模块典型图如图7.3.2-2所示。

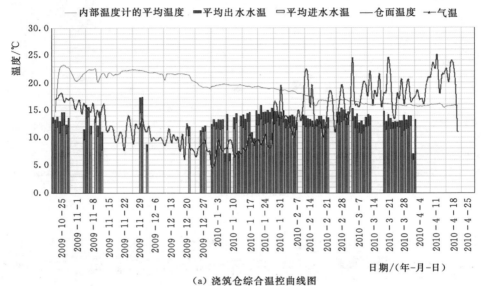

（a）浇筑仓综合温控曲线图

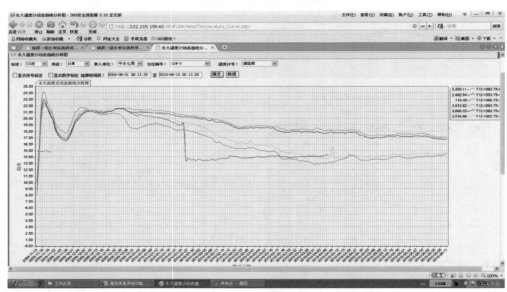

（b）内部温度过程线图

图7.3.2-2　系统温控模块典型图

7.3.3 混凝土温控反馈控制

在锦屏一级拱坝混凝土温控施工管理过程中，依靠实时获取的监测数据，可以对温控状况进行有效管控。主要的反馈控制方式包括以下两种：一是通过系统预警功能实时提醒监理和施工人员，施工人员及时纠正施工偏差，提高温控质量保证率；二是系统出具温控质量周报，参建各方根据统计数据查找不足，提出施工工序优化建议满足温控设计要求。

预警项目包括系统最高温度超标预警、降温速率超标预警、温度回升超标预警、温差超标预警、数据缺失预警等，如图 7.3.3-1 所示为典型预警信息与处理情况。

最高温度报警系统

标段：请选择 坝段：请选择 录入单位：请选择 仓位编号：请选择 确定

标段	坝段	浇筑仓	录入单位	预警类别	报警信息	测试时间	处理人	处理时间	更新时间	当前状态	图形
C3右	15#	15#-32	葛洲坝	最高温度预警	C3右 15# 坝段 15#-32仓，2010-12-23最高温度达到23.4℃，最高温度预警！	2010-12-23	Jiangj2	2010-12-25 8:04:11	2010-12-25 8:21:52	已处理	图形
C3右	18#	18#-13	葛洲坝	最高温度预警	C3右 18# 坝段 18#-13仓，2010-12-23最高温度达到23.93℃，最高温度预警！	2010-12-23	Jiangj2	2010-12-25 8:04:13	2010-12-25 8:22:30	已处理	图形
C3右	16#	16#-37	葛洲坝	最高温度预警	C3右 16# 坝段 16#-37仓，2010-12-23最高温度达到23.8℃，最高温度预警！	2010-12-23	Jiangj2	2010-12-25 8:04:12	2010-12-25 8:22:06	已处理	图形
C3右	19#	19#-4	葛洲坝	最高温度预警	C3右 19# 坝段 19#-4仓，2010-12-23最高温度达到24.06℃，最高温度预警！	2010-12-23	Jiangj2	2010-12-25 8:04:14	2010-12-25 8:21:59	已处理	图形

(a) 最高温度超标预警

降温速率预警

标段：请选择 坝段：请选择 录入单位：请选择 仓位编号：请选择 确定

标段	坝段	浇筑仓	录入单位	预警类别	报警信息	测试时间	处理人	处理时间	更新时间	当前状态	图形
C3右	16#	16#-37	葛洲坝	降温速率预警	C3右 16# 坝段 16#-37仓中期冷却TL16-1681.25-1温度计，2011-05-03降温速率超标，达到0.35° C/天，超过规定值0.3° C/天应降低降温速率	2011-05-03	Jiangj1	2011-5-5 7:35:58	2011-5-5 6:11:59	已处理	图形
C3左	12#	12#-40	中水七局	降温速率预警	C3左 12# 坝段 12#-40仓中期冷却TN12-1684.25-1温度计，2011-04-30降温速率超标，达到0.35° C/天，超过规定值0.3° C/天应降低降温速率	2011-04-30	xiexh	2011-5-5 7:23:29	2011-5-5 6:11:00	已处理	图形
C3右	14#	14#-42	葛洲坝	降温速率预警	C3右 14# 坝段 14#-42仓中期冷却TL14-1668.75-2温度计，2011-05-03降温速率超标，达到0.4° C/天，超过规定值0.3° C/天应降低降温速率	2011-05-03	Jiangj1	2011-5-5 7:35:54	2011-5-5 6:08:51	已处理	图形
C3右	16#	16#-40	葛洲坝	降温速率预警	C3右 16# 坝段 16#-40仓中期冷却T16-1669.2-1温度计，2011-05-03降温速率超标，达到0.45° C/天，超过规定值0.3° C/天应降低降温速率	2011-05-03	Jiangj1	2011-5-5 7:35:53	2011-5-5 6:08:03	已处理	图形
C3左	10#	10#-19	中水七局	降温速率预警	C3左 10# 坝段 10#-19仓中期冷却T10-1680.25-1温度计，2011-04-30降温速率超标，达到0.35° C/天，超过规定值0.3° C/天应降低降温速率	2011-04-30	xiexh	2011-5-5 7:23:28	2011-5-5 6:07:38	已处理	图形
C3右	14#	14#-43	葛洲坝	降温速率预警	C3右 14# 坝段 14#-43仓中期冷却TL14-1691.75-2温度计，2011-05-03降温速率超标，达到0.45° C/天，TL14-1693.25-1温度计，2011-05-03降温速率超标，达到0.35° C/天，超过规定值0.3° C/天应降低降温速率	2011-05-03	Jiangj1	2011-5-5 7:35:50	2011-5-5 6:07:24	已处理	图形
C3右	16#	16#-41	葛洲坝	降温速率预警	C3右 16# 坝段 16#-41仓中期冷却TL16-1693.25-2温度计，2011-05-03降温速率超标，达到0.35° C/天，超过规定值0.3° C/天应降低降温速率	2011-05-03	Jiangj1	2011-5-5 7:35:50	2011-5-5 6:06:51	已处理	图形
C3右	14#	14#-44	葛洲坝	降温速率预警	C3右 14# 坝段 14#-44仓中期冷却TL14-1694.75-1温度计，2011-05-03降温速率超标，达到0.35° C/天，TL14-1698.25-2温度计，2011-05-03降温速率超标，达到0.35° C/天，超过规定值0.3° C/天应降低降温速率	2011-05-03	Jiangj1	2011-5-5 7:35:48	2011-5-5 6:06:45	已处理	图形
C3左	12#	12#-43	中水七局	降温速率预警	C3左 12# 坝段 12#-43仓中期冷却T12-1691.75-1温度计，2011-04-30降温速率超标，达到0.35° C/天，T12-1691.75-2温度计，2011-04-30降温速率超标，达到0.35° C/天，超过规定值0.3° C/天应降低降温速率	2011-04-30	xiexh	2011-5-5 7:23:25	2011-5-5 6:06:36	已处理	图形
C3右	14#	14#-45	葛洲坝	降温速率预警	C3右 14# 坝段 14#-45仓中期冷却TL14-1697.8-1温度计，2011-05-03降温速率超标，达到0.45° C/天，超过规定值0.3° C/天应降低降温速率	2011-05-03	Jiangj1	2011-5-5 7:35:47	2011-5-5 6:05:50	已处理	图形
C3右	19#	19#-11	葛洲坝	降温速率预警	C3右 19# 坝段 19#-11仓中期冷却T19-1678.75-3温度计，2011-05-03降温速率超标，达到0.45° C/天，超过规定值0.3° C/天应降低降温速率	2011-05-03	Jiangj1	2011-5-5 7:35:39	2011-5-5 6:05:26	已处理	图形
C3左	12#	12#-44	中水七局	降温速率预警	C3左 12# 坝段 12#-44仓中期冷却T12-1695.2-1温度计，2011-04-30降温速率超标，达到0.35° C/天，超过规定值0.3° C/天应降低降温速率	2011-04-30	xiexh	2011-5-5 7:23:22	2011-5-5 6:04:59	已处理	图形
C3右	14#	14#-46	葛洲坝	降温速率预警	C3右 14# 坝段 14#-46仓一期冷却TL14-1699.6-1温度计，2011-05-03降温速率超标，达到0.65° C/天，超过规定值0.5° C/天应降低降温速率	2011-05-03	Jiangj1	2011-5-5 7:35:38	2011-5-5 6:04:21	已处理	图形
C3右	15#	15#-40	葛洲坝	降温速率预警	C3右 15# 坝段 15#-40仓一期冷却TL15-1696.25-1温度计，2011-05-03降温速率超标，达到0.55° C/天，超过规定值0.5° C/天应降低降温速率	2011-05-03	Jiangj1	2011-5-5 7:35:36	2011-5-5 6:03:38	已处理	图形

(b) 降温速率超标预警

图 7.3.3-1 典型预警信息图表

每周管理局、设计、监理、施工、科研单位在现场召开温控专题会，会议会对上周的温控施工情况进行总结，并提出整改建议。系统出具的温控周报表格是评估温控实时状况的主要依据。如图 7.3.3-2 所示为典型温控周报主要内容。

实时监控系统的温控模块于 2009 年 3 月投入运行，至 2014 年大坝封拱完成后 1 个月结束运行。系统共计接入采集温度传感器 3967 支，温度采集模块 150 余套，系统的施工和监测数据存储量超过 10GB。系统实现了大坝施工期混凝土温度数据实时监测、自动传输、自动存储和数据共享，结合温控信息集成系统所具有的数据缺失报警、异常报警等功能，实现了温控施工的有效管控。

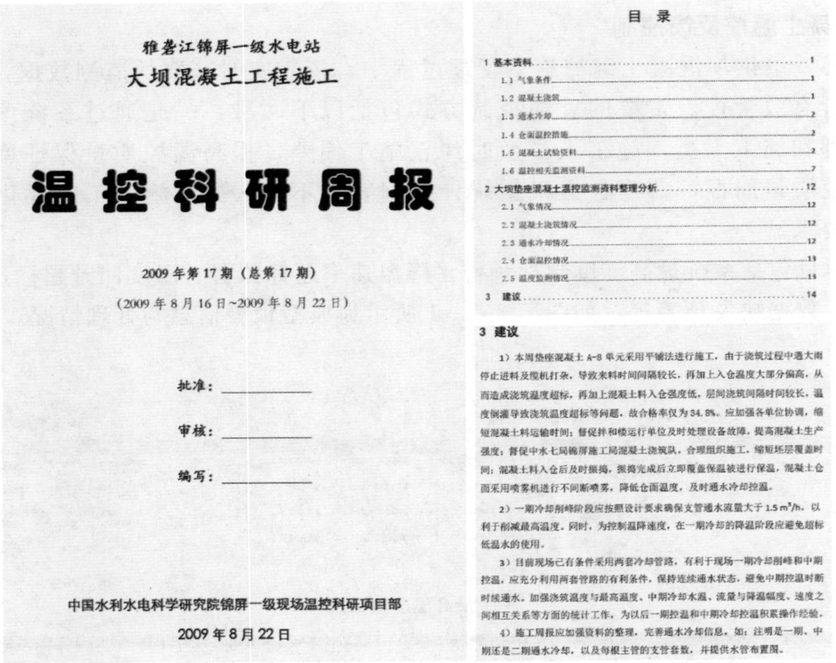

雅砻江锦屏一级水电站

大坝混凝土工程施工

温控科研周报

2009年第17期（总第17期）

（2009年8月16日~2009年8月22日）

批准：

审核：

编写：

中国水利水电科学研究院锦屏一级现场温控科研项目部

2009年8月22日

目录

3 建议

1）本周垫座混凝土A-8单元采用平铺法进行施工，由于浇筑过程中遇大雨停止进料及缆机打杂，导致来料时间间隔较长，再加上入仓温度大部分偏高，从而造成浇筑温度超标，再加上混凝土料入仓强度低，层间浇筑间隔时间较长，温度倒灌导致浇筑温度超标等问题，故合格率仅为34.8%。应加强各单位协调，缩短混凝土料运输时间；督促拌和楼运行单位及时处理设备故障，提高混凝土生产强度；督促中水七局锦屏施工局混凝土浇筑队，合理组织施工，缩短坯层覆盖时间；混凝土料入仓后及时振捣，振捣完成后立即覆盖保温被进行保温，混凝土仓面采用喷雾机进行不间断喷雾，降低仓面温度，及时通水冷却控温。

2）一期冷却削峰阶段应按照设计要求确保支管通水流量大于1.5 m^3/h，以利于削减最高温度。同时，为控制温降速度，在一期冷却的降温阶段应避免超标低温水的使用。

3）目前现场已有条件采用两套冷却管路，有利于现场一期冷却削峰和中期控温，应充分利用两套管路的有利条件，保持连续通水状态，避免中期控温时断时续通水。加强浇筑温度与最高温度、中期冷却水温、流量与降温幅度、速度之间相互关系等方面的统计工作，为以后一期控温和中期冷却控温积累操作经验。

4）施工周报应加强资料的整理，完善通水冷却信息，如：注明是一期、中期还是二期通水冷却，以及每根主管的支管套数，并提供水管布置图。

图7.3.3-2 典型温控周报内容

7.3.4 拱坝混凝土温控效果评价

锦屏一级拱坝温控质量总体评价统计数据见表7.3.4-1～表7.3.4-4，全坝混凝土最高温度平均合格率96.7%，温度回升符合率96.4%，一期冷却、中期冷却和二期冷却降温速率合格率分别达到98.2%、98.6%和99.1%。大坝混凝土一期、中期和二期冷却内部温差符合率分别为95.8%、96.8%和100%。

表7.3.4-1 混凝土最高温度符合率统计情况表

部位	设计温度/℃	埋设温度计/支	最高温度/℃					平均合格率/%
			最大值	最小值	平均值	超温数量/支	符合率/%	
大坝	≤26	1070	39.4	19	24.1	65	93.9	96.7
	≤27	1094	31.5	17.8	24.1	19	98.3	
	≤28	770	30.3	18.5	24.2	10	98.7	
	≤29	550	30.8	18.7	24.7	7	98.7	
	≤32	483	38.1	17.1	26.7	29	94.0	

注 孔口坝段牛腿、闸墩部位混凝土温度按不超过32℃进行评定。

表7.3.4-2 混凝土温控全过程温度回升控制情况表

项目	回升大于1℃温度计/支	温度回升小于1℃温度计/支	未回升温度计/支	总温度计/支	符合率/%
大坝	144	129	3694	3967	96.4

表 7.3.4 - 3   混凝土各期冷却降温速率控制情况表

项目	一期冷却		中期冷却		二期冷却	
	符合测次	超标测次	符合测次	超标测次	符合测次	超标测次
大坝	109102	1974	109532	1544	165178	1436
合格率/%	98.2		98.6		99.1	

表 7.3.4 - 4   各期冷却内部温差情况表

项目	一期冷却			中期冷却			二期冷却		
	≤4℃单元数	单元总数	符合率	≤4℃单元数	单元总数	符合率	≤2℃单元数	单元总数	符合率
大坝	1423	1492	95.4%	1444	1492	96.8%	1492	1492	100%

7.4 拱坝浇筑施工进度动态仿真与实时控制

7.4.1 基于实时仿真的高拱坝施工进度预测与分析

7.4.1.1 高拱坝混凝土浇筑过程机理

拱坝施工是一个非常复杂的随机动态过程，是一个半结构化问题，难以通过构建简单的数学解析模型来分析研究，传统的方法凭经验用类比的手段按月升高若干浇筑层和混凝土浇筑强度等指标来分析评价施工进度，不仅耗时、费力，而且缺乏系统的定量计算分析，难以满足工程建设管理创新的高要求。因此，有必要研究高拱坝混凝土浇筑过程机理。

高拱坝混凝土浇筑施工是一个以浇筑机械和浇筑坝块交替选择，以及坝块的浇筑活动循环反复直至浇筑完成的过程，如图 7.4.1 - 1 所示。

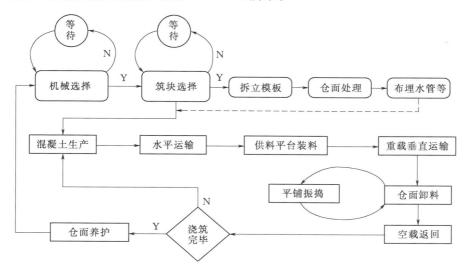

图 7.4.1 - 1   高拱坝混凝土浇筑施工循环示意图

高拱坝的施工是按坝块浇筑进行的，筑坝块的划分是根据坝体和地形特点，以及温控等要求，通过横缝把坝体划分为若干坝段，再根据实际浇筑厚度要求，把坝段划分为众多浇筑块。在混凝土浇筑时，首先从所有空闲的浇筑机械中选择间歇时间最长的浇筑机械，然后，在该机械浇筑控制范围内选择满足各种控制或约束条件的可浇筑块，并根据坝块所在的空间位置、坝块大小，以及在浇筑机械的混凝土运输能力的情况下，判断在允许时间（混凝土初凝时间）内完成指定仓面的混凝土铺层活动所需的浇筑机械数量，从剩余浇筑机械中选择合作机械。确定浇筑机械后再开始坝块的浇筑活动，在开始浇筑之前必须完成诸如立模、仓面处理、布管等准备工作。在坝块混凝土浇筑过程中，还要进行平仓、振捣活动，坝块浇筑结束后需要进行养护处理等。一个坝块浇筑结束后将进行下个循环，在条件允许的情况下，可以同步进行多坝块浇筑。

坝体混凝土浇筑是以浇筑机械为"服务台"，浇筑坝块作为浇筑服务"对象"的一个复杂的、多级的随机有限源服务系统。其中拌和楼及浇筑机械作为服务台，分别对水平运输机械及浇筑坝块服务，水平运输机械既接受拌和楼排队等待供料服务，又接受供料平台浇筑机械的受料服务，坝块在浇筑过程排队等待浇筑机械的浇筑服务。

7.4.1.2　高拱坝混凝土施工仿真目标

在坝型、尺寸及分缝、分块一定的情况下，在某个给定的机械配置方案条件下，可根据各种限制及约束条件，找到某种适宜的分块浇筑顺序和最紧凑的工期。因此，在仿真中采取在给定的浇筑方案和机械配置情况下，按照满足施工中各种约束限制条件的要求来安排浇筑块的浇筑顺序，算出各浇筑块浇筑施工进程，从而计算出所需的大坝工期。如果改变浇筑方案，可进行类似的仿真与计算，从而得到各种不同浇筑方案的结果。然后通过综合比较，选出较优的方案。

仿真寻求的目标是：在满足各种约束限制下，安排混凝土大坝浇筑块的浇筑顺序时，使大坝的浇筑工期最紧凑，或使各机械设备利用率最高。

高拱坝混凝土浇筑施工过程可以用随机动态数学逻辑关系模型函数来描述，综合考虑各种复杂约束条件，可以建立如下高拱坝浇筑施工全过程的随机动态数学逻辑关系模型的目标函数。

状态转移方程为

$$H(i,t) = H(i,t-1) + \Delta H(t) \quad (t=1,2,\cdots,T;i \text{ 为坝段号})$$

控制目标函数为

$$Opt\left[S_{t_j}, I_{t_i-t_j}, D_{t_i-t_j}, X(P_1,P_2,\cdots,P_n)\right]$$

施工约束条件为

$$s.t. \begin{cases} S(i,j,t)=0 & \text{（约束条件矩阵）} \\ R(i,j,t)=0 & \text{（控制条件矩阵）} \end{cases}$$

$$\begin{cases} H(i,t) \leqslant H_{\max} \\ \Delta H(t) = f[D(i,j),\Gamma(i),V(i),X] \quad \text{（设备 } j=1,2,\cdots,M) \\ D(i,j) = \bigcup_{k=1}^{m} q(k) \\ \Gamma(i) = g_1(\tau) \\ V(i) = g_2(r) \\ q(k) = \int p_k(\Phi)\mathrm{d}\Phi \end{cases}$$

式中　$H(i,t)$ ——第 i 坝段、第 t 浇筑层的高程；

$$\Delta H(i,t) \text{——该浇筑层厚度；}$$
$$H_{\max} \text{——最大坝高；}$$
$$q(k) \text{——} k \text{工序历时；}$$
$$D(i,j) \text{——单循环历时；}$$
$$\tau \text{——温度场；}$$
$$r \text{——导流标准；}$$
$$p_k(\Phi) \text{——概率密度函数。}$$

建立目标函数的目的是寻求在给定时刻 t_j 或阶段 $t_i \sim t_j$ 的浇筑面貌（S_{t_j}）、强度（$I_{t_i - t_j}$）及工期（$D_{t_i - t_j}$）最优的施工方案 X。

高拱坝混凝土浇筑施工仿真是一个动态优化的过程。是根据阶段目标要求，开展月份、季度或年度的面貌、强度等的方案优化过程，同时，根据实际工程的进展与进度偏差情况，动态地进行下一阶段实施方案的优化活动，为进行高效的进度控制与快速的施工决策提供最为有力的决策支持服务。因此，对高拱坝浇筑施工管理而言，是以阶段目标控制与方案优化为目的，以实现整体最优的动态决策过程。其动态优化目标函数为

$$Opt[S_l(X_{l-1}), X_l(P_1, P_2, \cdots, P_n)] \text{（阶段 } l \in [1,2,\cdots,L])$$

式中　　$S_l(X_{l-1})$ ——当前状态；
$X_l(P_1, P_2, \cdots, P_n)$ ——当前阶段的可选方案；
X_{l-1} ——上个阶段的实施方案。

7.4.1.3　施工全过程动态仿真流程

高拱坝施工全过程动态仿真以一天为仿真步长，首先判断该天是否已到仿真终止时间，是则仿真结束，否则继续判断该天是否可以施工，不施工则不进行坝块选择和浇筑作业。如果施工则产生台班事件，一天被分为 2 个或 3 个台班，在每个台班里，扫描所有机械，为空闲的机械设备选择合适的浇筑坝块。选择机械的原则是找最早空闲的机械，为此需要对浇筑机械设置模拟时钟，并按时钟进行排序。选择坝块的原则是对某一台机械在其工作范围内选择最适宜的可浇块进行浇筑。所谓最适宜的可浇块在一般情况下是指某机械范围内满足当前大坝施工一切要求和约束条件的高程最低的坝块。在有特殊施工要求的坝段，也可考虑安排特殊坝段进行浇筑。在仿真进程中某时刻没有可用机械或有机械但没有可浇块，则仿真时钟继续推进，仿真进入下一个循环，台班浇筑完毕后，统计台班内的混凝土浇筑量等数据。按此步骤反复进行仿真直到仿真结束，最终将所

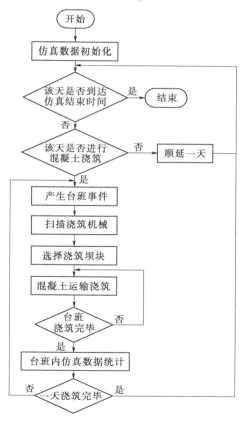

图 7.4.1-2　高拱坝施工全过程动态仿真的流程图

有坝块浇到既定高程。高拱坝施工全过程动态仿真的流程图如图 7.4.1-2 所示。

7.4.2　拱坝施工进度动态仿真与实时控制系统开发

锦屏一级水电站高拱坝施工进度动态仿真与实时控制系统采用计算机技术、数据库技术、无线传输技术、系统仿真技术、面向对象技术等，通过复杂的仿真建模，以及程序设计与开发，实现了对锦屏一级大坝混凝土浇筑过程的仿真计算及动态显示。软件采用面向对象程序设计与开发思想，借助具有强大计算功能的 VC++软件，便于用户直接通过人机交互方式进行仿真计算活动。软件系统操作简单，灵活性强，可以快捷地提供仿真计算结果，实现多方案的比选与优化，同时，软件系统还能提供用户进行决策所需的各种相关信息，是辅助施工决策的十分有效的工具。

锦屏一级水电站高拱坝动态仿真与实时控制系统功能主要通过数据采集、数据处理、仿真计算、成果输出这四个子模块来实现，其结构图如图 7.4.2-1 所示。

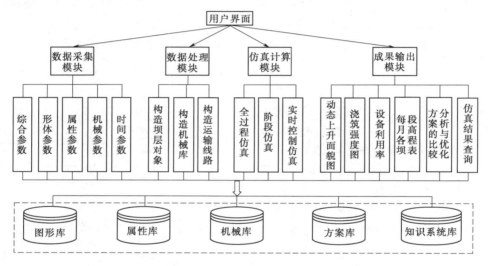

图 7.4.2-1　锦屏一级水电站高拱坝动态仿真与实时控制系统结构图

7.4.3　拱坝施工进度动态仿真与实时控制系统

7.4.3.1　仿真参数输入

1. 坝块参数

坝块参数模块主要指浇筑块的基本参数，其包括铺层数据、动态分块、浇筑块数据三部分，主要用于进行大坝浇筑块的分层分块功能。其中铺层数据指的是大坝按 0.1m 厚度进行切割后所得到铺层的综合数据（如铺层的坐标、高程、面积、浇筑方量）等，如图 7.4.3-1 所示。系统针对实际施工过程中筑块厚度会经常发生调整的情况，特别设置了动态分层分块功能，如图 7.4.3-2 所示，可以设定任意坝段任意高程范围内的筑块厚度，从而完成动态分层。

2. 施工控制参数

该模块包括五个子模块，即施工参数、时间参数、孔洞参数、廊道参数及基础处理参数，该模块参数是控制拱坝浇筑上升速度的重要约束条件，系统对有些参数具有较强的敏感性。

（1）施工参数。施工参数的设置主要包括仿真计算开始时间（以年、月、日作为选项来确定）、坝底高程、坝顶高程、坝高、相邻坝段的最大高差、大坝整体控制高差、悬臂高差、拆模时间、老混凝土时间等，如图7.4.3－3所示。

（2）时间参数。该模块主要是根据项目实际情况，确定不同月份机械可进行混凝土浇筑的时间（月有效工作天数），以及浇筑机械可用混凝土浇筑的时间（日有效工作小时数），包括筑块间的最小间歇时间，如图7.4.3－4所示。

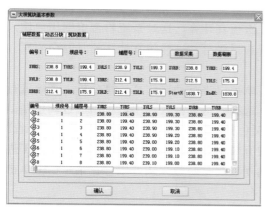

图7.4.3－1　坝块的铺层数据参数

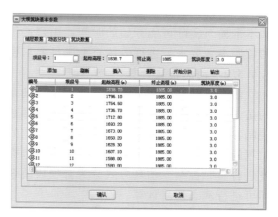

图7.4.3－2　坝块的动态分块

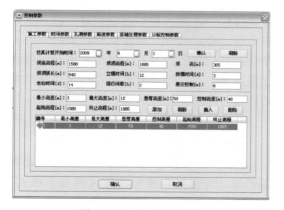

图7.4.3－3　施工参数

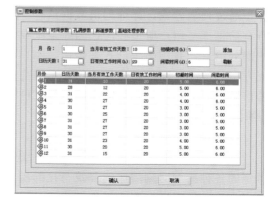

图7.4.3－4　时间参数

（3）孔洞参数。该模块主要考虑孔洞对坝体混凝土施工的影响，由于孔洞对坝体混凝土施工影响比较复杂，该模块按孔洞类型进行独立设立控制条件，主要包括了孔口尺寸、孔口类型、孔口悬臂高度、钢衬施工时间等参数。由于影响坝体混凝土浇筑不仅仅是孔口处的影响，它包括孔口下部起悬（外悬）开始，其施工就有别于其他常规坝块，以及孔洞上部有大量金属结构安装，这些都影响到该区域柱体混凝土的浇筑速度，因此该模块又提供对每个孔洞详细控制参数，且划分为孔口底板、孔口及孔口顶板三个区段混凝土块进行处理。

（4）廊道参数。坝体除孔洞会对坝体上升速度有很大影响外，廊道也是一个重要影响因素，而且坝体往往布置有较多的各种类型廊道，廊道的布筋等处理活动占用仓面处理时间，影响混凝土浇筑，因此仿真系统提供对针廊道的影响控制参数模块，该模块把廊道类型划分为水平、竖直及斜坡廊道三种。

（5）基础处理参数。在坝体混凝土浇筑时，各坝段的基础处理对坝体混凝土的浇筑具有很大的影响，基础没有处理完毕，其上部的混凝土无法进行浇筑作业，因此基础处理完毕的时间直接影响到坝体混凝土开浇时间。对基础处理完成时间，用户如果不限定该参数，仿真系统会默认其上部坝段满足条件即可进行浇筑活动，在仿真计算后，用户通过该列表能够看到各坝段开始浇筑的时间。如果用户根据经验或实际情况，认为有些或所有坝段的开始浇筑时间不能满足要求，即开始时间要往后推，用户可以通过基础处理完毕时间文本框输入实际可能开始的时间，用户进行第二次仿真计算，这时系统将会根据用户输入的控制参数要求，进行等待直至满足要求再进行选择浇筑，这样仿真计算的时间会顺延。

7.4.3.2　动态仿真计算

仿真参数和大坝实际浇筑数据录入到系统后就可以进行动态仿真计算分析，系统进行的仿真计算活动是基于用户设定的仿真参数及其选择的仿真方式。用户可以通过调整基础控制参数及仿真计算模式，进行系统参数的敏感性分析及多方案的仿真研究，以达到对高拱坝施工过程的深层理解，借助仿真结果提供的有效信息，更好地辅助用户对大坝施工进度进行实时控制。仿真方式分为奇坝段跳仓和偶坝段跳仓两种方式，用户在菜单栏上单击即可进行动态仿真计算。

7.4.3.3　仿真结果输出

仿真计算结果的信息输出显示方式有两种：一种是通过二维图来直观信息表达，另一种是通过列表方式，详细列出数据信息。由于仿真过程会产生大量的过程信息，但并不是所有信息都是用户所关心的，因此系统在信息输出模块中，有针对地提供与辅助决策有关的部分信息，并用图表形式来表达。用户可以结合两种信息表达方式来全面了解和把握研究方案的情况，而且，该模块仅显示当前仿真计算结果，如果用户需要保存该次仿真结果的信息，只能通过本模块提供的数据文件输出功能或打印功能进行处理。

7.4.3.4　图形信息表达

1. 坝体形象图

坝体形象图为坝体上游立视图，如图 7.4.3-5 所示。该图形用于显示本次仿真计算得到的各种典型时刻坝体的浇筑与接缝灌浆面貌情况，并且可以按照指定区段显示模式、指定月份显示模式和箭头操作模式三种模式显示。

2. 缆机效率图

该图用于显示坝体每个月的浇筑强度及相应的累计浇筑强度情况，用直方图及曲线来描述，如图 7.4.3-6 所示。图 7.4.3-6 中左纵坐标表示浇筑方量，单位万立方米，右纵坐标表示累计浇筑强度，水平坐标表示时间，以月为单位，数字组合中，前面数字显示实际月份，后面数字显示仿真计算累计月份。

3. 接缝灌浆图

接缝灌浆图分别用三条不同颜色的曲线来描绘坝体在不同月份的最大、最小浇筑高程及接缝灌浆高程，如图 7.4.3-7 所示。用户可以通过点击箭头功能键快速获取不同月份的信息，在点击箭头键的同时，水平坐标有个竖向灰线在移动，灰线位置就为当前月份的位置，其与各曲线的交点所对应的高程就是当前月份的最大、最小及接缝灌浆高程。同时，在图 7.4.3-7 左上角有对应月份的相应信息。

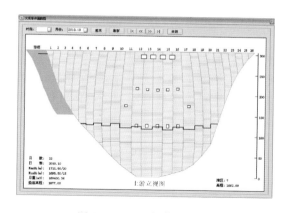

图 7.4.3-5 坝体形象图

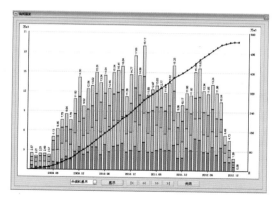

图 7.4.3-6 缆机效率图

4. 各类分区图

该图显示混凝土分区、温控分区、灌浆分区及老混凝土分区显示，只有老混凝土分区是计算统计结果，如图 7.4.3-8 所示。

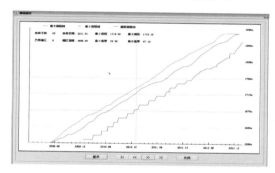

图 7.4.3-7 接缝灌浆图

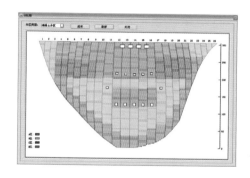

图 7.4.3-8 各类分区图

5. 机械效率表

效率列表显示的是效率信息，如图 7.4.3-9 所示，另外还可以显示机械效率图，如图 7.4.3-10 所示。

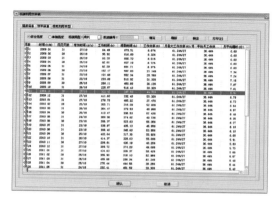

图 7.4.3-9 机械效率表

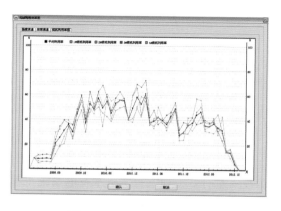

图 7.4.3-10 机械效率图

7.4.3.5　信息表达功能

1. 典型面貌显示

当用户需要显示某个时期的浇筑面貌信息时，可以通过右键点击弹出浮动菜单，从面貌显示功能列表中选择典型面貌，点击该功能项将弹出如图 7.4.3-11 所示的面貌显示选择对话框，可以同时显示不同年份、不同月份的面貌，也可以单独显示某个具体月份的面貌，显示的面貌信息如图 7.4.3-12 所示。

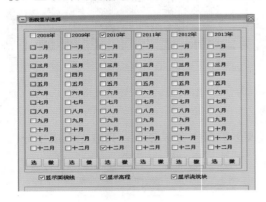

图 7.4.3-11　面貌显示选择

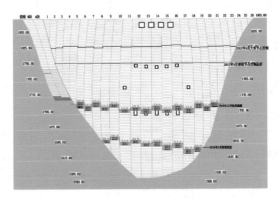

图 7.4.3-12　显示的面貌

2. 信息标注

信息标注功能可以显示各坝块的高程信息、浇筑时间等，如图 7.4.3-13 和图 7.4.3-14 所示。如果没有进行仿真计算，仅显示已浇部分，若已经进行仿真计算，则全部显示。用户可以通过滚动鼠标中间键放大后来查看。

15-56-1749.50	16-54-1750.40
15-55-1746.50	16-53-1747.40
15-54-1743.50	16-52-1744.40
15-53-1740.50	16-51-1741.40
15-52-1737.50	16-50-1738.40
15-51-1734.50	16-49-1735.40
15-50-1731.50	16-48-1732.40
15-49-1728.50	16-47-1729.40
15-48-1725.50	16-46-1726.40
15-47-1722.50	16-45-1723.40
15-46-1719.50	16-44-1720.40
15-45-1716.50	16-43-1717.40

图 7.4.3-13　高程信息标注

2011.05.23	2011.06.11	2011.05.11
2011.05.08	2011.05.23	2011.05.03
2011.04.26	2011.05.11	2011.04.24
2011.04.13	2011.04.27	2011.04.11
2011.04.06	2011.04.13	2011.04.05
2011.03.30	2011.04.06	2011.03.30
2011.03.07	2011.03.29	2011.03.04
2011.02.20	2011.03.08	2011.02.16
2011.02.09	2011.02.23	2011.02.17
2011.02.02	2011.02.17	2011.01.25
2011.01.26	2011.02.10	2011.01.18
2011.01.20	2011.02.03	2011.01.06
2011.01.13	2011.01.28	2011.01.06
2010.12.22	2011.01.16	2011.01.12
2010.12.10	2011.01.05	2010.12.15
2010.11.29	2010.12.14	2010.11.22
2010.11.18	2010.12.03	2010.11.10
2010.11.06	2010.11.21	2010.10.28
2010.11.03	2010.11.05	2010.10.06
2010.10.12	2010.10.30	2010.10.06
2010.09.20	2010.10.07	2010.09.04
2010.08.29	2010.09.17	2010.08.23

图 7.4.3-14　浇筑时间信息标注

7.4.4　进度仿真分析案例

锦屏一级水电站原计划 2009 年 2 月大坝混凝土开始浇筑，2011 年 11 月导流洞下闸，2012 年 10 月底蓄水至死水位 1800m，2012 年 7 月首台机组安装完毕，2012 年 12 月首台机组投入运行，大坝工程、引水发电系统工程、基础处理工程等各标段均按此计划进行施工。实施过程中，发现坝基地质条件更差，增加了加固措施，提出了更严格的温度控制要求和施工程序，边坡开挖工期严重滞后，工程大坝混凝土开始浇筑时间滞后合同工期近 9 个月，如仍要求 2012 年 12 月实现首台机组发电，自混凝土开始浇筑至 2012 年年底发电，工期仅 39 个月，无论是大坝浇筑强度还是上升速度均较合同要求有大幅度提高，上升速度超过国内外类似工程，且面临 2011 年下闸和 2012 年度汛、水库蓄水、温控及混凝土质量控制等诸多问题。

为了研究锦屏一级水电站是否具有 2012 年首台机组发电的可能性，在大坝当前形象面貌下采取了三种方案进行大坝混凝土施工实时仿真计算分析，分别是"基本方案"（"4 台缆机＋3m 仓层"）、"5 台缆机方案"和"5 台缆机＋河床坝段（12～16 号坝段）非结构部位 4.5m 仓层"。经仿真分析，各个方案的进度与主要节点工期要求对比见表 7.4.4－1。

表 7.4.4－1　　　　　　　　　多方案节点工期对比

序号	主要项目	节点工期	基本方案	5 台缆机方案	5 台缆机＋局部 4.5m 分层方案
1	大坝混凝土开始浇筑	2009－2－1	2009－10－23	2009－10－23	2009－10－23
2	大坝所有坝段混凝土最低浇筑至 1679m 高程	2010－12－31	2011－3－31	2011－3－31	2011－2－28
3	大坝混凝土最低浇筑至 1715m 高程，接缝灌浆至 1679m 高程	2011－5－31	2011－8－31	2011－7－31	2011－6－30
4	大坝混凝土最低浇筑至 1796m 高程，接缝灌浆至 1760m 高程	2012－5－31	2012－7－31	2012－5－31	2012－5－31
5	最低坝段混凝土浇筑至 1833m 高程，接缝灌浆至 1796m 高程	2012－9－30	2012－12－31	2012－10－31	2012－9－30
6	首台机组发电	2012－12－31	2013－7－31	2013－7－31	2012－12－31
7	大坝混凝土浇筑完毕	2013－8－31	2013－10－30	2013－8－31	2013－8－31
8	大坝工程主体项目完工	2013－12－31	2014－3－31	2013－12－31	2013－12－31

（1）"基本方案"大坝接缝灌浆至 1805m 高程，导流底孔具备下闸蓄水条件的时间为 2013 年 1 月底，由于此时雅砻江流域处于枯水期，同时考虑到下游电站发电用水需求无法蓄水，因此要到 2013 年 7—8 月可以实现首台机组发电。

（2）"5 台缆机"方案大坝接缝灌浆至 1805m 高程导流底孔具备下闸蓄水的时间为 2012 年 11 月底，同样要等到 6—7 月才能实现首台机组发电。

（3）"5 台缆机＋大坝河床坝段非结构部位 4.5m 分层"方案大坝典型面貌如图 7.4.4－1 所示，大坝接缝灌浆至 1805m 高程导流底孔具备下闸蓄水的时间为 2012 年 10 月，可以在 2011 年年底导流洞下闸后先蓄起来的一定的水位的基础上利用汛期的末期蓄水，可以实现 2012 年年底的首台机组发电目标工期要求。

（4）从三个方案计算的结果来看，每个方案的混凝土施工高峰月强度均较高，其中基本方案混凝土月强度超过 14.0 万 m³ 的时间总共有 22 个月，最高的月份是 2011 年 10 月份，达到了 17.01 万 m³，大坝平均月上升高度 6.3m，高峰年月平均上升高度达 8～9m。施工强度比较高，因此应该做好大坝混凝土施工管理工作，如加快备仓速度，提高拌和楼、缆机、仓面浇筑一条龙运行效率、保证混凝土骨料的充分供应，加强边坡坝段的基础处理与固结灌浆工作使大坝均匀上升，及时进行大坝的接缝灌浆工作，防止因为接缝灌浆滞后而导致大坝悬臂过高甚至压仓的问题，确保大坝能够高强度连续均衡地施工。

（5）实际进度。根据仿真计算分析成果和专家咨询意见，锦屏一级水电站采取增加 1

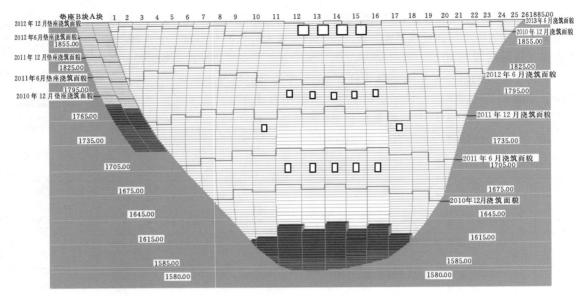

图 7.4.4-1 大坝每半年仿真形象面貌图 (5 台缆机+4.5m 分方案)

台缆机、4.5m 浇筑层厚的措施，但工程实施阶段，由于大坝混凝土工程量增加、温控标准提高和地质灾害影响，工程施工进度受到极大影响。

1）实施阶段为降低大坝应力水平，提高大坝安全度，大坝及垫座混凝土量增加约 60 万 m³，增加约 12%，导致大坝浇筑压力加大。

2）实施阶段大坝采取了更为严格的温控措施，要求早冷却、慢冷却、小温差，分三期通水冷却，增加中期冷却和温度反弹控制的严格标准，自下而上依次为待灌区、同冷区、同冷区、过渡区、过渡区、盖重区，即未封拱最小高度 48m，因温控标准提高，限制了接缝灌浆进度，导致接缝灌浆一般晚约 3 个月。

3）因受 2012 年锦屏工程区"8·30"群发性地质灾害影响，施工单位人员流失严重，工程施工几乎完全停工，各部位施工均受影响，其中大坝混凝土浇筑影响约 2 个月。

实际施工中因上述因素影响，在采取增加 1 台缆机、4.5m 浇筑层厚、缩短间歇期以及放宽高差限制等大坝综合快速施工措施的情况下，大坝虽然未实现导流洞 2011 年 11 月下闸目标，但保证按照可研计划于 2013 年 8 月发电的目标。同时，大坝浇筑总工期较可研阶段缩短了 4 个月，接缝灌浆至高程 1800m、1859m、1885m 时间较可研计划分别提前了 2 个月、7 个月和 5 个月，考虑到蓄水时段选择及蓄水规划，机组在高程 1840m 和正常蓄水位运行时间较可研阶段均提前了约半年。快速施工措施较大幅度提升了大坝接缝灌浆等后期高水位运行形象面貌，实现了大坝提前高水位运行，不仅增加了锦屏一级水电站的工程效益，还显著增加了锦屏二级水电站、官地水电站和二滩水电站的发电量。

7.5 拱坝施工期工作性态跟踪仿真分析与反馈

7.5.1 全坝全过程工作性态仿真分析方法

全坝全过程仿真分析方法是高拱坝真实工作性态研究的基本方法，这一方法的基本特点包括以下三个方面：一是全坝，是对包括所有横缝、贴角、孔口、闸墩、复杂地质条件在内的整个大坝进行模拟；二是全过程，需要从大坝浇筑第一仓混凝土开始就对大坝施工期、初次蓄水期、运行期的工作性态进行模拟；三是仿真，就是需要从模型、边界条件、施工过程、计算参数等各方面尽可能按照实际状态模拟。通过全坝全过程仿真可以得到每一时间步的温度场、位移场和应力场，从而评价拱坝各时段的工作性态。

7.5.2 拱坝工作性态跟踪反馈仿真分析评价

运用全坝全过程仿真分析方法，结合监测资料，对拱坝工作性态进行跟踪反馈仿真分析，一方面对大坝当前的工作性态进行评估，另一方面对大坝未来一段时间的工作性态进行预测，规避风险。该项成果通过科研月报的方式呈现。

以 2011 年 7 月月报为例阐述工作性态跟踪评估的模式。图 7.5.2-1 所示为截至 2011年 7 月的大坝浇筑进度形象面貌。按照大坝实际浇筑过程进行仿真模拟，通过实测温度过程反演混凝土热学参数，确保计算温度过程与实测吻合，如图 7.5.2-2 所示为计算温度与实测温度过程对比。从坝体应力、位移和横缝开度三个方面评估大坝实际工作性态，基本结论如下：

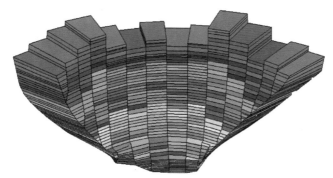

图 7.5.2-1 2011 年 7 月锦屏一级大坝浇筑状态（不同颜色表示不同浇筑层）

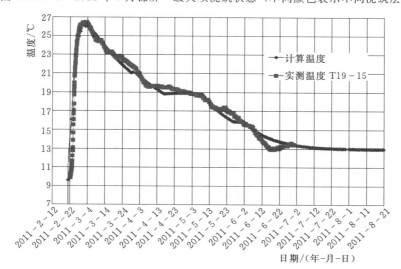

图 7.5.2-2 典型测点实测温度过程与计算温度过程对比

（1）坝体最上部由于刚浇筑，位移为0，下部受自重的影响，向下变形，坝踵向下竖直向位移大于坝趾；顺河向，底部高程受降温影响上游面向下游变形，下游面向上游变形，中部高程由于自重的影响大坝整体倾向上游。

（2）竖直向应力。竖向应力主要由自重决定，主要为压应力。由于拱坝形体倒悬的影响，河床坝段上游面坝踵部位有较大压应力，坝踵部位最大大压应力为5.5MPa，坝趾部位压应力约为0.6MPa，受温度应力影响，上部高程内部区域存在一定的拉应力，拉应力值一般小于0.5MPa。边坡坝段由于浇筑高程较低，压应力相对较小，最大压应力为1.0~5.0MPa，上部区域最大拉应力约为0.6MPa。竖向应力图如图7.5.2-3（a）所示。

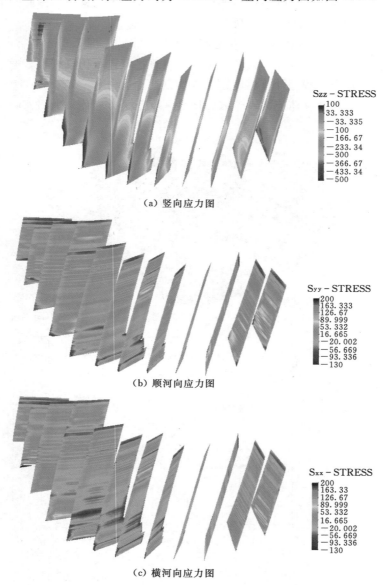

（a）竖向应力图

（b）顺河向应力图

（c）横河向应力图

图7.5.2-3 2011年7月坝体应力（单位：0.01MPa）

（3）顺河向应力。顺河向应力主要受施工期温度荷载影响，约束区温度应力较大，且陡坡坝段约束区的温度应力大于河床坝段。第一个灌区（1580～1589m 高程）封拱灌浆时，11～16 号坝段温度应力相对较大，最大值为 1.7MPa；2011 年 7 月 15 日，约束区最大应力为 2.0MPa，脱离约束区后温度应力小于 1.3MPa，内部温度应力均小于允许拉应力。竖向应力图如图 7.5.2-3（b）所示。

（4）横河向应力。横河向应力主要受施工期温度荷载影响，约束区温度应力较大，且陡坡坝段约束区的温度应力大于河床坝段。第一个灌区（1580～1589m 高程）封拱灌浆时，11～16 号坝段温度应力相对较大，最大值为 1.9MPa；2011 年 7 月 15 日，约束区最大应力为 1.9MPa，脱离约束区后温度应力小于 1.0MPa，内部温度应力均小于允许拉应力。横河向应力图如图 7.5.2-3（c）所示。

（5）底部强约束区横缝最大开度较小，沿高程方向随着地基约束力的减弱横缝最大开度逐渐增大，二冷结束后脱离强约束区的横缝最大开度一般可达到 1mm 以上。顶部新浇筑块由于尚未达到封拱温度，横缝开度较小，随着温降幅度的增加横缝开度仍会有所增加。2011 年 7 月 15 日横缝最大开度监测值约有 78% 的大于 0.5mm，最大缝开度平均值约为 1.51mm，计算所得缝开度平均值为 1.42mm，计算结果与监测结果基本吻合。当日各横缝开度沿高程的计算分布如图 7.5.2-4 所示。

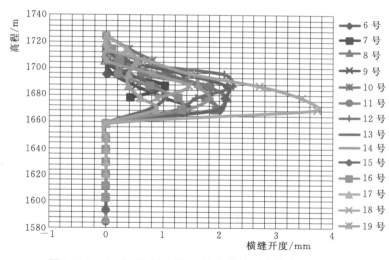

图 7.5.2-4　2011 年 7 月 15 日各横缝开度沿高程的分布

7.5.3　施工期优化设计决策支持案例

通过施工期工作性态仿真和预测分析，可以评估拱坝施工期安全性态，同时也可以评估未来不同施工方案的优劣，从而为施工期优化设计提供决策支持。在锦屏一级大坝施工过程中，共提供仿真分析专题研究报告 27 份，包括固结灌浆方式比较研究、陡坡封拱方式研究、纤维混凝土研究、度汛方案研究、倒悬开裂风险与处理措施研究、同冷区高度优化研究等，本小节以固结灌浆方式比较、同冷区高度优化为例说明跟踪仿真支撑优化设计。

7.5.3.1　案例 1：固结灌浆方式比较研究

2009 年 8 月，锦屏工程大坝建基面顺利通过验收，标志着锦屏工程即将转入混凝土浇筑阶段。固结灌浆是常用的地基处理方式，常规的固结灌浆方式包括有盖重灌浆、无盖重＋引管灌浆两种。若采用有盖重灌浆，仓面灌浆作业至少"三进三出"；若采用无盖重＋引管灌浆，则只需在仓面"一进一出"施工引管埋设作业。锦屏一级固结灌浆恰逢冬季，如果采取原设计的有盖重灌浆方式，就意味着要在冬季浇筑一薄层混凝土后形成长间歇，且长间歇面由于固结灌浆影响难以有效保护。因此，需要论证不同固结灌浆方式对混凝土开裂风险的影响。

如图 7.5.3－1 所示为 14 号坝段的整体计算模型图，模拟到 1760m 高程，封拱灌浆到 1700m。

按照两种浇筑进度分别进行计算，计算中考虑完整的一期冷却、中期冷却和二期冷却过程，

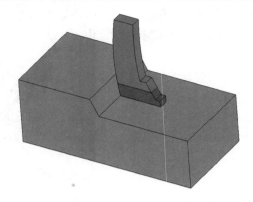

图 7.5.3－1　整体计算模型图

计算工况见表 7.5.3－1。计算结果分析如下：

（1）总体温度与应力影响。由于三者的温度条件基本相同，因此最高温度包络图基本相同，最大值均为 25.7℃。坝体最大顺河向应力发生在 1583m 高程，四种工况的最大顺河向应力是一致的，最大值为 2.1MPa，安全系数 1.8，最大应力均发生在二期冷却结束时。

表 7.5.3－1　　　　　　　　　　　　　　　　计　算　工　况　表

工况号	坝段	方案	灌浆计划
GK3－1	14 号坝段	无盖重	一进一出
GK3－2	14 号坝段	有盖重	三进三出
GK3－3	14 号坝段	无盖重	一进一出（灌浆层面保温）
GK3－4	14 号坝段	有盖重	三进三出（灌浆层面保温）

（2）应力最大值。基础固结灌浆进度的不同造成坝体顺河向应力值的分布有一定的差异，GK3－2 受 50d 长间歇期的影响，下部混凝土对上部混凝土约束增强，使得其在 1587.5～1589m 高程层面比 GK3－1 高 0.2MPa 左右。同样 GK3－1 在 1586～1587.5m 高程处较 GK3－2 低 0.28MPa 左右。1587.5～1589m 高程 GK3－1 较 GK3－2 有一个 20d 的间歇期，但由于上部基础厚度方向变小，使得约束有所减弱，拉应力相差 0.08MPa 左右。

（3）长周期温度荷载作用下固结灌浆表面应力差别。图 7.5.3－2（a）和图 7.5.3－2（b）分别为工况 GK3－1 和 GK3－2 条件下长间歇期表面 1587.5m 高程点应力及安全系数过程线。由图可知，GK3－1 情况下，1587.5m 高程经历了由于基础固结灌浆所形成的 20 天间歇期，在此期间，1587.5m 高程最大拉应力 0.63MPa，最小安全系数 3.12；GK3－2 情况下，1587.5m 高程经历了由于基础固结灌浆所形成的 50d 的长间歇期，在此期间，1587.5m 高程最大拉应力 1.31MPa，最小安全系数 1.98，接近 1.8；最大拉应力均发生在坝体固结灌浆层中间及两侧位置，上、下游方向应力相对较小。

（4）长间歇层面保温的影响。GK3－4 是在 GK3－2 基础上增加 50d 长间歇期的层面保温，由图 7.5.3－2（c）可知，保温后，最小安全系数由 1.98 提升至 2.22，对于长间

歇期增加层面保温是有效的。

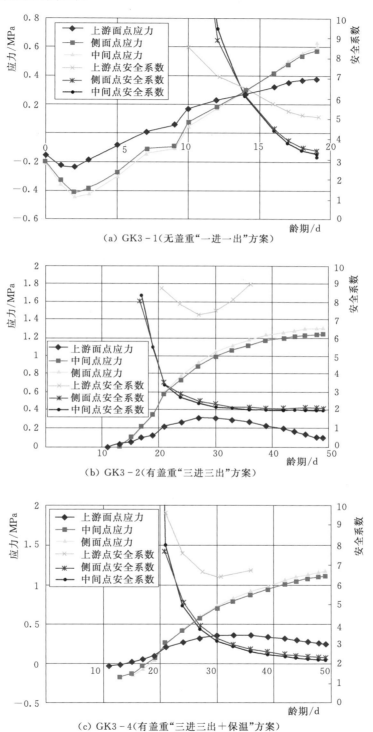

（a）GK3-1（无盖重"一进一出"方案）

（b）GK3-2（有盖重"三进三出"方案）

（c）GK3-4（有盖重"三进三出＋保温"方案）

图 7.5.3-2 长周期温度荷载在高程 1587.5m 的拉应力与安全系数

（5）长、短周期温度荷载叠加的影响。在长周期温度荷载作用下，考虑在某些典型时刻（7d、14d、28d、48d龄期）将短周期温度荷载（2d温降8℃）叠加，四个工况的应力过程如图7.5.3-3所示。在不保温情况下，无论20d间歇还是50d间歇，长、短周期

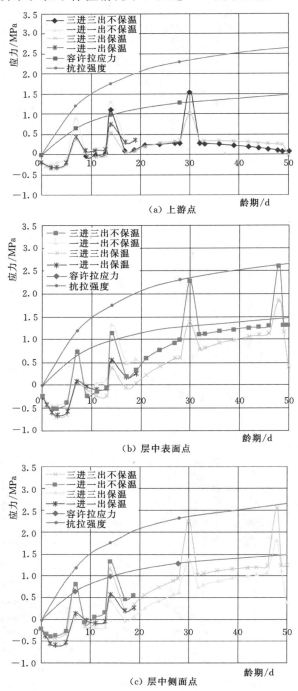

图7.5.3-3　各工况长、短周期温度荷载叠加的温度应力值

温度荷载叠加都会使得最大应力远远超过容许拉应力，安全系数为1.05，开裂风险较大；设计保温条件下，20d间歇时，长、短周期温度荷载叠加后的温度应力小于容许拉应力，满足要求；设计保温条件下，50d间歇时，超过30d间歇期后，长、短周期温度荷载叠加，应力有所超标，安全系数为1.35，有一定的开裂风险。

综上所述，无论是理论分析还是实践经验都表明，薄层浇筑混凝土遭遇冬季长间歇存在很大的开裂风险，加强保温是降低开裂风险的有效途径。考虑到固结灌浆施工条件下保温的难度，建议采取措施减小固结灌浆时间。

经综合考虑，决策采取"无盖重灌浆＋引管灌浆"的方式，替代原设计方案中的有盖重灌浆的方案。

7.5.3.2 案例2：上部坝体同冷区高度优化

锦屏一级拱坝最大底宽达到79m，为减小通水冷却过程中的温度应力，减小开裂风

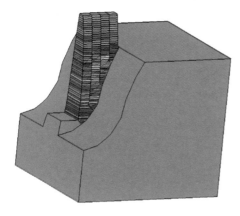

图7.5.3-4　19～22号典型多坝段三维有限元计算模型示意图

险，制定了严格的通水冷却温度梯度要求。2012年底，锦屏一级拱坝即将下闸蓄水，设计对2013年汛前工程形象提出了要求，但现有通水冷却温度梯度控制要求与封拱进度产生了矛盾，需要研究通水冷却同冷区高度优化问题。

选用陡坡坝段多坝段联合作用模型，研究了不同的通水冷却温度梯度控制方案条件下的坝体应力。如图7.5.3-4所示，以19～22号坝段为计算模型，其中21号、22号坝段为研究对象，19号、20号坝段为计算提供边界条件，最大底宽44m。计算模型单元数189572个，其中坝体单元77149个，节点数95640个，横缝单元9715个。为模拟封拱灌浆后对上部坝体的整体约束作用，封拱灌浆后坝体侧面施加法向约束。计算工况见表7.5.3-2。

表7.5.3-2　　　　　　　　　　计　算　工　况　表

工况号	计算模型	冷却方式
工况1	19～22号坝段	现有温度梯度控制要求（图7.5.3-5）
工况2	19～22号坝段	优化温度梯度控制要求（图7.5.3-6）

图7.5.3-7所示为工况1、工况2典型截面第一主应力包络图，图7.5.3-8～图7.5.3-11所示为工况1与工况2典型高程温度过程线对比图和第一主应力过程线对比图，表7.5.3-3为工况1、工况2在2012年6月以后二期冷却末的应力极值对比及其安全系数。

（1）工况2相比工况1在21号坝段基础约束区（陡坡建基面附近）应力增大较为明显（图7.5.3-8），其原因为工况1在2012年6月之前是按照实际浇筑过程进行冷却和灌浆的，而工况2则是按照优化后的温度梯度进行控制的，这样工况1和工况2在一期冷

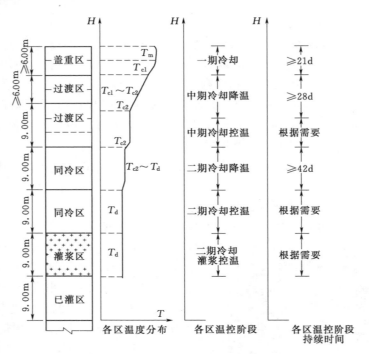

图 7.5.3-5 原有温度梯度控制要求

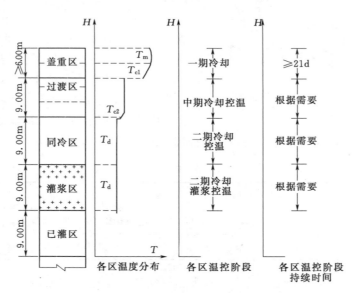

图 7.5.3-6 优化温度梯度控制要求

却、中期冷却、二期冷却整个冷却过程均不相同，而并非完全由通水冷却温度梯度的不同所造成，见图 7.5.3-9 中温度冷却过程线。

（2）减少一个过渡区后使得二期冷却时间略有提前，对坝体应力分布规律没有影响，使二期冷却末应力极值有一定幅度增加，在 0.05~0.2MPa 之间，如图 7.5.3-10、图 7.5.3-11 所示。

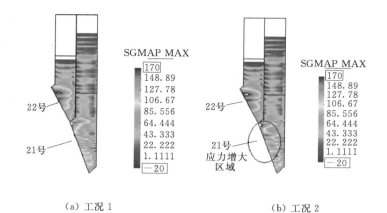

（a）工况1   （b）工况2

图 7.5.3-7 典型截面第一主应力包络图（单位：0.01MPa）

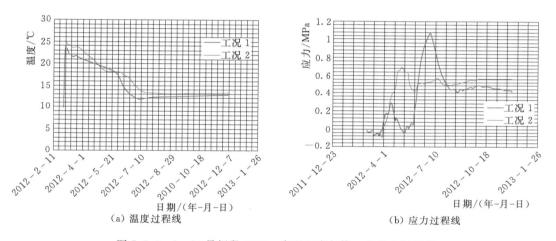

（a）温度过程线   （b）应力过程线

图 7.5.3-8 21 号坝段 1765m 高程温度与第一主应力过程线

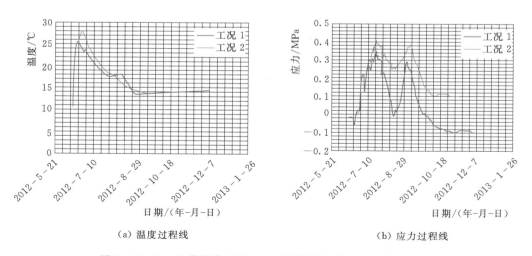

（a）温度过程线   （b）应力过程线

图 7.5.3-9 21 号坝段 1797.5m 高程温度与第一主应力过程线

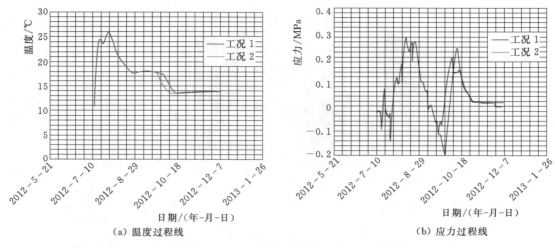

图 7.5.3-10　21 号坝段 1812.5m 高程工况 1 和工况 2 温度与第一主应力过程线

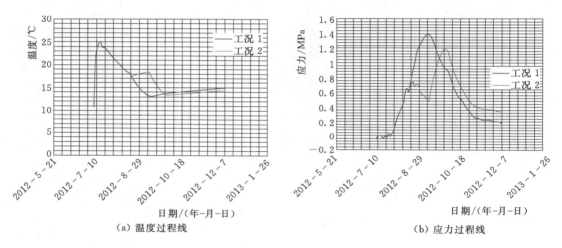

图 7.5.3-11　22 号坝段 1798m 高程温度与第一主应力过程线

（3）对于陡坡坝段约束区减少一个同冷区后使得部分灌区封拱灌浆时间提前，提前封拱对坝体应力分布规律几乎没有影响，对坝体内部的应力值的影响也非常有限。提前封拱减小了已封拱灌浆区和正在冷却区的间隔高度，加大下部已封拱区对上部的约束，减小已封拱灌浆区和正在冷却区的间隔高度对坝体内部应力增加约 0.04MPa。

（4）总体而言，温度梯度的调整使得局部温度应力分布规律有所改变，局部应力值有所增加，但是就最大值而言，增加幅度有限，温度梯度优化后最大安全系数仍满足 1.8 的要求。

表 7.5.3-3　工况 1、工况 2 在 2012 年 6 月以后二期冷却末的应力极值及其安全系数

参数	二期冷却末应力极值/MPa	相应龄期/d	设计强度/MPa	安全系数
工况 1	1.70	145	3.17	1.86
工况 2	1.73	140	3.14	1.82

通过仿真计算研究，得出以下结论：

1）大坝冷却至1778m高程条件下，坝体顺水流方向的宽度由79m缩减为44m，可以进行温度梯度控制优化。

2）对于非约束区而言，减少一个过渡区后使得二期冷却时间略有提前，对坝体应力分布规律没有影响，使二期冷却末应力极值增加非常有限，仅使二期冷却应力极值提前出现，安全系数略有减小，由于已脱离基础约束区，最大主应力均小于容许拉应力，安全系数大于2.0。减少一个同冷区后使得封拱灌浆时间提前，提前封拱对坝体应力分布规律几乎没有影响，对坝体内部的应力值的影响也非常有限。提前封拱减小了已封拱灌浆区和正在冷却区的间隔高度，加大下部已封拱区对上部的约束，但是由于优化后仍然有一个同冷区，这种约束作用的加大程度有限。上部坝体非约束区优化通水冷却梯度控制可行。

3）对于约束区而言，减少一个同冷区和过渡区后使得二期冷却时间略有提前，对坝体应力分布规律没有影响，二期冷却末应力极值有一定幅度增加，增加值在 $0.05\sim0.2$MPa之间，温度梯度的调整使得局部温度应力分布规律有所改变，局部应力值有所增加。但是就最大值而言，温度梯度优化后最大安全系数仍满足1.8的要求，但富余度已不大。在加强通水冷却控制的前提下，优化上部坝体通水冷却梯度基本可行。

4）在施工过程中应严格按照"小温差、早冷却、缓慢冷却"的方针，控制上、下层温差，上、下灌区温度梯度按5℃控制，上、下浇筑层温度梯度按2℃控制。

7.6 工程应用

锦屏一级拱坝施工实时控制系统能够对大坝施工过程的各个环节信息进行收集、分析和评价，实现施工在线实时监测和反馈控制，实现各种工程信息整合和数据共享，实现综合信息的动态更新与维护，为锦屏一级水电站高拱坝建设过程的质量与进度控制、拱坝工作性态跟踪仿真分析提供信息应用和支撑平台。

（1）应用施工进度动态仿真计算程序，计算对比了"基本方案""5台缆机方案"和"5台缆机＋大坝局部4.5m仓层"三种方案的仿真结果，提出了2012年发电的可行施工方案及工程措施，提出了措施建议以及大坝关键节点的形象目标要求，辅助锦屏建设管理局制定大坝年度计划目标。

（2）在大坝混凝土浇筑全过程，通过本系统实时采集各类浇筑信息和温控信息，实时跟踪大坝混凝土浇筑进程，定期（如一周或者半月）进行大坝浇筑仿真计算分析，对大坝施工的实际进度与计划进度进行对比分析，对大坝温控质量实时分析与反馈，制定大坝施工月、周等进度计划和质量控制纠偏计划，确保大坝施工质量与进度受控。

（3）锦屏一级拱坝温控质量统计分析表明，全坝混凝土最高温度平均合格率96.7%，温度回升符合率96.4%，一期冷却、中期冷却和二期冷却降温速率合格率分别达到98.2%、98.6%和99.1%；温控工作高质量达标。

（4）通过施工期大坝工作性态仿真分析，及时对拱坝工作性态进行综合评估，并结合施工进度计划，对拱坝施工期工作性态进行预测，提前采取措施规避混凝土开裂风险。同时有针对性的对工程建设过程中遇到的实际问题进行专题研究，提出处理建议，指导科学决策。

　　锦屏一级拱坝施工实时控制系统于 2010 年 2 月初正式投入运行，实现了大坝建设过程中的进度、质量、监测等信息的动态集成管理以及大坝施工进度的实时跟踪和仿真预测分析功能，提高了大坝施工质量监控与进度控制的水平和精度，为保证大坝施工进度和工程质量提供了技术支持。同时，基于该系统，每月跟踪开展拱坝工作性态仿真分析、拱坝智能温控系统研发和应用，为锦屏一级超高拱坝优质高效建设发挥了重要作用。

<h1 style="text-align:center">参 考 文 献</h1>

[1] 中国水利水电科学研究院. 锦屏一级水电站高拱坝施工实时控制系统—高拱坝信息温控信息采集与分析结题报告 [R]. 北京：中国水利水电科学研究院，2010.

[2] 张国新，刘毅，朱伯芳，等. 高拱坝真实工作性态仿真的理论与方法 [J]. 水力发电学报，2012，31（4）：167 – 174.

[3] 中国水利水电科学研究院. 锦屏一级拱坝混凝土施工期动态温度应力仿真分析及温控措施研究总报告 [R]. 北京：中国水利水电科学研究院，2014.

[4] 中国水利水电科学研究院. 锦屏一级水电站施工期及初期蓄水大坝结构应力变形与安全性评价 [R]. 北京：中国水利水电科学研究院，2015.

[5] 刘毅，高阳秋晔，张国新，等. 锦屏一级超高拱坝工作性态仿真与反演分析 [J]. 水利水电技术，2017，48（1）：46 – 51.

[6] Yi Liu, Guoxin Zhang, Bofang Zhu, et al. Actual working performance assessment of super – high arch dams [J]. ASCE Journal of performance of constructed facilities, 2016, 30 (2)：143 – 150.

第 8 章

拱坝初期运行安全评价

8.1 首次蓄水过程及安全评价工作内容

超高坝首次蓄水一般采取分期蓄水方案，其主要原因如下：

（1）超高坝高出一般高坝 1/3～2/3，大坝自重产生的应力和变形大，空库时下游坝趾和坝面产生较大的拉应力而容易被拉裂，故超高坝浇筑至一定高度后，在大坝上游先行充水和分期蓄水，利用水荷载抵消坝体自重应力和变形产生的不利影响。

（2）随着坝体不断上升，分期蓄水，逐级加荷，大坝与坝基受力与变形逐渐调整，若蓄水过程中发现问题，可以及时采取措施，不至于巨大水荷载短时间一次施加后，出现问题处理困难。

（3）超高坝因为坝高特别高，蓄水水流控制和度汛的要求，如导流洞和坝身导流孔等导流建筑物运行限制、导流孔口封堵时间限制、导流闸门挡水水头限制、汛期大坝临时挡水高度限制，在某一个水位限制条件解除前，必须控制蓄水。

（4）超高坝水库的水深特别大，对库区岸坡稳定影响大，快速蓄水，岸坡容易产生较大的滑坡、塌岸，对大坝、水库两岸居民都将产生安全风险。分期蓄水可以使库岸稳定和变形分期产生和调整，实施过程监测与预警预报，及时疏散影响区域人员，防止人员伤亡事故发生。

（5）分期蓄水，尽早蓄水到最低发电水位，机组可以分批投运，获得早期收益。

因此，对超高拱坝而言，预先制定分期蓄水方案，适时蓄水并做好大坝、枢纽区边坡及库岸边坡的安全监控，及时评价其安全性态，是非常必要的。

8.1.1 首次分阶段蓄水过程

根据工程可行性研究报告，锦屏一级工程蓄水与运行分为初期蓄水、初期运行和正常运行三个阶段。初期蓄水阶段为 2012 年 10 月至 2013 年 7 月，自导流洞下闸蓄水至死水位 1800m；初期运行阶段为 2013 年 7 月至 2014 年 8 月，机组分批调试和投产发电，期间水库水位蓄水至正常蓄水位 1880m；正常运行阶段为 2014 年 8 月水库蓄水至正常蓄水位 1880m 后，工程正常运行。

施工阶段，根据锦屏一级拱坝施工进展、施工进度仿真分析和施工期工作性态仿真分析成果，2012 年 5 月前，拱坝坝高达到 200m 左右时，在上游空库工况情况下，拱坝下游面左、右岸的拉应力均接近和超过混凝土抗拉能力，极可能拉裂。为此，在 2012 年 1—5月，在坝前基坑回填石渣和自动充水，充水水位 1649m（坝基以上水头 69m）以上，防止拱坝下游坝趾和坝面拉裂。

根据锦屏一级大坝浇筑进展，设计复核研究了加固导流底孔封堵闸门及门槽提高其设计荷载，以抬高初期运行中间蓄水位至 1840m，增加工程和流域整体效益。锦屏一级水电站工程蓄水验收委员会根据蓄水计划与调度方案，进一步将首次蓄水至正常蓄水位的工程验收划分为四阶段进行：第一阶段为导流洞下闸蓄水至 1700～1713.4m，导流洞封堵，导流底孔转流，此时大坝接缝灌浆高程 1766m；第二阶段为导流底孔控泄蓄水至死水位附近（1800～1805m），此时大坝接缝灌浆高程 1832m，首批机组投产发电；第三阶段为导流底孔下闸封堵，放空底孔和泄洪深孔控泄蓄水至 1840m，此时大坝接缝灌浆高程 1859m；第四阶段为水库水位回落至死水位后，再次向上蓄水，并蓄水至正常蓄水位 1880m，此时大坝接缝灌浆高程 1885m。每一阶段均进行安全鉴定，之后验收委员会或派专家组鉴定后即进行相应阶段蓄水。首次分阶段蓄水过程如下：

1. 第一阶段蓄水

2012 年 10 月 8 日，锦屏一级水电站左岸导流洞下闸，右岸导流洞继续过流。2012 年11 月 30 日，锦屏一级水电站右岸导流洞成功下闸，坝前水位从 1648.4m 开始上升。至2012 年 12 月 7 日上午 8 时，坝前水位上升至 1706.67m，大坝导流底孔开始泄流。2012年 12 月 7 日至 2013 年 6 月 17 日，坝前水位维持在 1706m 附近。

2. 第二阶段蓄水

2013 年 6 月 17 日，坝前水位从 1706m 开始上升。至 2013 年 7 月 18 日，顺利蓄水至死水位 1800m，蓄水速率控制为不高于 4m/d。2013 年 8 月 24 日首批 6 号和 5 号机组投产发电。在第二阶段蓄水过程中，由大坝泄洪深孔、放空底孔和发电机组泄放流量共同保证锦屏二级发电用水及下游河道生态流量要求。

3. 第三阶段蓄水

2013 年 9 月 26 日，坝前水位从 1800.00m 左右开始抬升，2013 年 10 月 14 日，坝前水位蓄至 1840m，蓄水速率控制为不高于 3m/d，此后水位维持在 1840m 左右。2014 年 1月水位开始下降，2014 年 5 月底水位回落至 1800m。在第三阶段蓄水过程中，由发电机组、坝身泄洪深孔和放空底孔下泄流量保证锦屏二级发电用水及下游河道生态流量要求，并控制蓄水速度。

4. 第四阶段蓄水

2014 年 6 月 17 日至 2014 年 7 月 10 日，利用发电余水由水位 1800m 左右逐步蓄水并控制在水位 1840m 附近运行；然后从坝前水位 1840m 开始上升，2014 年 7 月 23 日蓄水至 1855m，蓄水速率控制为不高于 2m/d，停留 10d 进行安全监测分析评价；2014 年 8 月

4 日水库水位继续从 1855m 抬升，至 2014 年 8 月 24 日，水库水位首次蓄至正常蓄水位 1880m，蓄水速率控制为不高于 1.5m/d。在第四阶段蓄水过程中，由电站发电机组、坝身泄洪深孔、放空底孔和表孔下泄流量保证锦屏二级发电用水及下游河道生态流量要求，并控制蓄水速度。至此，经历 21 个月，锦屏一级水电站水库完成了首次蓄水过程，拱坝经受了首次全水头荷载的考验。

从 2014 年 8 月 24 日水库首次蓄水至正常蓄水位 1880m 后，工程进入正常运行期。之后，水库水位在正常蓄水位 1880m 至死水位 1800m 之间运行，水库每年 11 月水库水位从 1880m 附近开始下降，次年 5 月底降至死水位 1800m 附近；次年 6 月主汛期来临，水库水位再次上蓄，在 7 月底前保持在防洪限制水位 1859.06m 以下，8 月开始继续上蓄，直至蓄水位到正常蓄水位 1880m。

8.1.2　首次蓄水安全评价工作内容

锦屏一级水电站首次分阶段蓄水过程中，对拱坝安全及库岸稳定进行了跟踪和监测评价，主要开展了以下工作内容：

（1）每个蓄水阶段依据监测资料对大坝工作性态进行了安全监测资料分析和评价。

（2）根据前阶段蓄水的安全监测资料，开展后续阶段拱坝监控指标研究。

（3）基于拱坝施工过程、水库分阶段蓄水过程和安全监测资料，开展拱坝工作性态仿真分析评价。

（4）联合和委托地方政府，每个蓄水阶段开展了库岸稳定监测、调查、评价与预警。

本小节主要简述拱坝安全监测资料分析与反分析、拱坝工作性态仿真分析评价的工作成果。

8.2　首次蓄水拱坝安全监测分析评价

8.2.1　首次蓄水拱坝安全监测自动化系统

锦屏工程建设前大坝工程安全监测自动化系统都是在大坝工程完成后再实施，主要原因是大坝工程在施工期不具备实施自动化系统的工作面条件和通信条件，同时对自动化系统设备的保护工作难度大。

锦屏一级超高拱坝坝坝体监测仪器共有 1596 套（支）、近 5000 个测点，加上抗力体处理工程和边坡工程的监测仪器，数量巨大。首次蓄水过程复杂，时间长达 21 个月，如按传统的人工测读进行安全监测与资料分析，工作量巨大，也难以满足拱坝蓄水过程安全监测及时性要求。鉴于锦屏一级超高拱坝首次蓄水安全监测与分析评价工作的重要性，考虑锦屏一级施工期已经实施温控监测自动化系统，锦屏建设管理局决定在锦屏一级拱坝首次蓄水各阶段过程实施自动化监测，实时监测和分析超高拱坝首次蓄水过程的工作性态。根据锦屏一级拱坝施工形象面貌和进度计划，首次蓄水安全监测自动化系统分两阶段实施。

第一阶段拱坝蓄水安全监测自动化系统在 2012 年 7—8 月实施，即在第一阶段蓄水前，在坝体中、下部的高程 1730m 和高程 1664m 廊道的观测房中集线布置 MCU，使第一阶段蓄水位 1700m 受影响的坝体与坝基监测仪器电缆从廊道或洞室牵引入观测房，包括大坝高程 1730m、1664m 和 1601m 廊道以下主要的振弦式和差阻式仪器以及部分 CCD 仪器传感器，振弦式和差阻式仪器 749 套（支）仪器，1212 个测点，CCD 光电式传感器 110 套（支）。

第二阶段拱坝蓄水安全监测自动化系统在 2013 年 4—5 月实施，即在第二阶段蓄水前，在坝体中、上部的高程 1778m 和高程 1829m 廊道的观测房中集线布置 MCU，将坝体中上部的安全监测仪器全部接入监测自动化系统。高程 1778m 坝体廊道接入自动化监测系统的钢筋计 26 支，锚索测力计 31 套，横缝测缝计 128 支，基岩测缝计 12 支，温度计 45 支，5 向应变计组 40 组，9 向应变计组 9 组，无应力计 14 套。高程 1829m 坝体廊道接入自动化监测系统的钢筋计 137 支，锚索测力计 44 套，横缝测缝计 109 支，基岩测缝计 12 支，温度计 6 支，5 向应变计组 115 组，9 向应变计组 54 组，无应力计 46 套，水位计 1 支。

8.2.2　首次蓄水拱坝安全监测资料分析评价

8.2.2.1　首次分阶段蓄水拱坝位移

锦屏一级水电站首次分四阶段蓄水至正常蓄水位过程中，每一个阶段及其中间短期停顿观察过程均进行了安全监测资料分析，评价拱坝的安全性；并根据监测资料进行反馈分析，提出下一蓄水阶段的拱坝坝体位移监控指标。锦屏一级拱坝垂线布置图如图 8.2.2 - 1 所示，首次四阶段蓄水拱坝坝体监测位移与监控指标见表 8.2.2 - 1～表 8.2.2 - 4，河段 13 号坝段径向位移过程线如图 8.2.2 - 2 所示。由表 8.2.2 - 1～表 8.2.2 - 4 可知，第一阶段蓄水至 1706.58m 时，坝体径向位移最大值为 3.13mm，位于 13 号坝段高程 1664m；切向位移最大值为 4.34mm，位于 9 号坝段高程 1730m。第二阶段蓄水至 1800.47m 时，坝体径向位移最大值为 14.03m，位于 13 号坝段高程 1664m，大于相应高程的监控值 12.94mm，但小于高程 1730m 处的最大监控值 18.77mm；切向位移最大值为 3.99mm，位于 11 号坝段高程 1730m。第三阶段蓄水位至 1839.04m 时，坝体径向位移最大值为 24.82mm，

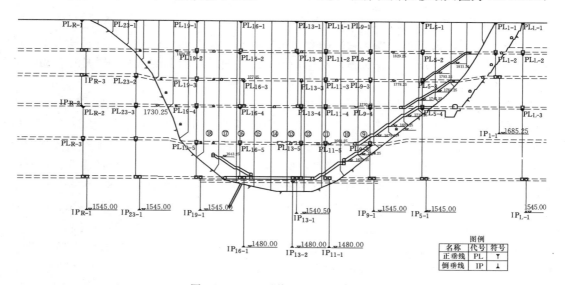

图 8.2.2 - 1　垂线监测系统布置图

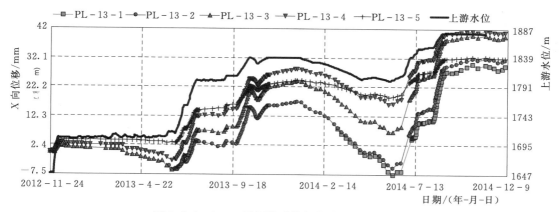

图 8.2.2-2　13号坝段垂线径向位移实测过程线

表 8.2.2-1　锦屏一级水电站第一阶段蓄水前后拱坝径向、切向绝对位移统计表

坝段	高程/m	测点编号	2012-11-29 蓄水前库水位1648.58m		2013-2-23 库水位1706.58m		变化量/mm	
			径向	切向	径向	切向	径向	切向
左岸	1730	PLL-3	0.34	0.51	0.00	0.65	−0.34	0.14
5 号	1730	PL5-4	1.1	0.04	0.99	−0.27	−0.11	−0.31
	1778	PL5-3	1.66	−0.27	1.83	−0.99	0.17	−0.72
9 号	1664	PL9-5	−0.95	2.63	−1.69	3.39	−0.74	0.76
	1730	PL9-4	−0.88	3.15	−3.48	4.34	−2.60	1.19
	1778	PL9-3	−0.87	2.37	−3.93	3.54	−3.06	1.17
11 号	1664	PL11-5	−2.03	−0.07	2.01	0.32	4.04	0.39
	1730	PL11-4	−2.89	0.42	0.02	0.4	2.91	−0.02
	1778	PL11-3	−3.05	0.18	−1.29	−0.12	1.76	−0.30
13 号	1664	PL13-5	−1.29	0.64	3.13	−0.07	4.42	−0.71
	1730	PL13-4	−2.51	−0.17	0.43	−1.04	2.94	−0.87
	1778	PL13-3	−2.45	0.08	−0.73	−0.46	1.72	−0.54
16 号	1664	PL16-5	−2.04	1.04	0.03	0.54	2.07	−0.50
	1730	PL16-4	−3.16	0.47	−2.93	0.79	0.23	0.32
	1778	PL16-3	−3.08	1.39	−3.55	1.94	−0.47	0.55
19 号	1664	PL19-5	−0.19	−0.69	0.31	−1.12	0.50	−0.43
	1730	PL19-4	−0.84	−1.12	−1.59	−1.86	−0.75	−0.74
	1778	PL19-3	−0.38	−1.73	−2.03	−1	−1.65	0.73
23 号	1778	PL23-2	−0.26	2.6	−1.31	1.63	−1.05	−0.97
右岸	1664	PLR-3	0.33	−0.07	0.14	0.35	−0.19	0.42
	1730	PLR-2	−0.08	−0.69	−0.05	−0.25	0.03	0.44

注　径向位移向下游为正，向上游为负；切向位移向左岸为正，向右岸为负。第一阶段蓄水至1713m水位时，反馈仿真分析的最大坝体径向位移6.8mm，以此作为监控值。

表8.2.2-2 锦屏一级水电站第二阶段蓄水前后拱坝径向、
切向位移监测成果统计表

坝段	高程 /m	测点 编号	径向/mm				切向/mm			
			2013-6-15 水位1712.46m	2013-7-19 水位1800.47m	监控值	变化量	2013-6-15 水位1712.46m	2013-7-19 水位1800.47m	监控值	变化量
左岸 坝基	1730	PLL-3	-0.14	-0.06	—	0.08	-0.19	0.12	—	0.31
	1829	PLL-2	-0.05	-0.05	—	0.00	-0.16	-0.14	—	0.02
1号	1829	PL1-2	0.14	0.33	—	0.19	-0.01	0.33	—	0.34
5号	1730	PL5-4	-0.28	2.64	—	2.92	-1.60	-0.65	—	0.95
	1778	PL5-3	-1.57	2.27	—	3.84	-1.63	-0.10	—	1.53
	1829	PL5-2	-1.36	1.28	—	2.64	-1.80	-0.09	—	1.71
9号	1664	PL9-5	1.41	5.01	3.77	3.60	-0.57	0.67	—	1.24
	1730	PL9-4	-1.05	6.93	10.10	7.98	-1.75	0.54	—	2.29
	1778	PL9-3	-4.13	3.78	11.41	7.91	-2.63	0.04	—	2.67
	1829	PL9-2	-4.21	1.63	—	5.84	-2.67	-0.01	—	2.66
11号	1664	PL11-5	2.53	12.22	10.47	9.69	0.31	2.20	—	1.89
	1730	PL11-4	-0.37	13.24	17.06	13.61	1.39	3.99	—	2.60
	1778	PL11-3	-3.68	8.43	17.12	12.11	1.38	3.21	—	1.83
	1829	PL11-2	-3.78	5.42	—	9.20	1.35	2.99	—	1.64
13号	1664	PL13-5	3.22	14.03	12.94	10.81	0.31	1.13	—	0.82
	1730	PL13-4	-2.31	12.13	18.77	14.44	-0.10	1.47	—	1.57
	1778	PL13-3	-5.47	7.21	18.07	12.68	-0.34	1.36	—	1.70
	1829	PL13-2	-2.39	6.86	—	9.25	-0.23	1.08	—	1.31
16号	1664	PL16-5	3.70	13.42	9.97	9.72	-0.18	-0.86	—	-0.68
	1730	PL16-4	-0.32	11.68	13.76	12.00	0.27	-0.49	—	-0.76
	1778	PL16-3	-2.79	7.10	12.44	9.89	0.37	-0.87	—	-1.24
	1829	PL16-2	-2.41	4.33	—	6.74	0.42	-1.14	—	-1.56
19号	1664	PL19-5	0.89	4.86	2.00	3.97	0.23	-0.22	—	-0.45
	1730	PL19-4	0.91	6.38	4.48	5.47	0.23	-0.43	—	-0.66
	1778	PL19-3	-0.89	3.65	3.97	4.54	1.14	0.26	—	-0.88
	1829	PL19-2	-1.01	1.59	—	2.60	1.13	-0.04	—	-1.17
23号	1778	PL23-2	-1.84	-1.98	—	-0.14	-0.18	-0.32	—	-0.14
右岸 坝基	1664	PLR-3	-0.17	0.45	—	0.62	1.12	2.20	—	1.08
	1730	PLR-2	-0.04	0.58	—	0.62	1.44	2.57	—	1.13

注 径向、切向量值为正表示向下游、向左岸变形;为负表示向上游、向右岸变形。

表 8.2.2-3　　锦屏一级水电站第三阶段蓄水前后拱坝径向、切向绝对位移统计表

坝段	高程/m	测点编号	径向/mm				切向/mm			
			2013-9-3 1801.90m	2013-10-14 1839.04m	1840m 监控值	变化量	2013-9-3 1801.90m	2013-10-14 1839.04m	1840m 监控值	变化量
左岸坝基	1730	PLL-3	0.17	0.44	—	0.27	-0.08	-0.03	—	0.05
	1829	PLL-2	0.42	0.89	—	0.47	-0.35	-0.21	—	0.14
1号	1829	PL1-2	0.55	1.34	—	0.79	0.45	0.16	—	-0.29
	1885	PL1-1	0.85	1.70	—	0.85	-0.14	-0.28	—	-0.14
5号	1730	PL5-4	3.30	5.85	—	2.55	-0.73	0.25	—	0.98
	1778	PL5-3	2.75	8.21	—	5.46	-0.22	1.43	—	1.65
	1829	PL5-2	1.39	8.09	—	6.7	-0.23	1.83	—	2.06
	1885	PL5-1	3.46	8.65	—	5.19	-0.04	2.57	—	2.61
9号	1664	PL9-5	5.39	7.73	7.50	2.34	0.73	1.75	2.70	1.02
	1730	PL9-4	7.39	13.9	15.73	6.51	0.53	2.67	4.31	2.14
	1778	PL9-3	3.59	13.16	16.35	9.57	-0.20	2.72	3.44	2.92
	1829	PL9-2	0.78	11.08	—	10.3	-0.37	2.77	—	3.14
	1885	PL9-1	3.64	10.21	—	6.57	0.70	3.68	—	2.98
11号	1664	PL11-5	12.24	18.30	18.89	6.06	2.32	3.41	4.01	1.09
	1730	PL11-4	12.93	24.34	26.59	11.41	4.01	6.10	6.52	2.09
	1778	PL11-3	7.27	21.16	24.64	13.89	3.10	5.46	5.97	2.36
	1829	PL11-2	2.92	16.59	—	13.67	2.78	4.90	—	2.12
	1885	PL11-1	7.35	15.66	—	8.31	3.52	4.76	—	1.24
13号	1664	PL13-5	15.02	22.33	23.14	7.31	1.48	1.97	2.07	0.49
	1730	PL13-4	12.84	24.82	27.66	11.98	1.72	2.27	2.25	0.55
	1778	PL13-3	7.11	21.02	25.00	13.91	1.59	2.13	1.88	0.54
	1829	PL13-2	5.37	18.32	—	12.95	1.36	1.49	—	0.13
	1885	PL13-1	—	15.54	—	—	—	0.59	—	—
16号	1664	PL16-5	14.47	20.63	20.36	6.16	-0.24	-1.14	-1.48	-0.9
	1730	PL16-4	12.76	21.73	23.52	8.97	0.34	-0.95	-1.65	-1.29
	1778	PL16-3	7.47	17.56	20.24	10.09	0.02	-1.68	-2.74	-1.7
	1829	PL16-2	3.95	12.73	—	8.78	-0.02	-2.19	—	-2.17
	1885	PL16-1	—	15.22	—	—	—	-3.62	—	—
19号	1664	PL19-5	5.8	8.22	7.07	2.42	-0.06	-0.79	-1.77	-0.73
	1730	PL19-4	7.56	12.28	11.47	4.72	-0.24	-1.53	-3.03	-1.29
	1778	PL19-3	4.49	10.18	9.88	5.69	0.57	-1.24	-2.79	-1.81
	1829	PL19-2	1.88	6.98	—	5.10	0.39	-1.85	—	-2.24
	1885	PL19-1	4.19	6.76	—	2.57	-0.91	-2.24	—	-1.33

坝段	高程/m	测点编号	径向/mm				切向/mm			
			2013-9-3 1801.90m	2013-10-14 1839.04m	1840m 监控值	变化量	2013-9-3 1801.90m	2013-10-14 1839.04m	1840m 监控值	变化量
23 号	1730	PL23-3	1.72	1.72	—	0	0.24	0.24	—	0
	1778	PL23-2	1.19	1.19	—	0	−0.12	−0.12	—	0
右岸 坝基	1664	PLR-3	0.52	0.9	—	0.38	2.77	2.86	—	0.09
	1730	PLR-2	0.35	0.86	—	0.51	3.35	3.43	—	0.08

注　径向位移向下游为正，向上游为负。切向位移向左岸为正，向右岸为负。最高水位变化量为相对蓄水前（2013-9-3）变化量。

表 8.2.2-4　　锦屏一级第四阶段蓄水拱坝径向、切向绝对位移统计表

坝段	高程/m	测点编号	径向/mm				切向/mm			
			2014-7-3 水位1839.24m	2014-8-24 水位1880.00m	1880m 监控值	变化量	2014-7-3 水位1839.24m	2014-8-24 水位1880.00m	1880m 监控值	变化量
左岸 坝基	1730	PLL-3	0.94	1.59	—	0.65	−0.61	−0.34	—	0.27
	1829	PLL-2	2.83	4.05	—	1.22	0.04	1.07	—	1.03
1 号	1829	PL1-2	2.79	4.06	—	1.27	−0.76	0.28	—	1.04
	1885	PL1-1	2.99	4.60	—	1.61	−0.40	1.15	—	1.55
5 号	1730	PL5-4	8.32	11.81	—	3.49	0.29	1.92	—	1.63
	1778	PL5-3	9.91	16.71	—	6.80	0.99	3.35	—	2.36
	1829	PL5-2	6.67	19.53	—	12.86	0.27	4.10	—	3.83
	1885	PL5-1	0.85	0.85	—	16.86	0.34	5.22	—	4.88
9 号	1664	PL9-5	8.17	10.75	—	2.58	1.80	2.95	—	1.15
	1730	PL9-4	14.21	22.80	—	8.59	2.24	5.33	—	3.09
	1778	PL9-3	11.23	26.14	—	14.91	1.26	5.70	—	4.44
	1829	PL9-2	3.76	26.17	—	22.41	0.20	6.16	—	5.96
	1885	PL9-1	−1.91	24.76	—	26.67	−0.83	6.20	—	7.03
11 号	1664	PL11-5	19.79	26.35	26.15	6.56	3.53	4.79	—	1.26
	1730	PL11-4	24.93	38.70	38.41	13.77	5.80	8.37	—	2.57
	1778	PL11-3	18.56	38.30	40.88	19.74	4.40	7.37	—	2.97
	1829	PL11-2	8.01	33.80	—	25.79	2.78	6.07	—	3.29
	1885	PL11-1	2.27	30.94	—	28.67	2.30	5.79	—	3.49
13 号	1664	PL13-5	24.04	31.48	31.42	7.44	2.34	3.05	—	0.71
	1730	PL13-4	25.91	39.82	40.88	13.91	2.43	3.41	—	0.98
	1778	PL13-3	18.38	37.74	38.72	19.36	2.13	3.02	—	0.89
	1829	PL13-2	9.35	31.52	—	22.17	0.95	1.65	—	0.70
	1885	PL13-1	6.11	29.10	—	22.99	0.77	0.63	—	−0.14

坝段	高程/m	测点编号	径向/mm				切向/mm			
			2014-7-3 水位1839.24m	2014-8-24 水位1880.00m	1880m 监控值	变化量	2014-7-3 水位1839.24m	2014-8-24 水位1880.00m	1880m 监控值	变化量
16号	1664	PL16-5	23.61	29.22	29.1	5.61	-1.67	-2.38	—	-0.71
	1730	PL16-4	24.46	34.87	34.32	10.41	-1.23	-2.59	—	-1.36
	1778	PL16-3	17.52	31.69	32.16	14.17	-2.07	-3.67	—	-1.60
	1829	PL16-2	7.76	25.27	—	17.51	-1.52	-4.46	—	-2.94
	1885	PL16-1	7.25	24.32	—	17.07	-0.74	-3.63	—	-2.89
19号	1664	PL19-5	9.90	12.46	—	2.56	-0.74	-1.58	—	-0.84
	1730	PL19-4	14.16	20.08	—	5.92	-1.50	-3.02	—	-1.52
	1778	PL19-3	10.81	19.23	—	8.42	-0.84	-3.41	—	-2.57
	1829	PL19-2	4.69	15.93	—	11.24	-0.82	-4.47	—	-3.65
	1885	PL19-1	0.83	12.67	—	11.84	0.48	-4.02	—	-4.50
23号	1730	PL23-3	2.87	4.92	—	2.05	-0.27	-1.07	—	-0.80
	1778	PL23-2	2.17	3.91	—	1.74	-0.52	-1.40	—	-0.88
	1885	PL23-1	0.72	3.54	—	2.82	-1.53	-4.68	—	-3.15
右岸坝基	1664	PLR-3	1.37	1.83	—	0.46	3.52	3.74	—	0.22
	1730	PLR-2	1.60	2.26	—	0.66	4.29	5.25	—	0.96
	1778	IPR-2	1.52	2.10	—	0.58	3.89	4.78	—	0.89
	1829	IPR-3	0.83	1.36	—	0.53	3.84	4.67	—	0.83

注 径向位移向下游为正，向上游为负；切向位移向左岸为正，向右岸为负。变化量为 2014 年 8 月 2 日 6 测量值与 7 月 3 日测量值的差值。

位于 13 号坝段高程 1730m，小于最大监控值 27.66mm；切向位移最大值为 6.10mm，位于 11 号坝段高程 1730mm，小于最大监控值 6.52mm。第四阶段蓄水至 1880m 附近时，坝体径向位移最大值 39.82mm，位于 13 号坝段高程 1730m，小于最大监控值 40.88mm；切向位移最大值为 7.37mm，位于 11 号坝段高程 1778m。

坝体位移资料分析表明，坝体位移变化与随水库水位升降的相关性较好，每一阶段拱坝径向、切向位移均在监控指标范围内或附近。

8.2.2.2 首次蓄水拱坝安全评价

锦屏一级水电站首次分四阶段蓄水到正常蓄水位后，直到 2014 年 12 月，库水位基本稳定在正常蓄水位附近运行。12 月 23—26 日，雅砻江公司组织中国水利水电建设工程咨询公司和锦屏工程特咨团联合召开锦屏一级水电站第四阶段蓄水暨首次蓄水至正常蓄水位 1880m 大坝工程及库岸稳定安全性评价会议。会议对有关拱坝安全的评价结论如下：

（1）本工程安全监测项目齐全、重点监测部位明确，监测资料连续性、完整性较好。截至 2014 年 11 月 28 日，大坝、坝肩边坡和库区边坡等部位设计安装监测仪器设施 5577 套/个，测点数 8063 个，完成率 98.7%，完好率 95.0%，监测项目和资料满足大坝工程及边坡安全评价的要求。

（2）第四阶段蓄水暨首次蓄水至正常蓄水位 1880m 以来，拱坝工作状态正常，各项测值均在设计控制范围之内。截至 2014 年 11 月 30 日前后的大坝工程主要监测及分析成果如下：

1）坝基最大径向变形位于 16 号坝段，变形量为 14.0mm，最大切向变形位于 11 号坝段，变形量为 1.99mm。蓄水期大坝弦长累计缩短约 0.06～8.18mm，第四阶段蓄水期拉伸 1.05～2.32mm。坝体横缝和坝基接触缝均处于压缩状态，且变化量分别小于 0.1mm、0.2mm。经基础处理后的坝基满足承载拱坝荷载和变形的要求。

2）坝体最大径向变形为 42.86mm，位于 11 号坝段高程 1778m 部位；坝体最大切向变形为 6.96mm，位于 11 号坝段高程 1730m 部位。坝体最大垂直变形为 12.04mm，呈现拱冠大、向两岸逐渐减小的特点。

3）近坝基垂直向最大压应力为 4.57MPa，位于 12 号坝段坝踵，最大拉应力为 0.1MPa，位于 2 号坝段坝踵；切向最大压应力为 5.13MPa，位于 21 号坝段坝趾，最大拉应力为 0.26MPa，位于 4 号坝段坝趾；径向最大压应力为 4.76MPa，位于 9 号坝段坝趾，最大拉应力为 0.83MPa，位于 2 号坝段坝踵。

坝体垂直向压应力最大值为 5.93MPa，位于 11 号坝段高程 1720m 中部；切向压应力最大值为 6.94MPa，位于 13 号坝段高程 1684m 下游侧和 11 号坝段高程 1720m 中部；径向压应力最大值为 4.76MPa，位于 9 号坝段高程 1648m 下游侧。

4）坝体及坝基渗流量监测成果显示，第四阶段坝体及坝基总渗流量为 64.35L/s，坝基渗透压力帷幕后折减系数 0～0.29，排水孔后折减系数 0～0.09，均小于设计控制值，说明帷幕防渗效果良好，且总渗流量小于设计抽排能力，处于可控状态。

5）两岸坝肩抗力体的应力、变形、渗压和渗流量监测值均较小，且蓄水前后无明显变化。

（3）第四阶段蓄水以来，导流洞堵头、水垫塘及二道坝、左岸基础处理工程变形及应力等监测物理量变化较小，各建筑物工作性态正常。

（4）设计联合高等院校和科研单位对初期蓄水大坝应力变形和渗流场开展了反馈分析，反馈和预测分析采用的计算模型、计算条件和分析方法基本合适，反馈分析认为第四阶段蓄水暨首次蓄水至正常蓄水位 1880m 期间大坝工作性态正常。

会议总体评价意见为："锦屏一级水电站水库第四阶段蓄水暨首次蓄水至正常蓄水位 1880m 以来，大坝工程监测资料连续、完整，拱坝坝体、坝基、抗力体等部位的变形、应力等各项测值均在设计预测范围内，左岸高程 1595m 排水廊道渗水量相对较大，但总体渗压、渗流量可控，帷幕防渗效果良好，大坝处于正常工作状态。"

8.3　拱坝初期运行安全评价

8.3.1　枢纽工程验收的主要结论意见

1. 枢纽工程竣工安全鉴定综合结论

在锦屏一级工程分四个阶段的蓄水过程中，分阶段进行了蓄水安全鉴定，至 2014 年

8 月 24 日，水库水位首次蓄至正常蓄水位 1880m，枢纽工程运行正常。2015 年 6—11 月，中国水利水电建设工程咨询有限公司对锦屏一级水电站枢纽工程进行了竣工安全鉴定。《四川雅砻江锦屏一级水电站枢纽工程竣工安全鉴定报告》综合结论如下：

锦屏一级水电站工程枢纽布置适应了坝址区地形地质条件，枢纽建筑物布置紧凑、合理，工程设计符合国家和行业规程规范规定。枢纽工程已按审批的设计标准和设计方案全部建成。工程枢纽建筑物的土建工程、安全监测工程及金属结构设备的施工、制造与安装质量满足设计要求以及国家和行业有关规程规范、技术标准的规定；机电设备的制造与安装质量满足合同文件和设计要求。

锦屏一级水电站工程于 2012 年 10 月 8 日下闸蓄水，2013 年 8 月 24 日首台机组投产发电，2014 年 7 月 12 日 6 台机组全部安装完成并投产发电，工程施工全部完成。工程初期运行三年以来，水库运行水位已达到设计正常蓄水位 1880m，枢纽工程建筑物已经历初期发电运行和防洪度汛的检验，初期运行中出现的质量缺陷已经处理，处理质量和效果满足设计要求。工程枢纽建筑物及边坡工作状态总体正常，可以安全运行；水轮发电机组性能满足设计和合同要求，机组额定输出功率满足合同文件规定；水轮发电机组及其附属设备、电力设备、控制保护和通信系统、全厂水力机械辅助设备及系统运行正常。

综上所述，锦屏一级水电站具备枢纽工程专项竣工验收条件。

2. 枢纽工程验收结论

2016 年 4 月 22 日，四川省能源局委托水电水利规划设计总院主持完成了锦屏一级水电站枢纽工程竣工专项验收，《雅砻江锦屏一级水电站枢纽工程专项验收鉴定书》验收结论如下：

雅砻江锦屏一级水电站枢纽工程已按批准的设计规模和设计方案建成，枢纽工程设计满足国家有关标准及规程规范要求，重大设计变更已履行相应审批程序。工程质量管理体系健全，施工质量满足设计要求和合同文件的规定，质量缺陷已按设计要求处理并验收合格；金属结构制造、安装质量满足设计要求和合同文件的规定，质量缺陷已经处理并验收合格；工程安全监测仪器设备已按要求安装并进行监测。自 2012 年 11 月 30 日下闸蓄水以来，枢纽工程经历了 3 个汛期的考验，库水位 2 次达到正常蓄水位，现场检查和监测资料表明，枢纽工程主要建筑物和金属结构设备运行正常。

锦屏一级水电站机组及电力设备性能指标、电气主接线及厂用电系统、过电压保护及接地系统、控制保护及通信系统、水力机械辅助系统满足设计要求。主要机电设备的制造、安装、调试满足运行要求，目前运行正常。6 台机组已能按额定功率 600MW 运行，且单机运行时间均已超过 2000h。运行数据表明，电站发电功能满足设计要求。

有关验收的文件、资料齐全。

综上所述，雅砻江锦屏一级水电站已具备枢纽工程专项验收条件。

据此，验收委员会同意雅砻江锦屏一级水电站通过枢纽工程专项验收。

8.3.2 拱坝初期运行安全监测评价

自 2012 年 11 月 30 日导流洞下闸蓄水，历经四个阶段 21 个月，于 2014 年 8 月 24 日锦屏一级水库首次蓄水至正常蓄水位 1880m，305m 高拱坝经历了一次完整的正常蓄水位荷载的检验；至 2018 年 12 月下旬，锦屏一级拱坝经历了 5 个完整正常蓄水位 1880m 至死水位 1800m 的循环运行检验，拱坝运行状态正常。

1. 坝体位移随库水位涨落呈现规律性变化

图 8.3.2-1、图 8.3.2-2 所示为拱坝最大位移的 11 号坝段垂线径向、切向位移历时曲线，如图所示，首次蓄水过程，坝体径向、切向位移呈现随库水位逐波抬升变化；达到正常蓄水位后，随着库水位在正常蓄水位与死水位之间变化，坝体位移随库水位上涨与消落呈现区间变化规律，库水位上涨至正常蓄水位附近，坝体位移增大至最大值附近；库水位下降至死水位附近，坝体位移减少至最小值附近。截至 2018 年 12 月 31 日，坝体径向位移最大值位于 11 号坝段的高程 1778m 和 1730m 垂线测点，高程 1778m 径向位移变化区间为 [12.51，45.37] mm，切向位移区间为 [5.05，11.01] mm；高程 1730m 径向位移变化区间为 [22.10，45.29] mm，切向位移变化区间为 [7.78，12.34] mm。拱坝径向和切向位移变化与库水位变化成良好相关性，坝体处于弹性工作状态。

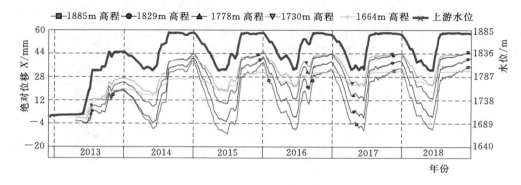

图 8.3.2-1 11 号坝段正垂线径向位移历时曲线

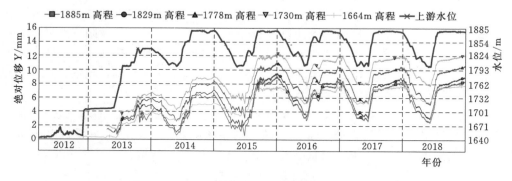

图 8.3.2-2 11 号坝段正垂线切向位移历时曲线

2. 拱坝弦长随库水位涨落呈区间变化

拱坝弦长随库水位抬升而收缩，收缩变形稳定后随库水位涨落呈区间变化。图 8.3.2-3 所示为拱坝高程 1885m、1829m、1778m、1730m 和 1664m 的坝后弦长变形历时线，首次监测弦长变化的时间分别是 2014 年 1 月 21 日、2013 年 5 月 1 日、2013 年 6 月 21 日、2013 年 12 月 1 日、2014 年 2 月 1 日。由图 8.3.2-3 可以看出，自 2012 年 11 月 30 日正式开始蓄水后，随着库水位的抬升和水压荷载增加，拱坝坝后各弦长呈收缩变形增长趋势，弦长收缩变形最大的是高程 1778m、1730m 弦长线，2 条弦长线缠绕前行，其次按收缩变形由大到小依次是高程 1829m、1664m、1885m 弦长线。2014 年 6 月至 2015 年 3 月，首次蓄水第四阶段，8 月达到正常蓄水位并稳定至 12 月底后开始消落水位，该时段各弦长出现变形平台，弦长收缩最大为高程 1730m 弦长线，收缩范围为 [−7.74，−9.24] mm；2015 年 4 月至 2016 年 5 月，各弦长线随着库水库消落接近死水位，弦长继续收缩变形，直至再次经历死水位—正常蓄水位—死水位，各弦长继续收缩变形，高程 1778m 和 1730m 弦长线的最大收缩变形分别为 −16.70mm 和 −16.77mm；2016 年 5 月之后，截至 2018 年 12 月 31 日，两个库水位涨落周期，弦长收缩变形随库水位的涨落稳定在一个箱体平台变化，高程 1778m 和 1730m 弦长线收缩变形范围分别为 [−17.74，−13.45] mm 和 [−17.60，−13.97] mm，随库水位抬升弦长拉伸、收缩变形减少，库水位下降弦长缩短、收缩变形增大。总体来说，首次蓄水过程，随水位抬升而水荷载增大，坝体弦长呈现收缩变形，直至第二个正常蓄水位至死水位的涨落，坝体弦长收缩变形稳定，这期间，弦长变化反映因渗流及水压等荷载条件的巨大改变及其大幅度的年周期变化，复杂地质条件的锦屏一级超高拱坝坝体、坝基、坝肩及抗力体受荷调整稳定后尚存在少量塑性变形；之后，随着库水位在正常蓄水位至死水位间涨落变化，坝体弦长收缩变形呈现区间变化规律。拱坝弦长变形规律显示，拱坝初期运行后坝体已处于准弹性工作状态。

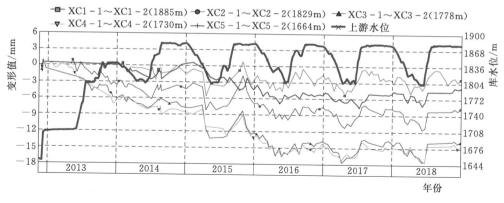

图 8.3.2 − 3　拱坝坝后 5 条弦长历时线

3. 总体安全评价

根据安全监测资料分析可知，拱坝坝体径向位移和切向位移随库水位涨落增大和减少，呈现区间变化特征；坝体弦长经历初期运行 2 个年度的蓄水至正常蓄水位和消落至死水位后，弦长收缩变形趋于稳定，其后随库水位上涨和消落弦长收缩变形减少和增大，并在区间变化。坝体位移和弦长变化规律表明，拱坝坝体呈现弹性工作性态，工作状态良好，工程管理、设计、施工质量得到充分验证。

参 考 文 献

[1]　中国水利水电建设工程咨询有限公司 . 四川雅砻江锦屏一级水电站枢纽工程竣工安全鉴定报告 [R]. 北京：中国水利水电建设工程咨询有限公司，2015.

［2］ 水电水利规划设计总院 . 关于报送《雅砻江锦屏一级水电站枢纽工程专项验收鉴定书》的函（水电规验办〔2016〕23 号）［Z］. 北京：水电水利规划设计总院，2016.

［3］ 中国水利水电建设工程咨询有限公司 . 关于印发《雅砻江锦屏一级水电站第四阶段蓄水暨首次蓄水至正常蓄水位 1880m 大坝工程及库岸稳定安全性评价意见》的函（水电咨水工〔2015〕5 号）［Z］. 北京：中国水利水电建设工程咨询有限公司，2015.

［4］ 河海大学 . 四川省雅砻江锦屏一级水电站施工期及初期蓄水拱坝及坝基坝肩安全监测资料跟踪分析［R］. 南京：河海大学，2015.

［5］ 锦屏建设管理局安全监测管理中心（锦屏一级）. 锦屏一级水电站第四阶段蓄水安全监测分析报告［R］. 西昌：锦屏建设管理局，2014.

后　　记

　　锦屏一级水电站地处高山峡谷，地形地质条件复杂，施工条件差，首次建设超 300m 高拱坝面临一系列关键技术难题。经过 10 多年的科研攻关，成功攻克和创新了高山峡谷区超高拱坝建设施工场地拓建、碱活性砂岩＋大理岩组合骨料制备高性能混凝土、混凝土高效生产与运输、复杂结构超高拱坝温控防裂、大体积混凝土智能温控、4.5m 仓层浇筑、拱坝施工质量与进度实时监控、拱坝建设全过程真实工作性态跟踪仿真分析与反馈等关键技术。这些新技术在锦屏一级拱坝建设中全面应用，拱坝建设工期缩短 8 个月，仅用 50 个月就全部浇筑完成，创造了在狭窄河谷条件下月平均浇筑上升速率达 6.1m/月的常态混凝土高拱坝浇筑最高纪录；拱坝混凝土各强度等级的保证率均大于 95％，混凝土未出现危害性裂缝，质量优良。初期蓄水至正常蓄水位过程中，首次实施了拱坝枢纽和库岸边坡全过程安全监控与反馈调控，超高拱坝安全高效成功建成，蓄水过程和运行状态良好，工程取得了巨大的经济效益；提升了拱坝建设技术水平，促进了水电科学技术的进步。

　　本书涉及的超高拱坝温控防裂与高效施工技术有关问题解决的创新尝试，得益于当代飞速发展的科学技术，得益于我国快速发展的经济水平，得益于锦屏工程建设者及科研工作者的刻苦努力和大胆创新。所有新技术的提出、应用和成熟需要有一个过程，本书中提到的一些新技术尽管在锦屏一级拱坝建设中成功应用，但后续工程推广应用过程中还有需要不断深化研究和完善的方面。如锦屏一级拱坝制定了严格的温控标准，而其他工程由于温度边界条件不同，封拱温度和最高温度会有差别；4.5m 仓层浇筑技术的三大高差控制标准，不同的拱坝形体和结构会有所差别；智能温控冷却通水精细调控方面还需要深化研究；大坝施工实时监控系统与数字流域、数字大坝建设的融合需要深入研究。